Brigitte Hallschmid
Ingrid Kaiser

Das Baustellenhandbuch für den Innenausbau

WISSEN,
DAS ANKOMMT.

Bibliografische Information der Deutschen Bibliothek

Die Deutsche Bibliothek verzeichnet diese Publikation in der Deutschen Nationalbibliografie; detaillierte bibliografische Daten sind im Internet über http://dnb.ddb.de abrufbar.

© by

FORUM VERLAG
HERKERT GMBH
Postfach 13 40
86408 Mering

Tel.: 08233/381-123
Fax: 08233/381-222
E-Mail: service@forum-verlag.com
Internet: www.baustellenhandbuch.de

4. aktualisierte Auflage

Dieses Verlagserzeugnis wurde nach bestem Wissen und nach dem aktuellen Stand von Recht, Wissenschaft und Technik zum Druckzeitpunkt erstellt. Gegenüber den Autoren, Programmierern und dem Verlag begründet dieses Erzeugnis keine Auskunfts- oder Beratungspflicht und auch keine anderweitige Bindungswirkung. Die individuellen Gegebenheiten jedes Einzelfalls gebieten es, dass keine Gewähr für Verbindlichkeit und Vollständigkeit der in diesem Erzeugnis (inklusive Portal, Software, Arbeitshilfen) enthaltenen Darstellungen und Aussagen gegeben werden kann.

Der Verlag übernimmt keine Gewähr für Druckfehler und inhaltliche Fehler. Alle Rechte vorbehalten. Nachdruck und Vervielfältigung – auch auszugsweise – nicht gestattet.

Satz: mediaTEXT Jena GmbH, 07747 Jena
Druck: Druckerei & Verlag Steinmeier GmbH & Co. KG, 86738 Deiningen

Printed in Germany 2016
Angaben ohne Gewähr

ISBN: 978-3-86586-794-0

Vorwort

Das vorliegende Handbuch für den Innenausbau ermöglicht Ihnen einen schnellen Zugriff auf die wichtigsten Informationen der einzelnen Gewerke, einschließlich Hinweisen auf die zugehörigen Normen, die Ausführung nach den anerkannten Regeln der Technik sowie Merkblätter, damit die Ausführung vor Ort möglichst reibungslos und effizient ablaufen kann.

Alle Gewerke werden von der Arbeitsvorbereitung über die Ausführung bis zur Abnahme beschrieben und durch ausführliche Checklisten sowie Abbildungen, Details und Tabellen zu Maßen und Toleranzen ergänzt. Weiterhin werden Hinweise zu Schnittstellen zwischen den Gewerken und mögliche Folgeschäden, die durch Ausführungsfehler entstehen können, aufgezeigt. Die dargestellten Details sind jedoch für jedes Bauvorhaben und Gewerk zu prüfen und individuell auf den Bedarf anzupassen.

In der nun vorliegenden 4. aktualisierten Auflage wurden die Änderungen aus den ATV DIN-Normen der VOB/C 2016 eingearbeitet.

Anregungen zur Ergänzung des Inhalts werden gerne entgegengenommen.

Merching, im Dezember 2016

Die Autorinnen: Brigitte Hallschmid und Ingrid Kaiser

Vorwort

Die Autoren

Brigitte Hallschmid
Dipl.-Ing. (FH) Innenarchitektin

Energieberaterin (BAFA)

Verbandsgeprüfte Bausachverständige

Baubiologin (IBN)

Mehrjährige Tätigkeit in den Bereichen:

- Neubau und Sanierung von Wohn- und Geschäftshäusern
- Sanierung, Unfallschutz-, Brandschutzmaßnahmen an Schulen und Kindergärten
- Ausstellungsbau, Museen, Seminargebäude
- Neubau, Sanierung, Erweiterung von Krankenhäusern
- Gutachten
- Versicherungsgutachten
- Autorin diverser Fachartikel in den Magazinen „EnEV im Bestand" und „der bauschaden"

Die Autoren

Ingrid Kaiser
Dip.-Ing. Architektin

Energieberaterin (BAFA)

Frei schaffende Architektin

Mitglied der Architektenkammer Bremen

Dozentin für Hochbau, Baubetrieb, Baurecht, Projektmanagement und Immobilienwirtschaft

Langjährige Tätigkeit in den Bereichen:

- Leistungsphasen 1 bis 9 HOAI im Verwaltungs-, Industrie- und Wohnungsbau
- Wertermittlungs- und Bauschadensgutachten
- Energieberatung
- Mitautorin beim Loseblattwerk „EnEV im Bestand" und Autorin diverser Fachartikel im Magazin „der bauschaden"

In der 3. Auflage des vorliegenden Buches bearbeitete Kapitel:
- Estricharbeiten
- Bodenbelagarbeiten
- Trockenbauarbeiten
- Putz- und Stuckarbeiten
- Verglasungsarbeiten

In der 4. Auflage des vorliegenden Buches bearbeitete Kapitel:
- Estricharbeiten
- Parkett- und Holzpflasterarbeiten
- Trockenbauarbeiten
- Tapezierarbeiten
- Maler- und Lackierarbeiten
- Tischlerarbeiten
- Elektro- und Sanitärinstallation

Gesamtinhaltsverzeichnis

Vorwort	3
Die Autoren	5
Estricharbeiten	17
Geltungsbereich und Ausführung	19
Estricharten und Anforderungen	21
Zementestrich CT (Cementitious screed)	23
Calciumsulfatestrich CA (Calcium sulfate screed)	24
Magnesiaestrich MA (Magnesite screed)	24
Gussasphaltestrich AS (Mastic asphalt screed)	25
Bitumenemulsionsestrich	26
Kunstharzestrich und -beschichtung SR (Synthetic resin screed)	26
Verlegearten	28
Verbundestrich	29
Estrich auf Trennlage	33
Estrich auf Dämmschicht/Schwimmender Estrich	37
Heizestrich	44
Ausgleichsestrich – Gefälleestrich	52
Oberflächenfertige Estriche	53
Dämmstoffe, Trennschichten, Fugen	55
Dämmstoffe	55
Trennschichten	61
Fugen	64
Checkliste zur Abnahme der Estricharbeiten	67

Bodenbelagarbeiten 71
Geltungsbereich und Ausführung 73
Untergrundbehandlung 75
    Neue Untergründe 75
    Alt-Untergründe 79
Verlegen 85
Bodenbelagarten 94
    Kunststoffbeläge 95
    Linoleum 99
    Elastomere 103
    Korkbeläge 106
    Textile Bodenbeläge 109
Laminat und Paneele 115
Checkliste zur Abnahme der Bodenbelagarbeiten 121
Parkett- und Holzpflasterarbeiten 125
Geltungsbereich und Ausführung 127
Untergrundvorbereitung 128
    Neue Untergründe 128
    Alt-Untergründe 131
    Anforderungen an die Ebenheit 134
Parketthölzer und -klebstoffe 136
    Massive Parketthölzer 136
    Massive Dielen 140
    Mehrschichtige Elemente 141

Holzpflaster	147
Holzpflaster RE	147
Holzpflaster WE	148
Holzpflaster GE	149
Verlegung	152
Parkett	152
Holzpflaster	157
Oberflächenbehandlung	160
Schleifen	160
Ölen und Wachsen	162
Versiegeln	166
Checkliste zur Abnahme der Parkett- und Holzpflasterarbeiten	170
Fliesen- und Plattenarbeiten	175
Geltungsbereich und Ausführung	177
Fliesen und Platten aus Keramik und Naturstein	178
Ansetzen und Verlegen	178
Fliesen und Platten	179
Ansetzen und Verlegen im Dick- und Dünnbett	188
Ansetzen und Verlegen im Dickbett	188
Bindemittel	190
Ansetzen und Verlegen im Dünnbett	190
Fassadenbekleidungen	193
Mörtel und Klebstoffe	198

Befestigung auf der Unterkonstruktion............ 201
Fugen, Bewegungsfugen und Verfugungsstoffe 206
    Verfugungsstoffe........................ 206
    Fugen................................ 208
    Bewegungsfugen....................... 210
Checkliste zur Abnahme der Fliesen- und
Plattenarbeiten................................ 216
Trockenbauarbeiten 221
Geltungsbereich und Ausführung 223
Trenn- und Montagewände 225
    Ständerwände und Vorsatzschalen............ 225
    Befestigung an begrenzenden Bauteilen 230
    Wand-Trockenputz....................... 234
    Einfachständerwand mit Holzunterkonstruktion ... 235
Deckenbekleidung und Unterdecken 239
    Ausführung............................ 239
    Unterkonstruktion 240
    Zusätzliche Lasten von Einbauteilen 242
    Mineralfaserplatten als Decklage 243
    Einzelne offene oder geschlossene
    Deckenelemente 243
    Metall- und Kunststoffkassetten, Metallpaneele ... 244
    Anschlüsse an begrenzende Bauteile 245
Trockenböden und Doppelböden 249
    Trennfolien und Dampfbremsen 249
    Trockenunterböden 249

Doppelböden (Systemböden)	251
Einbauteile	259
Einbauteile, Verbindungs- und Befestigungselemente	260
Zargen, Türöffnungen, Aussparungen	260
Wandverstärkungen, Sanitärtragständer	262
Verspachtelungen	265
Bauphysikalische Anforderungen und Brandschutz	271
Wärme- und Feuchteschutz	271
Schallschutz	276
Checkliste zur Abnahme der Trockenbauarbeiten	294
Putz- und Stuckarbeiten	299
Geltungsbereich und Ausführung	301
Putzarten	303
Innenputz	305
Putzsysteme Innenputz	307
Innenputze geglättet, gefilzt, abgerieben, abgezogen	310
Geglättete Putze	311
Gefilzte Putze	313
Abgezogene Putze	315
Abgeriebene Putze	316
Glättetechnik	322
Sgraffito	322
Kunstharzputze	323
Steinputzflächen herstellen und ausbessern	323
Außenputz	324

Putzsysteme Außenputz 326
Außenputze: Unter- und Oberputz 330
Risse und Schadstellen in Altputzen 332
Putzträger und Putzbewehrung................. 335
    Putzträger.............................. 335
    Putzbewehrung 336
    Drahtputz 337
    Verputzen von Innendämmungen 338
    Innenwandbekleidungen..................... 339
    Außenwandbekleidungen mit Putzträgerplatten... 339
    Wärmedämmputzsysteme................... 340
Kanten und Bewegungsfugen.................. 342
    Kantenausbildung 342
    Bewegungsfugen........................ 343
Stuck...................................... 344
    Unterkonstruktionen, Bewehrung,
    Oberflächenbehandlung 344
Checkliste zur Abnahme der Putz- und Stuckarbeiten.. 349

Tapezierarbeiten............................. 355
Geltungsbereich und Ausführung 357
Untergrundvorbereitung und Unterlagsstoffe 358
    Vorbereitung bei Ersttapezierung............. 358
    Vorbehandlung bei Folgetapezierung 362
    Aufbringen von Unterlagsstoffen 363
Ersttapezierung, Folgetapezierung................ 368
    Tapezierung 370

Tapetenabschlüsse, Feldeinteilung 373
Checkliste zur Abnahme der Tapezierarbeiten. 376
Maler- und Lackierarbeiten. 383
Geltungsbereich und Ausführung 385
Beschichtung von mineralischen Untergründen und
Gipsplatten 387
    Untergrundvorbereitung. 387
    Erstbeschichtungen 389
    Innenbeschichtungen 391
Beschichten von Holz und Holzwerkstoffen. 399
    Untergrundvorbereitung. 399
    Erstbeschichtungen 399
    Beschichtung von Fenstern und Außentüren 403
    Überholungsbeschichtungen. 405
Beschichten von Metallen und Kunststoffen 408
    Untergrundvorbereitung auf Metall 408
    Erstbeschichtungen auf Metall. 409
    Brandschutz-Beschichtungssysteme 416
    Erstbeschichtung auf Kunststoff. 417
    Überholungsbeschichtungen auf Kunststoff 420
Rissüberbrückung und Armierung. 421
    Erstbeschichtung 421
    Überholungsbeschichtungen. 426
Checkliste zur Abnahme der Maler- und
Lackierarbeiten. 427

Gesamtinhaltsverzeichnis

Tischlerarbeiten 433
Geltungsbereich und Ausführung 435
Vollholz und Holzwerkstoffe 437
    Vollholz 437
    Holzwerkstoffe................................ 439
    Holzfaserplatten............................... 450
    Hohlraumplatten und Schichtholz 452
    Weitere Plattenwerkstoffe 453
Fenster und Fensterläden, Türen und Zargen 455
    Fenster... 455
    Fensterbänke und Zwischenfutter............. 460
    Fenster- und Türläden 461
    Türen und Tore 461
    Futter und Zargen 464
    Einbau von Außenbauteilen 464
Bekleidungen, Unterdecken, Vorsatzschalen,
Trennwände....................................... 470
Einbauschränke 476
Oberflächenbehandlung........................... 484
    Absperren, Furnieren, Beschichten............ 484
    Oberflächenbehandlung – Allgemeines......... 489
    Oberflächenbehandlung von Außenbauteilen 491
    Oberflächenbehandlung von Innenbauteilen 492
Checkliste zur Abnahme der Tischlerarbeiten 495

Gesamtinhaltsverzeichnis

Verglasungsarbeiten 501
Geltungsbereich und Ausführung 503
Verglasung von Rahmenkonstruktionen 506
    Rahmenwerkstoffe 506
    Fensterkonstruktionen 508
    Verglasung 509
    Glasarten 511
    Verglasung, Klotzung, Luft- und Regendichtheit ... 525
Glaskonstruktionen 535
    Ganzglasanlagen 536
    Ganzglasvitrinen 539
    Verglasung von Umwehrungen 539
Lichtdurchlässige Kunststoffplatten 543
Checkliste zur Abnahme der Verglasungsarbeiten 545
Metallbauarbeiten 549
Geltungsbereich und Ausführung 551
Treppen 552
Handläufe und Geländer 566
    Geländer 566
    Handläufe 576
Oberflächenschutz 578
Türen und Zargen 583
    Metalltüren 583
    Metallzargen 592
    Türblätter 597

Bekleidungen und abgehängte Metalldecken 599
Checkliste zur Abnahme der Metallbauarbeiten. 601
Elektro- und Sanitärinstallation 603
Geltungsbereich und Ausführung 605
Vorwandinstallationen und abgehängte Decken 607
    Vorwandinstallationen 607
    Abgehängte Decken. 611
Besonderheiten in Nassräumen – Schutzbereiche 612
    Leitungsführung und Anordnung. 612
    Schutzbereiche 613
Barrierefreie Bad- und Sanitärräume 617
    Montagehöhen 617
    Bodengleiche Duschbereiche. 618
    Beleuchtung 618
Checkliste zur Abnahme der Elektro- und
Sanitärinstallationen 620
Anhang 623
Literaturverzeichnis 625
Stichwortverzeichnis. 628

Estricharbeiten

Geltungsbereich und Ausführung

Geltungsbereich
Die ATV DIN 18353 „Estricharbeiten" ist auf die Ausführung von Estrichen aus Estrichmörteln einschließlich der erforderlichen Dämm-, Trenn- und Schutzschichten anzuwenden. Ebenso ist die ATV DIN 18354 „Gussasphaltarbeiten" anzuwenden.

Diese ATVs beziehen sich nicht auf Fertigteilestriche und Trockenunterböden nach ATV DIN 18340 „Trockenbauarbeiten".

Ausführung
Bei der Prüfung hat der Auftragnehmer Bedenken geltend zu machen, wenn

- der Bestand gegenüber den Vorgaben abweicht,
- die klimatischen Bedingungen ungünstig sind,
- die Höhe für den Estricheinbau nicht ausreicht,
- die Beschaffenheit des Untergrunds ungenügend ist,
- kein Höhenausgleich für Rohrleitungen vorgesehen ist,
- ein Korrosionsschutz bei Metallbauteilen fehlt,
- ein fehlendes, ungenügendes oder von den Angaben abweichendes Gefälle vorhanden ist; oder wenn das Gefälle keinen Einbau zulässt,
- der Untergrund von den zulässigen Maßtoleranzen abweicht,
- die Abdichtung gegen Bodenfeuchte fehlt,
- die Putzanschlüsse fehlen oder ungeeignet sind oder die
- Türzargen oder Anschlagschienen fehlen,

Geltungsbereich und Ausführung
Estricharbeiten

- die Bezugspunkte fehlen,
- die Entwässerungseinrichtungen fehlen,
- Risse und Löcher vorhanden sind,
- die Art, die Lage und die Ausbildung von Bewegungsfugen und von durchdringenden Bauteilen ungenügend sind,
- Kehlen, Kanten und Ecken nicht ausgerundet sind,
- Flächen gefroren, feucht, verschmutzt oder verölt sind,
- die Erfordernisse an die Untergründe entsprechend DIN 18195 und DIN 18560 nicht erfüllt sind,
- die Höhenlagen falsch sind oder
- Mörtel-, Farb-, Gips- oder Betonrückstände vorhanden sind.

Estricharten und Anforderungen

Begriff „Estrich" nach DIN EN 13318
Alle Schichten aus Estrichmörtel,

- die eine vorgegebene Höhenlage erreichen sollen und/oder
- unmittelbar genutzt werden und/oder
- einen Bodenbelag aufnehmen sollen.

Nachfolgend eine Gegenüberstellung der bisherigen nationalen Bezeichnungen und der neuen, europäisch harmonisierten Bezeichnungen.

Kurzzeichen neu	Kurzzeichen alt	Bedeutung
CT	ZE	Zementestrich (Cementitious screed)
–	AE	Anhydritestrich mit Anhydritbinder entfällt in der neuen Norm, dafür CA
CA (CAF nur national)	–	Calciumsulfatestrich (Calcium sulfate screed); in DIN 18560 wurde zusätzlich CAF für den Calciumsulfat-Fließestrich eingeführt.
MA	ME	Magnesiaestrich (Magnesite screed)
AS	GE	Gussasphaltestrich (Mastic asphalt screed)
SR	–	Kunstharzestrich (Synthetic resin screed)

Tab. 1: Gegenüberstellung bisheriger nationaler Bezeichnungen und neuer, europäisch harmonisierter Bezeichnungen

Estricharten und Anforderungen

Estricharbeiten

Klasse	C5	C7	C12	C16	C20	C25	C30	C35
N/mm²	5	7	12	16	20	25	30	35
Klasse	C40	C50	C60	C70	C80			
N/mm²	40	50	60	70	80			

Tab. 2: Druckfestigkeitsklassen für Estrichmörtel in N/mm²

Klasse	F1	F2	F3	F4	F5	F6	F7	F10
N/mm²	1	2	3	4	5	6	7	10
Klasse	F15	F20	F30	F40	F50			
N/mm²	15	20	30	40	50			

Tab. 3: Biegezugfestigkeitsklassen für Estrichmörtel in N/mm²

Estrichmörtel sind mindestens in den nachfolgend aufgeführten Festigkeitsklassen auszuführen.

Estrichart	Estrich auf Dämmstoffschichten	Estriche auf Trennschichten		Verbundestriche	
		Bei Nutzung mit Belag	Bei Nutzung ohne Belag	Bei Nutzung mit Belag	Bei Nutzung ohne Belag
CAF	F4	F4	F4	C20/F3	C25/F4
CA	F4	F4	F4	C20/F3	C25/F4
SR	F7	F7	F7	C20/F3	C25/F4
MA	F4	F4	F7	C20/F3	C25/F4
CT	F4	F4	F4	C20/F3	C25/F4

Tab. 4: Festigkeitsklassen Estrichmörtel

Estricharten und Anforderungen

Estricharbeiten

Zementestrich CT (Cementitious screed)

Die Zusammensetzung von Zementestrich ist in DIN EN 13813 und DIN 18560 festgelegt und besteht aus Zement nach DIN EN 197 oder geeignetem Zement mit besonderen Eigenschaften, Gesteinskörnungen und Wasser. Durch Zugabe von frost- und tausalzbeständigen Zuschlagstoffen ist ein Verlegen im Außenbereich möglich. Durch Zusatz von z. B. Epoxid- oder Acrylharzen können sehr hohe Biegezugfestigkeiten erreicht werden. Werden Fließmittel mit Stabilisierern und Luftporenbildnern zugesetzt, erhält man Fließ-Zementestriche (CTF).

Im Industriebau werden Hartstoffestriche als hoch beanspruchbare Zementestriche entsprechend der Expositionsklassen „Verschleiß" XM1, XM2 und XM3 eingebaut. Hartkornestriche mit besonders harten Zuschlagstoffen gelten als gleichwertig (auch als Terrazzo herstellbar, elektrisch ableitfähig).

Oberflächen sollten möglichst nur abgerieben und nur geglättet werden, wenn dies unbedingt erforderlich ist. Estriche auf Trenn- und Dämmschichten in geschlossenen Räumen dürfen nicht mit einer Folie abdeckt werden. Für die nachfolgende Verlegung von Bodenbelägen ist ein Anschleifen zu empfehlen.

Calciumsulfatestrich CA (Calcium sulfate screed)

Anhydrit, REA-Anhydrit, Alpha-Halbhydrat oder Kombinationen werden als Bindemittel verwendet. Die Estriche werden in konventioneller Mörtelkonsistenz als Baustellenmischung, unter Zugabe von Verflüssigern in fließfähiger Konsistenz als Silo-, Sack- oder Fahrmischerware, hergestellt. Calciumsulfat-Fließestriche werden nach DIN 18560 mit CAF bezeichnet. In der Regel ist ein Begehen nach zwei Tagen möglich und ein Belasten nach fünf Tagen. Calciumsulfatestrich darf nicht mit Folien abgedeckt werden und muss zwei Tage vor Zugluft und anderen schädlichen Einwirkungen geschützt werden.

Die Oberfläche ist für eine Verklebung von Bodenbelägen anzuschleifen. Nicht fließfähige Estriche sollten möglichst nur abgerieben und nur bei Bedarf geglättet werden.

Magnesiaestrich MA (Magnesite screed)

Magnesiaestriche werden im Wohnungsbau – und hier besonders im Sanierungsbereich – als leichte Steinholzestriche verwendet und auch als hochfeste Industrieestriche verlegt. In konventioneller Herstellung ist eine Verlegung im Verbund, auf Trenn- oder Dämmschicht auch auf Decken geringer Tragfähigkeit möglich, unter anderem besonders wegen des hohen Anteils an organischen Füllstoffen, wie

Sägespänen und Sägemehl und der Rohdichten um und unter 1 kg/dm³. Als Fließestrich im Verbund wird dieser Estrich im industriellen Bereich verlegt. Magnesiaestrich darf nicht mit Folien abgedeckt werden und muss zwei Tage vor Zugluft und anderen schädlichen Einwirkungen geschützt werden. Ein Begehen ist i. d. R. nach zwei Tagen möglich und ein Belasten nach fünf Tagen. Es ist zu empfehlen, dass Industrieestriche vor der ersten Nutzung eingepflegt werden.

Gussasphaltestrich AS (Mastic asphalt screed)

Als Bindemittel werden für den Gussasphaltestrich polymermodifizierte Bitumen, Straßenbaubitumen und Hartbitumen verwendet. Als Zuschlagstoffe kommen i. d. R. Kalksteinmehle oder – im chemisch belasteten Bereich – Quarzmehle zum Einsatz. Die Verlegung bei einer Einbautemperatur zwischen ca. 220 und 250 °C erfolgt auf hitzebeständigen Dämmschichten, auf Trennschicht (Rohglas-Vlies) oder im Verbund. Dabei sind relativ dünne, aber hoch tragfähige Estriche auf Trennschicht möglich, z. B. bei der Sanierung alter Untergründe in Industrie und Gewerbe. Ein weiterer Vorteil ist die sofortige Begehbarkeit nach dem Erkalten, also ca. nach acht Stunden. Eine Beschichtung mit geeigneten Reaktionsharzen ist möglich, jedoch ist beim Auftragen von zementären Spachtel- und Nivellierschichten ab ca. 2,5 mm Vorsicht geboten. Ebenso können auch Schäden durch Einsatz von Mittelbettmörteln unter Naturwerksteinbelägen entstehen, wie z. B. Trennrisse, hochgewölbte Rissränder oder auch nur Anrisse der oberen Estrichzone. Die Anforderungen an die Ebenheit werden nicht immer erreicht. Nenndicken über 40 mm werden mehrlagig ausgeführt.

Bitumenemulsionsestrich

Dieser bislang ungenormte Estrich besteht aus Zement und Bitumen. Der Einbau erfolgt kalt als Verbundestrich mit einer Haftbrücke aus Bitumenemulsion einschließlich einer Vorverdichtung. Durch den Fahrverkehr wird er dann nachverdichtet. Dieser Estrich ist relativ preiswert und für Tiefgaragen und Lagerhallen geeignet.

Kunstharzestrich und -beschichtung SR (Synthetic resin screed)

Für diesen Estrich dienen Quarzmehle und -sande, aber auch Hartstoffe als Füllstoffe, und als Bindemittel wird synthetisches Reaktionsharz eingesetzt. Kunstharzestriche und reine Beschichtungen unterscheiden sich nicht grundsätzlich. In der Regel sind diese wegen der geringen Dicke von 5 mm nicht so hoch beanspruchbar. Als Nutz- und Schutzschicht sind als Mindestdicken bei Kunstharzbelägen 2,0 mm, bei Kunstharzbeschichtungen 0,5 mm und bei Kunstharzversiegelungen 0,1 mm notwendig. Hoch beanspruchbare Kunstharzestriche nach DIN 18560-7 müssen eine Nenndicke von mindestens 5 mm aufweisen.

Die Auswahl und Anwendung der Reaktionsharzsysteme und Schichtdicken muss mit dem Hersteller objektbezogen abgestimmt werden. Zur Auswahl stehen Epoxidharz EP, Polyurethanharz PUR, Methylmethacrylat MMA/Polymethylmethacrylat PMMA und ungesättigtes Polyesterharz UP.

Osmotische Blasenbildung mit Austritt hochalkalischer, hellgelber bis dunkelbrauner Flüssigkeit kann bis zwei Jahre nach der Beschichtung entstehen. Vorbeugend kann auf hochwertigen Betonuntergründen eine zweifache Grundierung wirken.

Verlegearten

Estriche lassen sich nach folgenden drei Grundarten der Auflagerung unterscheiden:

- im Verbund
- auf Trennschicht
- auf Dämmschicht

Nachfolgend wird weiter unterteilt und die Haupteigenschaften werden beschrieben.

Verbundestrich:	hohe Beanspruchbarkeit
Estrich auf Trennschicht:	einfache Untergrundvorbereitung
Estrich auf Dämmschicht:	Schall- und Wärmeschutz
Heizestrich:	Flächenheizung
Terrazzo:	hohe Beanspruchbarkeit, hochwertige Optik
Ausgleichsestrich:	Ausgleich von Erhebungen, Gefälleausbildung, Einbetten von Kabeln, Rohren, Heizelementen
Hohlböden:	siehe auch bei Trockenbauarbeiten unter Systemböden; zum Verlegen von Technik unter dem Fußboden
Lastverteilungsschicht:	Fliesen und Platten für hohe Lasten

Verbundestrich

Wegen der geringen Belastung sollte im Wohnungsbau auf Verbundestriche verzichtet werden. Ausnahmen sind bspw. Garagenestriche.

Der Untergrund muss sauber, griffig, offenporig, frei von Mörtelresten, Schlämpeschalen und Rissen sein. Als Besondere Leistung ist der besenreine Untergrund zur Untergrundvorbereitung durch Fräsen oder Strahlen zu bearbeiten. Die Betonrandzone ist als Besondere Leistung mit Wasserhochdruck zu reinigen und das Schmutzwasser abzusaugen, wenn die Fläche mit der Fräse oder dem Kugelstrahlgerät bearbeitet wurde, denn lose Bestandteile schaden dem Aufbau. Risse und Fugen im Untergrund können später an der gleichen Stelle im Estrich auftreten. Der Untergrund muss frei von Kabeln und Rohren sein.

Nur im Ausnahmefall wird ein Ausgleichsestrich als Untergrund für den Verbundestrich eingebracht. Allerdings ist bei solchen Konstruktionen bei Zementestrichen über Rohren, auch im Ausgleichsestrich, dennoch stets mit Rissen zu rechnen. Nur bei „frisch in frisch"-Verlegung ist keine Haftbrücke notwendig. Jedoch ist für alle anderen Untergründe, z. B. aus wasserundurchlässigem Beton, zur Herstellung des Verbunds eine Haftbrücke als Besondere Leistung auszuführen.

Zur Auswahl des geeigneten Bindemittels in Abhängigkeit vom Untergrund und dem geplanten Estrich dient nachfolgende Übersicht.

Verlegearten

Estricharbeiten

| Estrich- | Untergrund | | | | | | |
mörtelart	Beton	CT	CA	AS[1]	MA	Stahl[2]	Holz[2]
CT	+	+	o	o	–	o	o
MA[3]	+	+	o	o	+	o	+
CA	+	+	+	o	o	o	o
AS	o	o	–	+	–	o	o
SR	+	+	o	o	o	o	o

+ geeignet   – nicht geeignet   o mit besonderen Maßnahmen geeignet

[1] sowie andere bitumengebundene Trag- und Deckschichten
[2] bei ausreichender Biegesteifigkeit
[3] bei Stahlbetonplatten ist eine Sperrschicht vorzusehen

Tab. 5: Tabelle zur Auswahl geeigneter Bindemittel

Baustahlgitter sollten nicht als Bewehrung eingebaut werden, weil diese zu Verbundstörungen und Rissen führen können.

| | Stichmaße als Grenzwerte in mm bei Messpunktabständen in m bis | | | | |
	0,1 m	1 m	4 m	10 m	15 m
2a	5 mm	8 mm	12 mm	15 mm	20 mm
3	2 mm	4 mm	10 mm	12 mm	15 mm

Tab. 6: Ebenheit gem. DIN 18202:2013-04, Tabelle 3 Zeile 2a für nichtflächenfertige Oberseiten von Decken, z. B. zur Aufnahme von Bodenaufbauten, z. B. Verbundestrich; Zeile 3 für flächenfertige Böden, z. B. Estrich.

Verlegearten
Estricharbeiten

Arbeitsfugen sind in geringer Anzahl auszuführen und auf Scheinfugen sollte verzichtet werden. Bewegungsfugen werden entsprechend dem Baukörper übernommen. Fugen als Besondere Leistung sind mit Fugenprofilen herzustellen oder mit Fugenmasse zu füllen. Bewegungsfugenprofile aus Metall sollten zur Vermeidung von späteren Rissen mit Reaktionsharzmörtel hinterfüllt werden, da der Estrich nicht auf dem Profilschenkel haftet. Alternativ können die Schenkel mit Reaktionsharz beschichtet und abgesandet werden. Die Notwendigkeit von Randdämmstreifen ist zu prüfen; sie haben normalerweise lediglich trennenden Charakter.

Hohllagen können nachgebessert werden, sodass die Tragfähigkeit wieder gegeben ist. Mit Reaktionsharz wird die Hohllage hinterfüllt, wobei auf angemessenen Einpressdruck zu achten ist. Ist der Einpressdruck hoch, löst sich nicht selten der Estrich im Randbereich der Hohllage weiter bis zu einer flächigen Ausdehnung der Hohllage ab. Bei geringen Einzellasten kann ein Verdübeln mit dem Untergrund ausreichen.

Die Dicke ist nach DIN 18560-1, Tabelle 1 und 2 zu wählen.

Aus fertigungstechnischen Gründen sollte die Dicke nicht weniger als etwa das Dreifache des Größtkorns des Zuschlagstoffs betragen. Bei einem Korngemisch 0–8 mm wäre die theoretische Mindestdicke 24 mm.

Bei Gussasphalt sollte die Estrich-Nenndicke 20 mm nicht unterschreiten. Bei einschichtigem Estrich sollte bei Gussasphalt die Nenndicke von 40 mm und bei Calciumsulfat-, Kunstharz-, Magnesia- und Zementestrichen die Nenndicke von 50 mm nicht überschritten werden.

Verlegearten
Estricharbeiten

Nachfolgende Übersicht zeigt die Eignung der Estricharten bei Verlegung im Verbund.

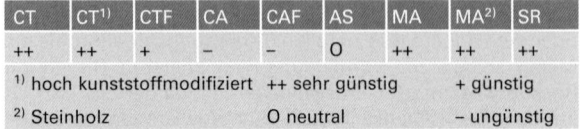

CT	CT[1)]	CTF	CA	CAF	AS	MA	MA[2)]	SR
++	++	+	–	–	O	++	++	++

[1)] hoch kunststoffmodifiziert   ++ sehr günstig   + günstig
[2)] Steinholz   O neutral   – ungünstig

Tab. 7: Eignung der Estricharten bei Verlegung im Verbund

Gussasphaltestrich sollte bei Verlegung im Verbund in folgenden Festigkeitsklassen ausgeführt werden:

- in beheizten Räumen: IC 10 oder IC 15
- in nicht beheizten Räumen und im Freien: IC 15 oder IC 40
- in Kühlräumen: IC 40 oder IC 100

Die Estrichbeschreibung „Estrich DIN 18560–CT–C35–A15–V40" bedeutet: Es handelt sich um einen Zementestrich der Druckfestigkeitsklasse C35 mit einem Verschleißwiderstand von A15 und einer Nenndicke von 40 mm.

Verlegearten

Estricharbeiten

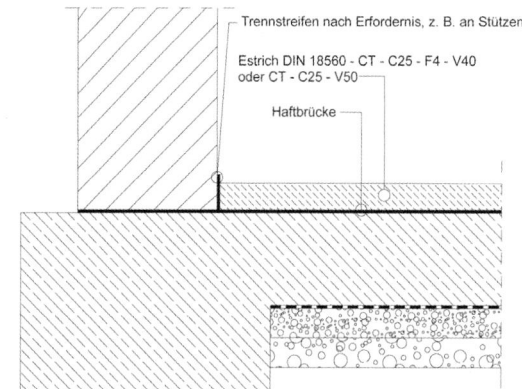

Bild 1: Estrich im Verbund (Quelle: Hallschmid)

Estrich auf Trennlage

Estriche auf Trennschicht nach DIN 18560-4 werden eingesetzt, wenn keine Anforderungen an den Trittschall- und den Wärmeschutz bestehen und wegen geringer Lasteinwirkung eine Verbundverlegung nicht notwendig ist, z. B. in untergeordneten Keller- oder Lagerräumen.

Folgende Materialien oder Erzeugnisse mit vergleichbaren Eigenschaften können als Trennlage verwendet werden:

- PE-Folie mit mindestens 0,1 mm Dicke
- Rohglasvlies von mindestens 50 g/m² Flächengewicht
- Bitumenpapier mit mindestens 100 g/m² Flächengewicht

Verlegearten

Estricharbeiten

- kunststoffbeschichtetes Papier von mindestens 0,15 mm Dicke

Eine zweilagige Verlegung von Trennschichten, z. B. aus dünnen Lagen aus Pappen oder Folien, wird empfohlen bzw. in der Norm gefordert. Bei CA und AS ist eine Lage ausreichend. Abdichtungsbahnen gelten bereits als eine Lage der Trennschicht und werden vor dem Einbringen des Estrichs mit einer weiteren, materialverträglichen Trennlage überdeckt.

Größere Unebenheiten des Untergrunds sind als Besondere Leistung auszugleichen, damit eine Rissbildung im Zuge des Schwindens verhindert werden kann.

Stichmaße als Grenzwerte in mm bei Messpunktabständen in m bis				
0,1 m	1 m	4 m	10 m	15 m
5 mm	8 mm	12 mm	15 mm	20 mm

Tab. 8: Ebenheit gem. DIN 18202:2013-04, Tabelle 3 Zeile 2a für nicht flächenfertige Oberseiten von Decken, z. B. zur Aufnahme von Bodenaufbauten wie bspw. Estrich auf Trennlage

Es dürfen keine Rohre, Kabel, punktförmige Erhebungen o. Ä. vorhanden sein. Öl, Gips-, Putz-, Farb- oder Mörtelreste in der Wandkehle sind als Besondere Leistung zu entfernen.

Randdämmstreifen sind als Trennschicht einzubauen. Fungiert der Randstreifen nicht als Trennschicht, ist die Trennlage i. d. R. am Randstreifen hochzuziehen. Wird entsprechend DIN 18560-4 lediglich die Trennfolie zur Randausbildung hochgezogen, werden bei Zementestrichen (CT) Rissbildungen an Ecken, Stützen, Pfeilern und Türleibungen provoziert.

Im Estrich angelegte Fugen sind mit auf die vorgesehene Belastung abgestimmten Fugenprofilen auszubilden oder mit Fugenmassen zu füllen.

Bei einschichtigen Estrichen sollte die Estrichnenndicke folgende, für leichte Belastung ausgelegte Werte nicht unterschreiten:

- CT: 35 mm
- SR: 15 mm
- AS: 25 mm
- CA und MA: 30 mm

Bei höheren Einzellasten oder Verkehrslasten sind entsprechend höhere Dicken bis 80 mm und/oder auch Biegezugsfestigkeitsklassen notwendig.

	Stichmaße als Grenzwerte in mm bei Messpunktabständen in m bis				
	0,1 m	1 m	4 m	10 m	15 m
2b	5 mm	8 mm	12 mm	15 mm	20 mm
3	2 mm	4 mm	10 mm	12 mm	15 mm
Bei Räumen untergeordneter Bedeutung ist die Zeile 2b unzulässig.					

Tab. 9: Ebenheit des Estrichs gem. DIN 18202:2013-04, Tabelle 3 Zeile 2b und 3

Verlegearten
Estricharbeiten

Bei einem Nutzestrich ist der Nennwert des Verschleißwiderstands an die Nutzungsart bzw. die Estrichart anzupassen. Die Oberfläche ist zu glätten.

Für den Einbau von Bodenbelägen ist die Oberfläche ansatzfrei und gratfrei zu reiben. Bei Einbau von Parkett oder Holzpflaster ist eine Oberflächenzugfestigkeit von mindestens 1 N/mm^2 notwendig. Bei Kunstharzbeschichtung gilt der vorgenannte Wert ebenso. Bei befahrenen Flächen ist eine Oberflächenzugfestigkeit von mindestens 1,5 N/mm^2 notwendig.

Die Estrichbeschreibung „Estrich DIN 18560–CT–C25–F4–T55" bedeutet: Es handelt sich um Zementestrich der Druckfestigkeitsklasse C25 mit einer Biegezugfestigkeit von 4 N/mm^2 auf Trennlage verlegt mit einer Nenndicke von 55 mm.

Verlegearten

Estricharbeiten

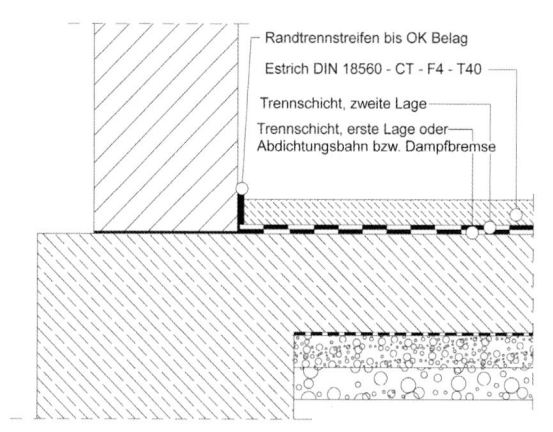

Bild 2: Estrich auf Trennlage (Quelle: Hallschmid)

Estrich auf Dämmschicht/Schwimmender Estrich

Zur Verbesserung der Wärme-, Luft- und Trittschalldämmung werden Estriche auf Dämmschicht gem. DIN 18560-2 eingesetzt. Bei diesen Konstruktionen ist der Einbau von Randtrennstreifen in die Randfuge an allen aufgehenden Bauteilen zur Verhinderung von Spannungen und der daraus folgenden Rissentstehung notwendig.

Schallbrücken entstehen, wenn die Randdämmstreifen unterbrochen werden und Mörtel zwischen Estrich und aufgehende Bauteile gelangt. Deswegen ist darauf zu achten, dass Randstreifen bis Oberkante Belag reichen. Erst nach dem Spachteln, dem Verfugen von Fliesen bzw. Platten, oder nach der Parkettverlegung wird der Überstand als Besondere Leistung abgeschnitten.

Die Betondecke muss ohne Putz- und Mörtelreste besenrein sein und die Ebenheit nach DIN 18202:2013-04, Tabelle 3 Zeile 2a erfüllen.

Dämmschichten sollen dicht gestoßen und im Verband verlegt werden. Mehrlagige Dämmschichten sind mit versetzten Stößen und Trittschalldämmungen ohne Unterbrechung zu verlegen. Dabei ist darauf zu achten, dass die Dämmschicht mit der niedrigeren Zusammendrückbarkeit oben liegen muss.

Wurden Rohre, Kabel o. Ä. auf dem Untergrund verlegt, ist eine Ausgleichsschicht aus gebundenen Schüttungen oder Leichtmörtel zum Verfüllen der Aussparungen unter der Trittschalldämmung einzubringen. Das Anarbeiten von Wärmedämmung an Kabelkanäle, Rohre etc. ist als Besondere Leistung auszuführen.

Zur Abdeckung der Dämmschicht wird PE-Folie mit mindestens 0,1 mm Dicke mindestens 20 cm überlappend verlegt und seitlich bis zur Oberkante des Randdämmstreifens hochgezogen. Bei Heizestrichen sollte eine mindestens 0,15 mm dicke PE-Folie verwendet werden. Über Durchfahrten oder auch bei Parkettverlegung ist auf der Rohdecke ggf. eine Dampfbremse einzuplanen und zu verlegen.

Durch Scheinfugen als Besondere Leistung werden Estriche mit relevantem Schwindverhalten in kleinere Felder unterteilt.

Die Estrichmindestdicke liegt bei 30 mm, sofern von den angegebenen Biegezugfestigkeiten abweichende Regelungen getroffen werden. Unter Stein- und keramischen Belägen darf bei Calciumsulfat-Fließestrichen (CAF) die Nenndicke von 40 mm und bei Calciumsulfatestrich (CA), Magnesiaestrich (MA) und Zementestrich (CT) die Nenndicke von 45 mm nicht unterschritten werden.

Entsprechend höhere Dicken bis 80 mm und/oder auch Biegezugfestigkeitsklassen sind bei höheren Einzellasten oder Verkehrslasten notwendig.

Bei einem Nutzestrich ist der Nennwert des Verschleißwiderstands an die Nutzungsart bzw. die Estrichart anzupassen. Die Oberfläche ist zu glätten.

Verlegearten

Estricharbeiten

Estrichart und Biegezugfestigkeitsklasse bzw. Härteklasse nach DIN EN 13183	Estrichnenndicke[a] in mm bei Zusammendrückbarkeit der Dämmschicht[d]; c ≥ 5 mm[b]	Estrichnenndicke[a] in mm bei Zusammendrückbarkeit der Dämmschicht; c ≥ 5 mm[b]	Estrichnenndicke[a] in mm bei Zusammendrückbarkeit der Dämmschicht; c ≥ 3 mm	Estrichnenndicke[a] in mm bei Zusammendrückbarkeit der Dämmschicht; c ≥ 3 mm	Bestätigungsprüfung Biegezugfestigkeit N/mm²	
					Kleinster Einzelwert	Mittelwert
	Nutzlast ≥ 2 kN/m²[1])	[1]) Einzellast ≤ 2 kN/m²[2]) Flächenlast ≥ 3 kN/m²[2])	[1]) Einzellast ≥ 3 kN/m²[2]) Flächenlast ≥ 4 kN/m²[2])	[1]) Einzellast ≥ 4 kN/m²[2]) Flächenlast = 5 kN/m²[2])		
CT–F4	≥ 45	≥ 65	≥ 70	≥ 75	≥ 2,0	≥ 2,5
CT–F5	≥ 40	≥ 55	≥ 60	≥ 65	≥ 2,5	≥ 3,5
CA–F4	≥ 45	≥ 65	≥ 70	≥ 75	≥ 2,0	≥ 2,5
CA–F5	≥ 40	≥ 55	≥ 60	≥ 65	≥ 2,5	≥ 3,5
CA–F7	≥ 35	≥ 50	≥ 55	≥ 60	≥ 3,5	≥ 4,5
CAF–F4	≥ 35	≥ 50	≥ 60	≥ 65	≥ 3,5	≥ 4,0
CAF–F5	≥ 35	≥ 45	≥ 50	≥ 55	≥ 4,5	≥ 5,0
CAF–F7	≥ 35	≥ 40	≥ 45	≥ 50	≥ 6,5	≥ 7,0
MA–F4[c]	≥ 45	≥ 65	≥ 70	≥ 75	≥ 2,0	≥ 2,5
MA–F5	≥ 40	≥ 55	≥ 60	≥ 65	≥ 2,5	≥ 3,5
MA–F7	≥ 35	≥ 50	≥ 55	≥ 60	≥ 3,5	≥ 4,5
SR–F7	≥ 35	≥ 50	≥ 55	≥ 60	≥ 4,5	≥ 5,5
SR–F10	≥ 30	≥ 40	≥ 45	≥ 50	≥ 6,5	≥ 7,0
AS–IC10	≥ 25	≥ 30	≥ 30	≥ 35	– xx	– xx
AS–ICH10	≥ 35	≥ 40	≥ 40	≥ 40		

Verlegearten
Estricharbeiten

[1] Die Zusammendrückbarkeiten werden addiert, wenn die Dämmschicht nicht aus einer, sondern mehreren Lagen besteht.
[2] Zusätzliche Überlegungen sind im Allgemeinen für Aufstandsflächen bei Einzellasten und bei Fahrbelastung notwendig.
[a] Die Estrichdicke kann bei Dämmschichten ≥ 40 mm bei CA, SR, MA und CT um 5 mm reduziert werden; die Mindestdicke von 30 mm darf nicht unterschritten werden (außer Gussasphalt).
[b] Die Zusammendrückbarkeit der Dämmschichten bei AS darf nicht mehr als 3 mm betragen.
[c] Bei Steinholzestrichen muss die Oberflächenhärte mindestens SH 30 nach DIN 13813 entsprechen.
[d] Die Estrichdicke muss bei höherer Zusammendrückbarkeit (≥ 10 mm) um 5 mm erhöht werden.
[xx] Bei Gussasphalt gelten für die Eindringtiefe in mm folgende Werte: bei (22 ± 1) °C für IC10 und ICH10: ≥ 1,0 mm bei (40 ± 1) °C für IC10 – ≥ 4,0 mm und für ICH10: ≥ 2,0 mm

Tab. 10: Übersicht gem. DIN 18560-2, Tabelle 1–4, Dicken, Festigkeits- und Härteklassen

Verlegearten

Estricharbeiten

	Stichmaße als Grenzwerte in mm bei Messpunktabständen in m bis				
	0,1 m	1 m	4 m	10 m	15 m
2a	5 mm	8 mm	12 mm	15 mm	20 mm
3	2 mm	4 mm	10 mm	12 mm	15 mm

Tab. 11: Übersicht gem. DIN 18202:2013-04, Tabelle 3 Zeile 2a für Ebenheit des Untergrunds und Zeile 3 für Ebenheit des Estrichs

Für den Einbau von Bodenbelägen ist die Oberfläche ansatzfrei und gratfrei zu reiben. Beim Einbau von Parkett oder Holzpflaster ist eine Oberflächenzugfestigkeit von mindestens 1 N/mm² notwendig und bei Kunstharzbeschichtungen gilt der vorgenannte Wert ebenso. Für befahrene Flächen ist eine Oberflächenzugfestigkeit von mindestens 1,5 N/mm² notwendig.

Die Estrichbeschreibung „Estrich DIN 18560–CA–F4–S45" bedeutet: Es handelt sich um Calciumsulfatestrich der Biegezugfestigkeitsklasse F4 (= 4 N/mm²) auf Dämmschicht verlegt mit einer Nenndicke von 45 mm.

Gemäß DIN 18560-2 ist eine Bewehrung grundsätzlich nicht erforderlich, denn eine Rissentstehung kann dadurch nicht verhindert werden. Die Verbreiterung von aufstehenden Rissen und der Höhenversatz sollen durch Betonstahlmatten und -gitter minimiert werden. Fasern sollen die Bildung von Schrumpf- bzw. Frühschwindrissen verringern.

Verlegearten

Estricharbeiten

> ### ⚠ Hinweis
>
> **Fliesenarbeiten**
>
> Eine Gitter- oder Faserbewehrung des Estrichs muss für nachfolgende Fliesen- oder Plattenarbeiten bei den Estricharbeiten gesondert beschrieben und für die Ausführung vereinbart werden.

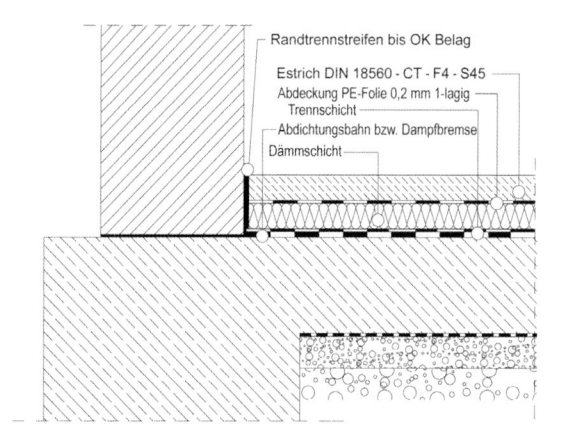

Bild 3: Estrich auf Dämmschicht – Erdberührter Bereich (Quelle: Hallschmid)

Verlegearten

Estricharbeiten

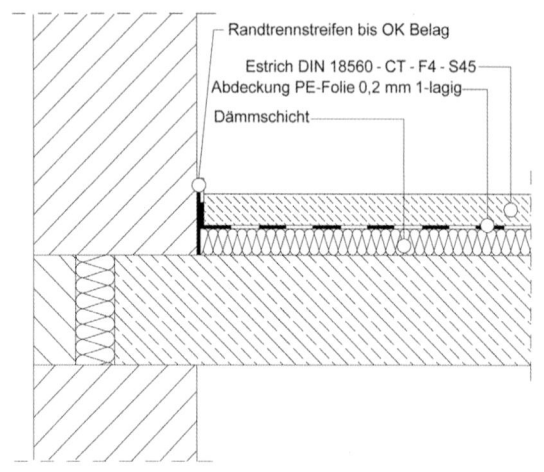

Bild 4: Estrich auf Dämmschicht auf Geschossdecken (Quelle: Hallschmid)

Heizestrich

Heizestriche als Flächenheizkörper werden gem. DIN 18560-2 in drei Bauarten A, B und C unterschieden.

Bauart A
Die Heizelemente, welche an Noppenelementen oder Trägermatten befestigt werden, liegen i. d. R. im unteren Drittel direkt in den Estrichmörtel eingebunden (siehe Bild 5). Bezüglich der Fugenausbildung müssen die Heizkreise dem

notwendigen Fugenbild angepasst werden. Dies ist besonders bei geplantem Verlegen von Naturwerksteinbelägen zu beachten, da diese etwas mehr Bewegungsfugen in der Fläche benötigen.

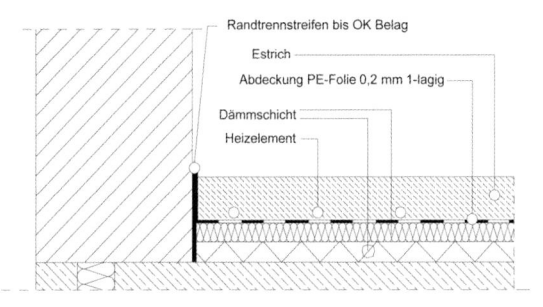

Bild 5: Heizestrich – Bauart A (Quelle: Hallschmid)

Bauart B
Die Heizelemente liegen i. d. R. wärmeleitend abgedeckt in profilierten Dämmschichtplatten unter dem Estrich (siehe Bild 6). Dadurch gestaltet sich die Fugenausbildung flexibler und spätere Änderungen können leichter ausgeführt werden.

Bauart C
Hier liegen die Heizelemente in einem Ausgleichsestrich, welcher mindestens 20 mm dicker sein sollte als der Durchmesser der Heizrohre. Nach der Trocknung wird eine Folie zweilagig als Gleitschicht verlegt und darauf der Estrich in

Verlegearten

Estricharbeiten

der notwendigen und den vorgesehenen Lasten entsprechenden Dicke eingebaut. Fugen können unabhängig von Heizkreisen geplant und eingebaut werden (siehe Bild 7).

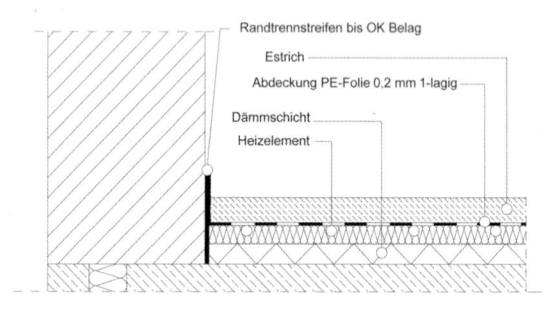

Bild 6: Heizestrich – Bauart B (Quelle: Hallschmid)

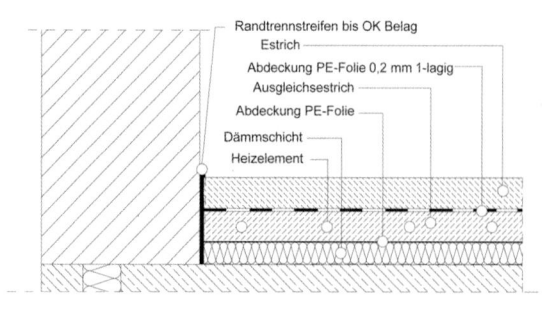

Bild 7: Heizestrich – Bauart C (Quelle: Hallschmid)

Notwendige Nenndicken

Bei Calciumsulfat- und Zement-Heizestrichen sind die Werte der Tabelle für schwimmende Estriche zu entnehmen und bei Bauart A um den maximalen Wert des äußeren Durchmessers der Heizungsrohre zu erhöhen. Auch die Biegezugfestigkeitsklasse kann dieser Tabelle entnommen werden.

Bei Biegezugfestigkeitsklasse F4 muss die Rohrüberdeckung mindestens 45 mm Dicke betragen. Für Fließestriche CAF–F4 ist eine Dicke von mindestens 40 mm erforderlich.

Kommen andere Biegezugfestigkeitsklassen zur Anwendung, ist für die Bauart A eine Rohrüberdeckung von mindestens 30 mm zu berücksichtigen. Dies gilt auch für Bauart B und C. Durch eine spezielle Eignungsprüfung ist nachzuweisen, dass bei Stein- und keramischen Belägen die zulässige Durchbiegung von maximal 0,15 mm, welche generell gilt, nicht überschritten wird und der dünnere Estrich ebenso tragfähig ist.

Bei Heizestrich aus Gussasphalt ist nur Härteklasse ICH 10 nach DIN EN 13813 zulässig. Eine Rohrüberdeckung von mindestens 15 mm gilt bei nachfolgend aufgeführten Nenndicken:

- bei Nutzlast ≤ 2 kN/m^2: Nenndicke ≥ 35 mm
- bei Nutzlast > 2 kN/m^2 und ≤ 5 kN/m^2: Nenndicke ≥ 40 mm

Die Zusammendrückbarkeit der Dämmschicht darf in Abhängigkeit von der Nutzlast 5 mm bzw. 3 mm nicht überschreiten. Bei Gussasphalt-Heizestrichen gilt als Höchstwert 3 mm. Der Dämmstoff mit der niedrigeren Zusammendrück-

Verlegearten
Estricharbeiten

barkeit muss oben liegen, wenn Trittschall- und Wärmedämmung zusammen eingesetzt werden. Dies gilt allerdings nicht bei einem Rohrausgleich mit Wärmedämmplatten und bei trittschalldämmenden Heizsystemplatten.

Bei Heizestrichen sollte mindestens eine 0,15 mm dicke PE-Folie als Abdeckung der Dämmschicht verwendet werden. Aus vorgenannten Werten zu notwendigen Nenndicken ergibt sich folgende Übersicht für flächige Nutzlasten bis 2 kN/m^2:

Bauart	Estrichart	Nenndicke
A	CT–F5	mindestens 45 mm Heizelementüberdeckung
	CA–F4	40 mm + Heizelementdurchmesser
	CT–F4	mindestens 45 mm Heizelementüberdeckung
	CA–F5	40 mm + Heizelementdurchmesser
	CA–F7	35 mm + Heizelementdurchmesser
	CAF–F4	mindestens 40 mm Heizelementüberdeckung
	CAF–F5+F7	30 mm + Heizelementdurchmesser
	MA	wie CA

Bauart	Estrichart	Nenndicke
B + C	CT–F4 + CA–F4	45 mm
	CT–F5 + CA–F5	40 mm
	CA–F7	35 mm
	CAF–F4	40 mm
	CAF–F 5 + CAF–F7	30 mm
	MA	wie CA

Tab. 12: Übersicht für flächige Nutzlasten bei 2 kN/m^2

Fugen

Bei Heizestrichen ist es durch die Ausdehnung des Estrichs während des Aufheizens notwendig, Bewegungsfugen als Besondere Leistung möglichst ab einer Feldlänge von 8 m, bei Fliesen und Naturstein von 6,5 m (entsprechend Merkblatt „Beläge auf Zementestrich" des Fachverbands Fliesen und Naturstein), bei maximaler Feldgröße von ca. 40 m^2 anzulegen und nach Fugenplan zu arbeiten. Die Gegebenheiten des jeweiligen Objekts sind dabei allerdings zu berücksichtigen. Ebenso ist auf das Zusammenwirken von Estrichart und dem Belag bezüglich der jeweiligen Ausdehnungskoeffizienten zu achten. Werden Randfugen entsprechend dimensioniert und Heizkreise gleichmäßig beheizt, können sehr große Felder (z. B. bei Turnhallen) ohne Bewegungsfugen bspw. mit Holzbelägen oder elastischen/textilen Bodenbelägen oder auch beheizten Industrieböden ausgeführt werden. Bewegungsfugen lassen sich bei Naturwerkstein gut ausbilden, weswegen die Feldgrößen auch eingehalten werden können.

Verlegearten

Estricharbeiten

Die Estrichbeschreibung „Estrich DIN 18560–CT–F4–S6 H45" bedeutet: Es handelt sich um einen Zementestrich der Biegezugfestigkeitsklasse F4 (= 4 N/mm^2), schwimmend verlegt mit einer Nenndicke von 65 mm, als Heizestrich mit einer Rohrüberdeckung von 45 mm.

Aufheizen

Aus folgenden drei Gründen sind Heizestriche ausnahmslos vor der Belegung aufzuheizen:

- Die Funktionsprüfung über wenige Tage durch den Heizungsbauer führt nicht zur Belegreife und dient als Nebenleistung dem Nachweis der Erstellung eines mangelfreien Werks.
- Zur Kontrolle einer spannungsfreien Längenänderung dient das weitere Auf- und Abheizen.
- Durch das Auf- und Abheizen wird vorrangig die Restfeuchte ausgetrieben, um die Belegreife zu erreichen (= Belegreifheizung oder Trocknungsheizung).

Das Funktionsheizen beginnt bei Zementestrichen frühestens nach 21 Tagen, bei Calciumsulfatestrichen nach Angabe der Hersteller bzw. frühestens nach sieben Tagen. Beschleunigte Estrichsysteme sind nach Angabe des jeweiligen Herstellers aufzuheizen.

Folgende Vorgehensweise ist empfehlenswert:

- Start mit einer Vorlauftemperatur von 25 °C
- stufenweise über 35 °C und 45 °C auf 55 °C bzw. vorgesehene maximale Vorlauftemperatur hochheizen und die Temperatur mindestens sieben Tage ohne Nachtabsenkung halten

- stufenweise über 45 °C und 35 °C auf 25 °C ohne Nachtabsenkung reduzieren
- Fußbodenheizung drei Tage abschalten
- Werden auf dem Estrich elastische Beläge, Fliesen, Naturwerkstein oder Holzböden verlegt, ist der Auf- und Abheizvorgang erneut zu starten.

Die Restfeuchte kann nach dem zweiten Intervall mit dem CM-Gerät bestimmt werden. Ein dritter Heizdurchlauf ist notwendig, wenn die Restfeuchte zu hoch ist. Für regelmäßiges Lüften oder künstliches Trocknen zum Abführen der feuchtwarmen Luft ist zu sorgen. Messpunkte an rohrfreien Bereichen sind vor der Estrichverlegung zu markieren, um Schäden an Heizungsrohren zu verhindern.

Estrichart	Mit Fußbodenheizung	Ohne Fußbodenheizung
Zementestrich CT	1,8 CM-%[1]	2,0 CM-%
Calciumsulfatestrich	0,5 CM-%	0,5 CM-%
Magnesiaestrich		1,0–3,5 CM-%[2]
[1] 2,0 CM – % unter Fliesen und Natursteinbelägen		
[2] Wert abhängig vom Anteil der organischen Bestandteile; Erfahrungswerte sind von den Herstellern zu erfragen		

Tab. 13: Maximaler Feuchtegehalt (Quelle: DIN 18560-1:2015-11)

Das Funktions- und Trockenheizen ist mit den auf der Baustelle gewonnenen Werten zu protokollieren und muss von der Bauleitung oder dem Architekten unterschrieben werden. Die Merkblätter FBH-D1 bis FBH-D4 und die Arbeitsanweisung FHB-AD sind unter Berücksichtigung der geänderten Werte gem. DIN 18560-1:2015-11 zur Orientierung und für den Arbeitsablauf und die Dokumentation zu empfehlen und heranzuziehen.

Im Sommer sind bereits trockengeheizte Estriche zügig mit Oberbelägen zu versehen, um eine erneute Feuchteaufnahme zu verhindern.

Risse oder festzulegende Scheinfugen dürfen nicht vor Erreichen der Belegreife kraftübertragend verfüllt werden.

Ausgleichsestrich – Gefälleestrich

Besser als die Verwendung von Wärmedämmschichten zum Rohrhöhenausgleich, welche von losen Schüttungen hinterwandert werden können und durch Anheben der Dämmplatten zu partiell geringeren Estrichdicken führen, ist das Einbringen eines Ausgleichsestrichs. Dadurch kann der Einbau von gleichmäßig dicken Estrichschichten auf Trennschichten, Dämmschichten und im Gefälle erfolgen. Auf einer Trennschicht ist eine Mindestdicke von 20 mm einzuhalten.

Ausgleichsestrich wird auch verwendet, um bei Heizestrich gem. Bauart C die Rohre einzubetten, Untergründe aufzufüllen, große Unebenheiten und Neigungen auszugleichen, Gefällestrecken unter Abdichtungen auszubilden und um zwischen Deckenbalken, Sparren etc. aufzufüllen. Er ist entsprechend als gesonderte Position zu vereinbaren und auszuführen.

Schüttungen dürfen zum Toleranzausgleich nur in geeigneter Form verwendet werden.

Als Feuchte- oder Rieselschutz, der generell auf Holzbalkendecken zur Anwendung kommt, sollte keine dampfdichte Schicht verwendet werden.

Oberflächenfertige Estriche

Neben Terrazzo und Industrieestrichen ist auch Gussasphalt geeignet. Magnesiaestriche werden eingefärbt und hauptsächlich geglättet hergestellt. Bei Steinholzestrichen ist die Feuchteempfindlichkeit und Aggressivität gegenüber Metallteilen zu beachten. Bei Calciumsulfatestrichen ist ebenfalls auf die zu erwartende Feuchtebelastung zu achten. Wird Kunstharz als Bindemittel eingesetzt, sind sehr dünnschichtige Böden in geschliffener Variante möglich.

Bei der geglätteten Variante wird die Oberfläche belassen und im Anschluss geölt, gewachst oder imprägniert. Bei der geschliffenen Variante wird die Betonoberfläche abgetragen und das Korn an der Oberfläche sichtbar.

Farbige Oberflächen sind durch Einbringen von Farbpigmenten, Beschichtungen, Versiegelungen und durch Einstreuen von farbigem Hartstoff herstellbar. Die Farbe muss gleichmäßig in der ganzen Dicke des Estrichs oder der Nutzschicht mit dem Mörtel gemischt sein.

Verlegearten
Estricharbeiten

Ebenheit

Erhöhte Anforderungen an die Ebenheit für flächenfertige Böden entsprechend DIN 18202:2013-04, Tabelle 3 Zeile 4 oder im Hochregalbereich sind gesondert zu vereinbaren und als Besondere Leistung auszuführen.

Stichmaße als Grenzwerte in mm bei Messpunktabständen in m bis				
0,1 m	1 m	4 m	10 m	15 m
1 mm	3 mm	9 mm	12 mm	15 mm

Tab. 14: Erhöhte Ebenheit gem. DIN 18202:2013-04, Tabelle 3 Zeile 4 für flächenfertige Oberseiten von Decken

Werden Grenzwerte nach DIN 18202 nicht überschritten, sind bei Streiflicht sichtbare Unebenheiten zulässig.

Die Ausführung von fließfähigen, dünnschichtigen Estrichen bis zu einer Dicke von 10 mm unter der Anforderung einer erhöhten Ebenheit, Maßhaltigkeit oder bei Mehrverbrauch der Estrichmasse um 20 % zum Erlangen der Nenndicke, sind Besondere Leistungen.

Dämmstoffe, Trennschichten, Fugen

Dämmstoffe

Werden Dämmstoffe verlegt, müssen diese Anforderungen an den Schallschutz und/oder den Wärmeschutz und den Brandschutz erfüllen und werden gem. DIN 4108-10, Tabelle 1 unterteilt in:

- DEO: Decke innen unter Estrich ohne Schallschutzanforderung
- DES: Decke innen unter Estrich mit Schallschutzanforderung

Aus der Normenreihe EN 13162 bis EN 13171 stehen folgende Dämmstoffe zur Wahl:

- Mineralwolle (MW) – DIN EN 13162:2015-04
- Expandiertes Polystyrol (EPS, B1) – DIN EN 13163:2015-04
- Extrudiertes Polystyrol (XPS, B1) – DIN EN 13164:2015-04
- Polyurethan-Hartschaum (PU) – DIN EN 13165:2015-04
- Phenolharz-Schaum (PF) – DIN EN 13166:2015-04
- Schaumglas (CG, A1) – DIN EN 13167:2015-04
- Holzwolle (WW) – DIN EN 13168:2015-04
- Blähperlite (EPB) – DIN EN 13169:2015-04
- Expandierter Kork (ICB, B2) – DIN EN 13170:2015-04
- Holzfasern (WF) – DIN EN 13171:2015-04

Dämmstoffe, Trennschichten, Fugen

Estricharbeiten

Verlegen von MW-Dämmplatten
Neue Bezeichnungen und Symbole

Die Bemessungsdicke wird mit d_L in Abstufung von 5 mm und die Zusammendrückbarkeit als Differenz aus $d_L - d_B$ wird mit c bezeichnet. Grenzabweichungen von der Nenndicke werden durch die Klassen T5, T6 und T7 beschrieben.

Das Anwendungsgebiet DES wird schalltechnisch unterteilt:

- DES – sh: hohe Zusammendrückbarkeit; $c \leq 5$ mm
- DES – sg: geringe Zusammendrückbarkeit; $c \leq 3$ mm

Die dynamische Steifigkeit wird mit SD bezeichnet und in Stufen von 1 MN/m^3 angegeben.

Neu/DIN V 4108-10 und DIN EN 13162				Alt/DIN 18165-2		
Anwendungsgebiet	Nutzlast auf dem Estrich	Anforderung an c	Stufe	Anwendungstyp	Vom Estrich aufzunehmende Last	Anforderung an c
DES – sh	≤ 2,0 kPa	≤ 5 mm	CP5	T	≤ 2,0 kPa	≤ 5 mm
	≤ 3,0 kPa	≤ 4 mm	CP4	TK	≤ 2,0 kPa	≤ 3 mm
	≤ 4,0 kPa	≤ 3 mm	CP3		≤ 3,5 kPa	
DES – sg	≤ 5,0 kPa	≤ 2 mm	CP2		≤ 5,0 kPa	

Die Stufen CP3 bis CP5 beziehen sich auf die Klasse T6 der Grenzabmaße für die Dicke; Stufe CP2 auf Klasse T7.

Tab. 15: *Gegenüberstellung der alten und der neuen Kennzeichnung gemäß DIN V 4108-10, DIN EN 13162 und DIN 18165-2*

Dämmstoffe, Trennschichten, Fugen

Estricharbeiten

Wärmedämmung
Mineralwolledämmplatten haben neben den trittschalldämmenden auch wärmedämmende Eigenschaften, in Abhängigkeit von der Dicke und der Wärmeleitfähigkeit. Der Nennwert λ_D beträgt i. d. R. 0,040 bzw. 0,032 W/(mK).

Verlegen von EPS-Dämmplatten
Neue Bezeichnungen und Symbole
Die Bemessungsdicke wird mit d_L in Abstufung von 5 mm und die Zusammendrückbarkeit als Differenz aus $d_L - d_B$ wird mit c bezeichnet. Bei der dynamischen Steifigkeit sind die gebräuchlichsten Klassen SD 20, SD 15 und SD 10. SD 7, SD 40 und SD 50 wurden ergänzt.

Das Anwendungsgebiet DES wird schalltechnisch unterteilt:

- DES – sm: mittlere Zusammendrückbarkeit; $c \leq 3$ mm
- DES – sg: geringe Zusammendrückbarkeit; $c \leq 2$ mm
- DES – sk: keine Anforderung an schalltechnische Eigenschaften
- DES – sh: erhöhte Zusammendrückbarkeit

Dämmstoffe, Trennschichten, Fugen

Estricharbeiten

Wärmedämmung

Die Druckbelastbarkeit wird unterteilt wie folgt:

- d = Druckbelastbarkeit; z. B. dk, dg, dm, dh, ds, dx
- k = keine
- g = geringe
- m = mittlere
- h = hohe
- s = sehr hohe
- x = extrem hohe

Für die Druckbelastbarkeit bei 10 % Stauchung wird die Kennzeichnung mit 100 kPa, 150 kPa oder 200 kPa verwendet.

Die Wärmeleitfähigkeitsgruppen werden in 040, 035 und 032 angegeben. Trittschalldämmung ist bis λ 0,032 erhältlich. Bei EPS-DES-Produkten ist die Wärmeleitzahl λ 0,045 und bei EPS-DEO-Produkten die Wärmeleitzahl λ 0,040 Standard.

Neu	Alt
EPS 040 DEO (100 kPa)	–
EPS 040 DEO (150 kPa)	PS 20 SE WLG 040
EPS 035 DEO (150 kPa)	PS 20 SE WLG 035
—	PS 30 SE WLG 040 *
EPS 035 DEO (200 kPa)	PS 30 SE WLG 035
EPS 045 DES sm	PSTK 3500
EPS 040 DES sg	PSTK 5000
EPS 035 DES sp **	PSTK 10000
** Sonderprodukt einiger EPS-Hersteller	* ist in der neuen Norm entfallen

Tab. 16: Gegenüberstellung der Dämmstoffbezeichnung alt und neu (Quelle: Handbuch für das Estrich- und Belaggewerbe, 4. Auflage)

Brandschutz

Um Wiederholungen zu vermeiden, wird auf die Tabellen der DIN 4102 und der DIN EN 13501-1 sowie der DIN 4102-2 beim Gewerk Trockenbau unter Brandschutz verwiesen.

Trittschalldämmung aus Mineralwolle ist i. d. R. nicht brennbar und entspricht somit der Euroklasse A1 oder A2.

Bei EPS-Dämmplatten gilt, dass in Fluchtwegen Produkte der Baustoffklasse B1 eingesetzt werden sollen. EPS und XPS erfüllen diese Anforderungen.

Bei Holzbalkendecken sind nicht brennbare Materialien, wie Mineralwolledämmung (Steinwolle), mit d $\geq$ 15 mm und einer Rohdichte von $\geq$ 30 kg/m^3 mit möglichst hohem Schmelzpunkt zu verwenden.

Schallschutz

Anforderungen an den „normalen" Schallschutz sind in der DIN 4109:2016-07 für den öffentlich-rechtlichen Bereich eindeutig aufgezeigt. Die Empfehlungen im Beiblatt 2 der DIN 4109:1989-11 gelten weiterhin und beziehen sich auf den privatrechtlichen Bereich. Sie enthalten Angaben zu normalen und erhöhten Anforderungen im eigenen Wohn- und Arbeitsbereich und zu erhöhten Anforderungen bei fremden Wohn- und Arbeitsbereichen. Diese werden außerdem in der VDI 4100:2012-10 dargestellt.

Nach DIN 18041 wird die Raumakustik in kleinen bis mittelgroßen Räumen geregelt und nach Raumgruppe A und B unterschieden. Zur Gruppe A gehören Gerichts-, Rats- und Festsäle, Konferenzräume, Unterrichtsräume, Seminar-

Dämmstoffe, Trennschichten, Fugen

Estricharbeiten

räume, Hörsäle, Gemeindesäle, Gruppenräume, Sport- und Schwimmhallen. Zur Gruppe B zählen u. a. Büroräume und Sprechzimmer.

Der Schall wird in Luftschall, Körperschall und Trittschall unterschieden. Zur Verbesserung von Luft- und Trittschall werden hauptsächlich Maßnahmen aus dem Gewerk Trockenbau ergriffen, wie z. B. Unterdecken, Vorsatzschalen etc. mit gedämmten Hohlräumen. Estrich auf der Dämmschicht verbessert die Luftschalldämmung jeder Decke.

Beim Trittschall ist darauf zu achten, die Masse des Untergrunds möglichst zu erhöhen und die Fußbodenkonstruktion durch möglichst weichfedernde Trittschalldämmung mit geringer dynamischer Steifigkeit zu entkoppeln. Besonders gute Ergebnisse sind durch die Verlegung einer Kombination aus Mineralwolledämmung und Holzwolle-Leichtbauplatten zu erreichen. Auch weiche Bodenbeläge verbessern den Trittschallschutz.

Bei Holzbalkendecken sollten Mineralwolledämmungen verwendet und auf Polystyroldämmungen verzichtet werden. Die Masse der Holzbalkendecke kann z. B. mit Betonsteinen, Lehmsteinen (mit ausreichend Fugen verlegt und auf dem Untergrund verklebt) oder Schüttungen auf Folie als Rieselschutz biegeweich beschwert erhöht werden.

⚠ Hinweis

Hinweis Trockenbau

Werden leichte Trennwände auf schwimmenden Estrich gestellt, sollte dieser aufgetrennt werden, wenn höhere Schalldämmwerte ($R'_w > 40$ dB) gefordert sind.

Trennschichten

Gemäß DIN 18560-4 sind Trennschichten bei Calciumsulfat und Gussasphaltestrich einlagig, ansonsten i. d. R. zweilagig auszuführen. Abdichtungen und Dampfsperren gelten bei zweilagiger Verlegung als eine Lage der Trennschicht.

Als Trennschicht können verwendet werden:

- kunststoffbeschichtetes Papier, d $\geq$ 0,15 mm
- Polyethylenfolie (PE-Folie), d $\geq$ 0,10 mm
- Rohglasvlies mit Flächengewicht $\geq$ 50 g/m^2
- bitumengetränktes Papier mit Flächengewicht $\geq$ 100 g/m^2
- Erzeugnisse mit vergleichbaren Eigenschaften

Bei Gussasphaltestrichen sind temperaturbeständige, nicht komprimierbare Trennschichten zu verwenden.

Abdichtungen sind in DIN 18195, Teil 1–10 geregelt. Die gebräuchlichsten Abdichtungen unter Estrichen, zugelassen nach DIN 18195, Teil 2, sind Elastomer-Bitumenschweißbahnen und Bitumen-Schweißbahnen, Kunststoff-Dichtungsbahnen, Dickbeschichtungen und Kaltselbstklebebahnen.

Dämmstoffe, Trennschichten, Fugen

Estricharbeiten

Material mit Trägereinlage	Kurzzeichen	Dicke	Norm
Bitumenschweißbahn mit Gewebeeinlage	G 200 S4 G 200 S5	4 mm 5 mm	52131 [1] [2]
Bitumendampfsperrschweißbahnen	G 200 S4 AL G 200 S5 AL	4 mm 5 mm	
Bitumenschweißbahn mit Glasvlieseinlage	V 60 S4	4 mm	
Bitumenschweißbahn mit Glasvlies und Aluminiumeinlage	V 60 S4 + AL	4 mm	
Elastomer-Bitumenschweißbahn mit Polyestervlieseinlage [2]	PYE-PV-200 S5	5 mm	52133 [1]
Elastomer-Bitumenschweißbahn mit Gewebeeinlage [2]	PYE-G 200 S4 PYE-G 200 S5	4 mm 5 mm	
Elastomer-Kaltklebebahn [5]	KSK	2-4 mm	
Polyvinylchlorid – weich, bitumenverträglich	PVC – P	1,2/1,5/ 2,0 mm	16937 [3] [4]

[1] Nahtüberlappung: 80 mm
[2] Bahnen lose verlegt, Nähte warmgasverschweißt
[3] Nahtüberlappung: 50 mm
[4] Bahnen lose verlegt, Nähte quellverschweißt
[5] Nähte gewalkt, vollflächiger Voranstrich nach Herstellerangaben

Tab. 17: Übersicht von verschiedenen Abdichtungsbahnen

Bei Abdichtungen aus Bitumenbahnen sind im Randbereich Keile anzubringen, um Beschädigungen durch Abknicken vorzubeugen.

Dämmstoffe, Trennschichten, Fugen

Estricharbeiten

Abdichtungen sind an Durchdringungen und aufgehenden Bauteilen 15 cm über die wasserführende Schicht hochzuziehen und zu befestigen. Im Bereich von Abkantungen und z. B. auch bei Duschen ist die Abdichtung mindestens 20 cm hochzuführen und möglichst mit einer Wandabdichtung zu verbinden.

Auf mäßig beanspruchten Flächen, wie Balkonen u. Ä., im Wohnungsbau, in häuslichen Bädern ohne Wasserablauf, sowie in mäßig spritzwasserbelasteten Wand- und Bodenflächen in Nassräumen sind folgende Ausführungen üblich:

1. Bitumen-Schweißbahnen: einlagig; lose verlegt oder vollflächig aufgeschweißt; Nähte 8 cm, Stöße 10 cm überlappend
2. Kunststoffdichtbahnen: PVC-P 1-lagig, ≥ 1,2 mm; lose verlegt, punktweise geklebt oder mechanisch befestigt
3. Elastomerbahnen: Untergrund vorgestrichen, Abdichtung einlagig mit Selbstklebeschicht aufbringen; Stöße 10 cm überlappend, Nähte 8 cm überlappend
4. Kunststoffmodifizierte Bitumendickbeschichtungen nach Voranstrich in zwei Arbeitsgängen mit mindestens 3 mm Trockenschicht aufgebracht.

Auf hoch beanspruchten Flächen, wie stark beanspruchten Flächen in Nassräumen, sind folgende Ausführungen üblich:

1. Bitumen-Schweißbahnen: zweilagig mit Gewebeträger vollflächig aufgeschweißt; Nähte 8 cm, Stöße 10 cm überlappend

2. Kunststoffdichtbahnen: einlagig, ≥ 1,5 mm; punktweise geklebt oder mechanisch befestigt; mit Schutzlage unter und auf der Dichtungsbahn
3. Bitumen-Schweißbahnen in Verbindung mit Gussasphalt: einlagig im Verbund im Schweißverfahren aufgebracht; Untergrund mit Epoxidharz oder Bitumenvoranstrich grundiert oder versiegelt; Estrichdicke ≥ 25 mm; Abdichtung zweilagig an aufgehenden Bauteilen und Durchdringungen hochgeführt.

Fugen

Scheinfugen – Arbeitsfugen

Scheinfugen als Besondere Leistung sind in Zementestrichen (CT) zwingend erforderlich und werden in den frischen Mörtel der Estriche (auf den Trenn- und Dämmschichten) mit einer Tiefe von 1/3 bis 1/2 der Estrichdicke eingeschnitten. Dies ist noch möglich, wenn der Estrich erhärtet und unmittelbar begehbar ist. In die Einschnitte quer zur Fuge wird Harz gefüllt und Querdübel eingebettet. Die harzige Oberfläche wird abgesandet. Profile kommen bevorzugt bei CTF zum Einsatz. Die Ausführung erfolgt bei Flächenversprüngen, Aussparungen, Stützen, Säulen, bei Flächeneinschnürungen, zur Unterteilung von großen und schmalen Flächen mit ungünstigen Seitenverhältnissen. Bei Calciumsulfatestrichen kann i. d. R. auf Scheinfugen verzichtet werden.

Fliesen- und Bodenleger müssen u. a. davon ausgehen, in Türdurchgängen Scheinfugen vorzufinden und sollten Bedenken anmelden, wenn keine zu erkennen sind.

Dämmstoffe, Trennschichten, Fugen
Estricharbeiten

Auf Scheinfugen und Pressfugen im Untergrund sollte in Verbundestrichen verzichtet werden.

Die Feldgrößen von etwa 30 m² bei Zementestrichen sollten nur unwesentlich überschritten werden. Größere Felder sind bei Faserbewehrung möglich.

Arbeitsfugen und Kanten als Besondere Leistung sind senkrecht abzustellen und Mörtelreste sollten vom Untergrund vor dem weiteren Verlegen entfernt werden.

Bewegungsfugen
Diese werden genau auf den Verwendungszweck abgestimmt und sind als Besondere Leistung gem. Fugenplan auszuführen. Breite Fugen und befahrene Flächen sind mit geeigneten Profilen auszubilden. Wie bereits unter Verbundestriche beschrieben, werden die Schenkel der stabilen Stahl- oder Aluminiumprofile mit Reaktionsharz grundiert und abgesandet oder der Estrichbereich wird vorerst ausgespart und später mit Reaktionsharzmörtel hinterfüllt.

Bei Estrichen auf einer Dämm- oder Trennschicht in Bereichen mit großen Temperaturänderungen oder im Außenbereich werden Bewegungsfugen zur Herstellung kleiner Felder angeordnet und eingebaut.

Randfugen – Raumfugen
Randfugen müssen bei Estrichen auf einer Dämm- und Trennschicht grundsätzlich ausgeführt werden und dienen bei Estrich auf einer Dämmschicht als Bewegungs- und schalltechnische Fuge.

Dämmstoffe, Trennschichten, Fugen

Estricharbeiten

Bei Heizestrichen mit einer Feldlänge von bis zu 8 m muss der Randdämmstreifen mindestens 8 mm dick sein. Die Faustregel sieht für jeden zusätzlichen Meter über 8 m Feldlänge 1 mm Mehrdicke vor. Somit wird bei einer Feldlänge von 8–10 m eine Randstreifendicke zwischen 8 und 10 mm benötigt.

Randdämmstreifen werden bis mindestens Oberkante Belag eingebaut und Überstände erst nach dem Verlegen des Belags oder dem Verspachteln abgeschnitten. Wird bei Zementestrich auf Trennlage entsprechend DIN 18560-4 lediglich die Trennfolie zur Randausbildung hochgezogen, werden Rissbildungen an Ecken, Stützen, Pfeilern und Türleibungen provoziert. Randstreifen sind daher unbedingt einzubauen.

Checkliste zur Abnahme der Estricharbeiten

Allgemein
- [ ] Wurden die Estricharbeiten nur bei einer Mindesttemperatur von +5 °C ausgeführt?
- [ ] Ist der Estrich gleichmäßig dick, auch im Gefälle?
- [ ] Ist die Farbe gleichmäßig gemischt worden (bei einschichtigem Estrich in der ganzen Dicke, bei mehrschichtigem Estrich in der Dicke der Nutzschicht)?
- [ ] Wurden gefährdete Metallteile durch Anstrich, Ummantelung oder dergleichen geschützt?
- [ ] War die Reinigung des Untergrunds mittels Hochdruckreiniger/Staubsauger als Besondere Leistung notwendig?
- [ ] War die Reinigung des Untergrunds von grober Verschmutzung, wie Öl, Mörtel, Gips oder Farbresten, als Besondere Leistung notwendig?
- [ ] Sind ausreichende Maßnahmen zum Schutz gegen Feuchtigkeit oder Zugluft getroffen worden?

Maßtoleranzen
- [ ] Sind Unebenheiten bei Streiflicht sichtbar? (Bei einer geforderten Einhaltung der Toleranzen gem. DIN 18202 ist dies zulässig)
- [ ] Wurden die Toleranzen gem. DIN 18202 eingehalten?
- [ ] Wurden die Toleranzen für die Estrichdicken eingehalten?
- [ ] Sind Kunstharzversiegelungen mit einer Mindestdicke von 0,1 mm ausgeführt worden?

Checkliste zur Abnahme
Estricharbeiten

- [ ] Sind Kunstharzbeschichtungen mit einer Mindestdicke von 0,5 mm ausgeführt worden?
- [ ] Sind Kunstharzbeläge mit einer Mindestdicke von 2 mm ausgeführt worden?

Estriche
- [ ] Wurden die Mindestfestigkeitsklassen eingehalten?
- [ ] Wurden die erhöhten Nenndicken der Dämmstoffe für Stein- und keramische Beläge gem. DIN 18560-2 beachtet?
- [ ] Wurden Heizestriche mit einer Rohrüberdeckung von mindestens 45 mm ausgeführt?
- [ ] Wurden Kunstharzestriche mit einer Mindestdicke von 5 mm ausgeführt?
- [ ] Ist die Oberfläche von erdfeuchten und plastischen Estrichen abgerieben worden?
- [ ] Wurden die Überstände von den Randstreifen entfernt? (Das ist nach der Verlegung von Bodenbelägen eine Besondere Leistung)
- [ ] War eine Untergrundvorbereitung durch Fräsen, Stocken, Strahlen oder Aufbringen von Haftbrücken als Besondere Leistung notwendig?
- [ ] Wurden Unebenheiten des Untergrunds, welche die Toleranzen nach DIN 18202 Tabelle 3 überschreiten, ausgeglichen?
- [ ] Wurden Unebenheiten bei Estrichen aus fließfähigen Massen bis zu 10 mm Dicke mit einem Mehrverbrauch über 20 % ausgeglichen?
- [ ] Sind Stoß-, Anschlag- oder Trennschienen, Mattenrahmen und Bewehrungen eingebaut worden?
- [ ] Sind im Vorfeld entsprechende Maßnahmen für das Herstellen von Estrichen im Freien getroffen worden?

- ☐ Ist ein nachträgliches Herstellen von Anschlüssen notwendig?
- ☐ Sind Kanten an Aussparungen $\geq 0{,}1\,m^2$ hergestellt worden?
- ☐ Sind Aussparungen zu schließen?
- ☐ Sind Fugenmassen oder Fugenprofile zum Verfüllen, Ausbilden, Schließen oder Abdecken zu verwenden?
- ☐ Sind Putzüberstände zu beseitigen?
- ☐ Sind Kehlen oder Sockel auszubilden oder Estrich auf Stufen oder Schwellen aufzubringen?
- ☐ War eine Besondere Oberflächenbehandlung, wie Glätten oder Schleifen (z. B. für Bodenbeläge), auszuführen?
- ☐ Sind alle notwendigen Maßnahmen für Schall-, Wärme-, Feuchte- und/oder Brandschutz ausgeführt worden?
- ☐ Sind die Anforderungen an Abdeckungen im Bereich von Arbeitsplätzen und Verkehrswegen bzgl. der Tritt-, Rutsch- und/oder Durchbruchsicherheit eingehalten worden?

Gussasphalt
- ☐ Sind Maßnahmen für den Strahlenschutz ausgeführt worden?
- ☐ Sind Vorgaben aus Sachverständigengutachten berücksichtigt worden?

Terrazzo
- ☐ Sind die Terrazzoböden zweischichtig hergestellt worden?
- ☐ Ist die Vorsatzschicht mit einer Dicke von mindestens 15 mm ausgeführt worden?

Checkliste zur Abnahme

Estricharbeiten

- ☐ Entsprechen die im Verbund mit dem Untergrund hergestellten Terrazzoböden bezüglich des Schleifverschleißes und der Festigkeit der DIN V 18500?
- ☐ Ist der Terrazzoboden als schwimmender Estrich entsprechend der Festlegungen in DIN 18560-2 ausgeführt worden?
- ☐ Ist der Terrazzoboden erst nach einer ausreichenden Erhärtung geschliffen, gespachtelt und feingeschliffen worden, sodass das Größtkorn sichtbar wurde?

Bodenbelagarbeiten

Geltungsbereich und Ausführung

Geltungsbereich
Die ATV DIN 18365 „Bodenbelagarbeiten" ist auf das Verlegen von Bodenbelägen in Bahnen und Platten aus Textilien, Kork, Linoleum, Kunststoff, Elastomer sowie für das Verlegen von mehrschichtigen Elementen anzuwenden.

Diese ATV bezieht sich nicht auf Parkettfußböden nach ATV DIN 18356, Holzpflasterarbeiten nach ATV DIN 18367, Naturwerksteinarbeiten nach ATV DIN 18332, Betonwerksteinarbeiten nach ATV DIN 18333, Fliesen- und Plattenbeläge nach ATV DIN 18352, Estriche nach ATV DIN 18353 und Gussasphaltarbeiten nach ATV DIN 18354.

Ausführung
Bei der Prüfung hat der Auftragnehmer Bedenken geltend zu machen, wenn

- größere Unebenheiten vorhanden sind,
- ungeeignetes Raumklima vorhanden ist,
- der Überstand der Randdämmstreifen fehlt,
- die Oberfläche des Untergrunds nicht genügend fest, zu rau oder zu porös ist,
- der Untergrund gem. DIN 18560 nicht ausreichend trocken ist,
- Risse im Untergrund vorhanden sind,
- die Höhenlage des Untergrunds im Verhältnis zur Höhenlage anschließender Bauteile nicht richtig liegt,
- die Temperatur des Untergrunds nicht geeignet ist,

- bei beheizten Fußbodenkonstruktionen die Markierung der Messstellen und/oder das Aufheizprotokoll fehlt,
- Öl, Lacke, Farbreste oder Wachs die Oberfläche des Untergrunds verunreinigen.

Die folgenden Normen sind hinsichtlich der Stoffe und Bauteile zu berücksichtigen:

- DIN EN 14041:2008-05 – elastische, textile und Laminat-Bodenbeläge – wesentliche Eigenschaften
- DIN EN ISO 10874:2012-04 – elastische, textile und Laminat-Bodenbeläge – Klassifizierung

Untergrundbehandlung

Die Vorbereitung von belegreifen Untergründen auf die Verlegung ist von der Art des Untergrunds und vom vorgesehenen Bodenbelag abhängig. Untergründe müssen durch Schleifen und Saugen gereinigt werden. Es ist zwischen neu erstellten Untergründen, wie z. B. Estrichen und Fertigteilestrichen, und Altuntergründen zu unterscheiden. Alte Stein- und Dielenböden, die neu belegt werden sollen, oder auch Estriche und Fertigteilestriche, die bereits belegt waren, zählen zu Altuntergründen.

Neue Untergründe

Werden bei der Prüfung des Untergrunds Risse oder Scheinfugen vorgefunden, können diese als Besondere Leistung kraftschlüssig verschlossen werden. Risse werden durch Fräsen oder Bohren auf 5 bis 8 mm verbreitert. Im Abstand von etwa 20 cm wird rechtwinkelig zu den Rissen der Estrich bis etwa zu ¾ der Dicke ca. 15 cm lang aufgefräst. In diese Öffnungen wird gerippter Betonstahl eingelegt. Die Fugen werden mit nach Herstellerangaben gemischtem 2K-Reaktionsharz gefüllt und mit Quarzsand abgestreut.

Zur Verlegung von Bodenbelägen müssen Estriche angeschliffen werden. Bei Calciumsulfatestrich bildet sich eine Sinterschicht, welche durch Schleifen beseitigt werden muss.

Untergrundbehandlung

Bodenbelagarbeiten

Zur Verbesserung der Haftung von Voranstrich, Spachtelmassen und Klebstoffen sind durch den Bauablauf stark strapazierte Estriche durch Schleifen und Absaugen zu säubern. Harte Schalen durch Verflüssiger oder Zementleim, welche ein Austrocknen und Verbinden von Grundierungen mit den tieferen Estrichschichten verhindern, sind vom Estrichleger durch Schleifen nachzubessern.

Voranstrich/Grundierung

Ist ein Voranstrich, z. B. auf Magnesia-, Gussasphalt- und Calciumsulfatestrichen notwendig, damit sich die Spachtelmasse oder Ausgleichsmasse ausreichend mit dem Untergrund verbindet, so ist dieser als Besondere Leistung zu vereinbaren und auszuführen. Auf Zementestrich, Span- und Gipsfaserplatten ist die Notwendigkeit eines Voranstrichs zu prüfen. Voranstriche dienen außerdem der Reststaubbindung und Reduzierung der Saugfähigkeit des Untergrunds. Die Auswahl unter Dispersions-, Lösemittel- und Reaktionsharzgrundierungen richtet sich nach dem Untergrund und der vorgesehenen Spachtelmasse. Der Untergrund kann dadurch nicht verfestigt werden.

Werden lösemittelhaltige Produkte verwendet, z. B. für Magnesiaestriche, sind die Auflagen der Gefahrstoffverordnung zu beachten. Der Voranstrich ist mit Lammfellrolle, Flächenstreicher oder Gummischieber aufzutragen. Die Trocknung kann 2 bis 24 Stunden dauern und hängt vom Raumklima sowie dem gewählten Voranstrich ab.

Spachtelmasse

Werden Beläge ohne Unterlage verlegt, ist der Untergrund mit Spachtelmasse zu glätten. Die Ebenheit wird dadurch verbessert und eine gleichmäßige Saugfähigkeit des Untergrunds hergestellt, z. B. auf Gussasphaltestrichen und Alt-Untergründen. Dies dient auch als Pufferschicht, wenn Dispersionsklebstoffe auf feuchtigkeitsempfindlichen Untergründen, bspw. auf Magnesia- oder Calciumsulfatestrich, aufgetragen werden. Zu beachten sind hierbei auch die Vorschriften der TRGS 610, wonach lösemittelhaltige Klebstoffe durch Dispersionsklebstoffe zu ersetzen sind, wo das technisch möglich ist.

Spachtelmassen werden eingeteilt in:

- Reaktionsharzspachtelmassen – nicht saugfähig
- Dispersionsspachtelmassen – wenig saugfähig
- Zement- oder Calciumsulfatspachtelmassen – saugfähig

Je nach Schichtdicke unterteilt man Spachtelmassen in:

- Spachtelmassen   0–3 mm
- Ausgleichsmassen   3–10 mm
- Füll-, Nivelliermassen 5–10 mm

Vollflächige Spachtelungen sind als Besondere Leistung extra zu vereinbaren und auszuführen.

Eine gleichmäßig saugfähige Schicht ist für den Einsatz von Dispersionsklebstoffen erforderlich. Mit einer Mindestschichtdicke von 2 mm kann eine optimale Saugfähigkeit erreicht werden. Bei geforderter Stuhlrolleneignung oder bei dichten Untergründen, wie Gussasphaltestrichen, ist eine 2 mm dicke Spachtelschicht aufzubringen. Mittlere Schichtdicken von 10 mm sollten auf einer Epoxidharzgrundierung ausgeführt werden.

Die Spachtelmasse ist mindestens 3 mm dick aufzutragen, zu rakeln und mit einer Stachelwalze zur Entlüftung abzurollen, wenn hochglänzende elastische Bodenbeläge verlegt werden sollen, bei welchen im Gegenlicht jede Unebenheit gesehen werden kann. Hier kann es auch sinnvoll sein, die Spachtelschicht abzuschleifen, um Verunreinigungen zu entfernen, welche sich unter dem Belag abzeichnen könnten.

Spachtelmassen werden poliert, wenn sie sich nicht schleifen lassen. Dies kann allerdings zu Haftungsproblemen führen.

Frische Spachtelschicht ist vor Zugluft zu schützen und je nach Produkt kann erst nach einer Trocknung über Nacht weitergearbeitet werden. Die Herstellervorschriften sind einzuhalten. Durch Zugabe von Fasern oder Kunststoffdispersion werden Spachtelmassen vergütet, z. B. für ableitfähige Verlegung oder den Einsatz auf schwimmend verlegten Fertigteilestrichen.

Elektrisch ableitfähige Verlegung
Sollen Bodenbeläge ableitfähig verlegt werden, sind VDE-Vorschriften zu beachten. Zur Wahl steht die Verlegung auf Kupferbändern oder auf leitfähigem Voranstrich.

Untergrundbehandlung

Bodenbelagarbeiten

Bei der Verlegung auf Kupferbändern wird der Untergrund einschließlich Spachtelung normal vorbereitet. Kupferbänder werden aufgeklebt und der Bodenbelag wird darauf mit einem leitfähigem Klebstoff verlegt. Bei guten Lichtverhältnissen können sich die Kupferbänder bei elastischen Belägen in der Oberfläche abzeichnen. Potenzialanschluss mit Anschlussstellen je 30 bis 50 m² Bodenfläche ist notwendig.

Bei großen Hallen sind die Abstände zum nächstgelegenen Erdungspunkt mit maximal 10 m anzulegen. Die Erdung erfolgt durch den Elektriker.

Alternativ wird ein normal vorbereiteter Unterboden mit einem leitfähigen Voranstrich beschichtet, auf den auf leitfähigem Klebstoff ein leitfähiger Bodenbelag aufgeklebt wird. Kupferbänder werden im Randbereich angeordnet und vom Elektriker geerdet. Pflegemittel dürfen die Leitfähigkeit nicht beeinträchtigen. Die Herstellerangaben sind zu berücksichtigen.

Alt-Untergründe

Hierbei ist zu unterscheiden, ob auf alten Untergründen Beläge liegen, die entfernt werden sollen oder ob auf bereits vorhandene Beläge neue aufgebracht werden sollen.

Entfernen von alten Belägen
Sind vorhandene Beläge von alten Untergründen zu entfernen, so sind diese auf einen möglichen Schadstoffgehalt, wie Asbest, zu prüfen und ggf. von sachkundigen Firmen

Untergrundbehandlung

Bodenbelagarbeiten

(Sachkundenachweis) unter Beachtung der TRGS 519 als gesondert vereinbarte Leistung auszubauen und zu entsorgen. Asbest kann in alten Flexplatten (Vinylasbestplatten), CV-Bodenbelägen mit Papperücken und Magnesiaestrichen enthalten sein, welche bis Anfang der 80er Jahre produziert wurden. PAK-belastete Holzpflaster, Bodenbeläge, Parkett und Klebstoffe sind nur durch sachkundige Firmen zu behandeln. Die Handlungsanweisungen der Berufsgenossenschaft der Bauwirtschaft sind zu beachten.

Alle übrigen Beläge, wie Fliesen, Bodenbeläge, Beschichtungen, Rückstände von Spachtelschichten und Klebstoffen, sind als Verlegeuntergrund problematisch und können entfernt werden, was gesondert als Leistung zu vereinbaren und auszuführen ist.

Schwimmend verlegtes Laminat oder Mehrschichtparkett und lose verlegte, verspannte oder fixierte Bodenbeläge sollten generell entfernt werden. Druckluftschaber werden zum Entfernen von alten Steinfliesen, Bodenbelägen und Parkett verwendet; Stripper werden bei textilen Bodenbelägen eingesetzt. Verbleiben Reste von Klebstoffen, Belag oder alten gipsgebundenen Spachtelmassen auf dem Untergrund, sind diese als gesondert zu vereinbarende Leistung abzuschleifen und abzusaugen, notfalls abzufräsen oder abzustrahlen.

Nach den zuvor beschriebenen Maßnahmen kann der Untergrund mit einem geeigneten Voranstrich und einer Spachtelmasse bearbeitet werden.

Untergrundbehandlung

Bodenbelagarbeiten

Alte Beläge als Untergrund nutzen

Sollen vorhandene Beläge als Untergrund bleiben, ist zu prüfen, ob sie geeignet sind, den neuen Boden aufzunehmen und ob sie fest liegen. In der TRGS 610 ist die schwimmende/lose Verlegung oder das Verspannen als Ersatzverfahren genannt.

Der Wasserdampfausgleich in der Deckenkonstruktion muss bei allen Verlegungen auf vorhandenen Böden erhalten bleiben. Wasserdampfdiffusion darf nicht zu Tauwasser führen! Darauf ist besonders bei Konstruktionen auf Holzbalkendecken und Lagerholzkonstruktionen zu achten. Verrottungsgefahr von organischen Bestandteilen, wie Wolle, besteht, wenn der Feuchteausgleich mit der Raumluft unterbunden ist. Dadurch entstehen üble Gerüche!

Untergrundbehandlung

Bodenbelagarbeiten

vorhandener Fußboden	neuer Fußboden	Untergrundvorbereitung
Steinfußboden Fliesen Naturstein Terrazzo	alle Bodenbeläge und alle Verlegearten	Grundreinigung; alle Trennschichten sind vor einer Verklebung zu entfernen; vorstreichen, spachteln
Laminat, verklebt CPL-Laminat HPL-Laminat	Laminat schwimmend; Teppich lose, fixiert, gespannt	Grundreinigung; alle Trennschichten sind vor einer Verklebung zu entfernen
Fest verklebte elastische Bodenbeläge		
Mit Filzrücken	–	entfernen (Geruch)
Ohne Schaumschichten	Teppich lose, fixiert, gespannt; Laminat schwimmend	Grundreinigung; alle Trennschichten vor einer Fixierung entfernen
Mit Schaumschichten	Laminat schwimmend	Grundreinigung
Holzfußböden genagelt/verklebt Parkett Dielen Holzpflaster	Laminat schwimmend verlegt; alle Bodenbeläge lose, gespannt, verklebt	Grundreinigung; vor einer Verklebung evtl. Überzähne/Schüsselungen egalisieren; evtl. Spanplatte einlegen
Fest verklebte textile Bodenbeläge		
Polteppichböden	–	Entfernen (Geruch)
Nadelvlies	gespannte Teppichböden, Laminat schwimmend	reinigen

Tab. 18: Übersicht für die Kombination von vorhandenen und neuen Belägen sowie den notwendigen Maßnahmen (Quelle: „Fachbuch für Parkettleger")

Bei alten Holzfußböden sind lose Dielen zu verschrauben. Geschüsselte Dielen werden durch Schleifen egalisiert.

Untergrundbehandlung

Bodenbelagarbeiten

Als Untergrund für einen neuen Belag eignet sich eine ca. 10 mm dünne Spanplatte.

Reicht die Höhe nicht aus, sind für die Dielen geeignete Spachtelmassen zu wählen, welche mit Gewebe armiert oder auf Renovierungsvlies eingebaut werden müssen. Notfalls ist zum Wasserdampfausgleich die Konstruktion von oben zu hinterlüften. Diese Maßnahme ist als gesonderte Leistung zu vereinbaren und auszuführen.

Anforderungen an die Ebenheit

Die Grenzwerte nach DIN 18202:2013-04, Tabelle 3 Zeile 3 sind für die Ebenheit sowohl bei flächenfertigen Böden als auch bei Bodenbelagarbeiten gültig. Werden höhere Anforderungen gestellt, sind diese nach Zeile 4 gesondert zu vereinbaren und als Besondere Leistung auszuführen.

Werden trotz Einhaltung der Grenzwerte bei Streiflichteinfall Unebenheiten sichtbar, sind diese zulässig.

	Stichmaße als Grenzwerte in mm bei Messpunktabständen in m bis				
	0,1 m	1 m[a]	4 m[a]	10 m[a]	15 m[b]
3	2 mm	4 mm	10 mm	12 mm	15 mm
4	1 mm	3 mm	9 mm	12 mm	15 mm
[a] Zwischenwerte sind den Bildern 4 und 5 zu entnehmen und auf ganze mm zu runden [b] Die Grenzwerte für Ebenheitsabweichungen gelten auch für Messpunkte über 15 m					

Tab. 19: Übersicht gem. DIN 18202:2013-04, Tabelle 3 Zeile 3 und 4.

Untergrundbehandlung

Bodenbelagarbeiten

Estrichart	Unbeheizte Estriche	Beheizte/gekühlte Estriche
	Elastische und textile Bodenbeläge, Laminat, Parkett, Holzpflaster	Elastische und textile Beläge, Laminat, Parkett, Holzpflaster
Zementestrich	2,0 cm-%[1]	1,8 cm-%[1]
Calciumsulfatestrich	0,5 cm-%[1]	0,5 cm-%[1]
Magnesiaestrich	1 bis 3,5 cm-%[1]; je nach Anteil der organischen Bestandteile; bei Herstellern sind Erfahrungswerte anzufragen	
[1] Masseprozent gemessen mit der cm-Methode		

Tab. 20: Maximal zulässige Feuchte für die Belegreife
(Quelle: DIN 18560-1:2015-11)

Verlegen

Bodenbeläge werden – sofern nicht anders vereinbart – ohne Unterlagen verlegt. Sollen Unterlagen ausgeführt werden, müssen diese für den Belag und die entsprechende Nutzungsanforderung geeignet sein. Die Herstellerangaben sind zu beachten. Stöße und Nähte von Unterlagen sind versetzt zu den Stößen und Nähten der Bodenbeläge anzuordnen.

Folgende Unterlagen können verwendet werden:

- Korkment: v. a. unter elastischen Bodenbelägen
- Vlies: v. a. unter verspannten Teppichböden und schwimmend verlegtem Laminat
- Gummigranulat: für punktelastische Sportböden
- Kautschuk: v. a. unter Laminat und textilen Bodenbelägen
- Kork-Gummi-Granulat: v. a. unter schwimmend verlegtem Laminat
- PUR-Schaum mit Trägergewebe: vorrangig unter schwimmend verlegtem Laminat und textilen Bodenbelägen bei Ansprüchen nach erhöhtem Gehkomfort
- PE-Schaum vernetzt: vor allem unter schwimmend verlegtem Laminat

Auf vollflächige Verklebung von Unterlagen und Bodenbelägen ist zu achten. Ebenso muss darauf geachtet werden, dass Klebstoff auf dem Bodenbelag sofort entfernt wird. Die Aushärtezeit des Klebstoffs ist bei verklebten Unterlagen vor dem Verlegen oder Aufbringen des Belags einzuhalten. Her-

Verlegen
Bodenbelagarbeiten

steller- und produktabhängig kann auch eine lose Verlegung oder Befestigung mit speziellen Hilfsmitteln vorgegeben sein. Die Herstellerangaben sind zu beachten.

Sofern die Verlegerichtung nicht festgelegt wurde oder abweichende Regelungen getroffen wurden, kann die Verlegerichtung frei gewählt werden, wobei eine Stückelung innerhalb des Raums nicht zulässig ist. Kopfnähte, welche quer zur Bahnrichtung laufen, sind bei Bahnlängen über 5 m zulässig, jedoch dürfen nicht mehrere über 5 m lange Bahnen aneinandergesetzt werden. Die angesetzte Bahn muss mindestens 1 m lang sein. Sind Räume durch Schiebe-, Falt- oder Glastüren miteinander verbunden, werden die Bahnen in der gleichen Richtung verlegt.

Laufen Bahnen auf Nischen, Türöffnungen und dergleichen zu, müssen diese nahtlos mit durchgelegt werden. Streifen dürfen an Nischen und Türöffnungen verlegt werden, wenn diese neben der Bahn parallel dazu verlaufen. Auf gleichen Verlauf von Muster- und Farbgleichheit ist dabei zu achten. Die Bahnen sind an Türübergängen geradlinig unter dem Türblatt zusammenzufügen. Als besonders zu vereinbarende Leistung werden die Nähte mit Profilen abgedeckt.

Musterübergänge müssen passen, wenn Bahnen mit Rapportmustern, die sich in regelmäßigen Abständen wiederholen, aneinandergestoßen werden. Die Muster müssen deswegen über die gesamte Länge und Breite gleichbleibend verlaufen.

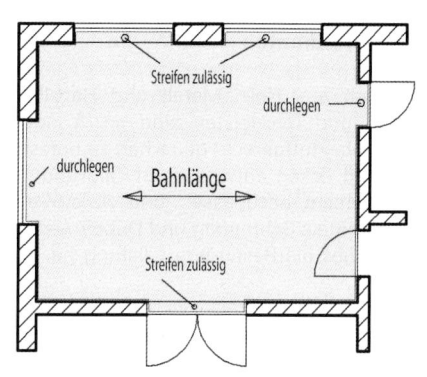

Bild 8: Belegen von Nischen (Quelle: Hallschmid)

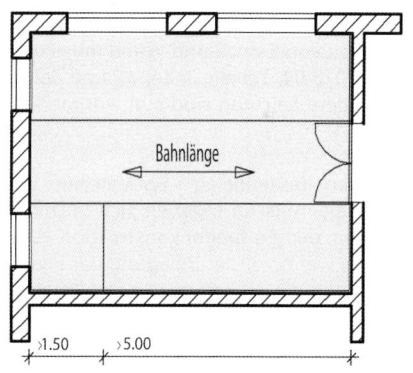

Bild 9: Anordnung einer Kopfnaht (Quelle: Hallschmid)

Profile, Leisten und Stoßkanten
Sockel- und Deckleisten
Sockel- und Deckleisten aus Holz, Metall und Hart-PVC sowie flexible Sockel- und Deckleisten sind an Wänden durch Kleben oder Nageln stoffgerecht dauerhaft zu befestigen und an Stößen und Ecken entweder auf Gehrung zu schneiden oder stoffgerecht anzupassen und zu stoßen. Sofern Sockelsysteme mittels Schrauben und Dübeln befestigt werden sollen, ist dies als Besondere Leistung gesondert auszuführen.

Der Befestigungsabstand sollte abhängig von der Sockelleiste nicht größer als 60 cm sein. Sind Sockelleisten anzusetzen, sollte dies mit mindestens 20 cm langen Leisten vor der Raumecke erfolgen. Mehrfachstückelungen sind nicht zulässig und sollten nur in Abstimmung mit dem Auftraggeber erfolgen. Die Ebenheit von Estrich und Wand muss mindestens der DIN 18202:2013-04, Tabelle 3, Zeile 3 und Zeile 6 entsprechen. Als Besondere Leistung sind evtl. vorhandene Tapeten zu entfernen.

Spaltbildungen zwischen Bodenbelag, Sockelleiste und Wandanschluss oder Fugenmassen ergeben sich im Randbereich durch Absenken der Fußbodenkonstruktion. Dies stellt keinen Mangel dar, wenn vor der Belegung der Feuchtegehalt geprüft wurde und dieser innerhalb der zulässigen Werte lag.

	Stichmaße als Grenzwerte in mm bei Messpunktabständen in m bis				
	0,1 m	1 m[a]	4 m[a]	10 m[a]	15 m[b]
3	2 mm	4 mm	10 mm	12 mm	15 mm
6	3 mm	5 mm	10 mm	20 mm	25 mm

[a] Zwischenwerte sind den Bildern 4 und 5 zu entnehmen und auf ganze mm zu runden
[b] Grenzwerte für Ebenheitsabweichungen gelten auch für Messpunkte über 15 m

Tab. 21: Übersicht gem. DIN 18202:2013-04, Tabelle 3 Zeile 3 und 6.

Treppenstoßkanten und andere Stoßkanten

Treppenstoßkanten aus Natur- und Synthesekautschuk oder Kunststoff müssen höhengleich bündig am Übergang zum Bodenbelag abschließen und sind nur auf den Trittstufen durch Kleben zu befestigen. Andernfalls sind Materialbrüche zu erwarten, wenn dies nicht beachtet wird. Im Allgemeinen werden starre Treppenkanten durch Schrauben, Nageln und/oder Kleben befestigt.

Bodenbeläge in Sporthallen

Für die Ausführung von Bodenbelägen in Sporthallen ist die DIN V 18032-2 zu berücksichtigen.

Die ATV DIN 18365 bezieht sich nicht mehr auf Bodenbeläge in Sporthallen.

Sportbodenarten werden wie folgt unterschieden:

- flächenelastischer Sportboden aus elastischer Schicht oder Konstruktion, biegesteifer Lastverteilungsschicht und Oberbelag

- punktelastischer Sportboden aus elastischer Schicht und Oberbelag
- kombiniert elastischer Sportboden aus elastischer Schicht oder Konstruktion, biegesteifer Lastverteilungsschicht, oberer elastischer Schicht und Oberbelag
- mischelastischer Sportboden aus elastischer Schicht, in die elastische Schicht integrierter flächenversteifender Komponente oder mittelsteifer Lastverteilungsschicht und Oberbelag

Durch die Einpflege darf das Gleitverhalten nicht beeinträchtigt werden. Der Gleitreibungsbeiwert muss zwischen 0,4 und 0,6 liegen.

Markierungslinien sind als Besondere Leistung gesondert zu vereinbaren und auszuführen.

Brandverhalten der Baustoffe
Alle als Fußbodenbaustoff eingesetzten Materialien müssen in Deutschland mindestens der Baustoffklasse B2 entsprechen.

Verlegen

Bodenbelagarbeiten

Baustoffklasse nach DIN 4102-1	Europäische Klasse nach DIN EN 13501-1: 2010-01	Bauaufsichtliche Anforderung
A A1 A2	A1fl (A1) A2$_{fl}$ – s1 (A2 – s1 d0)	nichtbrennbare Baustoffe
B B1	(A2 – s2 d0/A2 – s3 d0/A2 – s1 d1/A2 – s1 d2/A2 – s3 d2) B$_{fl}$ – s1 (B – s3 d0/B – s1 d1/B – s1 d2/B – s3 d2) C$_{fl}$–s1 (C – s3, d0/C – s1 d1/C – s1 d2/C – s3 d2)	brennbare Baustoffe schwerentflammbare Baustoffe
B2	A2$_{fl}$ – s2 B$_{fl}$ – s2 C$_{fl}$ – s2 D$_{fl}$ – s1 D$_{fl}$ – s2 (D – s1 d0/D – s2 d0/D – s3 d0/ D – s1 d2/D – s2 d2/D – s3, d2) E$_{fl}$, (E – d2)	normalentflammbare Baustoffe
B3	F$_{fl}$	leichtentflammbare Baustoffe

Fl: Flooring

Tab. 22: Rauchentwicklung, Intensitätsstufen: s1, s2 und s3 Klassen für Bodenbeläge, Kennzeichnung (Quellen: DIN 4102-1, DIN EN 13501-1)

Verlegen

Bodenbelagarbeiten

Fußbodenbaustoff		Baustoffklasse	Klassifiziert DIN 4102 Teil 4	Prüfung DIN 4102 Teil 1
Elastische Bodenbeläge				
Flexplatten	auf mineralischem Untergrund	B1	X	
	auf beliebigem Untergrund	B2	X	
PVC	auf mineralischem Untergrund	B1	X	
	auf beliebigem Untergrund	B2	X	
Elastomerbelag		B2	X	
		B1		Prüfzeugnis
Polyolefinbelag		B2		Prüfzeugnis
Linoleum		B2	X	
Kork		B2		Prüfzeugnis
Textile Bodenbeläge		B2	X	
Holzfußböden				
Parkett nach DIN EN 13226		B1	X	
Parkett, alle Holzarten		B2	X	
		B1		Prüfzeugnis
Hobeldielen		B2	X	
		B1		Prüfzeugnis

Verlegen

Bodenbelagarbeiten

Fußbodenbaustoff	Baustoffklasse	Klassifiziert DIN 4102 Teil 4	Prüfung DIN 4102 Teil 1
10-mm-Massivparkett	B2	X	
	B1		Prüfzeugnis
Bambus	B1		Prüfzeugnis
Laminat	B2	X	
	B1		Prüfzeugnis
Holzpflaster	B2	X	
	B1		Prüfzeugnis

Tab. 23: Übersicht der Bodenbeläge gem. Baustoffklassen, Klassifizierung nach DIN 4102-4 und Prüfung nach DIN 4102-1

Bodenbelagarten

Verwendungsbereiche
Bei elastischen Bodenbelägen, Laminatböden und Furnierböden kann die Eignung für einen vorgesehenen Verwendungsbereich der Klassifizierung nach DIN EN ISO 10874:2012-04 (ersetzt DIN EN 685:2007-11) oder in Anlehnung an die Norm entnommen werden. Hier wird zunächst unterschieden in die Art der Nutzung:

- Wohnen
- Gewerbe
- Leichtindustrie

Anschließend wird weiter nach der Klasse der Beanspruchung in vier Stufen von gering bis stark unterschieden.

Die nicht abschließende Liste von Beispielen für Einsatzbereiche aus der Vorgängernorm DIN EN 685 wurde nicht in DIN EN ISO 10874 übernommen. Im Verwendungsbereich Wohnen wird zwischen 22: normal/mittel und 22+: normal unterschieden.

Erste Ziffer (/Piktogramm) (Verwendungsbereich)	Zweite Ziffer (/Piktogramm) (Nutzungsintensität)
	1 (mäßig oder mäßig/gering)
2 (wohnen)	2 (normal oder normal/mittel)
3 (gewerblich)	3 (stark)
4 (industriell)	4 (sehr stark)
z. B. Klasse 21 für Wohnen – mäßige Nutzungsintensität	

Tab. 24: *Beanspruchungsklassen nach DIN EN ISO 10874 bzw. gem. Vorgängernorm DIN EN 685*

Kunststoffbeläge

Beläge
Ein- oder mehrschichtige PVC-Beläge ($B_1/B_2/E_{fl}$) (DIN EN ISO 10581:2014-02)

Diese Beläge sind als Rollen oder Platten in den Klassen 21 bis 43 für die Verschleißgruppen T, P, M und F lieferbar. In Abhängigkeit vom Verwendungszweck liegen die Gesamtdicke zwischen 1,0 und 2,5 mm und die Nutzschichtdicke bei heterogenen Belägen zwischen 0,15 und 2,0 mm. Die Nutzschichtdicke entspricht bei homogenen PVC-Belägen der Gesamtdicke, bei heterogenen Belägen muss sie 0,15 mm dick sein.

PVC-Beläge mit Rücken aus Jute oder Polyestervlies oder auf Polyestervlies mit Rücken aus PVC (DIN EN 650:2012-12)

Diese mehrschichtigen PVC-Beläge sind in Deutschland bisher nicht gebräuchlich. Die PVC-Beläge mit Faserstoffschichten sind als Platten oder Rollen in den Klassen 21 bis 42 für

Verschleißgruppen T und P lieferbar. Abhängig vom Verwendungsbereich liegt die Nutzschichtdicke zwischen 0,15 und 1,0 mm bei Dekortiefen zwischen 0,13 und 0,30 mm.

PVC-Beläge mit Schaumstoffschicht (B1/B2/Efl) (DIN EN 651:2011-05)
Diese mehrschichtigen PVC-Beläge sind in Platten und Rollen in den Klassen 21 bis 42 für die Verschleißgruppen T, P und M erhältlich. Je nach Verwendungsbereich liegt die Nutzschichtdicke zwischen 0,15 und 1,5 mm.

PVC-Beläge mit Korkrücken (B1/B2/Efl) (DIN EN 652:2011-06)
Diese mehrschichtigen Beläge aus einer PVC-Oberschicht auf einer Schicht aus Kork oder Korkment sind als Platten und Rollen in den Klassen 21 bis 42 für Verschleißgruppen T, P, M und F lieferbar. In Abhängigkeit vom Verwendungsbereich liegt die Nutzschichtdicke zwischen 0,15 und 2,0 mm.

Geschäumte PVC-Beläge (CV-Beläge) (B1/B2/Efl) (DIN EN ISO 26986:2012-04 + Berichtigung 2013-02)
Diese mehrschichtigen Beläge mit transparenter PVC-Nutzschicht über einer geschäumten PVC-Schicht mit gedrucktem Dekor sind in Platten und Rollen in den Klassen 21 bis 33, 41 und 42 in Verschleißgruppe T erhältlich. Abhängig vom Verwendungsbereich liegt die Nutzschichtdicke zwischen 0,15 bis 0,5 mm.

Bodenbelagarten
Bodenbelagarbeiten

PVC-Flex-Platten (B1/B2/Efl) (DIN EN ISO 10595:2012-04 + Ber. 2013-02)
Diese festen PVC-Platten sind mit oder ohne Relief in den Klassen 21 bis 42 erhältlich. Die Gesamtdicke ist abhängig vom Verwendungsbereich und liegt zwischen 1,5 und 3,0 mm.

Polyolefinbeläge (B2/Efl) (In Anlehnung an DIN EN 649)
Diese Beläge sind in Konstruktion, Dessins und Gebrauchseigenschaften den PVC-Belägen ähnlich, jedoch nicht so strapazierfähig. Mit materialgleicher Schweißschnur ist die verlegte Ware thermisch zu verschweißen. Um die Oberfläche zu schützen, ist eine Polymerdispersion aufzubringen.

Klebstoffe
Dispersionsklebstoffe
Die Abbindung wird durch hohe Temperaturen und/oder niedere Luftfeuchte beschleunigt. Für die Verklebung im Nassbettverfahren ist ein saugfähiger Untergrund notwendig. Wird der Klebstoff für Polyolefinbeläge nicht ausreichend abgelüftet, bis er transparent wird, können sich Stippnähte bilden.

Verlegen
Klimatisieren
Zum Klimatisieren werden PVC- und Polyolefinbahnen nach dem Grobzuschnitt mindestens über Nacht 24 Stunden im zu verlegenden Raum bei einer Mindesttemperatur von 15 °C bei PVC-Belägen und 18 °C bei Polyolefinbelägen und maximal 75 % Luftfeuchte liegend gelagert. Platten werden gestapelt temperiert.

Bodenbelagarten
Bodenbelagarbeiten

Nähte
- PVC/Polyolefinbeläge, PVC-Beläge auf Kork und PVC-Beläge mit Schaumstoffschicht werden einige Zentimeter überlappt ausgerichtet und bei langen Bahnen nach erfolgtem Schnurschlag ohne Luft dicht geschnitten. Besonders bei Polyolefinbelägen muss die Naht spannungsfrei eingelegt werden können.
- PVC-Beläge auf Polyestervlies oder Jute und geschäumte PVC-Beläge (CV-Beläge) werden vor der Klebung mustergleich aufeinandergelegt und in einem Arbeitsgang geschnitten. Kaltschweißmittel werden für die Nähte von Verbundbelägen auf textiler Unterlage und von CV-Belägen verwendet.

Wenn nicht ausdrücklich vereinbart, ist das Verschweißen/Verfugen nicht im Leistungsumfang enthalten und als Besondere Leistung gesondert zu beauftragen und auszuführen. Durch farblich angepasste thermische Verschweißung oder Kaltverschweißung wird das Eindringen von Schmutz und Feuchtigkeit verhindert. Ein farbliches Absetzen der Fugen vom Belag aus optischen Gründen ist zu vereinbaren. Herstellerangaben sind zu beachten.

Verkleben
Dispersionsklebstoff wird im Nassklebeverfahren mit kurzer Ablüftzeit verwendet und bei PVC-Belägen kurz abgelüftet. Die Klebstofffeuchte verursacht ein Wachsen des Belags und führt zu Stippnähten, weswegen bei Polyolefinbelägen darauf zu achten ist, dass so lange abgelüftet wird, bis die Riefen transparent werden. Weil die Eigenschaften von

Polyolefinbelägen das Verarbeiten schwierig machen, ist bei der Klebung und mindestens in den ersten drei Tagen danach eine direkte Sonneneinstrahlung zu vermeiden.

Linoleum

Beläge
Linoleum mit und ohne Muster (B2/Efl) (DIN EN ISO 24011:2012-04)
Dieses Linoleum auf Faserstoffrücken ist in Platten und Rollen in den Klassen 21 bis 42, nach Absprache auch in 43, lieferbar. Je nach Verwendungsbereich liegt die Gesamtdicke bei 2,0 und 2,5 mm, wobei für Besondere Anforderungen auch andere Dicken möglich sind wie bspw. 3,2 und 4,0 mm.

Linoleum mit/ohne Muster mit Schaumrücken (B2) (DIN EN 686:2011-07)
Dieser Verbundbodenbelag, bei dem Linoleum auf eine Schaumstoffschicht laminiert wird, ist in Rollen in den Klassen 21 bis 33 und 41 mit Nenndicken von 2,0 und 2,5 mm erhältlich.

Linoleum mit/ohne Muster mit Korkmentrücken (B2/Efl) (DIN EN 687:2011-07)
Dieser Belag, bei dem die Dicke des Linoleums ohne die Korkmentschicht in Abhängigkeit vom Verwendungszweck bei 1,5 oder 2,0 mm liegt, wird als Rollenware in den Klassen 21 bis 33 und 41 hergestellt.

Korklinoleum (DIN EN 688:2011-07)
Dieser Belag ist als Rollenware in den Klassen 21, 22 und 31 erhältlich. Die Gesamtdicke ist abhängig vom Verwendungsbereich und liegt bei 3,2 oder 4,5 mm. Andere Dicken, wie bspw. 4,5 und 6,0 mm sind bei besonderen Anforderungen, z. B. an die Trittschalldämmung oder den Gehkomfort, möglich.

Klebstoffe
Dispersionsklebstoffe
Die Abbindung von Dispersionsklebstoffen wird durch hohe Temperaturen und/oder niedrige Luftfeuchtigkeit beschleunigt. Für die Verklebung im Nassbettverfahren ist ein saugfähiger Untergrund notwendig. Wird der Linoleumbelag nicht rechtzeitig in der offenen Zeit eingelegt, so entstehen bspw. Hohlstellen durch nicht ausreichend feste Klebeverbindungen.

Kontaktklebstoffe
Es wird zwischen Lösemittelkontaktklebstoffen und Dispersionskontaktklebstoffen unterschieden. Diese werden überwiegend bei kleinflächigen Verlegungen eingesetzt.

Sonstige Klebstoffe
- Reaktionsharzklebstoffe haben eine begrenzte Topf- und Verarbeitungszeit, wobei die Aushärtung wesentlich durch die Temperatur von Untergrund, Umgebung, Klebstoff und Belag beeinflusst wird. Das vorgeschriebene Mischungsverhältnis ist genau einzuhalten.
- 2-K-Dispersions-Zementklebstoffe geben durch die chemische Wasserbindung weniger Wasser an die Umgebung ab, wodurch die Abbindung beschleunigt wird. Ein

Einsatz auf nicht oder schlecht saugfähigen Untergründen ist möglich, wobei die begrenzte Topf- und Verarbeitungszeit zu berücksichtigen ist.
- Trockenklebstoffe als beidseitig selbstklebende Bänder sind nach fachgerechter Verlegung sofort belastbar.

Verlegen
Klimatisieren
Es ist darauf zu achten, dass die Rollen beim Abladen wegen der Gefahr der Rissbildung durch die gesamte Bahnenbreite bei niedrigen Temperaturen nicht gestaucht werden.

Nach dem Grobschnitt werden die Bahnen aufgerollt und stehend bei mindestens 18 °C im zu verlegenden Raum möglichst 24 Stunden bei etwa 40 bis 65 % relativer Luftfeuchtigkeit gelagert. Platten werden vor der Verlegung temperiert.

Nähte
Die Naht kann bei kurzen Kanten vor dem Kleben geschnitten werden, bei langen Bahnen ist nach dem Einlegen des Belags in den Klebstoff zu schneiden. Im Bereich der Kopfnähte müssen die Bahnen vor dem Schneiden der Naht verklebt sein.

Mit einer Schmelzschnur können Linoleum-Nähte verfugt werden.

Wenn nicht ausdrücklich vereinbart, ist das Verfugen nicht im Leistungsumfang enthalten und als Besondere Leistung gesondert zu beauftragen und auszuführen. Durch farblich angepasste, thermische Verfugung wird das Eindringen von

Schmutz und Feuchtigkeit verhindert. Ein farbliches Absetzen der Fugen vom Belag aus optischen Gründen ist zu vereinbaren. Die Herstellerangaben sind zu beachten.

Die Fugen können mit einer Thermoschnur geschlossen werden, wenn Besondere Anforderungen an Hygiene, Dekontamination etc. gestellt werden. Auch in Räumen mit intensiver Nassreinigung oder bei feuchtigkeitsempfindlichen Untergründen ist eine Nahtabdichtung vorzunehmen.

Zweikomponentige Fugenmassen werden bei speziellen Anforderungen, z. B. im Labor oder Sportstättenbereich, eingesetzt.

Verkleben
Fertige Dispersionsklebstoffe oder auf der Baustelle anzurührende Klebstoffe aus Pulver werden im Nassklebeverfahren verarbeitet und die Bahnen werden sofort spannungsfrei in das nasse Klebstoffbett eingeschoben. Die offene Zeit muss beachtet werden. Der Belag ist sofort vollflächig anzureiben und anzuwalzen. Nach 10 bis 15 Minuten sind Hängebuchtbereiche wiederholt anzureiben und bei Bedarf zu beschweren. Bis zur vollständigen Abbindung ist die Fläche vor direkter Sonneneinstrahlung zu schützen.

Die Verlegung von Platten erfolgt i. d. R. nach einem Schnurschlag mit weißer Kreide mit Kreuzfugen in wechselnder Laufrichtung.

Elastomere

Beläge
Elastomere Bodenbeläge mit ebener Oberfläche und Schaumstoffbeschichtung (B2/Efl) (DIN EN 1816:2010-11)
Homogene elastomere Bodenbeläge weisen in allen Schichten eine gleiche Farbe und Materialzusammensetzung auf und sind durchgehend gemustert. Heterogene elastomere Bodenbeläge, welche auch eine Stabilisierungseinlage enthalten können, bestehen aus einer Nutzschicht und weiteren kompakten Schichten unterschiedlicher Materialzusammensetzung. Die Nutzschicht kann eben, geprägt oder genarbt sein. Elastomere Bodenbeläge sind in Rollen in den Klassen 21 bis 33 mit einer Mindestgesamtdicke von 2,5 und 3,5 mm und einer Mindestnutzschichtdicke von 1,0 mm bei heterogenen Belägen erhältlich.

Elastomere Bodenbeläge mit ebener Oberfläche (B2/Efl) (DIN EN 1817:2010-11)
Aufbau und Zusammensetzung sind wie zuvor beschrieben. Diese Beläge sind in Rollen oder Platten in den Klassen 21 bis 43 mit einer Mindestdicke zwischen 1,8 und 2,5 mm und einer Mindestnutzschichtdicke von 1,0 mm bei heterogenen Belägen erhältlich.

Elastomere Bodenbeläge mit profilierter Oberfläche (B2/Efl) (DIN EN 12199:2010-11)
Diese Beläge sind in Platten und Rollen in den Klassen 21 bis 43 mit einer Gesamtdicke zwischen 2,5 und 3,5 mm und einer Nutzschichtdicke von 1,0 mm bei heterogenen Belägen lieferbar.

Elastomere Bodenbeläge mit ebener dekorativer Oberfläche (B2/Efl) (DIN EN 14521:2004-09)
Diese sind als Platten oder Bahnen mit einer Unterschicht aus Schaumstoff und einer Gesamtdicke von mindestens 2,5 mm sowie ohne Unterschicht aus Schaumstoff mit einer Gesamtdicke von mindestens 1,8 mm lieferbar.

Klebstoffe
Dispersionsklebstoffe
Die Abbindung wird durch hohe Temperaturen und/oder niedrige Luftfeuchtigkeit beschleunigt. Die Verarbeitung erfolgt im Kontaktklebeverfahren auf saugfähigem Untergrund.

Reaktionsharzklebstoffe
Die Aushärtung dieser überwiegend zweikomponentigen Systeme auf Basis von Polyurethan- oder Epoxidharz wird durch die Temperaturen von Klebstoff, Belag und Untergrund beeinflusst. Das vorgeschriebene Mischungsverhältnis sollte genau eingehalten werden. Die Tropf- und Verarbeitungszeit ist begrenzt.

Lösemittelkontaktklebstoffe
Lösemittelhaltige Klebstoffe sind weitgehend aus Verbraucher-, Arbeits- und Umweltschutzgründen durch Dispersionsklebstoffe zu ersetzen, wo der Einsatz technisch möglich ist.

Trockenklebstoffe
Diese beidseitig selbstklebenden Bahnen und Bänder sind nach der fachgerechten Verlegung sofort belastbar.

Verlegen

Klimatisieren

Bahnen werden als stehende Rollen und Platten aufeinander liegend trocken gelagert. Nach dem Zuschnitt und vor dem Kleben werden Platten und Bahnen mindestens 24 Stunden bei einer Temperatur von mindestens 18 °C und maximal 75 % relativer Luftfeuchte durch Auslegen auf dem Untergrund klimatisiert.

Nähte

Bei elastischen Belägen werden die Nähte grundsätzlich vor der Verklebung geschnitten. Die Nähte ebener elastischer Beläge können mit einer Schmelzschnur geschlossen werden. Die Nähte von ebenen elastischen Belägen mit Schaumstoffbeschichtung sowie ableitfähige Beläge müssen verfugt werden.

Eine Nahtabdichtung ist bei feuchtigkeitsempfindlichen Untergründen und in Räumen mit intensiver Nassbelastung oder häufiger Nassreinigung, sofern Dispersionsklebstoffe verwendet werden, unbedingt erforderlich. Nach vollständigem Abbinden des Klebstoffs – frühestens nach 24 Stunden – erfolgt die thermische Verfugung, bei welcher die Fugen mit einer Schmelzschnur geschlossen werden.

Fugen profilierter elastischer Beläge werden mit einer Zweikomponenten-Fugenmasse ausgefugt.

Wenn nicht ausdrücklich vereinbart, ist das Verfugen nicht im Leistungsumfang enthalten und als Besondere Leistung gesondert zu beauftragen und auszuführen. Durch farblich angepasste, thermische Verfugung wird das Eindringen von

Schmutz und Feuchtigkeit verhindert. Ein farbliches Absetzen der Fugen vom Belag aus optischen Gründen ist gesondert zu vereinbaren. Die Herstellerangaben sind zu beachten.

Verkleben
Fertige Dispersionsklebstoffe oder Reaktionsklebstoffe werden im Nassklebeverfahren verarbeitet und die Bahnen sofort spannungsfrei in das nasse Klebstoffbett eingeschoben. Die offene Zeit muss beachtet werden. Der Belag ist sofort vollflächig anzureiben und/oder anzuwalzen. Bis zur vollständigen Abbindung ist die Fläche vor direkter Sonneneinstrahlung zu schützen und sollte nicht betreten werden. Elastische Beläge in Platten sind grundsätzlich spannungsfrei einzulegen.

Korkbeläge

Beläge
Korkbeläge mit PVC-Nutzschicht (DIN EN 655:2011-07)
Diese bestehen aus einer Presskorkschicht mit einem an der Oberfläche ggf. aufkaschierten, dekorativen Kork- oder Holzfurnier, mit aufkaschierter PVC-Nutzschicht. Rückseitig ist eine PVC-Folie als Gegenzug aufgebracht. Diese Korkbeläge sind in die Verschleißgruppe T eingestuft und in den Klassen 21 bis 42 nach DIN EN ISO 10874 lieferbar. Die Nutzschichtdicke beträgt zwischen 0,15 und 0,65 mm bei Gesamtdicken von 2,0 bzw. 2,5 und 3,0 mm.

Korkbeläge aus Presskork (DIN EN 12104:2000-10)
Korkbeläge aus Presskork sind homogene oder heterogene Platten aus Presskork, roh oder werkseitig furniert oder auch oberflächenbehandelt, wobei die Endbeschichtung nicht dicker als 0,15 mm sein darf, wenn sie aus Kunststoff besteht. Zur Oberflächenbehandlung ist ein Oberflächenfinish und/oder eine Versiegelung vorzusehen. Die Platten sind in den Klassen 21 bis 32 und 41 nach DIN EN ISO 10874:2012-04 erhältlich, wobei die Gesamtdicke mindestens 4 mm betragen muss.

Klebstoffe
Dispersionsklebstoffe
Unter Berücksichtigung der TRGS 610 und aus Gründen des Arbeitsschutzes werden für Korkbeläge überwiegend lösemittelfreie, wasserbasierte Dispersionsklebstoffe empfohlen und verwendet. In Abhängigkeit von der Belagart werden Dispersions-Kontaktklebstoffe für beidseitigen Klebstoffauftrag oder spezielle Dispersionsklebstoffe für einseitigen Klebstoffauftrag verwendet. Die raumklimatischen Bedingungen sind einzuhalten. Die Auswahl des Klebstoffs richtet sich nach dem Untergrund und der Art des Belags. Die Herstellerempfehlungen sind zu beachten.

Dispersions-Einseitklebstoffe
Der Belag ist unter Berücksichtigung von Ablüfte- und Einlegezeiten in das Klebstoffbett einzulegen, gut anzureiben und nachzureiben oder zu walzen. Ein saugfähiger Untergrund ist erforderlich und kann notfalls durch Spachteln hergestellt werden.

Dispersions-Kontaktklebstoffe
Nach beidseitigem Klebstoffauftrag und Abtrocknen sind die Korkbodenplatten innerhalb der Kontaktklebezeit passgenau in das Klebstoffbett einzulegen und kräftig anzureiben oder festzuklopfen. Für die Verlegung ist ein ebener, möglichst glatter Untergrund notwendig.

Verlegen
Klimatisieren
Korkbeläge sind trocken zu lagern und zwei bis drei Tage im zu belegenden Raum bei mindestens 18 °C und relativer Luftfeuchte zwischen 50 und 75 % zu temperieren.

Nähte
Bei Korkplatten mit PVC-Nutzschicht können die Nähte mit Schaltschweißmittel verfugt werden.

Verkleben
Korkbeläge mit PVC-Nutzschicht werden üblicherweise mit Nassbett-Einseitklebstoffen verlegt, wobei die Beläge spannungsfrei innerhalb der Einlegezeit eingelegt, angerieben und später angewalzt werden. Korkbeläge aus Presskork können sowohl mit speziellen Dispersions-Einseitklebstoffen als auch mit Dispersions-Kontaktklebstoffen verlegt werden. Die Korkbeläge sind innerhalb der Einlegezeit spannungsfrei einzulegen, bei Verwendung von Kontaktklebstoff außerdem passgenau, vollflächig anzureiben und nachzuwalzen. Die Herstellerangaben sind zu berücksichtigen. Die Bodentemperatur sollte mindestens 15 °C, bei Fußbodenheizungen mindestens 18 bis 22 °C betragen.

Oberflächenbehandlung
Frühestens 24 Stunden nach Abschluss der Klebearbeiten kann die Oberflächenbehandlung gem. Herstellerangaben erfolgen.

Textile Bodenbeläge

Die Anforderungen an die Einstufung aller textilen Bodenbeläge und Teppichfliesen wurden in DIN EN 1307:2014-07 zu einem Schriftstück zusammengefasst, das die nachfolgenden Normen ersetzt. Die Einstufung für Beanspruchungsbereiche war für Polteppiche in der DIN EN 1307:2008-08, für Nadelvliesbodenbeläge in der DIN EN 1470:2009-02 und für Polvliesbodenbeläge in der DIN EN 13297:2007-12 und Berichtigung 2009-01 geregelt. Da die DIN EN 14215 für zugeschnittene, lose zu verlegende Teppiche gilt, hat sie im Zusammenhang mit den Bodenbelagsarbeiten keine Bedeutung.

Bodenbelagarten

Bodenbelagarbeiten

Klasse des Beanspruchungsbereichs	Nutzungsintensität	Beanspruchungsbeispiele	
		Wohnbereich	Geschäftsbereich
1	Leichte Beanspruchung	leicht	
2	Normale Beanspruchung	normal	
3	Starke Beanspruchung	stark	normal
4	Extreme Beanspruchung		stark

Tab. 25: Übersicht für Beanspruchungsbereich (Quelle: DIN EN 1307/ DIN EN 1470/DIN EN 13297)

Textile Bodenbeläge sind ebenfalls vor der Verlegung der Raumtemperatur anzupassen. Die Nähte werden vor dem Kleben geschnitten, soweit der Belag dafür geeignet ist.

Schneiden
Gewebte Teppichböden
Bei gewebten Polteppichen ist die produktionsbedingte Webkante mit einem speziellen Nahtschneider oder einer Hakenklinge in der Florgasse zu schneiden.

Naturfaserbeläge, wie Kokos- oder Sisalteppichböden, werden nicht beschnitten. Falls die Bahnenkanten geschnitten werden, sind die Schnittkanten evtl. zusätzlich zu verfestigen.

Nadelvlies
Diese Beläge werden mit Nahtüberlappung in unverklebtem Zustand ausgelegt und durch Nahtdoppelschnitt mit einer Trapezklinge oder Hakenklinge geschnitten.

Tuftingteppichböden
Die Bahnen dieser Beläge können evtl. auch ohne vorheriges Schneiden der Kanten stumpf aneinandergestoßen werden. Zum Schneiden werden die Bahnen mit einer Nahtüberlappung ausgelegt.

Befestigung
Teppichböden können durch Kleben, Fixieren, Kletten oder Verspannen auf dem Untergrund befestigt werden.

Kleben
Dafür werden Dispersionsklebstoffe im Haftklebeverfahren verwendet. Nach einseitigem Auftrag auf dem Untergrund und ausreichendem Ablüften werden die Beläge eingelegt und angerieben.

Fixieren/doppelseitig klebende Folien
Wird das Fixieren oder das Verlegen mit doppelseitig klebenden Folien ausdrücklich vereinbart, sind die Beläge auf feuchteunempfindlichen Untergründen zu fixieren oder an den Rändern und im Nahtbereich mit doppelseitig klebendem Klebeband zu befestigen.

Verspannen
Wenn Verspannen von Teppichböden ausdrücklich vereinbart wurde, sind Nagelleisten entlang der Wand zu nageln, zu schrauben oder zu kleben, wobei der Abstand zur Wand

die Hälfte bis drei Viertel der Teppichbodendicke entsprechen sollte. Die Teppichbahnen sind durch Verkleben mit einem Schmelzklebeband oder durch Vernähen untereinander zu verbinden. Der Höhenunterschied ist durch eine elastische Unterlage auszugleichen, welche dicker als die Nagelleiste sein muss und punktuell zu fixieren ist.

Kletten
Hierbei wird der mit einem Klettrücken ausgestattete Bodenbelag auf den entsprechend präparierten Untergrund aufgebracht, weswegen ein Auswechseln ohne zeit-, kosten- und schmutzaufwendige Vorarbeiten erfolgen kann. Das Kletten ist gesondert als Leistung zu vereinbaren und auszuführen.

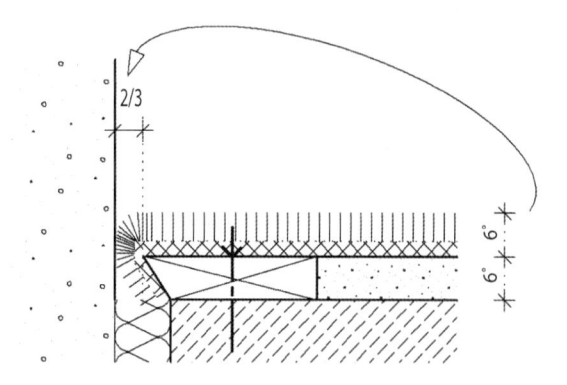

Bild 10: Nagelleiste zum Spannen von Teppichböden (Quelle: Hallschmid)

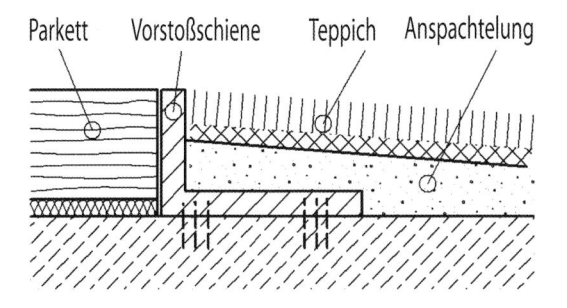

Bild 11: Materialwechsel (Quelle: Hallschmid)

Musterrapport

Musterübergänge müssen passen, wenn Bahnen mit Rapportmustern, die sich in regelmäßigen Abständen wiederholen, aneinandergestoßen werden. Die Muster müssen deswegen über die gesamte Länge und Breite gleichbleibend verlaufen.

Besonders vor dem Verlegen von textilen Bodenbelägen mit Rapportmustern in einem Raum ist darauf zu achten, dass die abgelängten Bahnen auf Verzüge kontrolliert werden, damit sie mustergleich verlegt werden können. Verzüge sind bei der Verlegung bis auf wenige Ausnahmen ausspannbar.

In der Regel können gewebte, textile Bodenbeläge ohne zusätzliche Rückenausstattung weitgehend ausgespannt werden. Für Musterverzüge vor der Verlegung sind Toleranzen in DIN CEN/TS 14159 aufgestellt. Hinweise zu Musterabweichungen nach der Verlegung sind im Merkblatt „Musterabweichungen bei textilen Bodenbelägen nach der Verlegung" des Bundesverbands der vereidigten Sachverständigen für Raum und Ausstattung e.V. festgehalten.

Der Auftraggeber ist auf Musterabweichungen hinzuweisen, welche möglicherweise nach der Verlegung bleiben. Musterverzüge können als Längsverzug, Querverzug, Schrägverzug und Längung auftreten. Bei klein gemusterten Bodenbelägen kann im Nahtbereich ein Reißverschlusseffekt auftreten, der auch bei sehr sorgfältiger Arbeit unvermeidbar ist.

Aufgrund zulässiger Toleranzen kann die Lieferbreite bei textilen Bodenbelägen um maximal 3 cm unterschritten werden.

Ist eine Verlegung nach Fixmaßen vorgesehen, sollte dies bereits bei der Bestellung berücksichtigt worden sein.

Laminat und Paneele

Beläge
Bei Laminatböden wird zwischen Laminatböden auf Melaminbasis und Laminatböden auf Acrylbasis unterschieden, welche jeweils weiter unterteilt werden. Als Trägermaterial werden Holzspanplatten und Holzfaserplatten der Typen MDF oder HDF verwendet.

Laminatböden auf Melaminbasis:

- HPL: Hochdruck-Schicht-Pressstoffböden
- CPL: Continuous Pressure Laminate
- DPL: Direct Pressure Laminate;
- CML: Continuous Multi Layer Laminate

Laminatböden auf Acrylbasis:

- EPL: Electrobeam Pressure Laminate
- PDL: indirekter, direkter oder digitaler Druck auf MDF- bzw. HDF-Träger (Printed Direct Laminate)
- folienkaschierte Laminatböden

Des Weiteren werden als mehrschichtige Elemente Fußbodenpaneele, z. B. mit Linoleum-, Kork- oder Vinyl-Oberschicht, verwendet.

Laminatböden sind in den Beanspruchungsklassen 21 bis 34 erhältlich. Für feuchtebelastete Bereiche sind Elemente mit Holzwerkstoffträger ungeeignet und es dürfen nur dafür freigegebene Laminatböden verwendet werden.

Laminat und Paneele

Bodenbelagarbeiten

Geltende Normen sind:

- DIN EN 13329:2013-12 – Laminatböden – Elemente mit einer Deckschicht auf Basis aminoplastischer, wärmehärtbarer Harze – Spezfikationen, Anforderungen und Prüfverfahren
- DIN EN 14978:2013-12 (Normentwurf) – Laminatböden – Elemente mit einer elektronenstrahlgehärteten Dickschicht auf Acryl-Basis – Spezifikationen, Anforderungen und Prüfverfahren
- DIN EN 15468:2008-1 (Normentwurf) – Laminatböden – Elemente mit Kunstharz-Deckschicht – Spezifikationen, Anforderungen und Prüfverfahren

Schwimmende Verlegung

Durch den Verband der europäischen Laminatfußbodenhersteller (EPLF) wurde das Merkblatt „Verlegen von Laminatfußbodenelementen" (08/2013) erstellt, welches laufend aktualisiert wird und zu beachten ist.

Laminatfußbodenelemente, Klebstoffe, Unterlagbahnen, PE-Folie, Wandprofilsockelleisten und der Untergrund sind aufeinander abgestimmt, systembezogen zu verwenden. Als bindende Vorgabe sind die Verarbeitungshinweise der Hersteller bzw. Lieferanten zu beachten. Die Verlegerichtung wird in Abhängigkeit von der Hauptblickrichtung und des Lichteinfalls gewählt.

Das Aufbringen von Klebstoff bei einer Nut-/Feder-Verbindung ist zwingend nach Herstellervorgaben vorzunehmen. Dies gilt ebenfalls für sogenannte „Klick-Verbindungen". Der nach dem dichten Zusammenstoßen nach oben austretende Klebstoff ist rückstandsfrei nach Herstellerangaben zu entfernen. Die Oberfläche verlegter Laminatböden darf nicht nass behandelt werden, da die Nut-/Federverbindung keinen absoluten Schutz gegen Feuchteeinwirkung darstellt.

Der mittlere Feuchtegehalt bei einer Temperatur von 20 °C und einer relativen Luftfeuchte von 65 % liegt bei:

- MDF: 6 ± 2 Gew.-%
- HDF: 5 ± 2 Gew.-%
- Spanplatten mit Phenolharz: 9 ± 2 Gew.-%
- Holzfeinspanplatten mit Phenolharz: 6 ± 2 Gew.%

Das Material ist grundsätzlich in beheizten, zugluftfreien, trockenen Räumen bei mindestens 18 °C, relativer Luftfeuchte von maximal 75 % und Fußbodenoberflächentemperatur von 15 °C liegend zu lagern und über einen Zeitraum von mindestens 48 Stunden zu temperieren. Die raumklimatischen Bedingungen sind vor, während und mindestens drei Tage nach der Verlegung zu halten.

Die Ebenheitsabweichungen gem. DIN 18202:2013-04, Tabelle 3, Zeile 3 sind für den Verlegeuntergrund zugrunde zu legen. Je nach Fabrikat und Herstellerangabe wird eine erhöhte Ebenheit nach DIN 18202, Tabelle 3, Zeile 4 gefordert, wofür eine zusätzliche Untergrundvorbereitung erforderlich ist.

	Stichmaße als Grenzwerte in mm bei Messpunktabständen in m bis				
	0,1 m	1 m	4 m	10 m	15 m
3	2 mm	4 mm	10 mm	12 mm	15 mm
4	1 mm	3 mm	9 mm	12 mm	15 mm

Tab. 26: Übersicht gem. DIN 18202:2013-04, Tabelle 3, Zeile 3 für Ebenheit des Untergrunds und Zeile 4 für erhöhte Ebenheit

Als Schutzmaßnahme gegen Feuchtigkeit ist zwischen Untergrund und schwimmend zu verlegenden mehrschichtigen Elementen eine mindestens 0,2 mm dicke PE-Folie bei einer Überlappung von 20 bis 30 cm im Stoßbereich auszulegen und an den Wänden hochzuziehen.

Wird auf Holzkonstruktionen schwimmend verlegt, ist darauf zu achten, dass diese durch die sperrende Wirkung der Folie, durch Ausgleichsmassen oder Dämmunterlagen nicht luftdicht geschlossen werden. Eine geeignete Maßnahme ist das Herstellen von Luftschlitzen mit Luftsieb als Hinterlüftung an den Flächenrandbereichen. Wird gewährleistet, dass der ggf. vorhandene Lufthohlraum dauerhaft trocken ist, kann auf den Einbau einer PE-Folie verzichtet werden.

Bei Verlegung auf alten keramischen Platten und Fliesen ist ebenfalls eine mindestens 0,2 mm dicke PE-Folie mit einem sd-Wert ≥ 75m mit einer Überlappung im Stoßbereich von 20 bis 30 cm auszulegen bzw. dampfdicht zu verkleben und im Randbereich wannenartig ca. 3-4 cm aufzustellen. Der

Untergrund ist ggf. zu egalisieren. Auf die PE-Folie kann bei Verlegung auf vorhandenen Kunststoffbelägen verzichtet werden. Vorhandene Teppiche sind zu entfernen.

Vor der Verlegung von PE-Folien und Laminatbodenelementen auf Heizestrichen ist grundsätzlich ein Auf- und Abheizprotokoll zu erstellen. Die Oberflächentemperatur des Fußbodens ist vor, während und mindestens drei Tage nach dem Einbau der Laminatelemente bei ca. 18 °C zu halten und anschließend auf die Bedarfstemperatur zu steigern.

In Abhängigkeit von Anforderungen und Untergrund sind Trittschalldämmunterlagen zu verlegen, welche neben der Geräuschdämpfung auch kleinere Unebenheiten auf Estrichen ausgleichen können. Es können auch Laminatböden mit werksmäßig ankaschierter Trittschalldämmung verwendet werden.

Randfugen sind angepasst an die vorhandene Raumluftfeuchtigkeit mit 3 bis 5 mm bei geringer Luftfeuchtigkeit und mit 10 bis 12 mm bei überwiegend hoher Luftfeuchtigkeit an allen Seiten auszubilden.

Bewegungsfugenprofile sind als Besondere Leistung bei Flächen über 12 m Länge oder über 8 m Breite im Bereich von Raum-, Türdurchgängen, an Bauwerksbewegungsfugen, bei verwinkelter Grundrissgeometrie bzw. in Abhängigkeit von den Herstellerangaben zu Flächengrößen einzubauen.

Laminat und Paneele
Bodenbelagarbeiten

Zur vollflächigen Verklebung von Laminatböden in Ausnahmefällen dürfen nur vom Hersteller zugelassene Produkte verwendet werden.

Checkliste zur Abnahme der Bodenbelagarbeiten

Toleranzen
- [ ] Wurden die Grenzabmaße nach DIN 18202-1 eingehalten?
- [ ] Sind die Winkeltoleranzen nach DIN 18202-2 eingehalten worden?
- [ ] Wurden die Ebenheitstoleranzen nach DIN 18202-3, für flächenfertige Böden nach Zeile 3, für flächenfertige Böden mit besonderen Anforderungen nach Zeile 4, eingehalten?
- [ ] Sind v. a. bei größeren Unebenheiten bei der Prüfung Bedenken geltend gemacht worden?

Untergrundvorbehandlung
- [ ] Ist der Untergrund durch Schleifen und Saugen gereinigt worden?
- [ ] Mussten alte Bodenbeläge, Klebstoff- und Spachtelmassenschichten entfernt werden (Besondere Leistung)?
- [ ] Wurde der Untergrund mit einer Spachtelmasse geglättet?
- [ ] Wurde ein Voranstrich auf diejenigen Untergründe aufgetragen, mit denen sich die Spachtelmasse ungenügend verbindet?
- [ ] Konnte sich durch den Auftrag die Spachtelmasse fest und dauerhaft mit dem Untergrund verbinden?
- [ ] Wurde die Spachtelmasse so aufgetragen, dass sie nicht reißt und ausreichend druckfest ist?

Checkliste zur Abnahme

Bodenbelagarbeiten

☐ War das Erstellen und/oder Einbauen von Mustern erforderlich (Besondere Leistung)?

Verlegen von Bodenbelägen

☐ Ist vorher geprüft worden, ob die Bodenbeläge mit Unterlagen auszuführen sind und ob die Stöße und Nähte versetzt zu den Stößen und Nähten des Bodenbelags verlegt werden müssen?

☐ Ist eingehalten worden, dass Kopfnähte nur bei Bahnlängen über 5 m zulässig sind, wobei eine Ansatzlänge von 1 m nicht überschritten werden darf?

☐ Wurden Unterlagen und Bodenbeläge vollflächig verklebt und die Klebstoffrückstände sofort entfernt?

☐ Wurden Kunststoffbeläge unverschweißt verlegt?

☐ Wurden Bahnen mit Rapport mustergleich verlegt?

☐ Sind Linoleum und elastomere Beläge unverfugt verlegt worden?

☐ Sind Türöffnungen, Nischen und dergleichen, auf welche die Belagsbahnen zulaufen, mit überdeckt worden und zudem nicht mit Streifen belegt?

☐ Wurden die Kanten von textilen Belägen in Bahnen geschnitten und stumpf gestoßen (soweit dafür geeignet)?

☐ Wurden die VDE-Vorschriften bei elektrisch ableitfähigen Bodenbelägen beachtet?

☐ Wurden das Abschneiden überstehender Wandstreifen und deren Abdeckung, Herstellen von Friesen, Kehlen, Markierungslinien, Einbauen vorgefertigter Außen- und Innenecken als Besondere Leistungen ausgeführt?

- ☐ War das Erstellen von Bauteilen in mehreren Arbeitsgängen erforderlich, ohne dass Leistungen für gleichartige Arbeiten durchgängig durchgeführt werden konnten, um Arbeiten anderer Ausführender möglich zu machen (Besondere Leistung)?
- ☐ Ist eine schriftliche Pflegeanleitung für die Bodenbeläge übergeben worden?

Mehrschichtige Elemente schwimmend verlegt
- ☐ Ist der Untergrund mit einer mindestens 0,2 mm dicken PE-Folie abgedeckt worden (Ausnahme: Holzunterkonstruktionen)?
- ☐ Sind schwimmend verlegte mehrschichtige Elemente in der Nut an Kopf- und Längsseite mit Leim verbunden worden?

Fugen
- ☐ Sind die Bewegungs- und Randfugen geschlossen worden, jedoch nicht kraftschlüssig?
- ☐ Sind die Bewegungs- und Randfugen auch anderweitig nicht in ihrer Funktion gestört?

Profile, Leisten und Stoßkanten anbringen
- ☐ Sind die Sockel- und Deckleisten aus Metall, Holz oder Hart-PVC materialgerecht befestigt und die Ecken und Stöße auf Gehrung geschnitten worden?
- ☐ Wurden die Sockel- und Deckleisten aus flexiblem Material dauerhaft befestigt, an die Ecken angepasst und die Stöße materialgerecht ausgebildet?
- ☐ Sind Treppenstoßkanten aus Kunststoff oder Elastomeren nur auf den Trittstufen befestigt worden?

Checkliste zur Abnahme

Bodenbelagarbeiten

- [ ] Ist das Einbauen von seitlichen Stufenprofilen, Stoßkanten, Trennschienen, Armaturen, Bewegungsfugen, Matten- und Revisionsrahmen als Besondere Leistung vereinbart worden?
- [ ] Ist das Einbauen von vorgefertigten Außen- und Innenecken bei Sockelleisten als Besondere Leistung vereinbart worden?
- [ ] Wurde das Befestigen mit Schrauben und Dübeln als Besondere Leistung vereinbart?

Parkett- und Holzpflasterarbeiten

Geltungsbereich und Ausführung

Geltungsbereich
Die ATV DIN 18367 „Holzpflasterarbeiten" wurde mit der VOB/C 2016 in die ATV DIN 18356 „Parkett- und Holzpflasterarbeiten" integriert, sodass die DIN 18356 nun auf das Verlegen von Parkett und Holzpflaster in Innenräumen anzuwenden ist.

Ausführung
Bei der Prüfung hat der Auftragnehmer Bedenken geltend zu machen, wenn

- größere Unebenheiten vorhanden sind als nach DIN 18202 zulässig,
- ungeeignetes Raumklima oder ungeeignete Witterungsbedingungen vorhanden sind, wie bspw. bei Verlegearbeiten Bauteiltemperaturen unter 15 °C,
- der Überstand der Randdämmstreifen fehlt,
- die Oberfläche des Untergrunds nicht genügend fest, zu rau, porös oder verunreinigt ist oder Risse aufweist,
- der Untergrund nicht ausreichend trocken ist,
- die Höhenlage des Untergrunds im Verhältnis zur Höhenlage anschließender Bauteile nicht richtig liegt,
- die Temperatur des Untergrunds nicht geeignet ist,
- bei beheizten Fußbodenkonstruktionen die Markierung der Messstellen fehlt,
- Schienen, Schwellen usw. als Anschlag für Holzpflaster fehlen.

Untergrundvorbereitung

Die Vorbereitung von belegreifen Untergründen auf die Verlegung ist von der Art des Untergrunds und vom vorgesehenen Belag abhängig. Es ist zwischen neu erstellten Untergründen, wie z. B. Estrichen und Fertigteilestrichen, und Altuntergründen zu unterscheiden. Alte Stein- und Dielenböden, die neu belegt werden sollen, oder auch Estriche und Fertigteilestriche, die bereits belegt waren, zählen zu Altuntergründen. Das Ausgleichen von Unebenheiten mit mehr als 1 mm Abweichung gilt als Besondere Leistung.

Neue Untergründe

Werden bei der Prüfung des Untergrunds Risse bzw. Scheinfugen vorgefunden, können diese als Besondere Leistung kraftschlüssig verschlossen werden. Die Risse werden durch Fräsen oder Bohren auf 5 bis 8 mm verbreitert und im Abstand von etwa 20 cm wird der Estrich rechtwinkelig zu den Rissen bis etwa zu 3/4 der Dicke ca. 15 cm lang aufgefräst. In diese Öffnungen wird gerippter Betonstahl eingelegt. Die Fugen werden mit nach Herstellerangaben gemischtem 2K- Reaktionsharz gefüllt und mit Quarzsand abgestreut.

Zur Verlegung von Parkett und Holzpflasterbelägen müssen v. a. Calciumsulfatestriche zur Beseitigung der Sinterschicht angeschliffen werden. Zur Verbesserung der Haftung von Voranstrich, Spachtelmassen und Klebstoffen sind durch den Bauablauf stark strapazierte Estriche durch Schleifen und Absaugen als Besondere Leistung zu säubern. Harte Schalen durch Verflüssiger oder Zementleim, welche ein Austrocknen und das Verbinden von Grundierungen mit den tieferen Estrichschichten verhindern, sind von Estrichlegern durch Schleifen nachzubessern.

Voranstrich/Grundierung

Ist ein Voranstrich, z. B. bei Parkett auf Magnesia-, Gussasphalt- und Calciumsulfatestrichen und bei Holzpflaster RE und WE auf Zementestrich und Calciumsulfatestrich notwendig, so ist dieser als Besondere Leistung zu vereinbaren, auszuführen und zu vergüten. Auf Zementestrich, Spanplatten und Gipsfaserplatten ist die Notwendigkeit eines Voranstrichs für Parkett zu prüfen. Holzpflaster RE und WE sollten nicht auf Magnesiaestrich und Gipsfaserplatten verlegt werden. Gussasphalt und Spanplatten sind als Untergrund für Holzpflaster RE und WE nur bedingt geeignet. Holzpflaster GE sollen nur auf Beton, Zementverbundestrich oder auf Zementestrich auf Trennlage verlegt werden, welche vorzustreichen sind.

Voranstriche dienen der Reststaubbindung, als Haftbrücke, als wasserabweisende Imprägnierung und zur Reduzierung der Saugfähigkeit des Untergrunds. Die Auswahl von Dispersions-, Lösemittel- und Reaktionsharzgrundierungen richtet sich nach dem Untergrund und der vorgesehenen Spachtelmasse. Der Untergrund kann dadurch nicht verfestigt werden. Werden z. B. für Magnesiaestriche lösemittelhaltige Produkte verwendet, sind die Auflagen der Gefahrstoffverordnung zu beachten. Der Voranstrich ist mit einer Lammfellrolle, mit einem Flächenstreicher oder einem Gummischieber aufzutragen. Die Trocknung kann 2–24 Stunden dauern und hängt vom Raumklima und dem gewählten Voranstrich ab.

Spachtelmasse/Ausgleichsmasse

Spachtelschichten sind unter Parkett oder Holzpflaster zwar nicht vorgeschrieben, aber dann notwendig, wenn diese Beläge auf nichtsaugenden Untergründen, wie Gussasphalt, sowie feuchteempfindlichen Untergründen, z. B. Magnesia- oder Calciumsulfatestrich, verklebt werden sollen. Damit das Wasser aus dem Dispersionsklebstoff aufgenommen werden kann, müssen die Spachtelschichten mindestens 2 mm dick auf den Estrich aufgetragen und gesondert vereinbart und ausgeführt werden. Auch auf beheizten Fußbodenkonstruktionen sollte Parkett vollflächig verklebt werden.

Sind Unebenheiten auszugleichen, kann dies nach gesonderter Vereinbarung als Besondere Leistung mit einer Ausgleichsmasse ausgeführt werden. Die Ebenheit wird dadurch verbessert und eine gleichmäßige Saugfähigkeit des Untergrunds hergestellt.

Zu beachten sind hierbei auch die Vorschriften der TRGS 610, wonach – wo das technisch möglich ist – lösemittelhaltige Klebstoffe durch Dispersionsklebstoffe zu ersetzen sind.

Spachtelmassen werden eingeteilt in:

- Reaktionsharz-Spachtelmassen – nicht saugfähig
- Dispersions-Spachtelmassen – wenig saugfähig
- Zement- oder Calciumsulfatspachtelmassen – saugfähig

Je nach Schichtdicke unterteilt man Spachtelmassen in:

- Spachtelmassen: 0–3 mm
- Ausgleichsmassen: 3–10 mm
- Füll- und Nivelliermassen: 5–10 mm

Vollflächige Spachtelungen sind als Besondere Leistung gesondert zu vereinbaren und auszuführen. Eine gleichmäßig saugfähige Schicht ist für den Einsatz von Dispersionsklebstoffen erforderlich und kann mit einer Mindestschichtdicke von 2 mm erreicht werden. Mittlere Schichtdicken von 10 mm sollten auf einer Epoxidharz-Grundierung ausgeführt werden.

Frische Spachtelschichten sind vor Zugluft zu schützen und je nach Produkt kann erst nach einer Trocknung über Nacht weitergearbeitet werden. Hierzu sind auch die Herstellervorschriften zu beachten und einzuhalten.

Durch die Zugabe von Fasern oder Kunststoffdispersion werden Spachtelmassen, z. B. für den Einsatz auf schwimmend verlegten Fertigteilestrichen, vergütet.

Alt-Untergründe

Hierbei ist zu unterscheiden, ob auf alten Untergründen Beläge liegen, die entfernt werden sollen oder ob auf vorhandene Beläge neue aufgebracht werden sollen.

Untergrundvorbereitung

Parkett- und Holzpflasterarbeiten

Entfernen von alten Belägen

Sind vorhandene Beläge von alten Untergründen zu entfernen, so sind diese auf einen möglichen Schadstoffgehalt, wie Asbest, zu prüfen und ggf. von sachkundigen Firmen (Sachkundenachweis) unter Beachtung der TRGS 519 als gesondert vereinbarte Leistung auszubauen und zu entsorgen. Asbest kann in alten Flexplatten (Vinylasbestplatten), CV-Bodenbelägen mit Papperücken und Magnesiaestrichen, welche bis Anfang der 80er Jahre produziert wurden, enthalten sein. PAK-belastete Holzpflaster, Bodenbeläge, Parkett und Klebstoffe sind nur durch sachkundige Firmen zu behandeln. Die Handlungsanweisungen der Berufsgenossenschaft der Bauwirtschaft sind zu beachten.

Alle übrigen Beläge, wie Fliesen, Bodenbeläge, Beschichtungen, Rückstände von Spachtelschichten und Klebstoffen, sind als Verlegeuntergrund problematisch und können entfernt werden, was gesondert als Leistung zu vereinbaren und auszuführen ist.

Schwimmend verlegtes Laminat oder Mehrschichtparkett und lose verlegte, verspannte oder fixierte Bodenbeläge sollten generell entfernt werden. Druckluftschaber werden zum Entfernen von alten Steinfliesen, Bodenbelägen und Parkett verwendet; Stripper werden bei textilen Bodenbelägen eingesetzt. Verbleiben Reste von Klebstoffen, Belag oder alten gipsgebundenen Spachtelmassen auf dem Untergrund, sind diese als gesondert zu vereinbarende Leistung abzuschleifen und abzusaugen, notfalls abzufräsen oder abzustrahlen.

Nach den zuvor beschriebenen Maßnahmen kann der Untergrund mit einem geeigneten Voranstrich und einer Spachtelmasse bearbeitet werden.

Alte Beläge als Untergrund nutzen

Sollen vorhandene Beläge als Untergrund bleiben, ist zu prüfen, ob diese geeignet sind, den neuen Boden aufzunehmen und ob sie fest liegen. In der TRGS 610 sind schwimmende bzw. lose Verlegung oder das Verspannen als Ersatzverfahren genannt.

Der Wasserdampfausgleich in der Deckenkonstruktion muss bei allen Verlegungen auf vorhandenen Böden erhalten bleiben. Eine Wasserdampfdiffusion darf nicht zu Tauwasser führen. Darauf ist besonders bei Konstruktionen auf Holzbalkendecken und Lagerholzkonstruktionen zu achten. Verrottungsgefahr von organischen Bestandteilen, wie Wolle, besteht, wenn der Feuchteausgleich mit der Raumluft unterbunden ist. Die Folge: Es entstehen üble Gerüche!

vorhandener Fußboden	neuer Fußboden	Untergrundvorbereitung
Steinfußboden: • Fliesen • Naturstein • Terrazzo	alle Holzfußböden, alle Verlegearten	Grundreinigung; alle Trennschichten sind vor einer Verklebung zu entfernen; vorstreichen, spachteln
Laminat, verklebt: • CPL-Laminat • HPL-Laminat	Fertigparkett	Grundreinigung; alle Trennschichten sind vor einer Verklebung zu entfernen
Fest verklebte, elastische Bodenbeläge:		Grundreinigung;
• mit Filzrücken	–	entfernen (Geruch)
• ohne Schaumschichten	Fertigparkett	Grundreinigung; alle Trennschichten vor einer Fixierung entfernen

Parkett- und Holzpflasterarbeiten

vorhandener Fußboden	neuer Fußboden	Untergrundvorbereitung
• mit Schaumschichten	Fertigparkett	Grundreinigung
Holzfußböden genagelt/verklebt: • Parkett • Dielen • Holzpflaster	Fertigparkett schwimmend verlegt	Grundreinigung; vor einer Verklebung evtl. Überzähne/Schüsselungen egalisieren; evtl. Spanplatte einlegen
Fest verklebte textile Bodenbeläge: • Polteppichböden • Nadelvlies	– Fertigparkett schwimmend verlegt	entfernen (Geruch) reinigen

Tab. 27: Übersicht Kombination vorhandene und neue Beläge gem. „Fachbuch für Parkettleger"

Bei alten Holzfußböden sind lose Dielen zu verschrauben und geschüsselte Dielen werden durch Schleifen egalisiert. Als Untergrund für einen neuen Belag eignet sich eine ca. 10 mm dünne Spanplatte. Reicht die Höhe nicht aus, sind für die Dielen geeignete Spachtelmassen zu wählen, welche mit Gewebe armiert oder auf Renovierungsvlies eingebaut werden müssen. Notfalls ist zum Wasserdampfausgleich die Konstruktion von oben zu hinterlüften. Diese Maßnahme ist als gesonderte Leistung zu vereinbaren und auszuführen.

Anforderungen an die Ebenheit

Die Grenzwerte nach DIN 18202:2013-04, Tabelle 3, Zeile 3 sind für die Ebenheit sowohl bei flächenfertigen Böden als auch bei Parkett- und Holzpflasterarbeiten maßgeblich. Werden höhere Anforderungen gestellt, sind diese nach Zeile

Untergrundvorbereitung

Parkett- und Holzpflasterarbeiten

vier oder anderen erhöhten Anforderungen an die Maßhaltigkeit und Ebenheit gesondert zu vereinbaren und als Besondere Leistung auszuführen.

Werden trotz Einhaltung der Grenzwerte bei Streiflichteinfall Unebenheiten sichtbar, sind diese zulässig.

	Stichmaße als Grenzwerte in mm bei Messpunktabständen in m bis				
	0,1 m	1 m[a]	4 m[a]	10 m[a]	15 m[a, b]
3	2 mm	4 mm	10 mm	12 mm	15 mm
4	1 mm	3 mm	9 mm	12 mm	15 mm

[a] Zwischenwerte sind den Bildern 4 und 5 zu entnehmen bzw. zu interpolieren und auf ganze mm zu runden
[b] Die Grenzwerte für Ebenheitsabweichungen gelten auch für Messpunkte über 15 m

Tab. 28: Übersicht gem. DIN 18202:2013-04, Tabelle 3 Zeile 3 und 4

Parketthölzer und -klebstoffe

Die unterschiedlichen Parketthölzer lassen sich, wie nachfolgend aufgeführt, einteilen:

- massive Parketthölzer
  - Parketthölzer mit tragender Nut-Feder-Verbindung
  - Parketthölzer mit nichttragendem Verbindungssystem
  - Parketthölzer ohne seitliches Verbindungssystem
- massive Dielen
- mehrschichtige Elemente
- Holzpflaster
- Bambus (ist als Gras nicht den Hölzern zugeordnet)

Für Parkett sind Parketthölzer der Sortierung O, für Fußbodendielen ist Nadelholz der Sortierung A zu verwenden.

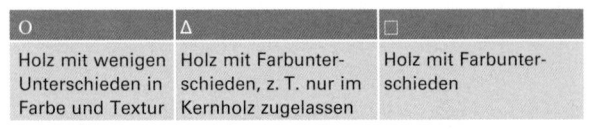

O	Δ	□
Holz mit wenigen Unterschieden in Farbe und Textur	Holz mit Farbunterschieden, z. T. nur im Kernholz zugelassen	Holz mit Farbunterschieden

Tab. 29: Sortierung von Parketthölzern gem. DIN EN 13226:2009-09

Massive Parketthölzer

Parketthölzer mit tragender Nut-Feder-Verbindung
Parkettstäbe und Parkettriemen
Diese bestehen aus Vollholz und haben eine Dicke von 22 mm. Die Verbindung erfolgt bei Stabparkett durch Querholzfedern aus Weichholz, bei Parkettriemen durch Spun-

dung. Die Verbindung ist tragend, eine Verlegung bspw. auf Lagerhölzern ist möglich. Die zulässige Holzfeuchte beträgt 9 ± 2 %. Eiche ist lieferbar in den Sortierungen natur, gestreift oder rustikal, alle übrigen Hölzer in natur oder rustikal.

Tafelparkett
Tafelparkett besteht entweder aus Vollholz oder aus Blindplatten mit mindestens 5 mm starkem Furnier als Nutzschicht. Tafelparkett ist 22 mm stark und wird durch Querholzfedern oder Spundung verbunden. Die zulässige Holzfeuchte beträgt 9 ± 2 %.

Massivholzparkettstäbe mit Nut und/oder Feder
Massivholzparkettstäbe bestehen aus Vollholz und sind ab einer Dicke von 14 mm bei Breiten ab 40 mm und Längen ab 250 mm als Parkettriemen oder Parkettstäbe lieferbar. Die übliche Dicke beträgt 22 mm. Die zulässige Holzfeuchte beträgt 7–11 %, bei Kastanie und Seekiefer gelten 7–13 %. In Deutschland sollten 9 % vereinbart werden.

Die Sortierregeln gem. DIN EN 13226:2009-09 gelten für Ahorn, Eiche, Esche, Buche, Seekiefer, Edelkastanie, Kiefer, Fichte, Lärche, Tanne und andere Laubhölzer.

Parketthölzer mit nichttragendem Verbindungssystem
Massivholz-Overlay-Parkettstäbe, Parkettblöcke
Diese werden aus Vollholz gefertigt und müssen auf durchgehend ebenem, tragendem Untergrund geklebt werden, da die Nut-Feder-Verbindung nur der Positionierung dient.

Massivholz-Overlay-Parkettstäbe sind in Dicken von 8–14 mm, in Breiten von 40–100 mm und Längen zwischen 200 und 2000 mm lieferbar. Parkettblöcke sind in Dicken ab 13 mm, Längen von 200–400 mm und Breiten von 40–80 mm lieferbar.

Die Sortierregeln gem. DIN EN 13228:2011-08 gelten für Ahorn, Eiche, Esche, Buche, Birke, Edelkastanie und andere Laubhölzer. Die zulässige Holzfeuchte beträgt 7–11 %, bei Kastanie 7–13 %. In Deutschland sollten 9 % vereinbart werden.

Werden Parkettstäbe mit unterschiedlichen Maßen verlegt, dürfen nebeneinanderliegende Stäbe maximal 10 mm in der Breite und nicht mehr als 50 mm in der Länge voneinander abweichen, damit das Gesamtbild einheitlich bleibt. Auf einer Fläche bis 30 m² dürfen Parkettstäbe lediglich in drei unterschiedlichen Abmessungen verlegt werden.

Parketthölzer ohne seitliches Verbindungssystem
Massivholz-Lamparkett
Massivholz-Lamparkett besteht aus Vollholz und ist in Dicken von 9–11 mm, Längen von 120–400 mm und Breiten von 30–75 mm lieferbar. Große Lamparkettelemente sind in Dicken von 6–10 mm, Längen ab 400 mm und Breiten zwischen 60 und 180 mm lieferbar. Es wird ohne seitliche Verbindung als Glattkantelement auf durchgehend ebenem, tragendem Untergrund verklebt.

Parquet tapies sind zusätzlich von oben maschinell zu nageln und nur auf nagelbarem Untergrund, wie z. B. Spanplatten, einsetzbar. Maxi-Lamparkettelemente sind in Längen von 350–600 mm, Breiten von 60–80 mm und Dicken von 13–14 mm lieferbar. Die zulässige Holzfeuchte beträgt 7–11 %, bei Kastanie 7–13 %. In Deutschland sollten 9 % vereinbart werden. Die Sortierregeln gem. DIN EN 13227:2014-11 gelten für Ahorn, Eiche, Esche, Buche, Birke, Edelkastanie und andere Laubhölzer.

Mosaikparkettelemente/Mosaikparkettlamellen
Diese werden als Glattkantelement auf durchgehend ebenem, tragfähigem Untergrund verklebt und sind 8 mm bzw. mit Oberflächenbehandlung mindestens 7,5 mm dick, bis 35 mm breit und zwischen 115–165 mm lang. Sie werden als Verlegeeinheit in verschiedenen Mustern, wie Fischgrät, Würfel, altdeutscher Verband oder Verband, verlegt. Die zulässige Holzfeuchte beträgt 7–11 %, mit einer Oberflächenbehandlung 6–10 %. In Deutschland sollten 9 % vereinbart werden. Die Sortierregeln gem. DIN EN 13488:2003-05 gelten für Eiche und tropische Laubhölzer, Esche und Buche.

Massivholzparkett – Hochkantlamelle, Breitlamelle und Modulklotz
Massivholzparkett wird wie Mosaikparkett direkt nebeneinander ohne Profilierung zu Verlegeeinheiten zusammengefasst.

- Hochkantlamellen sind in Dicken von 20–35 mm, Breiten von 6–8,5 mm und Längen von 115–165 mm erhältlich.
- Breitlamellen sind in einer Dicke von 18 mm, Breiten von 18–23 mm und Längen von 115–165 mm erhältlich.
- Modulklotz-Verlegeeinheiten sind in einer Dicke von 23 mm, Breiten von 60–80 mm und Längen von 115–165 mm erhältlich.

Die zulässige Holzfeuchte beträgt 9 ± 2 %, mit Oberflächenbehandlung 6–10 %. In Deutschland sollten 9 % vereinbart werden. Die Sortierregeln gem. DIN EN 14761:2008-09 gelten für Eiche, Esche und Buche.

Massive Dielen

Gespundete Bretter aus Nadelholz-Hobeldielen
Bei Hobeldielen ist keine Holzfeuchte vorgeschrieben. Die genormten Maße sind bei einer Holzfeuchte zwischen 14 und 20 % einzuhalten. Eine maximale Holzfeuchte von 12 % ist bei ATV DIN 18334 „Zimmererarbeiten" vorgegeben. Ein Holzfußboden ist bei einer Holzfeuchte von 9 % beim Einbau weitgehend fugenfrei.

Massive Laubholzdielen
Diese Dielen werden untereinander ringsum mit Nut und/oder Feder verbunden und werden auf Lagerhölzern oder schwimmend mit Bügeln verlegt. Sie sind in Dicken ab 10 mm, Breiten ab 110 mm und Längen ab 900 mm erhältlich. Da diese sehr wenig auf Veränderungen des Raumklimas reagieren, können sie auch auf großen Flächen problemlos verlegt werden. Die Sortierregeln gem. DIN EN 13629:2012-06 gelten für Ahorn, Eiche, Esche und Rotbuche, sowie für andere Laubhölzer. Die zulässige Holzfeuchte beträgt 6–12 %. Für Deutschland sollten 9 % vereinbart werden.

Massive Nadelholz-Fußbodendielen

Die Nut-Federbretter sind aus Vollholz, wobei die Rückseite vom Hobelmesser gestreift sein muss, Keilzinken in der Länge dürfen vorhanden sein. Sie sind in Dicken von 18–34 mm, Breiten von 70–192 mm und Längen ab 1.500 mm und dann abgestuft je 10, 30 und 50 cm erhältlich.

In DIN EN 13990:2004-04 werden nur Sortierstufe A und B für Fichte, Tanne, Lärche, Kiefer und Douglasie angegeben. Maximal 5 % der Dielen dürfen in die nächstniedrigere Sortierung fallen.

Die zulässige Holzfeuchte beträgt 9 ± 2 % für geheizte Innenräume bzw. 17 ± 2 % für andere Verwendungen. In Deutschland sollten 9 % vereinbart werden. Abweichungen von ± 3 % für Innenräume dürfen höchstens 5 % der Lieferung aufweisen. Für andere Verwendungen gilt ± 4 % und für die Bezugsholzfeuchte gilt 9 bzw. 17 %.

Mehrschichtige Elemente

Mehrschichtparkett/Fertigparkett

Mehrschicht- bzw. Fertigparkett verfügt über eine versiegelte Oberfläche. Die Furnierdicke der Nutzschicht ist mindestens 2,5 mm, jedoch üblicherweise 4–5 mm dick. Nadelholz und Holzwerkstoffe, seltener Laubholz, dienen als Träger bzw. als Mittellage.

- Mehrschichtparkett, dreischichtig
  In der Regel wird dreischichtiges Parkett schwimmend verlegt oder alternativ auch vollflächig verklebt. Der symmetrische Aufbau, bei dem die Nutzschicht und die Gegenzuglage etwa gleich dick sind, ist das wichtigste Qualitätsmerkmal. Dadurch ist weder mit Quer- noch mit Längskrümmungen zu rechnen.
- Mehrschichtparkett, zweischichtig
  Da die Gegenzuglage bei zweischichtigem Parkett fehlt, muss dieses vollflächig verklebt werden. Die Decklage wird ein- oder zweistabig ausgeführt.

Bei schwimmender Verlegung muss besonders auf die Ausbildung der formschlüssigen Verbindung geachtet werden. Neben der üblichen Spundung werden Kantenverriegelungssysteme als sog. Klickparkett eingesetzt.

In der DIN EN 13489:2003-05 (Entwurf: 2014-11) werden Sortierregeln für die Typen 1, 2 und 3 für Ahorn, Birke, Buche, Eiche, Esche, Fichte, Kiefer, Lärche und andere Laubhölzer angegeben. Die zulässige Holzfeuchte beträgt 5–9 %. In Deutschland sollten 8 % vereinbart werden, die Bezugsholzfeuchte sollte 7 % betragen.

Furnierte Fußbodenbeläge

Furnierte Fußbodenbeläge sind mehrschichtige Elemente nach DIN EN 14354:2005-03 und Berichtigung 1:2007-02 mit einer oberflächenbehandelten Deckschicht aus Laub- oder Nadelholz in Furnierstärke mit üblicherweise 0,5–1 mm. Dicke, Länge, Breite und Profil sind nicht genormt. Die zulässige Holzfeuchte beträgt 5–9 %. In Deutschland sollten 8 % vereinbart werden. Furnierböden sind wie Laminat in den Beanspruchungsklassen 21–33 lieferbar.

Parkettklebstoffe

Klebstoffe können nach DIN EN 14293:2009-02 in harte und weiche Klebstoffe unterschieden werden, wobei harte Klebstoffe auch wesentliche Anforderungen der alten DIN 281 erfüllen. Die Auswahl richtet sich nach dem Untergrund und dem Parkett.

Harte Klebstofftypen
Dispersionsklebstoffe
Hierbei ist auf eine besonders sorgfältige Untergrundvorbereitung zu achten, da ein sehr ebener Untergrund notwendig ist. Gebrauchsfertige Dispersionsklebstoffe sind i. d. R. nach GefStoffV nicht kennzeichnungspflichtig. Das kann jedoch bei zementhaltigen Produkten der Fall sein.

- gebrauchsfertige Dispersionsklebstoffe (D):
  Die Verwendung ist auf quellunempfindliche Parkettarten beschränkt. Ein saugfähiger Untergrund ist notwendig.
- Zweikomponenten-Dispersionsklebstoffe (D-2K):
  Durch die chemische Wasserbindung wird vergleichsweise wenig Holzquellung erzeugt und eine Verwendung ist auch auf nicht oder schlecht saugenden Untergründen möglich. Eine gute Arbeitsvorbereitung ist wegen der begrenzten Tropf- bzw. Verarbeitungszeit zwischen ca. 30–60 Minuten erforderlich. Dieser Klebstoff ist kennzeichnungsfrei oder kennzeichnungspflichtig erhältlich.
- pulverförmige Dispersionsklebstoffe (D-P):

Diese Klebstoffe müssen mit einer bestimmten Menge Wasser angerührt werden. Weiter gilt der Text zu D-2K. Dieser Klebstoff ist kennzeichnungspflichtig und kennzeichnungsfrei erhältlich.

Lösemittelklebstoffe (L), kennzeichnungspflichtig
Aus Gründen des Arbeitsschutzes ist die Verwendung durch die GefStoffV und TRGS 610 stark eingeschränkt. Der Abbindevorgang ist weniger von raumklimatischen Bedingungen abhängig. Durch die Lösemittel wird ein Quellen des Holzes verursacht, welches jedoch geringer ist, als durch Dispersionsklebstoffe ausgelöst.

Reaktionsharzklebstoffe, kennzeichnungspflichtig
Sie können ein- oder zweikomponentig sein und sind i. d. R. wasser- und lösemittelfrei. Die Materialtemperaturen beeinflussen die Geschwindigkeit der Aushärtung.

- Polyurethanklebstoffe (PUR-2K und PUR-1K):
In der Regel sind keine Bestandteile enthalten, welche ein Quellen der Hölzer verursachen. Da jedoch mindestens in einer Komponente Gefahrstoffe enthalten sind, müssen Arbeitsschutzmaßnahmen beachtet werden. PUR-2K: Diese binden durch eine chemische Reaktion ab. Das vorgeschriebene Mischungsverhältnis muss genau eingehalten werden, denn mangelhafte Klebung kann durch unvollständiges Mischen oder falsches Mischungsverhältnis entstehen. Die Tropfzeit liegt i. d. R. zwischen 30 und 60 Minuten. PUR-1K: Diese binden durch eine chemische Reaktion mit der Umgebungsfeuchtigkeit ab.
- Epoxidharzklebstoffe:
Für Parkett sind Reaktionsharzklebstoffe auf Epoxidharzbasis nur als Zweikomponenten-Systeme erhältlich. Die technischen Eigenschaften sind ähnlich wie die von PUR-2K. In der Regel sind keine Bestandteile enthalten, welche ein Quellen der Hölzer verursachen. Da jedoch mindestens in einer Komponente Gefahrstoffe enthalten sind, müssen Arbeitsschutzmaßnahmen beachtet werden.

Weiche Klebstofftypen

Durch den Einsatz von weichen Reaktionsharzklebstoffen ist es möglich, dass nur geringe Spannungen vom arbeitenden Parkett an den Untergrund übertragen werden. Die einkomponentigen Produkte binden durch chemische Reaktion mit der Umgebungsfeuchtigkeit ab. Auch die Materialtemperaturen haben Einfluss auf die Aushärtungsgeschwindigkeit. In der Regel sind keine Bestandteile enthalten, welche ein Quellen der Hölzer verursachen. Jedoch ist zu beachten, dass in vielen dieser Klebstoffe Weichmacher enthalten sind.

Parketthölzer und -klebstoffe

Parkett- und Holzpflasterarbeiten

Weiche Reaktionsharzklebstoffe auf Polyurethanbasis
WPUR-Klebstoffe sind sehr ähnlich wie PUR-1K und können nach GefStoffV kennzeichnungsfrei oder kennzeichnungspflichtig sein.

Reaktionsharzklebstoffe auf Silanbasis
Diese sind nach GefStoffV kennzeichnungsfrei.

Holzpflaster

In Innenräumen werden Holzpflaster aus scharfkantigen, nicht imprägnierten Holzklötzen so verlegt, dass die Hirnholzfläche als Nutzfläche dient. Holzpflaster nach DIN 68702:2009-10 eignen sich für stark beanspruchte, industrielle und gewerbliche Flächen, für Werkstätten, auch für Werkstätten mit Stapler- und Fahrzeugverkehr, für Versammlungsstätten und öffentliche Bauten und den Wohnbereich.

Es können Eiche, Fichte, Kiefer und Lärche oder gleichwertige Holzarten verwendet werden.

Holzpflaster RE

In Kirchen, Theatersälen, Freizeitzentren, Gemeindezentren, Verwaltungsgebäuden, im Wohnbereich und in Hobbyräumen wird Holzpflaster RE für repräsentative, rustikale Fußböden verwendet. Es sollte nicht auf Magnesiaestrich und Gipsfaserplatten verlegt werden. Gussasphalt und Spanplatten sind als Untergrund nur bedingt geeignet. Auf Zementestrich und Calciumsulfatestrich ist zum Verlegen ein Voranstrich notwendig, der als Besondere Leistung zu vereinbaren, auszuführen und zu vergüten ist.

Die Klötze haben eine Länge von 40–120 mm und eine Breite von 40–80 mm. Die Lieferung für einen Raum eines Objekts muss bei allen Klötzen die gleiche Länge und Breite aufweisen. Holzpflaster RE ist in Höhen von 22–80 mm lieferbar. Die Klötze müssen vierseitig gehobelt und aus mehrstieligem, kerngetrenntem Holz geschnitten sein. Bei Eiche ist gesunder Splint bis zu maximal 3 % der verlegten Fläche und bis maximal 5 % der Fläche des Einzelklotzes akzeptabel. Bei Kiefer ist Bläue bis zu maximal 3 % der verlegten Fläche und bis maximal 5 % der Fläche des Einzelklotzes akzeptabel.

Auf Zement-Heizestrich kann Holzpflaster aus Nadelholz mit maximal 25 mm und aus Eiche mit maximal 30 mm Dicke wegen des Wärmestroms parallel zur Faser eingebaut werden.

Die Holzfeuchte ist auf die Nutzung abzustimmen und sollte zwischen 8 und 12 % liegen. Einzelne Klötze dürfen um ± 2 % abweichen. In Einzelfällen, z. B. wie in unbeheizten Kirchen, sollte sie jedoch höher vereinbart, geliefert und eingebaut werden.

Holzpflaster WE

In Werkräumen und gleichartig genutzten Räumen ohne stärkere Klimaschwankungen wird Holzpflaster WE für fußelastische und widerstandsfähige Fußböden verwendet, ebenfalls in Werkräumen mit Verkehr von Leichttransportern. Werden Klotzhöhen ab 40 mm bei Längen von maximal 100 mm i. V. m. geeigneten Klebstoffen verwendet, kann dieses Holzpflaster auch in Räumen mit Stapler- und Fahrverkehr verlegt werden. Holzpflaster WE sollte nicht auf Magnesiaestrich und Gipsfaserplatten verlegt werden. Gussasphalt und Spanplatte sind als Untergrund nur bedingt geeignet. Zur Verlegung auf Zementestrich und Calciumsulfatestrich ist ein Voranstrich notwendig, der als Besondere Leistung zu vereinbaren, auszuführen und zu vergüten ist.

Die Klötze haben eine Länge von 40–140 mm bei einer Breite zwischen 40 und 80 mm. Hier gilt, dass die Lieferung für einen Raum eines Objekts bei allen Klötzen die gleiche Breite aufweisen muss. Die Längen können variieren. Holzpflaster WE ist in Höhen von 30–80 mm erhältlich. Bei einer Klotzlänge von 100 mm reicht eine zweiseitige Hobelung. einstieliges, nicht kerngetrenntes Ganzholz darf bei Klötzen ab 40 mm Höhe bis höchstens 10 % der Gesamtmenge verwendet werden. Größere Farbunterschiede sind zulässig. Gesunder Splint ist unbeschränkt akzeptabel. Bei Pflaster aus Kiefer ist Bläue zulässig.

Die Holzfeuchte ist in Abhängigkeit von Raumklima und Nutzung zu vereinbaren und sollte zwischen 8 und 13 % liegen. Einzelne Klötze dürfen um ± 2 % abweichen.

Holzpflaster GE

Bestehen besondere Anforderungen hinsichtlich Zug- und Schubbeanspruchung durch Stapler- und Fahrzeugverkehr im Industrie- und Gewerbebereich, wird Holzpflaster GE verlegt. Dieses soll nur auf Beton, Zementverbundestrich oder auf Zementestrich auf Trennlage verlegt werden, welche vorzustreichen sind.

Holzpflaster

Parkett- und Holzpflasterarbeiten

Die Klötze haben eine Länge von 60–140 mm und eine Breite zwischen 60 und 80 mm, wobei auch Breiten ab 50 mm nach besonderer Vereinbarung zugelassen sind. Die Längen können bei einer Lieferung für einen Raum variieren, die Breiten müssen bei allen Klötzen gleich sein. Holzpflaster GE ist in Höhen zwischen 50 und 100 mm lieferbar. Einstieliges, nicht kerngetrenntes Ganzholz darf bei Klötzen bis 100 mm Länge bis höchstens 10 % der Gesamtmenge verwendet werden. Größere Farbunterschiede sind zulässig. Gesunder Splint ist unbeschränkt akzeptabel. Bei einem Pflaster aus Kiefer ist Bläue zulässig.

In Abhängigkeit von dem zu erwartenden Raumklima ist die Holzfeuchte zwischen 10 und 14 % zu vereinbaren. Einzelne Klötze dürfen um ± 2 % abweichen.

> ⚠️ **Hinweis**
>
> **Estrich**
>
> Verbundestrich muss der Güte CT–C30–F5 und/oder Beton C25/30 nach DIN EN 206-1 bzw. B 25 nach DIN 1045 entsprechen. Gleiches gilt für Estrich auf Dämmschicht nach DIN 18560-2:2009-09 und Berichtigung 12010-05. Die Mindestdicke muss 50 mm betragen.
>
> Die Verlegung auf Heizestrich sowie höhere Anforderungen sind entsprechend einer gesonderten Vereinbarung auszuführen.
>
> Die Oberflächen von erdfeucht bis weich-plastisch einzubauenden Unterböden bzw. des Betons oder des Estrichs sind maschinell abzuscheiben, jedoch nicht zu glätten. Sofern die Oberfläche einer maschinell bearbeiteten

Holzpflaster
Parkett- und Holzpflasterarbeiten

gleichwertig ist, darf sie auch von Hand abgerieben werden. Eine fachgerechte Nachbehandlung ist zwingend erforderlich.

Bei Calciumsulfatestrich ist die Festigkeit CA/CAF C35–F6 zu verwenden bzw. AE 30 als Untergrund erforderlich.

Eine Bewehrung ist nach DIN 68702-2009-10 nicht erforderlich. Der Einsatz von Baustahlgittern als Bewehrung sollte sorgfältig geprüft und geplant werden, da der Einbau im unteren Drittel des Estrichs sich sogar ungünstig auswirken kann.

Verlegung

Parkett

- Alle Parkettböden und Dielen können auf geeigneten Untergründen geklebt werden.
- Eine genagelte oder geschraubte Verlegung auf geeigneten Untergründen, wie Blindbodenkonstruktionen, ist bei Tafelparkett, Stabparkett/Parkettriemen, Massivdielen und dreischichtigen Mehrschichtparkett-Elementen möglich.
- Eine schwimmende Verlegung kann bei massiven Dielen und dreischichtigen Mehrschichtparkett-Elementen erfolgen.

Nageln/Schrauben

Zum Nageln bzw. Schrauben muss ein geeigneter Untergrund vorhanden sein, wie z. B. Lagerholz- und Blindbodenkonstruktionen. Das Holz muss untereinander über eine tragende Nut-Federverbindung verbunden werden können. Die Federn müssen bei umlaufend genutzten Elementen auf der ganzen Länge verteilt und fest eingeklemmt sein und mindestens ¾ der Nutlängen abdecken. Die Nagelung erfolgt verdeckt wahlweise von Hand mit Drahtstiften und Hammer oder bei Verwendung von Druckluftnaglern mit Klammern oder Stiften. Mit Druckluftnaglern sollte durch die Feder genagelt werden. Durch Zwischenlegen von Rohfilzpappe lassen sich Knarrgeräusche minimieren, jedoch nicht völlig verhindern.

Bei Massivholz- und Mehrschichtdielen hat sich neben dem Nageln auch das Schrauben durch die Feder bewährt.

Mosaikparkett, Lamparkett, Hochkantlamellenparkett, Parkettblöcke und Overlay-Parkettstäbe haben keine Nut-Federverbindung und können nicht verdeckt genagelt werden.

Schwimmend verlegen
Bei einer schwimmenden Verlegung werden die einzelnen Verlegeeinheiten versetzt zu den Fugen der mehr oder weniger biegeweichen Unterlagen verlegt. Die Diagonalverlegung der Parkettunterlagen wird bei Mosaik-, Breitlamellen-, Hochkant- und Modulklotzparkett angewendet. Die Holzböden werden stirn- und längsseitig miteinander verbunden, wobei die Verbindung an der Längsseite über Kantenverriegelungssysteme (Klick-Parkett) erfolgt, welche ohne Klebstoff oder durch eine Nut- und Federverbindung hergestellt werden kann. Bei gespundeten Verbindungen ist eine Verleimung oder ein Verbinden durch Bügel erforderlich. Für eine schwimmende Verlegung von Massivdielen muss die Nut- und Federverbindung unverleimt bleiben und über Bügel zusammengehalten werden. Bei Mehrschichtparkett ist der Leim in der Nut mit zwei ausreichend dicken Leimraupen aufzutragen und muss sofort nach dem nach oben Herausquellen mit einem feuchtem Tuch abgewischt werden. Der Fugenbereich ist mit einem trockenen Tuch nachzupolieren. Bei Klickparkett wird durch Verleimung die Beständigkeit gegen Reinigungswasser verbessert.

Alle feuchtigkeitsempfindlichen und werkseitig oberflächenbehandelten Hölzer sind sofort nach der Verlegung mit geeignetem Kantenschutzmittel als Besondere Leistung zu behandeln. Alle schwimmend verlegten Fußböden, welche oberflächenfertig sind, müssen mit dem in der Pflegeanweisung vorgeschriebenen Pflegemittel als Erstpflege eingepflegt werden.

Als Unterlage können Vlies (Mehrschichtparkett), Kautschuk (Dreischichtparkett), Kork-Gummi-Granulat (Fertigparkett), PUR-Schaum mit Trägergewebe (erhöhter Gehkomfort, Fertigparkett) oder PE-Schaum (Mehrschichtparkett) verwendet werden.

Kleben

Klebstoff wird mit einer Zahnspachtel vollflächig auf den Untergrund aufgetragen und kann innerhalb der „offenen Zeit" belegt werden. Die Auswahl des Klebstoffs hängt von Untergrund und Parkett ab. Soll das Parkett entkoppelt werden, ist zwischen Parkett und Untergrund eine Unterlage, z. B. aus Kork-Gummigranulat, einzubauen, auf welche nochmals Klebstoff aufzutragen ist.

Bei Verwendung von schwimmend verlegten Unterlagsplatten muss die Verlegerichtung diagonal zu der des Parketts verlaufen.

- Hochkantlamellenparkett, Mosaik- und 10-mm-Massivparkett sind ohne Nut und Feder und werden in den Klebstoff eingelegt und angeklopft.
- Stab-, Tafel- und Fertigparkett haben Nut und Feder, weswegen es sinnvoll ist, erst ein Richtbrett zu fixieren oder eine Richtreihe zu kleben.

- Werden quellend wirkende Klebstoffe (D, D-2K, D-P, L) zur Verlegung von 8 und 10 mm dickem Massivparkett im parallelen Verband verwendet, sollte die Verlegung von der Raummitte aus begonnen und abwechselnd in beiden Hälften gearbeitet werden.
- „Klick-Parkett" ist häufig durch eine Kippbewegung einzurasten und benötigt nur dann einen festen Anschlag, wenn statt der Kippbewegung eine horizontale Schiebebewegung nötig ist.

Nach der Verlegung des Parketts, v. a. bei Verwendung von Dispersions- und Lösemittelklebstoffen, sind die Keile schnellstens zu entfernen, um Aufwölbungen zu verhindern.

Auf besonders sorgfältige Vorbereitung des Untergrunds, z. B. mit selbstverlaufenden Ausgleichsmassen, ist v. a. bei großformatigen Parkettelementen zu achten.

An Kopfenden, Randbereichen und bei Parkettarten mit Nut- und Federverbindung kann ein Beschweren zwischen Verlegung und Abbinden notwendig sein.

Nut und Feder von vollflächig verklebtem Parkett sollen längsseitig nicht verleimt werden, da bei Verleimung die Gefahr von Blockabrissfugen besteht.

Anschluss an aufgehende Bauteile
Fugen zwischen Parkett und Wänden, Pfeilern, Stützen etc. sollen mit 1–2 cm in Abhängigkeit von Parkett, Unterlage, Verlegung und Parkettfläche gefertigt werden.

Holzleisten sind in der gleichen Holzart und Sortierung wie das Parkett zu montieren, wenn sie nicht deckend gestrichen werden. Geeignet sind Hohlkehlleisten und Fußleisten, kombiniert mit Viertelstäben, welche an Stößen und Ecken auf Gehrung geschnitten werden. Die Befestigung von Fußleisten erfolgt mit Stahlstiften an der Wand im Abstand von 60 cm. Deckleisten und Viertelstäbe werden mit Drahtstiften befestigt. Nach gesonderter Vereinbarung als Besondere Leistung ist die Befestigung mit Dübeln und Schrauben oder mit Klipsen auszuführen und das Einbauen von Schalldämmstreifen an den Sockelleisten vorzunehmen.

Fugen über Bewegungsfugen
Bewegungsfugen müssen im Parkett einschließlich ggf. vorhandener Unterlage übernommen und mit geeigneter elastischer Einlage, z. B. aus Korkstreifen, oder mit einem Bewegungsfugenprofil dauerhaft beweglich ausgebildet werden.

Anschluss an Schienen oder benachbarte Bodenflächen
Ein sauberer Anschluss kann durch direktes Anlegen an Vorstoßschienen hergestellt werden. In Abhängigkeit von Verlegeart und Holzart sind an Trennschienen und Abschlussschienen evtl. Fugen anzulegen und mit elastischem Material zu füllen. Es können auch Übergangsschienen verwendet werden, mit denen ein Ausgleich von Höhenunterschieden möglich ist. Dies ist gesondert zu vereinbaren und als Besondere Leistung auszuführen, ebenso der Einbau von Matten- und Revisionsrahmen, Trennschienen, das Belegen von Bodenklappen, das Herstellen von Fugen und Ausspa-

rungen, das Schließen und Abdecken von Fugen, das Anarbeiten an Einbauteile oder das Abschneiden der Randdämmstreifen.

Das Ausgleichen von Ebenheitsabweichungen von mehr als 1 mm Dicke ist gesondert zu vereinbaren und auszuführen.

Anschluss an Vorstoßschienen
Fugen sollten an Vorstoßschienen, z. B. an einem Fliesenschild vor einem Kamin oder im Türbereich, hergestellt und mit elastischem Material, wie Korkstreifen, gefüllt werden, wenn es nach Verlegeart und Holzart, z. B. bei genageltem Parkett oder Verbandböden in sehr großen Räumen, notwendig ist.

Holzpflaster

Verlegen
Bei der Verlegung von Holzpflaster gem. DIN 68702:2009-10 besteht die Möglichkeit, Holzpflaster RE in regelmäßigem Verband und Holzpflaster WE und GE im wilden Verband auf belegreifem, vorgestrichenem Untergrund aufzubringen. Die Verlegerichtung kann vom Auftragnehmer gewählt werden, sofern sie nicht vorgegeben ist. Auf die Ausführung von geradlinig durchgehenden Längsfugen ist zu achten.

Hartplastische, zugfeste Klebstoffe, z. B. Dispersionsklebstoffe, müssen für das gewählte Holzpflaster RE, WE oder GE vom Hersteller zur Verklebung freigegeben sein. Holzpflaster GE sollte bei Belastung durch Fahrzeug- und Staplerverkehr mit weichplastischen Klebstoffen verlegt werden. Die Auflagen der Gefahrstoffverordnung sind zu beachten.

Holzpflaster RE und WE werden i. d. R. ohne Unterlagsbahn verlegt. Für Holzpflaster GE können als Unterlagsbahnen – unter Abstimmung auf das verwendete Klebesystem – z. B. nackte Bitumenbahnen nach DIN 52129:2014-04 verwendet werden. Früher wurden auch nackte Teerpappen nach DIN 52126 verwendet. Die Holzpflasterverlegung erfolgt dabei auf der mit Klebemasse beschichteten Unterlagsbahn.

Sind Holzpflaster an schräg zum Fugenverlauf angrenzende Schienen oder Bauteile anzupassen, Aussparungen herzustellen, Bodenklappen zu belegen, Übergangs-, Anschlussoder Trennschienen, Revisions- oder Mattenrahmen einzubauen, müssen diese Leistungen gesondert vereinbart und ausgeführt werden. Das Gleiche gilt für den Einbau von Dübeln, Schalldämmstreifen und Unterlüftungsschlitzen an Sockelleisten.

Randabstände/Fugen

In Abhängigkeit vom verwendeten Holzpflaster werden Fugen mindestens 2 cm breit bzw. bis zu einer Breite von ½ Klotzhöhe entlang aufgehenden Bauteilen, wie Wänden, Stützen, Pfeilern usw., im Pflaster (und ggf. der Unterlage) ausgebildet. Es sollen innerhalb der Holzpflasterfläche keine weiteren Fugen angeordnet werden. Herstellerabhängig sind Holzpflaster mit von unten genuteten Holzklötzen zur Verlegung entlang aufgehender Bauteile lieferbar. Dies soll im Falle eines Wasserschadens als Sollbruchstelle dienen und die durch das mögliche extreme Quellen entstehenden, weitergehenden Schäden verhindern.

Anschluss an Schienen
Holzpflaster sollte besonders bei Beanspruchung durch Fahrverkehr direkt und dicht an Schienen, z. B. im Türbereich, angeschlossen werden, um ein Kippen der Pflasterklötze zu verhindern. Zwischen Schiene und angrenzenden Fußbodenflächen sind Fugen anzulegen, die mit elastischem Stoff, wie bspw. Kork, zu füllen sind.

Fugen über Bewegungsfugen
Bewegungsfugen müssen im Holzpflasterbelag einschließlich ggf. vorhandener Unterlage übernommen und mit geeignetem elastischem Stoff, wie z. B. Kork, gefüllt werden.

Oberflächenbehandlung

Schleifen

Wird Parkett genagelt, ist sofort nach dem Verlegen zu schleifen. Bei Holzpflaster RE und geklebtem Parkett muss mit dem Schleifen bis zum Abbinden des Klebstoffs abgewartet werden. Auch eine mögliche Schüsselung muss zurückgegangen sein.

Es ist darauf zu achten, dass Holzpflaster, Dielen und Parkett gleichmäßig geschliffen werden, wobei die Anzahl der Schleifvorgänge und die zu erreichende Feinheit der Holzoberfläche auf die vorgesehene Oberflächenbehandlung abgestimmt sein muss. Durch Nachschleifen können Schattierungen und geringe Schleifspuren beseitigt werden.

Parkett

Der Grobschliff sollte nach dem Absaugen des Parketts bei weicheren Stäben oder Lamellen diagonal zur Holzfaser erfolgen, um stärkeres Ausschleifen zu vermeiden. Die Oberfläche sollte nach dem Grobschliff frei von Überständen sein und wird mit einem zweiten, um 90° versetzten Schleifgang mit der gleichen Körnung überarbeitet, falls noch Überstände zu finden sind. Vor dem Mittelschliff wird der Boden gründlich mit dem Staubsauger gereinigt.

Der Mittelschliff, um 90° zum vorangegangenen Grobschliff versetzt, soll die Restspuren beseitigen. Risse und Fugen, welche oft erst bei der Überprüfung nach dem Mittelschliff zum Vorschein kommen, müssen vor dem Feinschliff mit Fugenkittmasse aus Kittmittel und möglichst Feinschliffstaub geschlossen werden. Die Masse ist vollflächig aufzutragen, abzuspachteln und sofort scharf abzuziehen.

Bei Parkett und Holzfußböden auf Schwing-, Lagerholz- oder Blindböden oder bei alten Parkett- und Holzböden, v. a. Dielenböden mit überbreiten, verwachsten Fugen, wird nicht gekittet, weil der trockene Kitt im Laufe der Zeit wieder ausbricht. Vor dem Feinschliff ist an den Rändern nochmals mit der Körnung des Mittelschliffs zu schleifen und sorgfältig abzusaugen. Lichteinfall und Holzfaserverlauf bestimmen die Schleifrichtung für den Feinschliff.

Bei Weichholz ist darauf zu achten, dass der Schleifdruck auf ein Minimum reduziert und die Vorschubgeschwindigkeit erhöht wird, damit keine Furchen entstehen. Der erste Schleifgang ist diagonal auszuführen.

Holzpflaster
Bei Holzpflaster RE werden handelsübliche Holzkitte verwendet, wenn ein Verkitten der Fugen vereinbart ist. Verkitten ist bei Holzpflaster GE und WE nicht vorgesehen.

Holzpflaster RE muss nach dem Verlegen geschliffen und versiegelt werden. Schleifen ist bei Holzpflaster WE und GE als Besondere Leistung gesondert zu vereinbaren und auszuführen.

Die Anzahl der Schleifgänge hängt von der anschließenden Oberflächenbehandlung des Holzpflasters ab. Zwei Schleifgänge reichen, wenn die Oberfläche unbehandelt bleibt. Soll

Holzpflaster geölt, gewachst oder versiegelt werden, sind zwei oder drei Schleifgänge notwendig. Der Lichteinfall ist ausschlaggebend für die Richtung des letzten Schleifgangs. Beim ersten Schleifgang wird diagonal gearbeitet, beim nächsten quer zum Licht und beim letzten zum Licht. Die gesamte Fläche sollte nach dem letzten Schleifgang mit einer Einscheiben- oder Mehrscheibenmaschine und Schleifgitter nachgeschliffen werden, um Farbunterschiede zu neutralisieren.

Oberflächenbehandlung von Holzpflaster

Holzpflaster RE und WE sind direkt nach dem Schleifen zu versiegeln, wenn nichts anderes vereinbart wurde. Als Oberflächenbehandlung kann jedoch auch Ölen, Wachsen oder Heißbrennen, entsprechend der voraussichtlichen Beanspruchung und der Holzart, vereinbart und ausgeführt werden.

Holzpflaster GE muss zur Verzögerung der Feuchteaufnahme mit paraffinhaltigen Mitteln oder Grundierung mit Ölkunstharzsiegel behandelt werden. Das Schleifen von Holzpflaster GE muss ausdrücklich als Besondere Leistung vereinbart werden.

Ölen und Wachsen

Ölen

Öle enthalten wenig Lösemittel und sind geruchsneutral. Die TRGS 617 sind zu beachten und lösemittelfreie Materialien sollten bevorzugt werden. Das Raumklima wird durch die

Diffusionsfähigkeit der geölten oder gewachsten Oberfläche positiv beeinflusst. Es ist zwischen nicht trocknenden, halbtrocknenden und trocknenden Fußbodenölen zu unterscheiden.

Nicht trocknende Öle
Diese werden vorrangig bei Hochkantlamellenparkett und Holzpflaster verwendet und entweder kalt oder erwärmt verarbeitet. Bei Verwendung von Paraffinöl ist zu bedenken, dass dies brandfördernd wirkt. Die Nachteile sind:

- Diese Öle können durch die gesamte Holzstärke bis zum Klebstoff durchdringen und diesen irreparabel schädigen. Die Einstufung in Brandklasse B1 wird nicht mehr erfüllt.
- Eine nachfolgende Versiegelung ist auch bei komplettem Abschleifen bis ins rohe Holz nicht mehr möglich, da die Siegelschicht möglicherweise nicht trocknet und sich später ablöst.
- Holzfußböden und Parkett verschmutzen sehr stark.

Halbtrocknende Öle
Da diese meist stark lösemittelhaltig sind, sollten Öle mit geringerem Lösemittelanteil verwendet werden. Die Holzflächen trocknen abhängig von der Saugfähigkeit oft unterschiedlich matt oder glänzend ab, weswegen nochmals nachgeölt werden muss und die Oberfläche dadurch wie versiegelt wirkt.

Ein besseres Ergebnis erzielt man durch Aufsprühen von Öl nach dem Trocknen des Ölauftrags, welches von Hand oder maschinell poliert wird.

Trocknende Öle
Diese lösemittelhaltigen Öle werden auch Hartöle oder Hartwachsöle genannt und sind auf Glanzgrad matt bis tuchmatt eingestellt, weswegen Oberflächen nach dem Trocknen wie gewachst erscheinen.

Öl-Wachs-Kombination
Diese meist lösemittelfreien Produkte verbreiten während der Verarbeitung wenig Geruchsstoffe und ergeben sehr robuste, lang haltbare Oberflächen für Parkett- und Holzfußböden.

Einphasensystem
Diese Einkomponenten-Öl-/Wachssysteme enthalten wenig Lösemittel oder sind lösemittelfrei. Der Boden wird zweimal mit dem gleichen Produkt bearbeitet, welches man über Nacht trocknen lässt. Harzreiche oder ölhaltige Hölzer, wie Pitchpine, Teak und Wenge, können die Trocknung verzögern.

Zweiphasensystem
Es kommen zwei unterschiedliche lösemittelfreie oder lösemittelarme Einkomponentenprodukte zum Einsatz, wobei erst ein trockenes Öl mit wenig Wachsanteil aufgetragen und poliert wird und nach der Trocknung über Nacht meist eine Kombination aus Öl mit höherem Wachsanteil zur Anwendung kommt.

Oberflächenbehandlung
Parkett- und Holzpflasterarbeiten

Zweikomponenten Öl-/Wachssystem
Hierbei wird vor der Verarbeitung die Ölkomponente mit einem Polyisocyanathärter gemischt, wodurch sich eine sehr gute chemische Beständigkeit ergibt, die charakteristisch softige Oberfläche jedoch verloren geht. Teilflächen können auch nicht mehr repariert werden.

Wachsen
Durch den Auftrag von Wachs wird ein begrenzter Schutz des Holzfußbodens erreicht.

Kaltwachsen
Flüssiges oder pastöses, lösemittelhaltiges Wachsmaterial wird mit einem Leinentuch oder Ballen in gleichmäßigen, kreisenden Bewegungen aufgetragen und nach kurzer Trocknungszeit auspoliert. Bei sehr saugfähigem Holz muss der Vorgang evtl. wiederholt werden. Wachs kristallisiert aus, wenn der zu behandelnde Holzboden zu kalt ist.

Warmwachsen
Es werden die gleichen Wachsmaterialien verwendet wie beim Kaltwachsen, diese werden jedoch auf ca. 80 °C erwärmt und dringen deswegen besser in die Poren ein. Das Wachs sollte bei Arbeitsunterbrechung nicht abkühlen, weil dadurch beim Weiterverarbeiten ein weißer Schleier entstehen kann. Der Auftrag erfolgt in gleichmäßigen Bahnen. Nach dem Verdunsten der Lösemittel wird nachpoliert. Der gesamte Vorgang wird wiederholt, wenn die Fläche nicht geschlossen ist.

Heißeinbrennen

Das etwa 170 °C heiße Wachs wird mit einem Naturborstenpinsel mit einem etwa 40 cm langen Pinselstrich in Faser- oder Stabrichtung aufgetragen und sofort nach dem Erstarren mit einem Stahlspachtel abgestoßen. Die gesamte Fläche wird nach Abschluss der Arbeiten abgerieben.

Versiegeln

Unmittelbar nach dem Schleifen sind Parkett und Holzpflaster RE zu versiegeln. Bei der Auswahl der Versiegelung bilden der Verwendungszweck und die zu erwartende Beanspruchung des Parkett- und Holzbodens die Grundlage für Entscheidungen. Auch die Diffusionsfähigkeit, die Arbeitsstättenverordnung und die vorgeschriebenen Gleitreibungsbeiwerte sowie die TRGS 617 sind zu beachten. Bei der Verwendung von lösemittelhaltigen Materialien, wie Fugenkitt, Parkettsiegel und Grundsiegel, kann eine intensive Geruchsbelastung entstehen.

Ungefährliche Versiegelungen, wie Wassersiegel, sind bevorzugt einzusetzen, sofern nicht technische Gründe dagegensprechen. Lichtblocker oder Lichtstabilisatoren haben nur eine begrenzte Wirkung und können z. B. bei Verwendung von Tropenholz eine Farbveränderung, wie Aufhellen oder Vergilben der Holzfarbe bei starker Sonneneinstrahlung, nicht verhindern.

Die Versiegelungen werden entweder im Rollverfahren, im Streichverfahren oder im Spachtelverfahren aufgetragen. Den Technischen Merkblättern der Hersteller ist zu entnehmen, welches Verfahren zu verwenden ist. Die Technischen Merkblätter sind auch zu beachten, wenn es um die Entscheidung geht, nach welchem Versiegelungsgang ein Zwischenschleifen notwendig ist.

Der Zwischenschliff dient dazu, die Haftung der einzelnen Lackschichten untereinander zu verbessern und die raue Oberfläche zu glätten, welche wegen Aufstehen der Holzfasern nach dem ersten Versiegeln entsteht. Ein Zwischenschliff ist auch notwendig, um in die Siegelschicht durch ungünstige Baustellenbedingungen eingearbeiteten Staub und Schmutz zu entfernen. Der Schleifstaub ist mit einem Staubsauger abzusaugen.

Wassersiegel
Werden wasserhaltige Parkettsiegel verwendet, sind keine Schutzmaßnahmen zu treffen. Die Holzfarbe wird oft aufgehellt. Bei fachgerechter Anwendung haben die nichtbrennbaren Wassersiegel eine lange Lebensdauer. Wassersiegel können wie Klebstoff wirken und Abrissfugen verursachen, wenn sie in Fugen laufen und aushärten, deswegen ist eine geeignete Grundierung zu verwenden. Sie müssen frostfrei gelagert werden.

- Wasserhaltige Einkomponentenparkettsiegel zeichnen sich durch lange Haltbarkeit, Elastizität, Oberflächenhärte und problemlose Verarbeitung aus.
- Zweikomponentenwassersiegel sind oft dem stark lösemittelhaltigen Zweikomponentenpolyurethan im Abrieb überlegen. Die Chemikalienbeständigkeit ist wesentlich

besser als bei Einkomponentenwassersiegeln. Sie können bis auf wenige Ausnahmen überall eingesetzt werden.

Öl-Kunstharz-Siegel

Alkydharze auf Basis natürlicher Rohstoffe, wie Rapsöl, Leinöl, Holzöl, werden als Bindemittel verwendet, weswegen diese Siegel ein besseres Eindringvermögen aufweisen. Die Holzfarbe wird durch die imprägnierende Wirkung angefeuert. In ausgehärtetem Zustand zeigt sich ein hornartiger Film mit elastischen, rutschhemmenden Eigenschaften.

Diese Siegel sind gebrauchsfertig und werden bevorzugt auf Holzpflaster, Dielenböden, Parkett auf Heizestrichen und den Holzarten Buche, Esche und Ahorn wegen der geringen seitenverklebenden Eigenschaft eingesetzt. Sie trocknen bei niedrigen Temperaturen nur langsam.

Polyurethan-Siegel (PUR-Siegel oder DD-Siegel)

Diese weisen hervorragende Chemikalienbeständigkeitswerte auf und werden in Räumen mit starker Beanspruchung eingesetzt. Sie werden entweder als Einkomponenten-Imprägnierung oder als Ein- oder Zweikomponentensiegel aufgebracht. Als Einkomponenten-Imprägnierung sind diese stark lösemittelhaltig.

PUR-Siegel führen durch Verdunsten der Lösemittel zu einer starken Geruchsbelästigung. Die Gebinde müssen vor Feuchtigkeit geschützt werden, auch das Holz darf nicht zu feucht sein. Bei einer Reaktion des Härters mit Wasser entsteht CO_2, welches durch gasförmiges Entweichen aus der Versiegelung zu Blasenbildung führen kann.

Säurehärtende Siegel oder Formaldehydharz-Siegel
Alkohole dienen als Lösemittel, säurehärtende Siegel bestehen meist aus zwei Komponenten. Es wird immer Formaldehyd aus der Versiegelung abgespalten. Diese Versiegelung zeichnet sich durch gutes Haftvermögen, eine harte Oberfläche und wegen der Harnstoff-Formaldehydharze durch die sich in der Holzoberfläche ergebenden naturhellen Farbtöne aus.

Grundsiegel
Durch Grundsiegel wird u. a. der Holzfarbton beeinflusst, Wachs- und Ölreste werden in alten Holzfußböden isoliert. Deshalb ist die Entscheidung, ob Parkett oder Holzfußboden grundiert werden soll, sehr wichtig. Eine Abstimmung von Grundsiegel und entsprechendem Siegelsystem ist notwendig.

Checkliste zur Abnahme der Parkett- und Holzpflasterarbeiten

Allgemein
- [ ] Entspricht das verlegte Parkett der Sortierung O und ist der Nachweis hierfür erbracht?
- [ ] Ist für Fußbodendielen Nadelholz der Sortierung A verwendet worden?
- [ ] Entsprechen die nicht deckend zu streichenden Fuß- und Deckleisten den genannten Sortierungen?
- [ ] Wurden die zulässigen Werte des Feuchtegehalts der Hölzer eingehalten?
- [ ] Wurden die notwendigen Fugen an aufgehenden Bauteilen ausgebildet?
- [ ] Sind Fugen an Vorstoß- und Trennschienen, wo es nach Verlegeart und Holzart nötig war, angelegt und mit einem elastischen Material verfugt worden?
- [ ] Wurden Bewegungsfugen entsprechend dem Bauwerk für das Parkett, das Holzpflaster und ggf. die Unterlage übernommen?
- [ ] Sind auf Parkettflächen bis zu 30 mm Stäbe in höchstens drei unterschiedlichen Maßen verwendet worden?
- [ ] Weichen nebeneinanderliegende Parkettstäbe nicht mehr als 10 mm in der Breite und 50 mm in der Länge voneinander ab?

Checkliste zur Abnahme
Parkett- und Holzpflasterarbeiten

Parkett genagelt
- [ ] Ist die Verbindung bei Parkettstäben, Parketttafeln und Laubholzdielen durch Holzfedern bzw. bei Fertigparkett, Nadelholzdielen (auch N+F), Parkettriemen durch Spundung/angehobelte Federn erfolgt, dicht gestoßen verlegt und verdeckt genagelt worden?
- [ ] Sind Hirnholzfedern bei Parkettstäben und Parketttafeln auf der ganzen Länge der Nuten verteilt und fest eingeklemmt und beträgt der Anteil der Federn ¾ der Länge der Nut?

Parkett geklebt
- [ ] Ist für Fertigparkett, Tafelparkett, Parkettstäbe und/oder Parkettriemen hartplastischer Klebstoff verwendet worden?
- [ ] Wurde der Klebstoff vollflächig auf dem Untergrund oder ggf. auch auf der Unterlage aufgetragen?
- [ ] Ist die Verbindung bei Parkettstäben, Parketttafeln und Laubholzdielen durch Holzfedern bzw. bei Fertigparkett, Nadelholzdielen (auch N+F), Parkettriemen durch Spundung/angehobelte Federn erfolgt, dicht gestoßen verlegt worden?
- [ ] Sind Hirnholzfedern bei Parkettstäben und Parketttafeln auf der ganzen Länge der Nuten verteilt und fest eingeklemmt und beträgt der Anteil der Federn ¾ der Länge der Nut?
- [ ] Wurde ein hartplastischer Klebstoff für die Verklebung von Mosaikparkett verwendet und ist dieser vollflächig aufgetragen worden?
- [ ] Wurde das Mosaikparkett in die Klebstoffschicht eingeschoben, eingedrückt und dicht verlegt?

Checkliste zur Abnahme

Parkett- und Holzpflasterarbeiten

Parkett schwimmend verlegt
☐ Wurden Fertigparkettelemente mit mindestens 13 mm Dicke verwendet und in der Nut an Längs- und Kopfseite mit Leim verbunden?

Parkett mit/ohne Unterlage
☐ Sind die Parkettunterlagen versetzt zu den Fugen des Parketts verlegt und die Bewegungsfugen übernommen worden?
☐ War die Unterlage nach Herstellervorschrift vollflächig aufzukleben?
☐ Wurden Unterlagsplatten bei Mosaikparkett diagonal zur Richtung des Parketts verlegt?
☐ Ist die Dämmwirkung von Dämmstoffen durch Klebstoffe nur unwesentlich beeinträchtigt worden?
☐ Sind schwimmend verlegte Unterlagsplatten diagonal zum Verlegeverlauf des Parketts ausgeführt worden?

Fußleisten und Deckleisten
☐ Wurden die Fuß- und Deckleisten an Ecken und Stößen auf Gehrung geschnitten?
☐ Wurden zur dauerhaften Befestigung von Fußleisten an der Wand Stahlstifte in maximal 60 cm Abstand angebracht?
☐ Wurden die Deckleisten mit Drahtstiften befestigt?
☐ Ist beachtet worden, dass sich die Deckfläche der Sockelleiste nach der größten Breite der Randfuge richtet?

Abschleifen
☐ Wurde genageltes Parkett nach dem Verlegen bzw. geklebtes Parkett nach dem Abbinden des Klebstoffs gleichmäßig abgeschliffen?

☐ Wurde die Anzahl der Schleifgänge entsprechend auf die nachfolgende Oberflächenbehandlung abgestimmt?

Versiegeln
☐ Wurde das Parkett unmittelbar nach dem Abschleifen versiegelt?
☐ Sind die Versiegelungsart und -mittel auf die Holzart, die Verwendung und die vorgesehene Beanspruchung ausgerichtet?
☐ Wurde die Versiegelung so ausgeführt, dass eine gleichmäßige Oberfläche entstanden ist?

Holzpflaster
☐ Wurde ein Voranstrich beim Einbau von Holzpflaster RE, WE und GE auf Zementestrich oder RE und WE auf Calciumsulfatestrich aufgetragen?
☐ Ist die Verlegung mit geradlinig durchlaufenden Längsfugen erfolgt?
☐ Wurden hartplastische, zugfeste Klebstoffe bei der Verlegung von Holzpflaster RE, WE, GE verwendet?
☐ Wurde für Holzpflaster GE bei Beanspruchung durch Stapler- oder Fahrverkehr ein weichplastischer Klebstoff verwendet?
☐ Wurden Holzpflaster RE und WE ohne Unterlagen verlegt? (Holzpflaster GE kann ohne oder mit Unterlage verlegt werden)
☐ Sind die Randfugen mindestens 2 cm breit ausgeführt worden bzw. betragen eine halbe Klotzhöhe?
☐ Ist das Holzpflaster RE geschliffen und versiegelt worden?
☐ Ist das Holzpflaster WE mit einem ölhaltigen Mittel behandelt worden?

Checkliste zur Abnahme

Parkett- und Holzpflasterarbeiten

☐ Ist das Holzpflaster GE mit einer Grundierung, mit Öl-Kunstharzsiegel oder mit einem paraffinhaltigen Mittel behandelt worden?

Fliesen- und Plattenarbeiten

Geltungsbereich und Ausführung

Geltungsbereich
Die ATV DIN 18352 „Fliesen- und Plattenarbeiten" ist auf das Ansetzen und Verlegen von

- Fliesen, Platten und Mosaik, sowie
- Natursteinfliesen, Natursteinriemchen, Natursteinmosaik und Solnhofener Platten

anzuwenden.

Sie gilt nicht für Platten aus Betonwerksteinen nach ATV DIN 18333 oder Naturwerksteinen nach ATV DIN 18332.

Ausführung
Bei der Prüfung hat der Auftragnehmer Bedenken geltend zu machen, wenn

- größere Unebenheiten vorhanden sind als nach DIN 18202:2013-04 zulässig,
- das Gefälle fehlt, ungenügend ist oder von den Angaben abweicht,
- die Beschaffenheit des Untergrunds ungeeignet ist, z. B. zu glatt, zu feucht, verölt, gefroren, bei Ausblühungen, bei Rissen, sowie bei groben Verunreinigungen oder
- Bezugspunkte fehlen.

Fliesen und Platten aus Keramik und Naturstein

Ansetzen und Verlegen

Zeitpunkt der Ausführung
Das Ansetzen, Verlegen und Anarbeiten von Fliesen und Plattenbelägen an andere Bauteile wird bei Innenarbeiten erst ausgeführt, wenn die Fenster- und Türzargen, die Anschlagschienen, die Installationen und der Putz angebracht worden sind. Wenn die Ausführung zu einem anderen Zeitpunkt stattfinden soll, ist dies nach gesonderter Vereinbarung auszuführen. Entstehen zusätzliche Kosten durch nachträgliches Anarbeiten an andere Bauleistungen ohne Zusammenhang mit der eigentlichen Leistung, ist dies nach gesonderter Vereinbarung als Besondere Leistung auszuführen.

Ausführung
Um Fliesen, Platten und Mosaik senkrecht, fluchtrecht und waagrecht oder im Gefälle anzusetzen oder zu verlegen, sind vorgegebene Bezugslinien und Höhenrisse zu berücksichtigen. Um die Anschlüsse an Treppen, Fahrstühle, Einlaufschächte u. a. sicherzustellen, sind vorgegebene Festpunkte zu berücksichtigen.

Dämmstoffe
Um die Anforderungen an den Wärme- und den Schallschutz zu erfüllen, müssen Dämmstoffe dicht gestoßen eingebaut werden. Werden Abdichtungen nach DIN

18195:2011-12 mit oder ohne Dämmschichten ausgeführt, ist die Trennlage zweilagig auszuführen. Auf tragendem Untergrund verlegte Rohrleitungen müssen festgelegt sein. Zur Aufnahme der Dämmschicht ist durch einen Ausgleich eine tragfähige, ebene Oberfläche herzustellen. In eingebautem Zustand müssen Ausgleichsschichten eine gebundene Form aufweisen.

Fliesen und Platten

Die Unterscheidung von keramischen Fliesen und Platten wird entsprechend dem Formgebungsverfahren und dem Wasseraufnahmevermögen vorgenommen.

Formgebungsverfahren
Strangpressung
Die glasierten oder unglasierten Platten werden je nach Produktionstechnik als einzeln gezogene Platten hergestellt oder als Doppelplatten geformt und dann gespalten (Spaltplatten).

Trockenpressung
Unter hohem Druck werden diese glasierten oder unglasierten Fliesen und Platten aus pulverförmiger und feinkörniger Masse in Formen gepresst.

Gieß-Verfahren
Durch Gießen der Masse auf eine poröse, feuerfeste Unterlage oder in eine poröse Form, welche das Wasser entzieht, werden diese Fliesen und Platten hergestellt, deren Eigenschaften nicht in Produktnormen geregelt sind.

Fliesen und Platten aus Keramik und Naturstein

Fliesen- und Plattenarbeiten

Die Wasseraufnahme wird in die Kategorie I bis IV unterschieden.

Für trockengepresste Fliesen und Platten der Gruppe B1 und stranggepresste Fliesen und Platten der Gruppe A1 ist Frostbeständigkeit grundsätzlich gefordert. Für alle anderen Gruppen gilt dies nur, wenn vom Hersteller diese Eigenschaften zugesichert werden.

Verschleißklassen
Hinsichtlich der Beständigkeit gegen Abrieb wird in fünf Verschleißklassen unterschieden.

Verschleißklasse I – Sehr leichte Beanspruchung
In Bereichen mit niedriger Begehungsfrequenz und im Wesentlichen ohne kratzende Verschmutzung werden die Beläge barfuß oder mit weich besohltem Schuhwerk begangen, z. B. Sanitärräume im Wohnbereich.

Verschleißklasse II – Leichte Beanspruchung
In Bereichen mit niedriger Begehungsfrequenz werden die Beläge mit weichbesohltem oder normalem Schuhwerk und gering kratzender Verschmutzung begangen, z. B. im privaten Wohnbereich außer Flure, Küchen und Treppen.

Verschleißklasse III – Mittlere Beanspruchung
In Bereichen mit mittlerer Begehungsfrequenz werden die Beläge mit normalem Schuhwerk und kratzender Verschmutzung begangen, z. B. Flure, Dielen, Terrassen, Loggien, Balkone im gesamten Wohnbereich, jedoch ohne Küchen.

Verschleißklasse IV – Erhöhte Beanspruchung
In Bereichen mit erhöhter Begehungsfrequenz und erhöhter Verschleißbeanspruchung werden die Beläge mit normalem Schuhwerk begangen, z. B. Flure, Eingänge, Sanitärräume, Terrassen öffentlicher Gebäude, in Hotels, Krankenhäusern, in Verkaufs- und Wirtschaftsräumen.

Verschleißklasse V – Starke Beanspruchung
In Bereichen mit starker Begehungsfrequenz und starker Verschleißbeanspruchung werden die Beläge mit normalem Schuhwerk begangen, z. B. in Eingangsbereichen von Hotels, Banken, Gaststätten und Restaurants, Ladengeschäften und öffentlichen Gebäuden.

Unglasierte Fliesen und Platten werden für Bereiche empfohlen, welche stärksten, schleifend reibenden Beanspruchungen bei höchster Begehungsfrequenz ausgesetzt sind.

Arbeitsräume und -bereiche mit Rutschgefahr
Um Unfällen vorzubeugen, schreiben die Arbeitsstättenverordnung und die Unfallverhütungsvorschrift vor, dass Fußböden rutschhemmend ausgeführt werden müssen. Das Merkblatt „Fußböden in Arbeitsbereichen mit Rutschgefahr – M10", herausgegeben von der Berufsgenossenschaft für den Einzelhandel (BGE) Bonn, ist deswegen entsprechend nachfolgender Tabellen zu den fünf Bewertungsgruppen für die Rutschhemmung und zum Verdrängungsraum zu beachten.

Gesamtmittelwerte	Bewertungsgruppe
von 3 ° bis 10 °	R 9
mehr als 10 ° bis 19 °	R 10

Gesamtmittelwerte	Bewertungsgruppe
mehr als 19 ° bis 27 °	R 11
mehr als 27 ° bis 35 °	R 12
mehr als 35 °	R 13

Tab. 30: Mittelwerte von Neigungswinkeln und Bewertungsgruppen der Rutschgefahr

Bezeichnung des Verdrängungsraums (Kennzahl)	Mindestvolumen des Verdrängungsraums (cm^3/dm^2)
V 4	4
V 6	6
V 8	8
V 10	10

Tab. 31: Kennzahlen und Mindestvolumina des Verdrängungsraums

Bodenklinkerplatten

Die wichtigsten Güteanforderungen sind in DIN 18158 beschrieben. Bodenklinkerplatten haben ein dichtes Gefüge, sind unglasiert und beständig gegen Frosteinwirkung und Witterungseinflüsse, bei einer maximalen Wasseraufnahme von 3 % für den Mittelwert.

Die überwiegend rechteckigen Platten, welche eine ebene oder profilierte Oberfläche und gefaste Kanten haben können, werden im Innen- und Außenbereich von Bauvorhaben eingesetzt.

Labortischfliesen

Für Labortische werden feinkeramische Fliesen mit niedriger Wasseraufnahme nach DIN 12912 verwendet. Diese sind i. d. R. vom Säurefliesner säurefest zu verlegen und zu verfugen.

Solnhofener Platten, Natursteinfliesen, Natursteinmosaik, Natursteinriemchen

Solnhofener Platten bestehen aus Kalkgestein und werden aus Steinbrüchen im Fränkischen Jura gewonnen. Sie zeichnen sich durch eine gute Verschleißbeständigkeit aus und in bruchrauem Zustand durch einen großen Farbenreichtum an der Oberfläche, welcher von hellem Gelblichweiß über Rötlichbraun zu Grauschwarz reicht.

Solnhofener Platten sind im Allgemeinen mit folgenden Oberflächen lieferbar:

- bruchrau
- bruchrau angeschliffen
- fein geschliffen
- matt poliert

Aussehen

Weil das Farb- und Strukturspektrum von Naturstein je nach Herkunft, Lage oder Material eine große Breite aufweisen kann, sind Farbunterschiede zwischen Muster und verlegtem Belag nicht zu vermeiden. Werden Glanzunterschiede an der Oberfläche von Natursteinen bei Streiflichteinfall sichtbar, sind diese zulässig, wenn sie dem Gefüge und/oder der Materialstruktur entsprechen. Die normale, übliche

Betrachtung ohne Streiflichteinwirkung und ohne Zuhilfenahme von technischen Geräten, wie z. B. Lupen, gilt als Bewertungsgrundlage für Oberflächenprüfungen.

Plattendicken
Nachfolgend angegebene Dicken sind für die Ausführung von Belägen aus Solnhofener Platten gefordert:

Für Wandbekleidungen
Platten mit einer Seitenlänge

- bis zu 30 cm: 7 mm
- über 30 bis 40 cm: 9 mm

Für Bodenbekleidungen
Platten mit einer Seitenlänge

- bis zu 35 cm: 10 mm
- über 35 cm: 15 mm

Für Bodenbeläge
- im Dünnbettverfahren: 10 mm

Wurden keine Dicken für die Ausführung von Wand- und Bodenbelägen aus Solnhofener Platten vereinbart, sollten die Platten mindestens die nachfolgend angegebenen Dicken aufweisen.

Wandplatten mit einer Seitenlänge

- bis zu 30 cm: 7 mm
- über 30 bis 40 cm: 9 mm

Bodenplatten mit einer Seitenlänge

- bis zu 37,5 cm: 13 mm
- über 37,5 bis 47,5 cm: 15 mm
- über 47,5 cm: 18 mm

Natursteinriemchen und Natursteinfliesen müssen nachfolgend angegebene Dicken aufweisen:

- Natursteinfliesen mit Seitenlänge bis 40 cm: 7 mm
- Natursteinriemchen: 10 mm

Natursteinfliesen sind in quadratischen und rechteckigen Formaten lieferbar und können aus unterschiedlichen Natursteinarten bestehen. Sie haben im Allgemeinen eine Dicke von 0,7 bis 2 cm, sind in gestrahlter, geschliffener, polierter oder gespaltener Oberfläche erhältlich und werden im Dickbett- oder Dünnbettverfahren angesetzt und verlegt.

Natursteinmosaik aus kleinformatigen Steinplättchen mit geraden oder gebrochenen Kanten ist mit spaltrauer, geschliffener, gesäuerter oder polierter Oberfläche in zusammengefassten Verlegeeinheiten lieferbar.

Natursteinriemchen sind mit spaltrauer Oberfläche in unterschiedlichen Größen und Dicken von etwa 1 bis 2 cm erhältlich.

Bestimmte Naturwerksteine mit einer geringen Dicke – besonders Bahnen- oder Rechteckformate – neigen aufgrund der Wasseraufnahme beim Schneiden der Platten aus dem Block oder beim Verlegen zu Formveränderungen. Dies gilt für eine Reihe von Serpentinen, wie Verde Guatemala, Rosso Levanto und Verde Alpi, ebenso für Bethel white, Kashmir white, Bianco Cristall, Bianco sardo und Imperial white.

Durch Feuchteeinwirkung können u. a. auch farbliche Veränderungen, wie der Feldspate in chinesischen Graniten oder die Oxidation von Metallen in metamorphen Gesteinen, verursacht werden, bspw. im Carrara-Marmor das Mineral Pyrit. Es ist angebracht, verfärbungsanfällige Naturwerksteine nicht im Dickbett zu verlegen.

Ein Haftversagen der Belagmaterialien kann durch Temperaturveränderungen, dadurch verursachte Ausdehnungen und Kontraktionen, den daraus resultierenden Kräften und auf das Verbundsystem aus Untergrund, Verlegemörtel und Belag einwirkenden Spannungen entstehen.

Besonders gefährdet sind temperaturbelastete Flächen wie Terrassen und Balkone. Ebenso problematisch sind beheizte Fußbodenkonstruktionen und durch Sonneneinstrahlung aufgeheizte Bodenbeläge an großen Fensterfronten, bei welchen auf ausreichende Dimensionierung und Anordnung von Bewegungsfugen zu achten ist.

Für die Ausführung von Naturwerkstein im Außenbereich ist die nach DIN EN 12371:2010-07 (Ersatz für DIN 52104) zu ermittelnde Frostbeständigkeit von Bedeutung. Es ist darauf zu achten, dass Verlege- und Fugenmörtel ausreichend beständig sind und hydrophobe Eigenschaften aufweisen.

Maßabweichungen

Unabhängig von den Abmessungen in Dicke, Länge und Breite von gesägten Natursteinfliesen bis 12 mm Dicke sind Abweichungen vom Nennmaß bis ±0,5 mm zulässig. Bei gesägten Natursteinplatten ab 12 mm Dicke ist bei Kantenlängen bis 60 cm ein Abweichen von ±1,5 mm zulässig, in der Breite und Länge bis ± 1 mm. Bei Plattenlängen über 60 cm ist nach ATV DIN 18332 eine Abweichung von ±2 mm zulässig.

Ansetzen und Verlegen im Dick- und Dünnbett

Ansetzen und Verlegen im Dickbett

Folgende Mörtelbettdicken sind für Bekleidungen oder Beläge zu beachten, welche im Dickbett anzusetzen oder zu verlegen sind:

- bei Wandbekleidungen: 15 mm
- bei Bodenbelägen: 20 mm
- bei Bodenbelägen auf Trennschicht innen: 30 mm[1)]
- bei Bodenbelägen auf Trennschicht außen: 50 mm
- bei Bodenbelägen auf Dämmschicht innen: 45 mm
- bei Bodenbelägen auf Dämmschicht außen: 50 mm

[1)] Abweichend von ATV DIN 18352 ist gem. DIN 18560 eine Mindestdicke von ≥ 35 mm notwendig

Bodenfliesen werden im Allgemeinen auf vorgezogenem Mörtelbett verlegt. Das Mischungsverhältnis Zement/Sand sollte sich wie nachfolgend beschrieben zusammensetzen:

- ein Raumteil Zement nach DIN EN 197-1
- vier bis fünf Raumteile scharfer, gewaschener Sand, mit Körnung des Zuschlagstoffs von 0 bis 8 mm oder 0 bis 16 mm

Durch einen hohen Zementanteil wird die Festigkeit gesteigert. Jedoch erhöht sich dadurch auch die Schwindneigung und es bilden sich Schwindrisse. Durch einen hohen Wasseranteil wird die Verarbeitbarkeit verbessert, die Festigkeit jedoch verringert.

Der Auftrag einer Kontaktschicht (Schlämme), z. B. aus Sand, Zement und/oder hydraulisch erhärtetem Dünnbettmörtel bzw. werkgemischten Haftschlämmen, wird bei Verlegung im Verbund empfohlen.

Werden im Außenbereich verfärbungsanfällige Naturwerksteine verlegt, sind Dünnbettmörtel entsprechend DIN EN 12004:2014-02 (= DIN EN 12004:2007+A1:2012) zu verwenden.

Ein modifizierter Dünnbettmörtel ist notwendig, wenn Glas-/Porzellanmosaik oder Steinzeugfliesen mit niedriger Wasseraufnahme, sogenanntes „Feinsteinzeug", verlegt wird.

Wandbekleidungen werden auf 15 mm dickem Mörtelbett angebracht. Größere Mörtelbettdicken sind in einem gesonderten Arbeitsgang anzubringen, wenn diese notwendig sind.

Um ein möglichst volles Mörtelbett zu erzielen, sind Fliesen oder Platten nach dem Ansetzen mit Mörtel zu verfüllen und schräg abzustreifen. Hohlräume zwischen den angesetzten Fliesen lassen sich dabei jedoch nicht vermeiden.

Bindemittel

Werden Natursteinfliesen, Natursteinriemchen, Natursteinmosaik aus Juramarmor oder Solnhofener Platten verlegt, ist als Bindemittel Portlandpuzzolanzement (Trasszement) nach DIN EN 197-1:2014-7 bzw. DIN 1164-10:2013-03 (Ersatz für DIN 1164-1:1994-10, DIN 1164-10:2004-08 und DIN EN 197:2011-11) oder modifizierter Portlandpuzzolanzement und Schnellzement zu verwenden. Die Eignung muss vom Hersteller nachgewiesen sein. Für Fliesen- und Plattenarbeiten sind ausschließlich genormte Zemente nach DIN EN 197-1:2014-7 bzw. DIN 1164-10:2013-03 zu verwenden.

Nach dem Verlegen sollen Bodenbeläge einige Tage unverfugt bleiben. Für die Verfugung sind geeignete Fugenmörtel zu verwenden. Um Verfärbungen zu vermeiden, muss bei werkseitig gemischten Fugenmörteln die Eignung durch den Hersteller nachgewiesen sein.

Ansetzen und Verlegen im Dünnbett

Werden Fliesen und Platten mit gleichmäßiger Dicke im Dünnbettverfahren angesetzt und verlegt, ist für die Ausführung mit hydraulisch erhärtendem Dünnbettmörtel DIN 18157-1, alternativ für die Ausführung mit Dispersionsklebstoffen DIN 18157-2 oder für die Ausführung mit Epoxidharzklebstoffen DIN 18157-3 zu beachten. Dünnbettmörtel/Fließbettmörtel der Gruppe C2 nach DIN 12004:2014-02 (= DIN EN 12004:2007+A1:2012) sind bei beheizten Konstruktionen zu empfehlen.

Ansetzen und Verlegen im Dick- und Dünnbett

Fliesen- und Plattenarbeiten

Voraussetzung für die Ausführung ist ein ebenflächiger und fluchtrechter Untergrund. Werden anstelle der üblichen Anforderungen an die Ebenheit erhöhte Anforderungen gestellt, ist dies nach gesonderter Vereinbarung auszuführen. Um diese Voraussetzungen zu erfüllen, sollte bereits für den Untergrund die Ausführung nach erhöhten Anforderungen an die Ebenheit nach DIN 18202, Tabelle 3, Zeile 2b, 4 und 7 vereinbart worden sein. Mit Dünnbettmörtel ist nämlich kein nennenswerter Ausgleich von Unebenheiten, welche den Toleranzen nach DIN 18202, Tabelle 3 Zeile 3 und 6 entsprechen oder darüber hinausgehen, möglich.

Ansetzen und Verlegen im Dick- und Dünnbett

Fliesen- und Plattenarbeiten

	Bezug	Stichmaße als Grenzwerte in mm bei Messpunktabständen in m										
		0,1 m[1]	0,6 m	1 m[1]	1,5 m	2 m	2,5 m	3 m	3,5 m	4 m[1]	6 m	8 m	10 m[1]	15 m[1)(2)]
1	Nichtflächenfertige	10 mm	13 mm	15 mm	16 mm	17 mm	18 mm	18 mm	19 mm	20 mm	22 mm	23 mm	25 mm	30 mm
2a	Nichtflächenfertige Oberseiten von Decken	5 mm	7 mm	8 mm	9 mm	9 mm	10 mm	11 mm	12 mm	12 mm	13 mm	14 mm	15 mm	20 mm
2b	Flächenfertige Oberseiten von Decken	5 mm	7 mm	8 mm	9 mm	9 mm	10 mm	11 mm	12 mm	12 mm	13 mm	14 mm	15 mm	20 mm
3	Flächenfertige Böden	2 mm	3 mm	4 mm	5 mm	6 mm	7 mm	8 mm	9 mm	10 mm	11 mm	11 mm	12 mm	15 mm
3	Flächenfertige Böden	2 mm	3 mm	4 mm	5 mm	6 mm	7 mm	8 mm	9 mm	10 mm	11 mm	11 mm	12 mm	15 mm
4	Wie zuvor, jedoch erhöhte Anforderungen	1 mm	2 mm	3 mm	4 mm	5 mm	6 mm	7 mm	8 mm	9 mm	10 mm	11 mm	12 mm	15 mm
5	Nichtflächenfertige Wände und Unterseiten von Rohdecken	5 mm	8 mm	10 mm	11 mm	12 mm	13 mm	14 mm	14 mm	15 mm	18 mm	22 mm	25 mm	30 mm
6	Flächenfertige Wände und Unterseiten von Decken	3 mm	4 mm	5 mm	6 mm	7 mm	8 mm	8 mm	9 mm	10 mm	13 mm	17 mm	20 mm	25 mm
7	Wie zuvor, jedoch erhöhte Anforderungen	2 mm	2 mm	3 mm	4 mm	5 mm	6 mm	6 mm	7 mm	8 mm	10 mm	13 mm	15 mm	20 mm

[1)] Für diese Messpunktabstände sind Werte in DIN 18202, Tabelle 3 enthalten. Die Werte für die anderen Abstände sind interpoliert.
[2)] Die Ebenheitstoleranzen der Spalte gelten auch für Messpunktabstände über 15 m.

Tab. 32: *Ebenheitsanforderungen nach DIN 18202:2012-04 in Anlehnung an „Merkblatt Toleranzen im Hochbau nach DIN 18201 und DIN 18202", herausgegeben vom Fachverband Deutsches Fliesengewerbe im ZDB Berlin (u. a.)*

Das Mörtelbett hat beim Dünnbettverfahren eine Dicke von 2 bis 6 mm (im fertigen Zustand gemessen). Dagegen beträgt beim Mittelbett die Dicke 6 bis 15 mm.

Bei beheizten Fußbodenkonstruktionen empfiehlt es sich, quadratische Formate bei Fliesen und Platten zu wählen und mit geradlinig durchlaufenden Fugen zu verkleben.

Fassadenbekleidungen

Die Ausführung von angemörtelten, keramischen Fassadenbekleidungen wird in DIN 18515-1:2014-06 und DIN 18515-2:1993-04 geregelt.

Bei der Ausführung sind insbesondere folgende Punkte zu beachten:

- Werden Wärmedämmplatten an der Rohbauwand befestigt, müssen diese für die Applikation der Kontaktschlämme relativ steif sein.
- Um die Anforderungen als Putzträger zu erfüllen, muss die Kontaktschlämme den angeführten Prüfbedingungen entsprechen.
- Die Bewehrung ist an den Befestigungspunkten kraftschlüssig mit den Ankern zu verbinden.
- Der Tragputz muss in mindestens zwei Lagen aufgebracht werden, wobei die angegebene Rezeptur zu beachten ist und die genannten Zeitgrenzen einzuhalten sind. Dabei kann die erste Lage bis zur halben Gesamtdicke bzw. bis zur Putzbewehrung reichen.

- Keramische Fliesen und keramische Spaltplatten nach DIN EN 14411:2012-12 (ersetzt DIN EN 14411:2007-03) können als Bekleidung im Dünnbett- oder Dickbettmörtel verlegt werden.
- Bei Verlegung im Dünnbettmörtel sollte die Gesamtdicke der Konstruktion 40 mm und bei Verlegung im Dickbettmörtel 50 mm nicht überschreiten.
- Im Abstand von höchstens 3 m sind horizontale Feldbegrenzungsfugen anzubringen, vertikale jedoch im Abstand von höchstens 6 m.
- Für die Ausführung sind die Vorschriften nach DIN 18515-1:2014-06 einzuhalten.

Die zu bekleidenden Wandflächen müssen nach DIN 18515-1 geschlossen und winddicht sein. Weder an der Fläche noch an Anschlüssen dürfen Fehlstellen auftreten, durch die Niederschlagswasser eintreten kann. Tür- und Fensterrahmen müssen an den Untergrund wasser- und winddicht angeschlossen werden.

Untergrund ausgleichen

Entspricht der Untergrund für eine Verlegung von Fliesen oder Platten im Dünnbett an Wandflächen nicht den Anforderungen nach DIN 18202:2013-04, Tabelle 3, Zeile 6 oder 7, ist eine ausreichend ebene Fläche aus einem abgeriebenen und ebenen Zementputz oder bspw. durch Spachteln herzustellen. Für die Verlegung von Bodenbelägen im Dünnbett ist ebenfalls eine ebene Fläche zu schaffen, wenn unebene Untergründe vorgefunden werden. Diese Maßnahmen sind als Besondere Leistung separat zu vereinbaren.

Muss der Untergrund z. B. mit Magerbeton oder Kiessand zur Herstellung der erforderlichen Höhe des Mörtelbetts bzw. zum Schaffen eines notwendigen Gefälles aufgefüllt werden, ist dies als Besondere Leistung gesondert zu vereinbaren.

Muss zum Ausgleich unebener oder nicht lotrechter Wände ein Unterputz ausgeführt werden, ist dies ebenfalls als Besondere Leistung separat zu vereinbaren, wenn dies über den Rahmen der Nebenleistungen hinausgeht.

Aufbringen von Haftbrücken etc.
Voranstriche, Spachtelungen, Abdichtungen, Spritzbewurf, Anschleifen, Abschleifen, Anbringen von Haftbrücken u. Ä. als Untergrundbehandlung an Wänden und Böden für keramische und nicht keramische Beläge sind grundsätzlich keine Nebenleistungen und müssen gesondert vereinbart werden. Spachtelmassen und Voranstriche müssen auf den Untergrund abgestimmt sein. Besonders bei großformatigen Platten können Spachtelungen notwendig sein, um die üblichen Anforderungen sicherzustellen.

Die Herstellerangaben sind bezüglich der maximalen Schichtstärke, des Mischungsverhältnisses und der Wasserzugabe zu beachten, um Rissbildungen und Ablösungen der Spachtelmassen zu vermeiden.

Großformatige keramische Platten über 0,12 m^2 können bei Innenwandbekleidungen auch ohne zusätzliche Sicherung im Dünnbett verarbeitet werden. Der Dünnbettmörtel oder Klebstoff, der Untergrund, sowie die Fliesen oder Platten sind aufeinander abzustimmen.

Ansetzen und Verlegen im Dick- und Dünnbett
Fliesen- und Plattenarbeiten

Schutz gegen Feuchtigkeit
Zusätzliche Abdichtungsmaßnahmen müssen unterhalb der Beläge vorgesehen werden und sind als Besondere Leistung separat zu vereinbaren und auszuführen.

Abdichtungen und die Art der Abdichtungen gegen Bodenfeuchtigkeit und nicht drückendes Wasser werden gem. ZDB-Merkblatt „Hinweise für die Ausführung von Verbundabdichtungen mit Bekleidungen und Belägen aus Fliesen und Platten für den Innen- und Außenbereich" nach DIN 18195-4:2011-12 und DIN 18195-5:2011-12, sowie dem BEB-Hinweisblatt „Abdichtungsstoffe im Verbund mit Bodenbelägen" ausgeführt. Die Flächenabdichtung ist durch Spachteln, Streichen, Rollen oder Spritzen aufzubringen. Zwischen der Flächenabdichtung und den keramischen Fliesen oder Platten und deren Mörtelbett muss ein kraftschlüssiger Verbund hergestellt werden.

Fliesen- und Plattenbeläge übernehmen den mechanischen Schutz der eingebauten Abdichtungsschichten. Es ist darauf zu achten, dass die Abdichtungsschichten bei Durchführung der Belagsarbeiten nicht beschädigt werden.

Folgende drei Gruppen werden als zu verwendende Abdichtungsstoffe aufgeführt:

- gefüllte oder ungefüllte Epoxid- oder Polyurethanharze
- Kunststoff-Zement-(Mörtel-)Kombinationen
- gefüllte oder ungefüllte Kunststoffdispersionen

Es werden nachfolgend aufgeführte vier Klassen der Beanspruchung durch Feuchtigkeit definiert:

Klasse	Beanspruchung	Anwendungsbeispiele
I	zeitweise und kurzfristig, als Spritzwasser	Bäder ohne Bodenablauf, mit Badewanne oder Duschtasse
II	längerfristig bis ständig, mit Wasserbeaufschlagung, jedoch nicht ständig	Sanitärräume im öffentlichen und gewerblichen Bereich mit Bodenabläufen, Duschen ohne Duschtassen
III	Bauteile im Außenbereich mit Feuchtigkeitsbeanspruchung	Balkone und Terrassen ohne Dämmschichten, sowie angrenzende Gebäudesockel
IV	längerfristig bis ständig mit Wasserbeaufschlagung, jedoch nicht stauend; auch bei Einwirkung von aggressiven Medien, aggressiven Reinigungsmitteln und/oder hoher mechanischer Beanspruchung	gewerbliche Küchen, industrielle Bereiche, Spülräume, Nasstherapien, z. B. Brauereien, Lebensmittelbereich, Molkereien, Fischverarbeitung, Schlachtereien etc.

Tab. 33: Feuchtigkeitsbeanspruchung nach ZBV-Merkblatt

Nachträgliches Anarbeiten

Muss bei Innen- und/oder Außenarbeiten nachträglich an Fensterleibungen, Türzargen und Einbaugegenstände angearbeitet werden, ist dies nach separater Vereinbarung als Besondere Leistung auszuführen.

Werden Fliesen- und Plattenarbeiten aus Gründen unterbrochen, die der Auftragnehmer nicht zu vertreten hat, so ist die Nacharbeit eine Besondere Leistung.

Anarbeiten der Beläge

Das Anarbeiten von Fliesenbelägen an Spülbecken, Waschtischen, Wannen, Brausewannen, Wannenuntertritten und schrägen Wandschürzen sollte nach genauen Angaben und Zeichnungen erfolgen und ist nach separater Vereinbarung als Besondere Leistung auszuführen.

Ansetzen und Verlegen im Dick- und Dünnbett

Fliesen- und Plattenarbeiten

Mörtel und Klebstoffe

Nach DIN EN 12004:2014-02 (= DIN EN 12004:2007+A1:2012) werden Mörtel und Klebstoffe in drei Typen unterteilt. In Abhängigkeit von der Haftzugsfestigkeit bzw. der Scherfestigkeit erfolgt die Einteilung innerhalb eines Klebertyps in folgende zwei Qualitätsstufen:

- 1 = Kleber/Mörtel mit normaler Haftung
- 2 = Kleber/Mörtel mit erhöhter Haftung

Zementhaltige Mörtel = C

Das Gemisch besteht aus hydraulischen Bindemitteln, sowie organischen Zusätzen und Zuschlägen. Vor der Verarbeitung werden die Mörtel mit Wasser oder flüssigen Zusatzmitteln angemischt.

Bei schwierigen Verlegeuntergründen und bei Fliesen und Platten mit niedriger Wasseraufnahme bieten Klebemörtel mit erhöhtem Haftspektrum (C2) ein höheres Sicherheitspotenzial. Insbesondere auf waagrechten Außenflächen sind schnell erhärtende Dünnbettmörtel zu bevorzugen. Bei Anwendung an Fassaden, Balkonen bzw. Terrassen sind Mörtel mit hoher Verformbarkeit zu verwenden.

Dispersionsklebstoffe = D

Das gebrauchsfertige Gemisch besteht aus organischen Bindemitteln in Form einer wässrigen Polymerdispersion, mineralischen Füllstoffen und organischen Zusätzen. Diese Klebstoffe sind i. d. R. nur im Innenbereich und bei geringer Feuchtebelastung geeignet.

Dispersionsklebstoffe werden aufgrund nur mäßiger Feuchtigkeits- und Frost-/Tau-Wechselbeständigkeit ausschließlich im Innenbereich angewendet. Der Einsatz ist auch in feuchtebelasteten Räumen nicht oder nur in Ausnahmefällen möglich. Die hohe Verformbarkeit und das hohe Haftspektrum bieten auf glatten, sowie auf bedingt verformungsfähigen Untergründen ein hohes Sicherheitspotenzial.

Reaktionsharzstoffe = R

Das ein- oder mehrkomponentige Gemisch besteht aus synthetischem Harz, organischen Zusätzen und mineralischen Füllstoffen. Der Klebstoff härtet durch chemische Reaktion aus.

Je nach Harztyp verfügen Reaktionsharzklebstoffe über eine überdurchschnittlich hohe Haftzugsfestigkeit sowie gute bis sehr gute Widerstandsfähigkeit gegenüber aggressiven Medien. Der lineare Temperaturausdehnungskoeffizient ist unbedingt zu berücksichtigen, wenn Reaktionsharzklebstoffe im Innenbereich mit hoher Temperaturwechselbelastung oder im Außenbereich zum Einsatz kommen.

Bei Keramikflächen, welche aggressiven Medien ausgesetzt sind, empfiehlt sich der Einsatz dieser Klebstoffe.

Ansetzen und Verlegen im Dick- und Dünnbett

Fliesen- und Plattenarbeiten

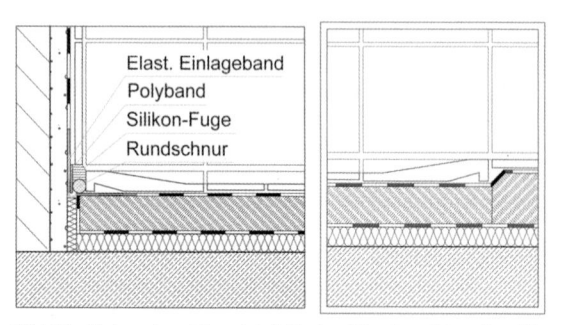

Elast. Einlageband
Polyband
Silikon-Fuge
Rundschnur

Bild 12: Links – Anschlussdetail Boden-Wand, rechts – Anschlussdetail Boden-Boden (Quelle: Fa. Villeroy & Boch)

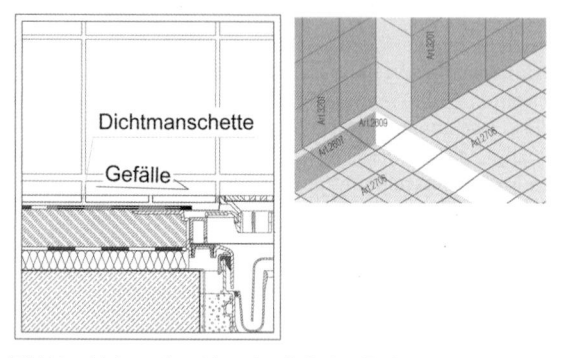

Dichtmanschette

Gefälle

Bild 13: Links – Anschlussdetail Boden-Boden, rechts – Isometrie Duschwanne (Quelle: Fa. Villeroy & Boch)

Befestigung auf der Unterkonstruktion

Werden klein- oder großformatige Fliesen und Platten nicht mit Mörtel oder Klebstoffen, sondern anderweitig befestigt, sind für eine systemgerechte Montage die Verarbeitungsrichtlinien der Hersteller zu beachten. Dies gilt ebenfalls für die dafür notwendigen Unterkonstruktionen aus Holz oder Metall.

Großformatige Platten aus Keramik, die größer als 0,12 m^2 sind, oder vorgefertigte Elemente mit keramischen Bekleidungsstoffen aus Fliesen, Platten oder Mosaik werden an Unterkonstruktionen befestigt.

Es dürfen nur Befestigungssysteme mit bauaufsichtlichen Prüfzeugnissen zur Ausführung kommen.

Vorgefertigte Beton-Keramik-Verbundelemente

Diese Elemente werden im Betonwerk vorgefertigt und auf der Baustelle montiert. Faserzement, Beton, Stahlbeton, aber auch spezielle Hartschäume dienen als Trägermaterial.

Die optimale Größe der Elemente liegt zwischen 0,4 und 2,0 m^2 und ergibt sich aus dem Eigengewicht, der Art der Verankerung und der Art des Montagetransports. Das Verhältnis der Dicke zur max. Seitenlänge soll bei Betonwerkstein als Trägermaterial 1:20 nicht überschreiten.

Befestigung auf der Unterkonstruktion

Fliesen- und Plattenarbeiten

Keramische Fliesen oder Platten werden beim Positivverfahren auf der Oberseite des gefertigten Elements im Dünnbettverfahren oder durch Einklopfen in die noch frische Feinbetonschicht aufgebracht.

Dagegen werden keramische Fliesen und Platten beim Negativverfahren mit der Ansichtsfläche nach unten auf den Schalungsboden gelegt, entsprechend dem geplanten Fugenverlauf arretiert und betoniert.

Zur Befestigung jedes Vorhangelements werden zwei Traganker verwendet, welche gleichzeitig als Halteanker für die Abtragung von Vertikallasten, Winddruck und Windsog dienen und aus nichtrostendem, säurebeständigem Stahl bestehen. Bei Beton beträgt die Eindringtiefe mindestens 8 cm, bei Mauerwerk mindestens 12 cm. Die Befestigung der Elemente an den Trag- und Halteankern erfolgt durch mindestens 4 cm dicke Edelstahldorne, welche mindestens 25 cm in die Elementstirnseiten eingebunden werden. Für die Ausführung sind die Hinweise in DIN 18516-1 i. V. m. DIN 18516-5 und DIN 18516-3 zu beachten.

Nachteilig ist das relativ hohe Eigengewicht von hinterlüfteten Außenwandbekleidungen aus Betonwerksteinplatten mit keramischer Vorsatzschicht, welches etwa doppelt so schwer ist wie eine Naturwerksteinplatte oder etwa viermal so schwer wie eine Keramikplatte der gleichen Größe.

Großformatige Keramikplatten

Keramische Fliesen oder Platten werden als großformatig bezeichnet, wenn sie größer als 0,12 m^2 und dicker als 15 mm sind und wenn eine Seite länger als 40 cm ist. Diese dürfen nicht an Außenwänden angemörtelt werden.

Befestigung auf der Unterkonstruktion
Fliesen- und Plattenarbeiten

Bei der Ausführung von hinterlüfteten Außenwandbekleidungen aus großformatigen keramischen Platten, welche in Schienen mit Klammern oder mit Schrauben befestigt werden, sind die Hinweise, Anforderungen und Prüfgrundsätze in DIN 18516-1 zu beachten.

Steinzeugplatten mit technologischen Eigenschaften sind für Außenwandbekleidungen zu verwenden. Die Keramikplatten sind i. d. R. dünner als 20 mm und werden an einer verankerten Unterkonstruktion aus Aluminiumprofilen mit Klammern, Clips oder Schrauben mechanisch befestigt. Es ist darauf zu achten, dass keine schädlichen Zwängungen auf den Platten und Befestigungen, sowie Dehnungsspannungen in der Unterkonstruktion entstehen. Es ist sowohl eine unsichtbare, als auch eine sichtbare, Befestigung möglich.

Befestigung auf der Unterkonstruktion

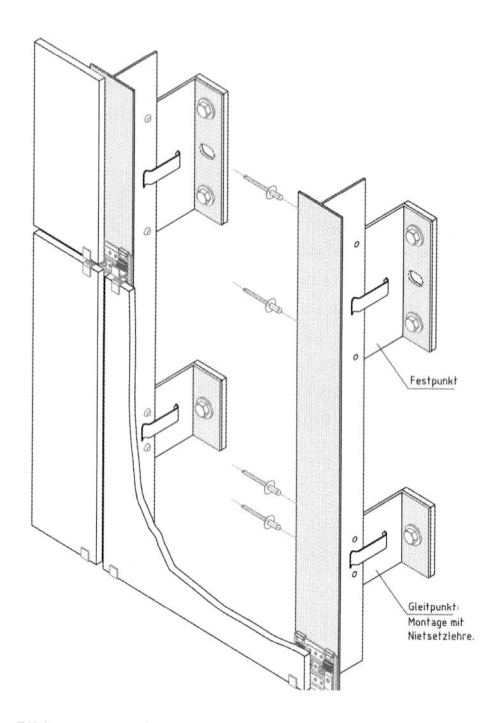

Fliesen- und Plattenarbeiten

Bild 14: Klemmbefestigung, System ATK 100 KL - innen und außen anzuwenden (Quelle: Firma BWM Dübel + Montagetechnik GmbH)

Befestigung auf der Unterkonstruktion

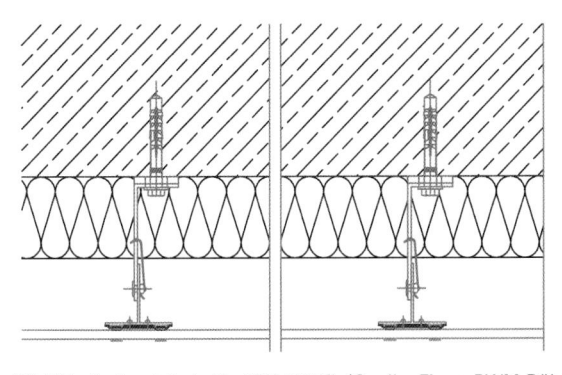

Fliesen- und Plattenarbeiten

Bild 15: Horizontalschnitt, ATK 100 KL (Quelle: Firma BWM Dübel + Montagetechnik GmbH)

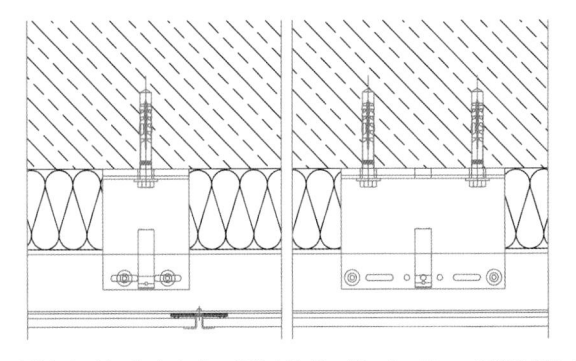

Bild 16: Vertikalschnitt, ATK 100 KL (Quelle: Firma BWM Dübel + Montagetechnik GmbH)

Fugen, Bewegungsfugen und Verfugungsstoffe

Verfugungsstoffe

Die Oberfläche des Belags darf durch Kitte, vorgemischte hydraulisch abbindende Fugenmörtel, Fugenmörtel auf Reaktionsharzbasis und Fugendichtungsmassen nach DIN 18540:2014-09 – „Abdichten von Außenwandfugen im Hochbau mit Fugendichtstoffen" nicht beeinträchtigt werden.

Bei Verwendung von vorgemischten, hydraulisch erhärtenden Fugenmörteln, welche aus Zement, Zuschlägen, sowie ggf. Farbstoffen bestehen, ist zu beachten, dass darin unter Umständen Kunststoffzusätze enthalten sind, welche durch saure Reinigungsmittel, z. B. auf Essig- oder Zitronensäurebasis bei längerem Einwirken angegriffen werden. Deshalb sollten zur Reinigung und Pflege alkalische oder neutrale Reiniger verwendet werden.

In mehrkomponentigem Fugenmörtel auf Reaktionsharzbasis können mineralische Füllstoffe enthalten sein.

Es kommen vor allem Dichtstoffe auf Basis alkalisch oder neutral vernetzter Silikone, Polysulfide, Polyurethane oder Acrylate infrage. Diese werden zur Ausbildung von Bewegungsfugen, Rand- und Anschlussfugen und Feldbegrenzungsfugen eingesetzt.

Im Sanitärbereich sollten sich Bewegungsfugen unauffällig dem Gesamtbild anpassen, weswegen sie häufig nicht so breit ausgeführt werden, wie es erforderlich wäre, um Bauteilbewegungen elastisch aufzunehmen. Hohe Wasserbelastung, Unterdimensionierung, aggressive Reinigungsverfahren und starke chemische Beanspruchung führen dazu, dass feuchtigkeitsbeanspruchte Fugen gewartet und gepflegt werden müssen und deswegen als Wartungsfugen gelten, für welche eine eingeschränkte Gewährleistung i. d. R. schriftlich zu vereinbaren ist.

Wartungsfugen sind nach DIN 52460 Fugen, welche starken chemischen und/oder physikalischen Einflüssen ausgesetzt sind und deren Dichtstoff regelmäßig zu überprüfen und ggf. zu erneuern ist, damit Folgeschäden vermieden werden können.

Nach DIN 18540 wird zwischen frühbeständigen (F) und nicht frühbeständigen (NF) Fugendichtstoffen unterschieden. Diese einkomponentig oder zweikomponentig lieferbaren Dichtstoffe werden im Allgemeinen im Spritzverfahren eingebracht und erhärten durch chemische Reaktion.

Die Verarbeitungsvorschriften der Hersteller sind bei der Verwendung von vorgemischten Fugenfüllstoffen zu beachten.

Die verwendeten Klebstoffe und Mörtel sowie die Verfugungsstoffe sind aufeinander abzustimmen.

Die Oberfläche des Belags darf durch die Verfugungsstoffe nicht verändert oder beschädigt werden.

Fugen, Bewegungsfugen und Verfugungsstoffe
Fliesen- und Plattenarbeiten

Fugen

Anlegen von Fugen und Fugenbreiten

Fugen sind in gleichmäßiger Breite anzulegen, wobei Maßtoleranzen der Belagstoffe auszugleichen sind.

Es sind folgende Fugenbreiten zu beachten:

- bei trockengepressten keramischen Fliesen und Platten
  - bis zu einer Seitenlänge von 10 cm: 1 bis 3 mm
  - mit einer Seitenlänge über 10 cm: 2 bis 8 mm
- bei stranggepressten keramischen Fliesen und Platten
  - mit Kantenlängen bis 30 cm: 4 bis 10 mm
- bei stranggepressten keramischen Fliesen und Platten
  - mit Kantenlängen über 30 cm: mindestens 10 mm
- Bodenklinkerplatten nach DIN 18158: 8 bis 15 mm
- Solnhofener Platten, Natursteinfliesen: 2 bis 3 mm
- Naturstein- oder Glasmosaik sowie Natursteinriemchen: 1 bis 3 mm

Aufgrund der oftmals geringen Herstellungstoleranzen können Fliesen und Platten aus keramischen Materialien oder Naturwerkstein mit den jeweils kleineren Fugenbreiten ausgeführt werden, was unter ästhetischen Gesichtspunkten zu bevorzugen ist. Größere Fugenbreiten im Rahmen der oben genannten Spannen sind auszuführen, wenn die Maßtoleranzen der keramischen Fliesen und Platten oder des Naturwerksteins dies nicht zulassen. Dadurch können Abweichungen von Verlege- und Bekleidungsstoffen ausgeglichen werden.

Da in der Fuge die zulässigen Maßabweichungen der Fliesen und Platten ausgeglichen werden, sind die Toleranzen bei den Fugenbreiten materialbedingt.

Die geforderten Fugenbreiten sind ebenfalls bei Natursteinfliesen und Natursteinbelägen einzuhalten, damit eine fachgerechte Verfugung erreicht bzw. ermöglicht wird.

Verfugen durch Einschlämmen

Wand- und Bodenbeläge werden nach den in der Praxis üblichen Ausführungsregeln durch Einschlämmen der Fugenstoffe verfugt. Dadurch entsteht bei nicht scharfkantigen oder angerundeten Fliesen und Platten i. d. R. eine vertiefte Fuge.

Wird jedoch eine andere Art der Verfugung, z. B. Verfugen mit der Fugenkelle, gewünscht, ist dies nach gesonderter Vereinbarung auszuführen. Aufgrund der Oberfläche ist bei bestimmten Wand- und Bodenbelägen nur eine Verfugung mit Fugenkelle möglich.

Für das Verfugen ist grauer Zementmörtel als hydraulisch abbindende Fugenmasse zu verwenden, sofern keine andersfarbigen Fugenstoffe für die Ausführung vereinbart wurden. Infolge von Entmischung der Farbpigmente und unterschiedlicher Saugfähigkeit der Untergründe können farbige Verfugungen zu Fleckenbildung neigen. Es ist darauf zu achten, dass Fugenfüllstoffe bei Naturstein nicht zur Verfärbung führen. Werkseitig hergestellte Zementmörtel sind bevorzugt zu verwenden, da diese bezüglich ihres Schwindverhaltens auf unterschiedliche Fugenbreiten abgestimmt sind.

Fugen, Bewegungsfugen und Verfugungsstoffe

Fliesen- und Plattenarbeiten

Bild 17: Fugenbreite Naturwerksteinplatte, gefast (Quelle: Hallschmid)

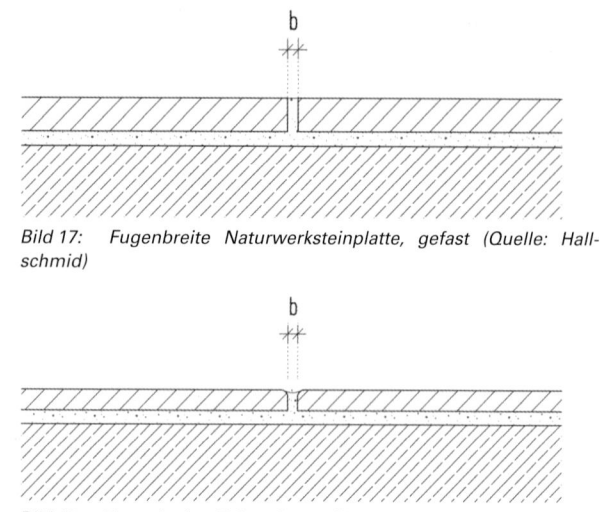

Bild 18: Fugenbreite Feinsteinzeugfliese mit abgerundeter Kante (Quelle: Hallschmid)

Bewegungsfugen

Bewegungsfugen im Dünnbett und Dickbett

Beim Ansetzen und Verlegen von Fliesen und Platten im Dünnbett sind Bewegungsfugen, wie Gebäudetrennfugen, Rand- und Anschlussfugen, sowie Feldbegrenzungen entsprechend DIN 18157-1 bis DIN 18157-3 und bei Fassadenbekleidungen entsprechend DIN 18515-1:2014-06 und DIN 18515-2:1993-04 anzuordnen und mit Profilen aus Kunststoff, Metall oder Fugendichtungsmassen zu schließen.

Beim Ansetzen und Verlegen im Dickbett sind Bewegungsfugen ebenfalls mit Profilen oder Fugendichtungsmassen zu schließen.

Bewegungsfugen sollen durch Belastungen und Formänderungen der Bauteile und unterschiedliches Verhalten ihrer Baustoffe auftretende Spannungen in schadensfreie Größenordnungen abmindern. Sie können wie nachfolgend beschrieben unterschieden werden.

Gebäudetrennfugen
Bauwerksfugen gehen durch alle tragenden und nicht tragenden Teile des Bauwerks hindurch und sind in der Bekleidung oder im Belag an der gleichen Stelle und in der vorgesehenen Breite zu übernehmen. Mörtelbrücken dürfen an Trennfugen nicht entstehen.

Feldbegrenzungsfugen
Belag oder Bekleidung werden durch Feldbegrenzungsfugen begrenzt und müssen von der Oberfläche des Belags oder der Bekleidung bis auf die Abdeckung der Dämmung bzw. der Abdichtung oder bis auf den tragenden Untergrund ausgebildet werden. Die Breite ist von der zu erwartenden Verformung und der gewählten Konstruktion abhängig. Die Fugen sind rechtwinklig und geradlinig anzulegen.

Fugen, Bewegungsfugen und Verfugungsstoffe
Fliesen- und Plattenarbeiten

Randfugen
Randfugen, welche den Belag durchdringende Bauteile oder den Belag im Übergang zu Wänden begrenzen, werden wie Feldbegrenzungsfugen ausgebildet.

Anschlussfugen
Zwischen Bekleidungen bzw. Belägen und angrenzenden Bauteilen sowie festen Einbauten können Anschlussfugen erforderlich sein. In der Regel werden diese in der Dicke des Belags, falls erforderlich jedoch bis auf die Verlegefläche oder Ansetzfläche, ausgeführt.

Nach entsprechender Vorfüllung können Bewegungsfugen mit elastischen Fugenfüllstoffen oder mit Fugenprofilen geschlossen werden.

Bei Bodenbelägen ist die Kantenbeanspruchung, z. B. durch Anordnung von Profilen, zu berücksichtigen.

Lage von Bewegungsfugen
Gebäudetrennfugen müssen in ausreichender Breite und an gleicher Stelle durchgehen. Überbrückungen, z. B. durch Bewehrungen, behindern die Bewegungsmöglichkeit und sind deshalb zu vermeiden.

Rand-, Anschluss- und Feldbegrenzungsfugen können ggf. nach entsprechender Verfüllung mit elastischen Fugenfüllstoffen geschlossen werden. Mit elastischen Fugenfüllstoffen oder mit Fugenprofilen geschlossene Fugen sind nicht wasserundurchlässig.

Diese mit elastischen Füllstoffen geschlossenen Fugen unterliegen nach DIN 52460, Abschnitt 2 chemischen und/oder physikalischen Einflüssen und können reißen. In der Regel wird die Elastizität der Fugenfüllstoffe durch die unvermeidlichen Verformungen der schwimmenden Konstruktion überschritten. Um Folgeschäden zu vermeiden, ist ggf. eine Erneuerung der Fugenfüllstoffe vorzunehmen.

Ausführung

Zuerst wird die Mörtelverfugung ausgeführt und erst nach dem Aushärten werden die Bewegungsfugen geschlossen. Kreuzungspunkte zwischen den Mörtelfugen und den Bewegungsfugen müssen mit besonderer Sorgfalt ausgeführt werden. Bei der Ausführung ist folgendermaßen vorzugehen:

- Fugenflanken säubern
- Hinterfüllmaterial einbringen
- Fugenränder mit Klebeband abkleben (maskieren)
- Fugenflanken primern
- Dichtstoff mischen und einbringen
- Oberfläche des Dichtstoffs glätten
- Klebebänder abziehen (demaskieren)

Der Primer, als Haftverbesserung für die Fugenflanken, muss auf den Dichtstoff und das Material der Fugenflanken abgestimmt sein. Die Ablüftzeiten sind einzuhalten.

Vorgefertigte Dichtstoffbänder bzw. Profile aus Kunststoff oder Metall werden bei besonders breiten und bei mechanisch beanspruchten Bewegungsfugen zum Schutz der Keramikkanten und des Dichtstoffs eingesetzt.

Fugen, Bewegungsfugen und Verfugungsstoffe

Fliesen- und Plattenarbeiten

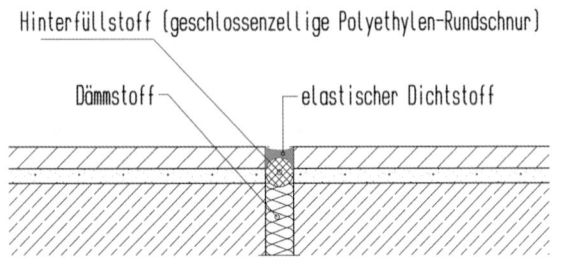

Bild 19: Gebäudetrennfuge in einer Wandbekleidung (Quelle: Hallschmid)

Fugen, Bewegungsfugen und Verfugungsstoffe

Fliesen- und Plattenarbeiten

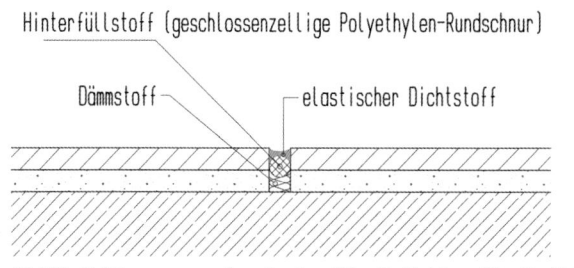

Bild 20: Feldbegrenzungsfuge in einer Wandbekleidung (Quelle: Hallschmid)

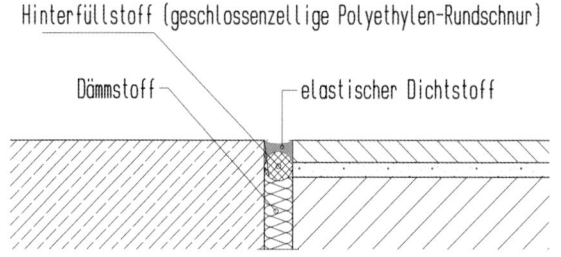

Bild 21: Anschlussfuge zwischen Wandbekleidung und Betonteil (Quelle: Hallschmid)

Checkliste zur Abnahme der Fliesen- und Plattenarbeiten

Ansetzen und Verlegen

☐ Wurden die Vorgaben für Mörtelbettdicken bei Verlegung im Dickbett eingehalten?
(15 mm bei Wandbekleidungen
20 mm bei Bodenbelägen
30 mm bei Bodenbelägen auf Trennschicht innen
50 mm bei Bodenbelägen auf Trennschicht außen
45 mm bei Bodenbelägen auf Dämmschicht innen
50 mm bei Bodenbelägen auf Dämmschicht außen)

☐ Wurde bei keramischen Fliesen und Platten vorschriftsmäßig als Bindemittel Zement und bei Solnhofener Platten, Natursteinfliesen, Natursteinmosaik und Natursteinriemchen Trasszement verwendet?

☐ Wurden beim Ansetzen und Verlegen im Dünnbett die Vorgaben für hydraulisch erhärtende Dünnbettmörtel nach DIN 18157-1, für Dispersionsklebstoffe nach DIN 18157-2 und für Epoxidharzklebstoffe nach DIN 18157-3 beachtet?

☐ Wurde bei Innenarbeiten beachtet, dass Fliesen, Platten und Mosaik erst dann zu verlegen sind, wenn Fenster- und Türzargen, Anschlagschienen, Installationen und Putz angebracht worden sind?

☐ Wurden Fliesen, Platten und Mosaik senkrecht, flucht- und waagrecht oder mit dem angegebenen Gefälle angesetzt und dabei der angegebene Höhenbezugspunkt berücksichtigt?

Checkliste zur Abnahme
Fliesen- und Plattenarbeiten

- ☐ Wurden kleinere Putzüberstände beseitigt? (Nebenleistung)
- ☐ Wurden Dämmstoffe dicht gestoßen eingebaut?
- ☐ Wurden Beläge an angrenzende Bauteile, z. B. an Bekleidungen, Zargen, Anschlagschienen, Schwellen (außer an Spülbecken, Wannen, Brausewannen, Waschtischen), angearbeitet? (Nebenleistung)
- ☐ Sind beim Ansetzen oder Verlegen von Fliesen oder Platten im Dickbett Unebenheiten des Untergrunds innerhalb der zulässigen Toleranzen nach DIN 18202 ausgeglichen worden?
- ☐ Wurden spezielle Ansetz- und Verlegepläne vom Auftragnehmer erstellt? (Besondere Leistung)
- ☐ Sind Aussparungen im Belag, z. B. am Fundamentsockel, an Säulen oder Pfeilern bis 0,1 m^2 Einzelfläche, angearbeitet worden? (Nebenleistung)
- ☐ Wurden Haftbrücken aufgebracht? (Besondere Leistung)
- ☐ Wurden Lehren aus Fliesen oder Platten zur Vorbereitung einer maßgenauen Installation angesetzt und verlegt? (Besondere Leistung)
- ☐ Ist der Untergrund zur Herstellung der erforderlichen Höhe oder des nötigen Gefälles aufgefüllt oder der Unterputz zum Ausgleich unebener oder nicht lot- und fluchtgerechter Wände außerhalb der Toleranzen nach DIN 18202 hergestellt worden?
- ☐ Wurden Beläge, z. B. an Spülbecken, Brausewannen, Wannen, Waschtischen, Wannenuntertritten, schräge Wannenschürzen, angearbeitet? (Besondere Leistung)
- ☐ Sind Zwickel bei abgestuften Begrenzungen der Beläge, z. B. über Treppen, hergestellt worden? (Besondere Leistung)

Checkliste zur Abnahme

Fliesen- und Plattenarbeiten

- ☐ Mussten Gehrungen an Fliesen- und Plattenkanten hergestellt werden? (Besondere Leistung)
- ☐ Wurden freie Stufenköpfe ausgebildet? (Besondere Leistung)
- ☐ Sind Beläge an Aussparungen im Belag von mehr als 0,1 m² Einzelgröße, z. B. an Öffnungen, Fundamentsockel, Rohrdurchführungen, angearbeitet worden? (Besondere Leistung)
- ☐ Wurde bei Fliesenbelägen über Holzbalkendecken eine Abdichtung im Bodenaufbau ausgeführt und an den Wänden hochgezogen?
- ☐ Wurden alle notwendigen Konsolen, z. B. für Heizkörper oder Regale, vor Beginn der Fliesenarbeiten angebracht?

Befestigen auf Unterkonstruktionen

- ☐ Waren die Verarbeitungshinweise der Hersteller für die Ausführung von Unterkonstruktionen aus Holz oder Metall vorhanden und wurden diese für die Montage der Unterkonstruktion und bei der Befestigung von Fliesen und Platten an der Unterkonstruktion beachtet?

Fugen

- ☐ Wurden die Fugen gleichmäßig breit angelegt und die Maßtoleranzen der Belagstoffe in den Fugen ausgeglichen?
- ☐ Wurden Beläge und Bekleidungen fachgerecht mit folgenden Fugenbreiten ausgeführt:
  - bei trockengepressten keramischen Fliesen und Platten
    - ☐ bis zu einer Seitenlänge von 10 cm: 1 mm bis 3 mm
    - ☐ mit einer Seitenlänge über 10 cm: 2 mm bis 8 mm

Checkliste zur Abnahme
Fliesen- und Plattenarbeiten

- bei stranggepressten keramischen Fliesen und Platten
  - ☐ mit Kantenlängen bis 30 cm: 4 mm bis 10 mm
  - ☐ mit Kantenlängen über 30 cm: mindestens 10 mm
- ☐ Bodenklinkerplatten nach DIN 18158: 8 mm bis 15 mm
- ☐ Solnhofener Platten, Natursteinfliesen: 2 mm bis 3 mm
- ☐ Naturstein- oder Glasmosaik, sowie Natursteinriemchen: 1 bis 3 mm

☐ Wurde das Verfugen fachgerecht durch Einschlämmen ausgeführt?

☐ Wurden Bewegungsfugen wie Gebäudetrennfugen, Feldbegrenzungsfugen, Rand- und Anschlussfugen im Dünnbettverfahren entsprechend DIN 18157-1 bis DIN 18157-3 und bei Fassadenbekleidungen entsprechend DIN 18515-1 und DIN 18515-2 ausgeführt und mit Fugendichtungsmassen oder Profilen geschlossen?

☐ Wurden Bewegungsfugen im Dickbettverfahren fachgerecht mit einer Dichtungsmasse oder mit Profilen geschlossen?

☐ Wurden Bewegungs- oder Anschlussfugen ausgebildet, geschlossen und/oder abgedeckt? (Besondere Leistung)

☐ Wurden Scheinfugen im Untergrund vergossen und verdübelt? (Besondere Leistung)

Checkliste zur Abnahme

Fliesen- und Plattenarbeiten

Trockenbauarbeiten

Geltungsbereich und Ausführung

Geltungsbereich
Die ATV DIN 18340 „Trockenbauarbeiten" ist auf die Ausführung raumbildender Bauteile des Ausbaus in trockener Bauweise anzuwenden, auch i. V. m. dem Einbau von Flächenheiz- und Kühlsystemen.

Sie bezieht sich nicht auf:

Holzbaukonstruktionen nach ATV DIN 18334, Estricharbeiten nach ATV DIN 18353, Bodenbelagarbeiten nach ATV DIN 18365, Putz- und Stuckarbeiten nach ATV DIN 18350, Maler- und Lackierarbeiten nach ATV DIN 18363, Tischlerarbeiten nach ATV DIN 18355 sowie Metallbauarbeiten nach ATV DIN 18360.

Ausführung
Bei der Prüfung hat der Auftragnehmer Bedenken geltend zu machen, wenn

- der Bestand gegenüber den Vorgaben abweicht,
- klimatische Bedingungen ungünstig sind,
- die Bauteiltemperatur z. B. für Spachtelarbeiten unter + 10 °C, z. B. für Montagearbeiten unter + 5 °C beträgt,
- Höhe und Lage des Untergrunds nicht richtig sind,
- die Beschaffenheit des Untergrunds ungünstig ist, z. B. bei staubigen, nassen, gefrorenen Flächen oder Ausblühungen,
- der Untergrund von den zulässigen Maßtoleranzen abweicht,

- die Tragfähigkeit des Untergrunds nicht ausreicht,
- die Unterkonstruktion geschwächt ist,
- Bezugspunkte fehlen,
- Angaben zu Bodenaufbauten im Übergangsbereich fehlen.

Neben den bereits geltenden sind die folgenden geänderten Normen hinsichtlich der Stoffe und Bauteile zu berücksichtigenden:

- DIN 18180:2014-09 – Gipsplatten – Arten und Anforderungen
- DIN EN 13963:2014-09 – Materialien für das Verspachteln von Gipsplatten-Fugen – Begriffe, Anforderungen und Prüfverfahren
- DIN EN 14190:2014-09 – Gipsplattenprodukte aus der Weiterverarbeitung – Begriffe, Anforderungen und Prüfverfahren
- DIN 18182-1:2015-11 – Zubehör für die Verarbeitung von Gipsplatten – Teil 1: Profile aus Stahlblech
- DIN EN 13964:2014-08 – Unterdecken – Anforderungen und Prüfverfahren
- DIN EN 14195:2015-03 – Metall-Unterkonstruktionsbauteile für Gipsplatten-Systeme – Begriffe, Anforderungen und Prüfverfahren

Trenn- und Montagewände

Ständerwände und Vorsatzschalen

Einfachständerwand mit Metallunterkonstruktion
Bauüblich ist ein zweigeteilter Montageablauf, bei dem im ersten Schritt die Metallunterkonstruktion mit einem Ständerabstand von 625 mm gestellt und einseitig einlagig vollflächig mit Gipsplatten mit einer Dicke von mindestens 12,5 mm beplankt wird. Die Mineralfaserdämmschicht von mindestens 40 mm Dicke wird als Hohlraumdämpfung eingebracht. Nach dem Einbau von Installationen wird als zweiter Schritt die Trennwand mit Gipsplatten oder Gipsfaserplatten gem. ihrer Zulassung mit einer Dicke von mindestens 12,5 mm geschlossen. Eine Verspachtelung ist entsprechend Qualitätsstufe 2 auszuführen. Die beidseitig einlagige Beplankung stellt die Mindestanforderung dar, eine mehrlagige Beplankung ist entsprechend gesonderter Beschreibung auszuführen.

Doppelständerwände, Vorsatzschalen
Diese Leistungen sind gesondert entsprechend DIN 18183-1, Tabelle 1 zu beschreiben, zu vereinbaren und auszuführen. Vorsatzschalen sind nicht schallschutztechnisch geprüft.

Beplankung
Für dickere Beplankungen als die der zuvor beschriebenen Regelausführung sind die unterschiedlichen Spannweiten je nach Plattenanordnung und Plattenstärke aus DIN 18181, Tabelle 2 zu entnehmen. Diese sind gem. gesonderter Beschreibung auszuführen.

Trenn- und Montagewände

Trockenbauarbeiten

Plattenart	Plattendicke	Spannweite bei Plattenanordnung in	
		Querbefestigung in mm	Längsbefestigung in mm
Montagewände und Vorsatzschalen[*1)]			
1 Gipsplatten mit geschlossener Sichtfläche	12,5	625	625
2	15	750	
3	18	900	
4	25	1250	
Deckenbekleidungen und Unterdecken[*2)]			
5 Gipsplatten mit geschlossener Sichtfläche	12,5	500	420
6	15	550	
7	18	625	
8 Gips-Loch-platten[*3)]	9,5	320	[*4)]
9	12,5		
10 Gips-Putzträger-platten	9,5	500	–

[*1)] Spannweite im Bereich keramischer Beläge bei einlagiger Beplankung ≤ 500 mm, bei mehrlagiger Beplankung ≤ 625 mm
[*2)] Bei Anforderungen an den Brandschutz gilt DIN 4102 Teil 4.
[*3)] Angaben gelten auch für Vorsatzschalen
[*4)] Bei Gipskarton-Lochkassetten mit einer Seitenlänge bis 625 mm ist eine Längsbefestigung mit einer Spannweite bis 320 mm zulässig.

Tab. 34: Auszug gem. DIN 18181, Tabelle 2

> ⚠ **Hinweis**
>
> **Fliesenarbeiten**
>
> Heutiger Stand der Technik ist eine Ausführung mit 12,5 mm dicken Gipsplatten als doppelte Beplankung bei einem Ständerabstand von 625 mm, auch wenn in DIN 18181, Tabelle 2 in der Fußnote [1)] darauf hingewiesen wird, dass eine einlagige Beplankung unter Verringerung des Ständerabstands auf maximal 500 mm möglich ist.

> ⚠️ **Hinweis**
>
> **Führung von Installationsleitungen**
>
> Unsachgemäße Ausschnitte in Metallständerprofilen schwächen oder zerstören deren wandaussteifende Wirkung. Für die Verlegung von Elektroleitungen sind werkseitig H-förmig ausgestanzte Profile zu verwenden.

Befestigung

Schnellbauschrauben sind bei Einfachbeplankung von Montagewänden und Vorsatzschalen gem. DIN 18181 Tabelle 2 und 3 i. d. R. ausschließlich an CW-Profilen in folgenden Abständen anzubringen:

- für Gipsplatten mit geschlossener Sichtfläche: max. 250 mm
- für Gipskarton-Lochplatten: max. 170 mm
- für Deckenbekleidungen und Unterdecken: generell maximal 170 mm; zulässig sind gerillte oder gehartzte Nägel, geharzte Klammern

Der Befestigungsabstand kann bei zweilagiger Beplankung von Trennwänden, Decken und Vorsatzschalen bei der ersten Beplankungslage auf das Dreifache erhöht werden. Hersteller- und systembezogen kann auch eine zusätzliche Verschraubung der Beplankung mit den Decken- und Boden-UW-Profilen gefordert sein.

Eigenschaften und Verwendungszweck der Gipsplatten

Diese werden in DIN 18180 und DIN EN 520 aufgelistet und nachfolgend gegenübergestellt.

Trenn- und Montagewände

Trockenbauarbeiten

	DIN 18180	DIN EN 520
Bauplatte	GKB	TYP A
Feuerschutzplatte	GKF	TYP DF
Imprägnierte Bauplatte	GKBI	TYP H2
Imprägnierte Feuerschutzplatte	GKFI	TYP DFH2
Putzträgerplatte	GKP	TYP P

Tab. 35: Eigenschaften und Verwendungszweck der Gipsplatten gem. DIN 18180 und DIN EN 520

Wandhöhe

Die maximale Wandhöhe wird in zwei Einbaubereiche unterteilt und in nachfolgender Übersicht auf Grundlage von DIN 18183-1, Tabelle 1 dargestellt, welche wie die Normen auch nur für Metallständerwände ohne Brandschutzanforderungen gilt. Diese Fälle müssen gesondert beschrieben und entsprechend der Angaben der Systemhersteller über eigene, zulässige Wandhöhen der jeweiligen Zulassungen montiert werden.

Einbaubereich 1:
Bereiche mit geringer Menschenansammlung, z. B. in Wohnungen, Hotel-, Büro- und Krankenräumen u. ä. genutzten Räumen einschließlich der Flure.

Einbaubereich 2:
Bereiche mit großer Menschenansammlung, z. B. in größeren Versammlungsräumen, Schulräumen, Hörsälen, Ausstellungs- und Verkaufsräumen u. ä. genutzten Räumen. Hierzu zählen auch stets Trennwände zwischen Räumen mit einem Höhenunterschied der Fußböden ≥ 1,0 m.

Trenn- und Montagewände

Trockenbauarbeiten

> ⚠ **Hinweis**
>
> Die Grenze im Fall Einbaubereich 2 liegt in manchen Bundesländern jedoch bei 0,5 m.

Kurzzeichen der Wand	Profil nach DIN 18182 Teil 1	Dicke der Beplankung je Seite	Dicke der Wand	Maximale Wandhöhe h in mm im Einbaubereich	
		mm	mm	EB 1	EB 2
Einfachständerwände					
CW 50/75	CW 50×50×0,6	12,5	75	3000	2750
CW 50/100	CW 50×50×0,6	12,5+12,5	100	4000	3500
CW 75/100	CW 75×50×0,6	12,5	100	4500	3750
CW 75/125	CW 75×50×0,6	12,5+12,5	125	5500	5000
CW 100/125	CW 100×50×0,6	12,5	125	5000	4250
CW 100/150	CW 100×50×0,6	12,5+12,5	150	6500	5750
Doppelständerwände (gegeneinander abgestützt)					
CW 50+50/155	CW 50×50×0,6	12,5+12,5	155	4500	4000
CW 75+75/205	CW 75×50×0,6		205	6000	5500
CW 100+100/255	CW 100×50×0,6		255	6500	6000
Doppelständer (getrennte Ständer) und freistehende Vorsatzschalen[*1)]					
CW 50+50/...	CW 50×50×0,6	12,5+12,5	–	2600	–
CW 75+75/...	CW 75×50×0,6	12,5		3000	2500
CW 75+75/...	CW 75×50×0,6	12,5+12,5		3500	2750
CW 100+100/...	CW 100×50×0,6	12,5		4000	3000
CW 100+100/...	CW 100×50×0,6	12,5+12,5		4250	3500

[*1)] Bei Vorsatzschalen nur einseitige Beplankung

Tab. 36: Auszug gem. DIN 18183, Tabelle 1

Besondere Anforderungen in Bezug auf Dämmstoffe, Feuchte-, Schall- und Brandschutz inkl. entsprechender Einbauteile, wie Türen, Verglasungen, Einbau von Unterkonstruktionen für zusätzliche Lastaufnahmen, Dampfsperren etc., sind entsprechend gesonderter Beschreibung auszuführen. Auf andere Systeme, wie z. B. umsetzbare Systeme, sind die Vorgaben nach ATV DIN 18340 nur bedingt und sinngemäß anzuwenden.

Befestigung an begrenzenden Bauteilen

Starre Anschlüsse
Zur Befestigung von UW-Profilen an Wand und Boden sowie CW-Profilen seitlich an aufgehenden Bauteilen werden Dübel oder auch Setzbolzen an Beton- und Stahlbauteilen verwendet, sofern diese zulässig sind. Der Befestigungsabstand liegt bei maximal 1.000 mm. Bei seitlichen Anschlüssen sind mindestens drei Befestigungspunkte anzuordnen. Auf den Einbau einer Anschlussdichtung aus Mineralwollstreifen, Schaumstreifen oder Kitten ist zu achten. Wird eine Durchbiegung von Rohdecken bis maximal 10 mm erwartet, sind die CW-Profile um 10 mm bis 25 mm gekürzt in die UW-Profile einzubauen. Der angespachtelte Beplankungsanschluss kann die Bewegung dadurch ohne Rissbildung aufnehmen.

Gleitende Anschlüsse
Sind Verformungen der begrenzenden Bauteile insbesondere von Rohdecken oder Unterzügen von mehr als 10 mm zu erwarten, werden gleitende Anschlüsse ausgeführt.

Gesondert gekantete UW-Profile mit größeren Flanschbreiten und entsprechend höheren Gipsriegelpaketen sind notwendig, wenn eine Deckendurchbiegung von mindestens 20 mm zu erwarten ist. Bestehen Anforderungen an den Schallschutz bzw. den Brandschutz, sind die Anschlüsse nach gesonderter Beschreibung auszuführen.

Anschlüsse und Fugen

Geplante Dehnungs- und Bewegungsfugen sind gem. DIN 18181 bei Massivbauten alle 15 m, bei Skelettbauten bereits alle 10-12 m vorzusehen. Bewegungsfugen des Bauwerks müssen übernommen werden.

In Merkblatt Nr. 3 vom Bundesverband der Gipsindustrie e. V. werden die möglichen Fugenausbildungen zur Vermeidung von Rissbildung in die Klassen A bis G unterteilt.

A*	Starrer, angespachtelter Anschluss an Massivteile i. V. m. Trennstreifen oder alternativ mit Trennschnitt
B	Starrer, angespachtelter Anschluss ohne [1] /mit Bewehrungsstreifen stumpf oder über Eck zwischen Trockenbaukonstruktionen mit Gipsplatten
C*	Anschlussfuge mit Dichtstoff (Acryl), mit Hinterlegen eines Trennstreifens. Alternativ bei schmalen Fugen unter 5 mm: Dreiecksfuge Hinweis: Fuge zeichnet sich im Alterungsprozess ab. Besser: Hohlkehle
D*	Offene Anschlussfuge (Schattenfuge) mit versetzter zweiter Plattenlage oder hinterlegtem Plattenstreifen. Rissbildungen sind optisch weniger auffällig; mit Kantenprofil o. ä. (alternativ)

E*	Gleitender Anschluss Variante 1: Mit Plattenstreifen in erster Plattenlage, oder Variante 2: Mit verklebtem Plattenstreifenbündel bei Schallschutz- und Brandschutzanforderungen nach DIN 18183
F*	Offene Feldfuge mit geeigneten Plattenstreifen hinterlegt oder mit sichtbarer Unterkonstruktion; zum Spannungsausgleich und zu dekorativen Zwecken
G*	Gleitende Feldfuge (Bewegungsfuge) mit Fugenprofil; bei Überbrückung von konstruktiven Baukörperfugen bzw. notwendiger Unterteilung (mindestens alle 15 m Länge) (mit hinterlegtem Plattenstreifen bei Brandschutzanforderungen) nach DIN 18183

* = als Besondere Leistungen auszuführen
[1] alternativ ohne Bewehrungsstreifen mit geeignetem Fugenspachtel

Tab. 37: Fugenausbildung nach Merkblatt 3, Bundesverband der Gipsindustrie e. V.

Liegen keine näheren Angaben zur Ausführung der Anschlüsse vor, werden diese entsprechend der Mindestanforderung als starr und stumpf anschließend ohne Trennstreifen, bei unterschiedlichen Materialien mit Trennstreifen ausgebildet.

Werden Dachkonstruktionen bekleidet, müssen als Besondere Leistungen die Anschlüsse mit Profilen ausgeführt werden.

Bei angrenzenden Bauteilen dürfen Haarrisse nur als geradlinige Risse auftreten.

Fugen dürfen erst verspachtelt werden, wenn größere Längenänderungen – verursacht durch Temperatur- und Feuchteänderungen – ausgeschlossen werden können.

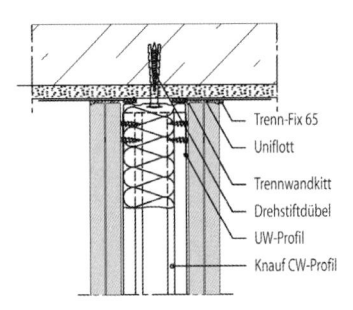

Bild 22: Trennwand 1 – Deckenanschluss (Quelle: Detail gem. „Knauf Gips KG", Ipfhofen)

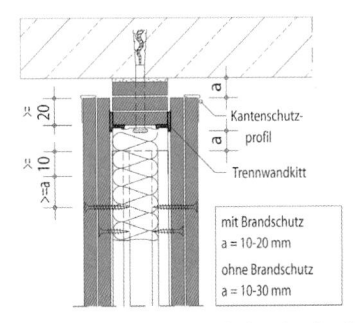

Bild 23: Trennwand 2 Gleitender Deckenanschluss (Quelle: Detail gem. „Knauf Gips KG", Ipfhofen)

Trenn- und Montagewände

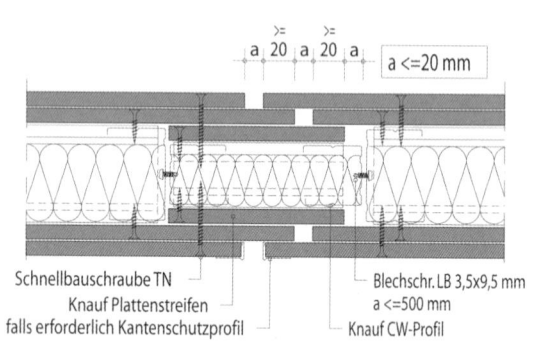

Trockenbauarbeiten

a <=20 mm

Schnellbauschraube TN
Knauf Plattenstreifen
falls erforderlich Kantenschutzprofil
Blechschr. LB 3,5x9,5 mm
a <=500 mm
Knauf CW-Profil

Bild 24: Trennwand 3 – F90 Bewegungsfuge (Detail gem. „Knauf Gips KG", Ipfhofen)

Außenecken
Als Besondere Leistung sind Kantenschutzprofile bei besonderer mechanischer Belastung von Außenecken anzubringen.

Wand-Trockenputz

Gipsplatten werden punktweise direkt auf den senkrechten Bauteilen angesetzt. Bei ebenem Untergrund werden sie im Dünnbettverfahren verlegt. Die Untergründe müssen schwind- und frostfrei, fest und gegen aufsteigende Feuchtigkeit geschützt sein. Betonflächen, stark saugende Untergründe und sonstige glatte Untergründe sind mit Haftbrücken vorzubehandeln. Die Trockenputzflächen sind an den

Anschlüssen umlaufend dicht anzuspachteln, um unerwünschte Luftzirkulation, Kältebrücken und Feuchteschäden zu vermeiden. An Schornsteinen und im Bereich von Waschbecken wird die Beplankung vollflächig angebracht. Bezogen auf die Plattenbreite von 1.250 mm wird Ansetzgips bei 9,5 mm dicken Platten in vier Batzenreihen, bei 12,5 mm dicken Platten in drei Batzenreihen aufgetragen.

Einfachständerwand mit Holzunterkonstruktion

Der vorangehende Ausführungshinweis zu Metallständerwänden gilt sinngemäß. Die Ständerwände sind nach DIN 4103, Teil 4 auszuführen.

Die Unterkonstruktion entsprechend Tabelle 38 besteht aus Vollholz oder verleimtem Holz der Güteklasse II. Die erforderlichen Mindestquerschnitte b/h für Holzstiele oder -rippen sind bezogen auf einen Achsabstand von 625 mm. Bei Flachpressplatten muss je nach Anwendungsbereich auf die Emissionsklasse geachtet werden.

Trenn- und Montagewände

Trockenbauarbeiten

	Einbaubereich 1			Einbaubereich 2		
	Wandhöhe H					
	2600	3100	4100	2600	3100	4100
Wandkonstruktion	Mindestquerschnitte b/h					
Beliebige Bekleidung[*1)]	60/60		60/80		60/80	
Beidseitige Beplankung aus Holzwerkstoffen[*2)] oder Gipsbauplatten[*3)] mech. verbunden[*4)]	40/40	40/60	40/80	40/60	40/60	40/80
Beidseitige Beplankung aus Holzwerkstoffen, geleimt[*5)]	30/40	30/60	30/80	30/40	30/60	30/80
Einseitige Beplankung aus Holzwerkstoffen[*5)] oder Gipsbauplatten, mech. Verbund.	40/60		60/60		60/60	

[*1)] z. B. Bretterschalung
[*2)] genormte Holzwerkstoffe und mineralisch gebundene Flachpressplatten
[*3)] Gipsbauplatten = Gipskartonplatten und Gipsfaserplatten, mech. befestigt
[*4)] Bei Befestigung mit Schrauben, Klammern, Nägeln darf der Befestigungsabstand untereinander maximal 200 mm betragen (80 d nicht überschreiten)
[*5)] Wände mit einseitiger aufgeklebter Bekleidung können wegen der zu erwartenden klimatisch bedingten Formänderungen allg. nicht empfohlen werden

Tab. 38: Tabelle gem. DIN 4103, Teil 4 – Tabelle 1

	d min.	
Unterstützungsabstand a	1250/2	1250/3
Holzwerkstoffe, organisch oder mineralisch gebunden ohne zusätzliche Bekleidung mit zusätzlicher Bekleidung [*1]	13 [*3] 10	10 8
Bretterschalung	ca. 12	ca. 12
Gipsbauplatten [*2]	12,5	12,5

[*1] z. B. mit Bretterschalung, Gipsbauplatten
[*2] Gipsbauplatten = Gipskartonplatten und Gipsfaserplatten; mech. Befestigung
[*3] für mineralisch gebundene Platten Mindestdicke 12 mm

Tab. 39: Tabelle gem. DIN 4103, Teil 4, Tabelle 3

Zur Beplankung werden Gipskartonplatten, Bretterschalung, Spanplatten, Sperrholz, harte Holzfaserplatten etc. verwendet. Die erforderlichen Mindestdicken sind der Aufstellung gem. DIN 4103, Teil 4, Tabelle 3 zu entnehmen.

Die Befestigung der Gipsplatten kann mit Schnellbauschrauben nach DIN 18182, Teil 2, Klammern nach DIN 18182, Teil 3 oder Nägel nach DIN 18182, Teil 4 maschinell oder von Hand erfolgen.

Werden Spanplatten anstelle von Holz für die Unterkonstruktion verwendet, ist die beidseitige Beplankung aus mindestens 13 mm dicken Spanplatten mit der Unterkonstruktion zu verleimen. Die Spanplattenrippen müssen mindestens 28 mm breit gefertigt werden. Holzrippen sind jedoch unter Beplankungsstößen, aber nicht unter Elementstößen anzubringen.

Die Rippenhöhe ist in Abhängigkeit von der Wandhöhe zu fertigen.

- Wandhöhe 2.600 mm: Rippenhöhe mindestens 60 mm
- Wandhöhe 3.100 mm: Rippenhöhe mindestens 80 mm
- Wandhöhe 4.100 mm: Rippenhöhe mindestens 100 mm

Befestigung an begrenzenden Bauteilen
Der Anschluss kann als fester Anschluss oder bei zu erwartender größerer Durchbiegung der Decke als gleitender Anschluss ausgebildet werden.

Deckenbekleidung und Unterdecken

Ausführung

Deckenbekleidung und Unterdecke
Die Unterkonstruktion ist bei einer Deckenbekleidung direkt am tragenden Bauteil befestigt. Im Falle einer Unterdecke wird die Unterkonstruktion abgehängt. Die Eigenlast der Decken mit Decklagen aus Gipsplatten einschließlich Einbauten darf gem. DIN EN 13964:2014-08 bis 0,5 kN/m^2 betragen.

Anforderungen nach DIN EN 13964
- statische Anforderungen an Decklagen
- Durchbiegeklassen von Unterkonstruktionen und Durchbiegeangaben von Decklagen
- zwingend vorgeschrieben ist die Konformitätserklärung bzw. CE-Kennzeichnung, welche erst nach erfolgter Erstprüfung vorgenommen wird
- brandschutztechnische Nachweise der Baustoff- bzw. Bauteilklassifizierung

Deckenbekleidung und Unterdecken

Trockenbauarbeiten

> ⚠️ **Hinweis**
>
> **Montageablauf bei Installationen**
>
> Der Einbau von Installationen ist vor Beginn der Deckenmontage vorzunehmen. Die Erstellung der Unterkonstruktion, gefolgt von der Schließung der Decke im direkten Anschluss, sollte von Anschlussarbeiten der Installationen nicht eingeschränkt werden.

> ⚠️ **Hinweis**
>
> **Notwendige Festlegungen**
>
> Sind Decken besonderen Windlasten ausgesetzt, z. B. in Eingangsbereichen, ist die Konstruktion nach entsprechenden Angaben und statischen Nachweisen zu fertigen und zu montieren. Auch bei der Ausführung z. B. in Schwimmbädern ist wegen korrosiver Dämpfe nach speziellen Angaben zu fertigen und zu montieren.

Unterkonstruktion

Stützweiten

Die zulässigen Stützweiten für Unterkonstruktionen mit Beplankungsdicke $\geq$ 12,5 mm werden in nachfolgender Übersicht gem. DIN 18181, Tabelle 1 dargestellt.

Deckenbekleidung und Unterdecken

Trockenbauarbeiten

Unterkonstruktion		Zulässige Stützweiten[b] in mm bei einer Gesamtlast		
		bis 0,15 kN/m²	über 0,15 bis 0,30 kN/m²	über 0,30 bis 0,50 kN/m²
Profile aus Stahlblech nach DIN 18182 Teil 1 und DIN EN 14195[d]				
Grundprofil	CD 60×27×0,6	900	750	600
Tragprofil	CD 60×27×0,6	1000	1000	750
Holzlatten (Breite × Höhe)				
Grundplatte, direkt befestigt	48 × 24	750	650	600
	50 × 30	850	750	
	60 × 40	1000	850	700
Grundplatte, abgehängt	30 × 50 c	1000	850	700
	40 × 60	1200	1000	850
Tragplatte	48 ×24	700	600	500
	50 ×30	850	750	600

[b] Bei Anforderungen an den Brandschutz sind ggf. kleinere Stützweiten nach DIN 4102-4 einzuhalten. Prüfzeugnisse sind zu beachten.
[c] Nur i. V. m. Tragplatten von 50 mm Breite und 30 mm Höhe.
[d] Für andere Profile nach DIN 18182-1 und DIN EN 14195 sind anwendungstechnische Nachweise gesondert zu erbringen.

Tab. 40: Übersicht gem. DIN 18181 Tabelle 1

Nach DIN EN 13964:2014-08 sind zur ordnungsgemäßen Kennzeichnung Erstprüfungen sowohl an Unterkonstruktion als auch an Decklagen durchzuführen.

Durchbiegeklassen nach DIN EN 13964

Klasse	Maximale Durchbiegung [a]L in mm
1	L[b]/500 ≤ 4
2	L[b]/300
3	unbegrenzt

[a] Die größte Durchbiegung ergibt sich aus der Summe der Durchbiegung des Unterkonstruktions-Bauteils und der Durchbiegung des Decklage-Bauteils
[b] L ist die Stützweite zwischen den Abhängeelementen bzw. den Abhängepunkten

Die in DIN 18202 festgelegten Toleranzen bei flächigen Decken sind mit Durchbiegeklasse 3 nicht einzuhalten. Lastabhängige Toleranzen sind jedoch nicht in DIN 18202 geregelt.

Zusätzliche Lasten von Einbauteilen

Unterdecken und Deckenbekleidungen können Eigenlasten ohne Zusatzlasten i. d. R. schadensfrei aufnehmen. Nur nach DIN 18168 Teil 1 und DIN 18181 können Einzellasten bis zu einer Höhe von 0,06 kN je Plattenspannweite nach DIN 18181 Tabelle 2 und je Meter unmittelbar an der Beplankung aufgenommen werden, sofern Eigen- und Zuglasten die Lastbereiche nach Tabelle 1 nicht überschreiten.

Solche Einbauteile sind am besten gesondert von der Rohdecke abzuhängen. Bei Brandschutzdecken dürfen nur für den Einbau geprüfte und zugelassene Einbauteile verwendet werden. Konstruktive und verstärkende Maßnahmen, wie zusätzliche Abhänger, Einzelabhänger und Konstruktionsverstärkungen, sind nach gesonderter Beschreibung als Besondere Leistung auszuführen.

Mineralfaserplatten als Decklage

Die Mindestdicke beträgt 13 mm, sofern keine Angaben zur Ausführung gemacht wurden. Dickere Platten sind nach gesonderter Beschreibung auszuführen. Die Raumluftfeuchtigkeit sollte beim Einbau nicht über 70 % betragen, damit Verformungen der Platte vermieden werden können. Der Einbau sollte mit ausreichendem Zeitabstand zu Putz- oder Estricharbeiten in trockenen, geschlossenen Räumen erfolgen.

Einzelne offene oder geschlossene Deckenelemente

Die gesonderte Befestigung von Deckensegeln, Lamellen, Baffeln usw. muss als Besondere Leistung auf tragfähigen Bauteilen, wie Rohbaudecken, durch bspw. allgemein bauaufsichtlich zugelassene Dübel erfolgen, wenn die hieraus entstehenden Lasten nicht durch die Unterdecke aufgenommen werden können.

Ist eine Unterdecke vom Systemhersteller zur Aufnahme solcher Zusatzlasten entsprechend ausgelegt oder für diese besondere Konstruktion die erforderliche zusätzliche Lastabtragung entsprechend nachgewiesen, ist eine Befestigung unter der abgehängten Decke möglich.

Diagonalaussteifungen als Besondere Leistungen sollten beim Einbau von offenen Deckenelementen, wie Deckensegel ohne seitliche Begrenzung, Anwendung finden, um zu vermeiden, dass sich die Verbindungselemente aushängen.

Bei leichten Deckenbekleidungen und Unterdecken muss die Verspachtelung von Gipsplatten gem. DIN 18168-1:2007-04 und von Gipsfaserplatten gem. DIN EN 15283-2:2009-12 und ihrer Zulassung in Qualitätsstufe Q2 und den weiteren Anforderungen der ATV DIN 18340 zu Verspachtelungen (3.2) ausgeführt werden.

Metall- und Kunststoffkassetten, Metallpaneele

Das passgenaue Anarbeiten von Metalldeckenplatten vor Ort kann durch Schneiden und Aufkanten erledigt werden. In die geschnittenen Platten können alternativ als Besondere Leistung Profile zur Aussteifung eingeklebt oder eingeklemmt werden, um die Durchbiegung entsprechend der Vorgaben nach DIN EN 13964:2014-08 (ersetzt DIN EN 13964:2007-02) zu begrenzen und ein Wellen der Platten zu verhindern. Die Schnittkanten können ebenso in F-förmige Wandwinkel zur Aussteifung eingeschoben werden. Bei

Anforderungen an den Brandschutz sind bei den Unterdecken die Regelungen der jeweiligen Prüfzeugnisse zu beachten.

L = Länge in mm b = Breite in mm	$0 \leq L \leq 1000$ A1/A2 B		$1000 \leq L \leq 2000$ A1/A2 B		$2000 \leq L \leq 3000$ A1/A2 B	
$0 \leq b \leq 400$	-0,5 +0,5	-0,2 +3,0	-0,5 +1,5	-0,2 +4,0	-0,5 +3,0	-0,2 +6,0
$400 \leq b \leq 500$	-0,5 +0,5	0 +4,0	-0,5 -1,5	0 +5,0	-0,5 +3,5	0 +7,0
$500 \leq b \leq 625$	-0,5 +0,5	0 +6,0	-0,5 +1,5	0 +7,0	-0,5 +4,0	0 +9,0
$625 \leq b \leq 1250$	-0,5 +0,5	0 +10,0	-0,5 +1,5	0 +13,0	- -	- -

Tab. 41: Tabelle gem. DIN EN 13964:2014-08- Tabelle 4

Anschlüsse an begrenzende Bauteile

Mineralfaser- und Metalldecken sind auf rechtwinklig abgekanteten Randwinkeln aus Metall aufzulegen. Es ist darauf zu achten, dass die stumpfen Winkelstöße in den Ecken entsprechend horizontal planeben ausgebildet werden. Als Besondere Leistung können die Ausbildung als Gehrung, offene Fugen und andere Anschlusswinkel ausgeführt werden.

Deckenbekleidung und Unterdecken

Trockenbauarbeiten

Unebenheiten der Befestigungsuntergründe führen möglicherweise zu Hohllage und Verziehen des Winkels beim Verschrauben. Dies ist hinzunehmen, wenn die Ebenheitstoleranzen eingehalten wurden. Durch Hinterfüttern der Winkel oder Ausfugen der Hohlstellen als Besondere Leistung kann dies vermieden werden.

Anschlüsse und Fugen

Geplante Dehnungs- und Bewegungsfugen sind nach DIN 18181 bei Massivbauten alle 15 m vorzusehen, bei Skelettbauten bereits alle 10 m. Bewegungsfugen des Bauwerks müssen übernommen werden. In Merkblatt Nr. 3 vom Bundesverband der Gipsindustrie e.V. werden die möglichen Fugenausbildungen zur Vermeidung von Rissbildung in die Klassen A bis G unterteilt.

A*	Starrer, angespachtelter Anschluss an Massivteile i. V. m. Trennstreifen mit/ohne Profilhinterlegung; (bei Brandschutzanforderung mit Profilhinterlegung ausführen)
B	Starrer, angespachtelter Anschluss mit Bewehrungsstreifen stumpf oder über Eck oder ohne Bewehrungsstreifen mit geeignetem Fugenspachtel; zwischen Trockenbaukonstruktionen mit Gipsplatten
D*	Offene Anschlussfuge (Schattenfuge) mit versetzter zweiter Plattenlage; mit Anschlussdichtung (alternativ) und Kantenprofil o. Ä. (alternativ)
E*	Gleitender Anschluss Variante 1: Mit sichtbarem Anschlussprofil für horizontale Gleitung oder mit hinterlegtem Plattenstreifen bei Brandschutzanforderungen oder Variante 2: Für vertikale Gleitung mit hinterlegtem Plattenstreifen bei Brandschutzanforderungen

F*	Offene Feldfuge: Trennung der Beplankung mit Abdeckprofil zur Reduzierung der Spannung und zu dekorativen Zwecken
G*	Gleitende Feldfuge (Bewegungsfuge); bei Überbrückung von konstruktiven Baukörperfugen bzw. notwendiger Unterteilung (mind. alle 15 m Länge) (mit hinterlegtem Plattenstreifen bei Brandschutzanforderungen)

* = als Besondere Leistungen auszuführen

Tab. 42: Fugenausbildung nach Merkblatt 3, Bundesverband der Gipsindustrie e. V.

Vorbeschriebene Fugen sind wie folgt auszuführen:

- einspringende Massivbauteile und Wandscheiben: offene Feldfuge oder gleitende Feldfuge (Bewegungsfuge) erforderlich
- Unterdecken mit Aussparungen für Stützen: gleitender Anschluss erforderlich
- Flurdecken mit Nischen und Einsprüngen: umlaufender gleitender Anschluss oder offene Feldfuge

Bei angrenzenden Bauteilen dürfen Haarrisse nur als geradlinige Risse auftreten.

Liegen keine näheren Angaben zur Ausführung der Anschlüsse vor, werden diese entsprechend der Mindestanforderung als starr und stumpf anschließend ausgebildet.

Als Besondere Leistung sind Anschlüsse an thermisch beanspruchte Bauteile, z. B. Einbauleuchten, beweglich auszuführen.

Deckenbekleidung und Unterdecken
Trockenbauarbeiten

Fugen dürfen erst verspachtelt werden, wenn größere Längenänderungen – verursacht durch Temperatur- und Feuchteänderungen – ausgeschlossen werden können.

Trockenböden und Doppelböden

Trennfolien und Dampfbremsen

Zur Abgrenzung der Bauteile zueinander dienen Trennfolien, welche an angrenzenden Bauteilen bis zur Oberkante des fertigen Fußbodens hochzuziehen sind. PE-Folien mit mindestens 150 µm Dicke als typische Trennfolien schützen vor Feuchte- und Nässeübertragung während der Bauphase. An Stößen sind Trennfolien mit mindestens 20 cm Überlappung auszuführen, weswegen ihnen die Funktion einer Dampfbremse zugeschrieben wird.

Trockenunterböden

Rohböden sind vor dem Einbau von Trockenböden auf den Feuchtegehalt zu prüfen. Für den Einbau von Trockenböden aus Gipsplatten ist ein planebener, durchgehender Untergrund notwendig.

Trockenschüttungen
Unebenheiten sind z. B. über mindestens 10 mm dicke Trockenschüttungen auszugleichen. Kabel, Rohrleitungen und dergleichen sind ebenfalls mindestens 10 mm zu überdecken. Schütthöhen über 40 mm müssen verdichtet oder dauerhaft gebunden werden. Seitliches Wegrieseln der Schüttung muss durch entsprechende Maßnahmen verhindert werden. Auf Dielenböden ist ein Rieselschutz vollflächig aufzubringen.

Der Einbau von Nivelliermassen und Schüttungen gilt als Besondere Leistung.

Verlegung von Trockenunterböden

Die Verlegung von Gipskarton-, Gipsfaserplatten, Spanplatten oder Verbundelementen erfolgt mit Fugenversatz. Stöße werden zur Übertragung von Biegekräften verklebt. Die Aufnahme von horizontal wirkenden Kräften ist bei Gips- und Gipsfaserplatten begrenzt. Randfugen sind mit mindestens 10 mm Breite auszuführen. Überstehende Federn im Bereich des Wandanschlusses sind abzuschneiden. Randdämmstreifen als Wandanschluss müssen mit mindestens 10 mm Dicke eingebaut werden. Abdeckleisten und Randprofile sind auf die technisch notwendige Fugenbreite abgestimmt anzubringen.

Beim Einbau von Spanplatten und anderen geeigneten Holzwerkstoffplatten ist bezüglich der Materialfeuchte auf die Herstellerangaben zu achten. Zu begrenzenden Bauteilen sollte eine Randfuge von mindestens 15 mm ausgebildet werden. Schwimmende Verlegung erfolgt mit versetzten Fugen.

Bewegungsfugen

Bei Bewegungsfugen in Türdurchgängen und in der Fläche werden mindestens 20 mm dicke, 20 cm breite Unterfütterungsplatten, z. B. aus Holzwerkstoffen, Furnierplatten und dergleichen, auf einer steifen Dämmstreifenunterlage eingebaut. Unterfütterungsplatten sind flächig zu verkleben und zu verschrauben, bei Bewegungsfugen nur einseitig. Plattenstöße sollten zur späteren ordnungsgemäßen Belagstrennung und Bewegungsfugenausbildung unmittelbar unter dem Türblatt angebracht werden.

Wärme-, Schall-, Brandschutz, Ableitfähigkeit
Bestehen hierzu Anforderungen, so sind diese gem. gesonderter Beschreibungen auszuführen.

Doppelböden (Systemböden)

Systemböden dienen zur Aufnahme von Leitungs-Anschlusszuführung und sind in Doppelböden und Hohlböden zu unterscheiden.

Doppelböden
Diese modularen Fußbodenelemente sind industriell hergestellt und bestehen im Wesentlichen aus Platten und Stützen. Dadurch wird jederzeit an jeder Stelle ein freier Zugang zum Bodenhohlraum und eine höchst flexible Installation in den Bodenhohlräumen ermöglicht. Um Klappergeräusche zu vermeiden, werden i. d. R. Dämpfungs- und Positionierungsplättchen aus Kunststoff eingelegt. Doppelböden müssen in vielen Fällen auch brandschutztechnisch abgeschlossen sein. Oberbeläge werden nicht als herkömmliche Handwerksleistung aufgebracht. Höhenversätze sind bei Plattenstößen bis zu 1 mm zulässig.

Hohlböden
Diese modularen Böden – mit durchlaufender Tragschicht aus Plattenmaterial oder Estrichmörtel nach DIN EN 13813 – werden auf der Baustelle zusammengestellt. Der Hohlraum

ist flächig oder kanalartig. Bei den nach DIN EN 13813 gegossenen Estrichen handelt es sich nicht um Estricharbeiten nach DIN 18560 und Estrich auf Trennschicht nach DIN 18560 Teil 4. Oberbeläge werden handwerklich verlegt.

Regelwerke für Doppelböden und Hohlböden:
- DIN EN 12825 Doppelböden – Prüfung und Klassifizierung
- Anwendungsrichtlinie zur DIN EN 12825 (04/2011)
- DIN EN 13213 Hohlböden – Prüfung und Klassifizierung
- Anwendungsrichtlinie zur DIN EN 13213
- DIN EN 1991-1-1:2010-12 und DIN EN 1991-1-1/NA:2010-12 als Ersatz für DIN 1055:2006-03 Teil 3
- Musterrichtlinie der ARGEBAU über brandschutztechnische Anforderungen an Systemböden (MsysBöR)
- Merkblätter des Bundesverband Systemböden e. V.

Nachfolgende Übersicht nach Anwendungsrichtlinie zur DIN 12825 zeigt die Zuordnung von Klassifizierungsklassen und Laststufen.

Trockenböden und Doppelböden

Trockenbauarbeiten

Lfd. Nr.	Klasse[1]	Bruchlast [N]	Laststufe[2]	Nutzung	Beispielhafte Einsatzempfehlungen und Nutzungsarten
1	1	≥ 4000	2000 N	Wohnräume	Räume und Flure in Wohngebäuden, Hotelzimmer
2	2	≥ 6000	3000 N	Büroflächen, Arbeitsräume, Flure	Flure in Bürogebäuden, Büroflächen, Arztpraxen, Stationsräume, Aufenthaltsräume incl. Flure, Bettenräume in Krankenhäusern
3	5	≥ 10000	5000 N		Flure in Krankenhäusern, Hotels, Altenheimen, Internaten usw., Küchen und Behandlungsräume
4	≥ 3	Im Einzelnen zu bemessen			Flächen wie laufende Nr. 1 bis 3, jedoch mit schwerem Gerät
5	≥ 2	Im Einzelnen zu bemessen		Technikräume	Rechenzentren, Elektroverteilerräume und Schaltschrankräume
6	2	≥ 6000	3000 N	Flächen für die Versammlung von Personen	Flächen mit Tischen; z. B. Schulräume, Cafes, Restaurants Speisesäle, Lesesäle
7	3	≥ 8000	4000 N		Flächen mit Tischen; z. B. Schulräume, Cafes, Restaurants Speisesäle, Lesesäle, Empfangsräume
8	5	≥10000	5000 N	Versammlungsräume und Flächen für die Versammlung von Personen	Flächen mit fester Bestuhlung, z. B. Flächen in Kirchen, Theatern oder Kinos, Kongresssäle, Hörsäle, Versammlungsräume, Wartesäle

Trockenböden und Doppelböden

Trockenbauarbeiten

Lfd. Nr.	Klasse[1]	Bruchlast [N]	Laststufe[2]	Nutzung	Beispielhafte Einsatzempfehlungen und Nutzungsarten
9	5	≥10000	5000 N		Frei begehbare Flächen, z. B. Museumsflächen, Ausstellungsflächen usw. und Eingangsbereiche in öffentlichen Gebäuden und Hotels
10	≥ 3	Im Einzelnen zu bemessen		Versammlungsräume und Flächen für die Versammlung von Personen	Sport- und Spielflächen, z. B. Tanzsäle, Sporthallen, Gymnastik- und Kraftsporträume, Bühnen
11	≥ 3	Im Einzelnen zu bemessen			Flächen für große Menschenansammlungen, z. B. Konzertsäle, Terrassen und Eingangsbereiche sowie Tribünen mit fester Bestuhlung
12	3	≥ 8000	4000 N	Verkaufsräume	Flächen von Verkaufsräumen bis 50 m² Grundfläche in Wohn-, Büro und vergleichbaren Gebäuden
13	5	≥10000	5000 N		Flächen von Verkaufsräumen
14	≥ 5	Im Einzelnen zu bemessen			Flächen in Einzelhandelsgeschäften und Warenhäusern
15	6	Im Einzelnen zu bemessen			Flächen wie laufende Nr. 12 bis 14, jedoch mit erhöhten Einzellasten, z. B. infolge hoher Lagerregale

Lfd. Nr.	Klasse[1]	Bruchlast [N]	Laststufe[2]	Nutzung	Beispielhafte Einsatzempfehlungen und Nutzungsarten
16	≥ 3	Im Einzelnen zu bemessen		Fabriken, Werkstätten und Lagerräume	Flächen und Fabriken und Werkstätten mit leichtem Betrieb
17	6	Im Einzelnen zu bemessen			Lagerflächen, einschließlich Bibliotheken
18	≥ 5	Im Einzelnen zu bemessen		Sonderbereiche	Räume mit Nutzung von Transportgeräten

[1] Belastungsklassifizierung gem. DIN EN 12825/13213
[2] Der Wert für die Klassifizierung der Laststufe ergibt sich aus der Bruchlast, dividiert mit dem Sicherheitsbeiwert v ≥ 2 und ist in Stufen von 1000 N anzugeben. Er entspricht der Punktlast gem. Laststufe.
[3] Für Doppel-/Hohlböden mit im Einzelfall spezifizierten hohen Anforderungen können weitere Laststufen erforderlich werden. Diese sind dann in Stufen zu je 1000 N festzulegen.

Tab. 43: Zuordnung von Klassifizierungsklassen und Laststufen

Eine Erhöhung des Sicherheitswerts auf ≥ 3 kann durch bauaufsichtliche Vorschriften und/oder besondere Anwendungen, z. B. Aufbauhöhen über 500 mm, nötig sein.

Anforderungen an den Untergrund

Der Untergrund muss frei von Graten und Nestern, trocken, eben und fest sein. Ein staubbindender Anstrich ist aufzutragen. Die Ebenheit reicht aus, wenn sie nach DIN 18202, Tabelle 3, Zeile 2a für nicht flächenfertige Oberseiten, z. B. zur Aufnahme von schwimmenden Estrichen, ausgeführt wurde.

Stichmaße als Grenzwert in mm bei Nennmaß in m				
0,1 m	1 m	4 m	10 m	15 m
5 mm	8 mm	12 mm	15 mm	20 mm

Tab. 44: Tabelle gem. DIN 18202:2013-04, Tabelle 3, Zeile 2a bzw. 2b

Zu hohe Restfeuchtigkeiten des Rohbetons können später im Bodenhohlraum durch entsprechendes Klima zur Ansiedlung von Mikroorganismen, insbesondere Schimmelpilzen, führen. Bewegungen und Verformungen im Zuge der Austrocknung und des Abbindens sind durch bewegliche Anschlüsse und Dehnfugen zu berücksichtigen. Resultierende Fugen von 8 mm in Abständen von 25 m sollen die Systemböden unterbrechen und zusätzlich zu den üblichen Wandanschlussstreifen eingebaut werden.

Anforderung an die Ebenheit von Systemböden

Bei Doppelböden ist der vertikale Anschluss zu Übergängen wie anderen Bodenflächen, Treppenstufen, Türzargen, Aufzugsschwellen innerhalb einer Toleranz von ± 1 mm auszuführen; bei Hohlböden innerhalb von + 0 und –2 mm.

Für die Ebenheit gelten die Anforderungen aus DIN 18202, Tabelle 3, Zeile 3. Die besonderen Anschluss- und Übergangssituationen werden dort jedoch nicht geregelt.

Stichmaß als Grenzwert in mm bei Nennmaß in m												
0,1	0,6	1	1,5	2	2,5	3	3,5	4	6	8	10	15
2	3	4	5	6	7	8	9	10	11	11	12	15

Tab. 45: Ebenheitsanforderung, Auszug gem. DIN 18202:2013-04, Tabelle 3, Zeile 3

Ist die Messung nicht zwischen zwei Überhöhungspunkten möglich, wie z. B. beim Abfallen am Randbereich, wird DIN 18202:2013-04, Tabelle 2 angewendet. Ergänzend sind 2 mm als Grenzwert des Stichmaßes bei einem Messpunktabstand bis 0,1 m einzuhalten.

Stichmaße als Grenzwert in mm bei Nennmaß in m						
<0,5 m	>0,5 m bis <1 m	>1 m bis <3 m	>3 m bis <6 m	>6 m bis <15 m	>15 m bis <30 m	>30 m
3 mm	6 mm	8 mm	12 mm	16 mm	20 mm	30 mm

Tab. 46: Zulässige Winkelabweichungen; Auszug gem. DIN 18202:2013-04, Tabelle 2

Der Höhenversatz darf bei zwei benachbarten Doppelbodenplatten nicht mehr als 1 mm betragen.

Hohlböden dürfen nicht überhöht eingebaut werden und müssen an Übergängen so gespachtelt werden, dass ein planebener Übergang für die Oberbeläge hergestellt werden kann.

Aufbauhöhen über 50 cm

Am Stützenkopf einwirkende horizontale Kräfte führen bei höheren Aufständerungen verstärkt zu einem Abriss am Stützenfuß. Zusätzliche Sicherungsmaßnahmen, z. B. durch Rasterstäbe, Verdübelungen der Stützen, entsprechend stabile Grundkonstruktionen oder gleichwertige Maßnahmen sind wegen der Verletzungsgefahr vorzunehmen.

In der Anwendungsrichtlinie zur DIN EN 12825 (04/2011) in Tabelle 6 wird für die Stütze selbst die Anforderung an die horizontale Stützenbelastbarkeit mit der Nennlast F_h und zulässige Verschiebungen am Stützenkopf bei Lasteinwirkung unabhängig von der Höhe des Bodenaufbaus dargestellt.

Trockenböden und Doppelböden

Trockenbauarbeiten

Keine zusätzlichen Anforderungen bestehen an Doppelbodenstützen mit oberseitig kraftschlüssig verbundenen Rasterstäben oder Tragprofilen.

Laststufe	Horizontale Nennlast F_h *) [N]
2000 N	60
3000 N	90
4000 N	120
5000 N	150
Ab 6000 N	Einzellast gem. Laststufe × 0,03

*) Jeweils Mittelwert aus mindestens 5 Einzelmessungen, Einzelwerte mindestens 80 % von F_h Kraft am Stützenkopf angesetzt

Tab. 47: Horizontale Nennlasten an die Doppelbodenunterkonstruktion

Die Hälfte der jeweiligen horizontalen Nennlasten F_h haben Doppelbodenstützen aufzunehmen, die mit oberseitig eingelegten Rasterstäben (horizontal formschlüssig) verbunden sind. Führen die in der Tabelle ausgewiesenen horizontalen Nennlasten zu Abrissen und erfolgt Materialausriss aus der Rohbetonfläche, sind als Besondere Leistungen eine mechanische Oberflächenbehandlung, eine Oberflächenverfestigung oder eine Verdübelung der Doppelbodenstützen notwendig.

Doppelbodenplatten und Schnittkanten
Als Standardausführung werden Doppelbodenplatten lose aufgelegt. Ist dies nicht möglich, ist die Verlegung nach gesonderter Beschreibung auszuführen.

Mit geeigneten Anstrichen sind die Schnittkanten der Platten aus Holzwerkstoffen gegen Nässe zu schützen.

Spaltenbreite und Versatz
Rein funktionelle Beeinträchtigungen ergeben sich, wenn die Spaltenbreite im Kantenbereich mehr als 2 mm beträgt und der horizontale Versatz am Kreuzungspunkt der Plattenecken zueinander 4 mm überschreitet. Fugenversätze und ggf. auch offene Fugen entstehen durch den handwerklichen Einbau und die Verkettung von zunächst geringen einzelnen Maßabweichungen. Da die Fertigung der Doppelbodenplatten sehr präzise an den engen Toleranzen ausgerichtet erfolgt, sollte ein Austausch der Platten untereinander möglich sein.

Flächenspachtelung
Flächenspachtelungen führen zu schädlichen Zwängungen und Geräuschentwicklungen und sind deshalb auch zur Vorbereitung zum flächigen Auftrag von Oberbelägen nicht zulässig.

Einbauteile

Die geforderte Tragfähigkeit von Doppelböden und Hohlböden darf durch Aussparungen und Einbauteile nicht reduziert werden. Konstruktive Maßnahmen zur Herstellung der erforderlichen Tragfähigkeit sind als Nebenleistung auszuführen. Einbauteile sind statisch geeignet, sofern sie den Belastungsanforderungen und Nachweisverfahren des Doppelbodens im eingebauten Zustand entsprechen.

Einbauteile, Verbindungs- und Befestigungselemente

Zargen, Türöffnungen, Aussparungen

Zargen aus Stahlblech

Der Werkstoff für Stahlzargen muss aus Stabilitätsgründen aus feuerverzinktem Feinblech mit mindestens 1,5 mm Nenndicke bestehen. Als Grundlage für nachfolgende Beschichtungen ist auf die Oberflächen der Zargen nach DIN EN ISO 12944-5 eine allseitig, gut haltende Grundbeschichtung aufzubringen. Dadurch wird der Korrosionsschutz bis zur Zwischen- und Schlussbeschichtung durch den Maler gesichert. Eine möglicherweise durch den Transport entstandene Unwinkligkeit ist nach Überprüfung noch vor dem Einbau fachgerecht zu korrigieren.

Nach öffnungsnaher Übertragung des Meterrisses werden die Zargen über die nahe der Bandtaschen festgeschweißten Befestigungsanker an den Ständerprofilen der Trennwände angeschraubt. Bei ungünstigen Hebelwirkungen des Türblatts i. V. m. Bodentürstoppern kann es zu ausgeprägten Türzargenverwindungen im unteren Bandbereich kommen, wenn die unteren Anker zu weit entfernt von den unteren Bandtaschen angeordnet sind. Für eine Hinterfüllung der Zargen mit Mörtel, entsprechend der Vorgaben der Prüfzeugnisse von Stahltürzargen mit Brandschutzanforderung, sind die Zargen so auszuspreizen, dass die Durchbiegung aufgefangen und das Zargenfalzmaß auf der gesamten Höhe eingehalten wird.

Herstellen von Wandaussparungen, Auswechslungen

Bei großformatigen Wandaussparungen für Einbauteile, wie Fenster, Türen, oder wanddurchdringende Bauteile, wie Lüftungskanäle, sind horizontale Riegel kraftschlüssig mit Nieten oder Flachkopfschrauben zwischen den Ständern einzubauen bzw. Ständerprofile zusätzlich auszuwechseln.

Verstärkung der Ständerwerksprofile, Anschlusswinkel

Bei einem Einbau von Türblättern mit einem Gewicht über 25 kg in Türöffnungen mit Nennmaßbreiten über 0,885 m und in Wänden mit einer Höhe über 2,60 m sind links und rechts der Türöffnung als Ständerwerksprofile sog. verstärkte UA-Profile mit einer Materialstärke von 2 mm einzubringen. Zur Ableitung der Kräfte über die UA-Profile werden Anschlusswinkel über Dübelbefestigungen kraftschlüssig mit Decke und Boden verbunden. UA-Profile und Anschlusswinkel werden entweder gesichert oder formschlüssig verschraubt aneinander befestigt. Die horizontale Aussteifung im Türsturzbereich wird mit einem UW-Profil hergestellt, welches kraftschlüssig durch Nieten oder Verschraubung mit den CW- oder UA-Profilen verbunden wird. Besondere verstärkte Unterkonstruktionen im Bereich von Türöffnungen, v. a. zur Minimierung der zulässigen Wanddurchbiegungen, sind als Besondere Leistung auszuführen.

Plattenstöße

Aussparungen in Beplankungen, insbesondere bei Türöffnungen, sind in den Eckbereichen besonders durch Kerbrissbildung wegen Spannungseinleitungen gefährdet. Deswegen dürfen Plattenstöße nicht auf Tür- und Fensterständerprofilen und sonstigen beanspruchten Einbauteilen, wie bei Revisionsklappen, angeordnet werden, sondern mit mindestens 150 bis 200 mm Abstand von den Zargenecken und zueinander versetzt.

Wandverstärkungen, Sanitärtragständer

An Montagewänden aus Gipsplatten dürfen nach DIN 18183, sofern nichts anderes festgelegt ist, Konsollasten bis 1,5 kN/m (= Belastung mit 150 kg pro m Wand) oder an Vorsatzschalen maximal 0,4 kN/m Wandlänge eingebaut werden, sofern der Abstand vom Lastmittelpunkt zur Wandoberfläche maximal 0,3 m beträgt und die Befestigungsmittel im Abstand von mindestens 75 mm angebracht werden.

Leichte Konsollasten, als leichte Buchregale und Wandschränke mit Last bis maximal 0,4 kN/m Wandlänge, dürfen unter Einhaltung vorgenannter Bedingungen an jeder beliebigen Stelle eingebaut werden.

Werden Einfachständerwände und Doppelständerwände mit mindestens 18 mm dicker Beplankung ausgeführt und die Ständer zugfest mit Laschen verbunden, können Konsollasten über 0,4 kN/m bis 0,7 kN/m Wandlänge angebracht werden.

Als Besondere Leistung sind zusätzliche Unterkonstruktionsprofile nach genauen Angaben zu Lage, Abmessung, Lastaufnahme und Stückzahl als Verstärkung einzubauen, um nutzungsabhängigen, unkontrollierbaren Lastüberschreitungen vorzubeugen.

Ebenfalls als Besondere Leistung sind verstärkte Ständerwerksprofile zur Lastableitung bei Sanitärtragständern für Hänge-WCs und -bidets mit Konsollasten über 0,7 kN/m bis 1,5 kN/m Wandlänge in Form von UA-Profilen einzubauen und flächenbündig mit den Sanitärtragständern zu verschrauben.

Ein Standsicherheitsnachweis nach DIN 4103 Teil 1 ist zu erbringen, falls größere Konsollasten eingebaut werden sollen, als in der Norm beschrieben.

Treten zusätzliche Konsollasten nach DIN 18183:2009-05, z. B. durch Wandhängeschränke und Einbauteile, auf, so sind Verstärkungen der Unterkonstruktion, bspw. Traversen, Sanitärtragständer, erforderlich.

Raumhohe Wände und Vorsatzschalen erhalten hierzu beidseitig verstärkte Ständerwerksprofile mit einer Mindestdicke von 2 mm und werden an den Anschlüssen mit Anschlusswinkeln kraftschlüssig befestigt.

Vorsatzschalen vor Trenn- und Montagewänden im Bereich von Sanitärinstallationen (Waschbecken, WC, Bidet) müssen mit den verstärkten Ständerwerksprofilen miteinander, in der Vorsatzschale, in der Trenn- bzw. Montagewand und an den Anschlüssen kraftschlüssig verbunden werden.

Befestigung

Leichte Gegenstände, wie Bilder, können direkt an der Beplankung mit Bilderhaken, Nägeln, Schrauben und geeigneten Spreizdübeln befestigt werden. Um Konsollasten zu befestigen, sind Hohlraumdübel aus Kunststoff oder Metall zu verwenden, mit denen auch Normal- und Querkräfte aufgenommen werden können.

Beplankungs-dicke in mm	Zulässige Belastung pro Dübel auf Zug und Abscherung in N			
	Kunststoffhohlraumdübel		Metallhohlraumdübel	
	Ø 6 mm	Ø 8 mm	Ø 6 mm	Ø 8 mm
12,5	200	250	300	300
2 × 12,5	350	400	500	500

Tab. 48: Konsollasten

Verspachtelungen

Die Oberflächengüte von Verspachtelungen von Gipsplatten nach DIN 18181 und DIN EN 520 wird gem. Merkblatt Nr. 2 in vier klar definierte Qualitätsstufen (Q1 bis Q4) unterschieden. Diese können in Abhängigkeit von Nutzungsanforderung und speziellen Lichtverhältnissen ausgewählt und gesondert vertraglich vereinbart werden.

Qualitätsstufe 1 (Q1)	Grundverspachtelung
Qualitätsstufe 2 (Q2)	Standardverspachtelung
Qualitätsstufe 3 (Q3)	Sonderverspachtelungen =
Qualitätsstufe 4 (Q4)	Besondere Leistung

Qualitätsstufe 1 (Q1)
Auszuführen bei Decken- und Wandoberflächen ohne optische oder dekorative Anforderungen, z. B. unter Fliesen und Platten, als zusätzliche Beläge.

Bei der Grundverspachtelung entsprechend Qualitätsstufe 1 werden sämtliche Stoßfugen vollständig gefüllt und die sichtbaren Teile der Befestigungsmittel bei Gipsplatten mit Spachtelmasse und bei Gipsfaserplatten entweder mit Spachtelmasse oder Fugenkleber überzogen. Zulässig sind werkzeugbedingte Markierungen, Grate und Riefen. Überstehendes Material ist abzustoßen.

Fugenstreifen werden eingelegt, sofern dies entsprechend dem gewählten Verspachtelungssystem vorgesehen oder aus konstruktiven Gründen notwendig ist, z. B. bei höheren Anforderungen an die Biege-Zugfestigkeiten der Spachtelfugen. Zu vermeiden sind wegen der Haftungsverbesserung das seitliche Verziehen des Spachtelmaterials über den unmittelbaren Fugenbereich hinaus, sowie das Glätten des Spachtelmaterials.

Als Sonderform der Fugenverspachtelung können die Fugen auch mit für keramische Bekleidungen geeigneten Klebstoffen auf Dispersions-, Epoxid- oder Zementbasis geschlossen werden, was eine besonders zu beschreibende Leistung darstellt.

Qualitätsstufe 2 (Q2)

Anzuwenden als Untergrund bei folgenden Decken- und Wandoberflächen: matten, füllenden Anstrichen und Beschichtungen; mittel- und grobstrukturierten Wandbekleidungen wie Raufasertapeten (Körnung RM oder RG nach BFS-Merkblatt Nr. 05/01); Oberputzen mit Größtkorn über 1 mm.

Die Standardverspachtelung entsprechend Qualitätsstufe 2 wird als Grundverspachtelung gem. Qualitätsstufe 1 und zusätzlicher Nachverspachtelung bis zum Erreichen eines stufenlosen Übergangs der Spachtelung zur Plattenoberfläche sowohl im Bereich der Befestigungsmittel als auch im Stoßfugenbereich ausgeführt. Spachtelgrate oder Bearbeitungsabdrücke dürfen nicht sichtbar bleiben. Die verspachtelten Bereiche sind ggf. zu schleifen.

Abzeichnungen, insbesondere bei ungünstigen Lichtverhältnissen und Streiflichtbeaufschlagung der Flächen, können nicht ausgeschlossen werden. Als Besondere Leistung kann zur Verringerung dieser Effekte die Ausführung i. V. m. mit einer Verspachtelung nach Qualitätsstufe 3 vereinbart werden.

Schnittstelle Malerarbeiten
Hinzuweisen ist auf die Ausführung von matten Anstrichen mit Lammfell- oder Strukturrollen. Farbbeschichtungen sind als Grundbeschichtung, Zwischenbeschichtung und Schlussbeschichtung auszuführen. Auf ausreichende Grundierbeschichtungen und Anwendung von zulässigen Farbbeimischungen bei den Malerarbeiten ist zu achten, weil sich ansonsten durch das verstärkte Saugverhalten ungenügend grundierter Spachtelungen vermeintlich unverschliffene Spachtelgrate abzeichnen, welche in Wirklichkeit höhere Farbschichtdicken sind. Für Farbbeschichtungen im Spritzverfahren sind die Sonderverspachtelungen Q3 und Q4 notwendig.

Qualitätsstufe 3 (Q3)
Anzuwenden als Untergrund für feinstrukturierte Wandbekleidungen und matte, nicht- oder feinstrukturierte Anstriche/Beschichtungen sowie Putzbeschichtungen mit Korngrößen bis 1 mm.

Auszuführen sind die Standardverspachtelung entsprechend Qualitätsstufe 2 und ein breiteres Ausspachteln der Fugen über den Stoßfugenbereich hinaus mit stufenlosem Übergang zur Plattenoberfläche. Zusätzlich ist die restliche Kartonoberfläche zum Porenverschluss mit Spachtelmaterial scharf abzuziehen, die verspachtelten Flächen sind ggf. zu schleifen.

Die erhöhten Anforderungen nach DIN 18202:2013-04, Tabelle 3, Zeile 7 sollten zur Erreichung bestmöglicher Ergebnisse i. V. m. Qualitätsstufe 3 vereinbart und ausgeführt werden. Abzeichnungen, insbesondere der Spachtelstöße, lassen sich bei Streiflichteinfall auch bei dieser Spachtelgüte nicht vollständig ausschließen.

Zeile	Bezug	Stichmaße als Grenzwerte in mm bei Messpunktabständen in m bis					
		0,1 m	1 m*	2 m*	4 m*	10 m*	15 m*
6	Flächenfertige Wände und Unterseiten von Decken	3 mm	5 mm	7 mm	10 mm	20 mm	25 mm
7	wie Zeile 6, jedoch mit erhöhten Anforderungen	2 mm	3 mm	5 mm	8 mm	15 mm	20 mm

* Zwischenwerte sind auf ganze mm zu runden

Tab. 49: Ebenheitstoleranzen – entsprechend Auszug DIN 18202:2013-04, Tabelle 3

Qualitätsstufe 4 (Q4)

Anzuwenden als Untergrund für glatte oder strukturierte glänzende Wandbekleidungen, z. B. Metall- oder Vinyltapeten, Lasuren, Stuccolustro oder andere hochwertige Glätt-Techniken, Anstriche oder Beschichtungen bis zu mittleren Glanzgraden.

Auszuführen sind die Standardverspachtelung entsprechend Qualitätsstufe 2 sowie ein breites Ausspachteln der Fugen über den Stoßfugenbereich hinaus mit stufenlosem Übergang zur Plattenoberfläche. Die gesamte Oberfläche wird vollflächig mit dafür geeignetem Material mit einer Schichtdicke von mindestens 1 mm bis etwa 3 mm überzogen und geglättet.

Mögliche Abzeichnungen bei ungünstigen Lichteinwirkungen werden minimiert. Weitestgehend vermieden werden damit wechselnde Schattierungen auf der Oberfläche oder minimale örtliche Markierungen bei ungünstigen Lichteinwirkungen.

Bei Ausführung der Oberfläche müssen allerdings die für die spätere Nutzung geplanten Lichtverhältnisse bekannt und zweckmäßigerweise auch vorhanden sein.

Die erhöhten Anforderungen nach DIN 18202:2013-04, Tabelle 3, Zeile 7 müssen zum Erreichen der Qualitätsgüte entsprechend Qualitätsstufe 4 vereinbart und ausgeführt werden.

Stoß- und Anschlussfugen mehrlagiger Beplankungen

Aus Gründen des Schall- und Brandschutzes ist es zwingend vorgeschrieben, bei mehrlagigen Beplankungen die Stoß- und Anschlussfugen der unteren Beplankungslagen zu füllen.

> **Hinweis**
>
> Um die den Qualitätsstufen Q2, Q3 und Q4 zugeordneten Oberflächengüten zu erreichen, muss die erforderliche Trocknungszeit zwischen den einzelnen Arbeitsgängen eingehalten werden.

Verspachtelungen

Trockenbauarbeiten

> ⚠ **Hinweis**
>
> Der Grundbeschichtungsstoff ist auf den Untergrund und die spätere Beschichtung/Wandbekleidung abzustimmen und vom Nachfolgegewerk aufzubringen, was auch bei Nachbesserungen der Verspachtelung zu beachten ist.

Bauphysikalische Anforderungen und Brandschutz

Dämmung
Zum Zweck der Wärmedämmung, des Schallschutzes und des Brandschutzes werden Dämmstoffe über die gesamte Fläche lückenlos dicht gestoßen und abrutschsicher eingebaut. Faserdämmstoffe sind zum Ausstopfen von Hohlräumen zwischen flankierenden Ständerprofilen und Tür- oder Fensterzargen zu verwenden, um Schallnebenwege oder Wärmebrücken zu vermeiden.

Wärme- und Feuchteschutz

Einen besonderen Stellenwert hat der Wärme- und Feuchteschutz durch die sich verschärfende Energieeinsparverordnung EnEV i. V. m. dem verbesserten Wärmedämm-Standard. Durch die luftdichte Bauweise können Feuchteschäden auftreten, wenn nicht kontrolliert geheizt und die feuchte Innenluft abtransportiert wird, z. B. auch durch geregelte Be- und Entlüftung. Des Weiteren treten Feuchteschäden häufig bei alten, sanierten oder neuen Gebäuden auf, bei denen Wärmebrücken und Fehlstellen durch Bau- und Ausführungsfehler oder Konstruktionsschwachpunkte vorhanden sind.

Feuchteschäden können vermieden werden, wenn

- Wärmebrücken verhindert werden,
- Bauteildiffusionswiderstände von innen nach außen abnehmen,
- Luftdichtheitsschichten im Innenbereich und deren Anschlüsse an angrenzende Bauteile intakt sind,
- Dampfbremsschichten bei Innendämmung ausreichend sind.

Dampfbremse und Luftdichtung
Als Materialien werden Folien aus Polyethylen (PE) oder auch feuchteadaptive Folien aus Polyamid (PA) verwendet. Die Auswahl der dampfbremsenden Materialien auf der Rauminnenseite ist individuell auf die Gesamtkonstruktion von Wand- und/oder Dach abzustimmen und auch die Bauabläufe sollten berücksichtigt werden.

Gemäß EnEV sind zu errichtende Gebäude so auszuführen, dass die wärmeübertragende Umfassungsfläche einschließlich der Fugen dauerhaft luftundurchlässig entsprechend dem Stand der Technik abgedichtet ist.

Neben Wärmeverlusten durch unkontrollierten Luftaustausch kann erhöhter Tauwasserausfall im Bereich von Undichtigkeiten in der Gebäudehülle infolge von Konvektion feuchter Luft auftreten.

Dampfbremsende Folien dienen gleichzeitig als Luftdichtung und sollten daher im Bereich von Anschlüssen und Durchdringungen (Wand/Dach, Schornstein/Dach etc.) sowie Installationen (z. B. Steckdosen) besonders ordentlich luftdicht angearbeitet werden. Durch den Einbau von Abschottungen sind Querströmungen zwischen unterschiedlich beheizten Räumen zu vermeiden.

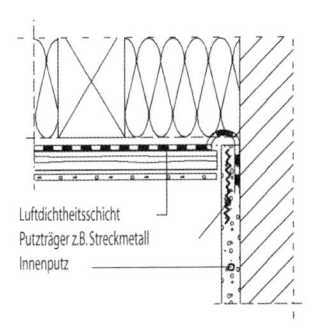

Bild 25: Anschluss an Mauerwerk oder Beton durch Einputzen (Quelle: Hallschmid)

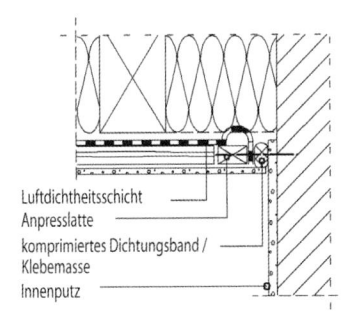

Bild 26: Anschluss an eine verputzte Wand mit komprimiertem Dichtband oder Klebemasse und Komprilatte (Quelle: Hallschmid)

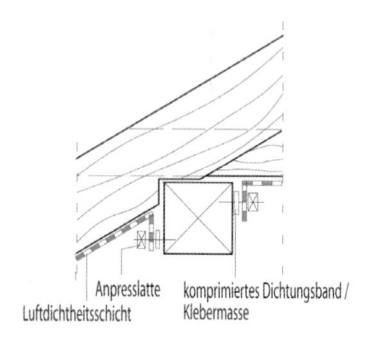

Bauphysikalische Anforderungen und Brandschutz

Trockenbauarbeiten

Luftdichtheitsschicht — Anpresslatte — komprimiertes Dichtungsband / Klebermasse

Bild 27: Anschluss der Bahn an eine eingebundene Pfette (Quelle: Hallschmid)

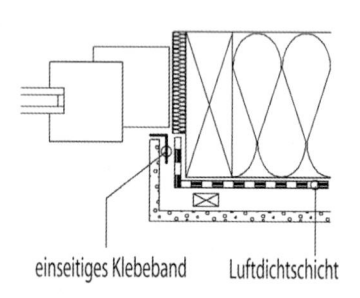

einseitiges Klebeband   Luftdichtschicht

Bild 28: Anschluss an Fenster (Quelle: Hallschmid)

Dachflächenfenster

Werden Auswechslungen der Dachkonstruktion zu eng bemessen, ist der Einbau einer ausreichenden Dämmung zur Vermeidung von Wärmebrücken nicht mehr möglich und Feuchteschäden und Schimmelpilzbildungen sind die Folge.

Gemäß DIN 4108 im Beiblatt 2 ist eine Dämmstoffdicke im Leibungsbereich von 30 bis 40 mm mit WLG 040 und eine zusätzliche Rahmenaufdachdämmung empfohlen, um Wärmebrücken vorzubeugen. Alternativ können Hartschaumdämmstoffe mit WLG 020 mit 20 mm Dicke eingebaut werden.

Anforderung an die Holzfeuchtigkeit

Um Schäden an den Gipskartonbekleidungen zu vermeiden, ist darauf zu achten, dass die Holzfeuchte von Bauschnittholz nach ATV DIN 18334 und DIN 1052, Teil 1 beim Einbau etwa 15 bis maximal 20 % betragen darf.

Sofern bei der Messung ein höherer Wert festgestellt wird und dieser vor dem weiteren Ausbau nicht mehr reduziert werden kann, ist unter nachfolgenden Möglichkeiten zu wählen:

- anstatt der direkt mit dem Dachstuhl verbundenen Holzunterkonstruktion wird eine entkoppelte Metallkonstruktion eingebaut
- gleitende Anschlüsse an aufgehenden Bauteilen mit Schattenfugen oder eingespachtelten Trennstreifen anstelle von nur Acrylfugen

- spezielle Profile an Bekleidungsübergängen einbauen und einspachteln

Schallschutz

Anforderungen an den „normalen" Schallschutz sind in DIN 4109:2016-07 für den öffentlich-rechtlichen Bereich eindeutig aufgezeigt. Die Empfehlungen im Beiblatt 2 der DIN 4109:1989-11 gelten weiterhin und beziehen sich auf den privatrechtlichen Bereich. Sie enthalten Angaben zu normalen und erhöhten Anforderungen im eigenen Wohn- und Arbeitsbereich und zu erhöhten Anforderungen bei fremden Wohn- und Arbeitsbereichen; diese werden außerdem in VDI 4100:2012-10 dargestellt.

Die DIN 4109-33:2016-07 enthält einen Bauteilkatalog mit den Schallschutz-Daten für den Holz-, Leicht- und Trockenbau.

Nach DIN 18041 wird die Raumakustik in kleinen bis mittelgroßen Räumen geregelt und nach Raumgruppe A und B unterschieden. Zu Gruppe A gehören Gerichts-, Rats- und Festsäle, Konferenzräume, Unterrichtsräume, Seminarräume, Hörsäle, Gemeindesäle, Gruppenräume, Sport- und Schwimmhallen. Zu Gruppe B zählen u. a. Büroräume und Sprechzimmer.

Luftschallschutz
Einschalige Bauteile
Die Luftschalldämmung hängt von der Masse des Bauteils und den flankierenden Bauteilen ab.

Zweischalige Bauteile

Der Abstand der Schalen voneinander, die Biegesteifigkeit, die mechanische Verbindung der Schalen, die flächenbezogene Masse der Schalen, die Hohlraumfüllung und die Resonanzfrequenz des Systems beeinflussen die Luftschalldämmung bei zweischaligen Bauteilen. Ebenfalls spielen die Dichtigkeit, die Ausführung der Anschlüsse und die Vermeidung von Körperschallbrücken eine Rolle.

Vorsatzschalen

Diese können zur Verbesserung der Schalldämmung von Massivwänden verwendet werden und bestehen aus einer Unterkonstruktion, einer biegeweichen Schale und einer Hohlraumdämpfung, wodurch aus dem einschaligen System ein zweischaliges System wird. In Abhängigkeit von der flächenbezogenen Masse der trennenden Massivwand und der Schall-Längsdämmung kann die Schalldämmung zwischen zwei Räumen verbessert werden.

Unterdecken

Schalldämmwert und Trittschallverhalten von Rohdecken können durch den Einbau einer Unterdecke verbessert werden. Geräusche aus dem Deckenhohlraum können abgeschirmt werden. Der Verbesserung der Schalldämmung von Raum zu Raum dienen schalllängsgedämmte Unterdecken. Mineralfaserplatten werden überlappend verlegt, wenn sie auf Unterkonstruktionen nicht dicht verlegt werden können.

Gipskartontrennwände

In nachfolgender Tabelle gem. Tabelle 23 der ersetzten DIN 4109 Beiblatt 1/A:2003-09 sind bewertete Schalldämmmaße für Gipskartonwände nach DIN 18183-1 dargestellt.

Bauphysikalische Anforderungen und Brandschutz

Trockenbauarbeiten

Die geänderten Berechnungsverfahren der DIN 4109-2: 2016-07, die das Beiblatt 1/A ersetzt, ergeben nur geringfügig abweichende Werte in den Nachkommastellen.

> ⚠ **Hinweis**
>
> Steckdosen dürfen keine direkte Verbindung durch Leerrohre haben und nicht gegenüberliegend eingebaut werden.

Spalte	1	2	3	4	5	6
Zeile	Ausführungs-beispiele	S_B[a]	C-Wand-profil [b]	Mindest-schalenabstand s	Mindest-dämm-schichtdicke s_D	$R_{w,R}$ dB
1	siehe Bild 29 Einfachstän-derwand [c], beidseitig ein-fach beplankt; mit Mineral-wolle [d]	12,5	CW 50 × 0,6	50	40	39
2			CW 75 × 0,6	75	40	39
3			CW 100 × 0,6	100	40	41
4					60	42
5					80	43
6	siehe Bild 30 Einfachstän-derwand [c], beidseitig doppelt be-plankt. Mit Mi-neralwolle [d]	2 × 12,5	CW 50 × 0,6	50	40	46
7			CW 75 × 0,6	75	40	46
8					60	49
9			CW 100 × 0,6	100	40	47
10					60	49
11					80	50

Bauphysikalische Anforderungen und Brandschutz

Trockenbauarbeiten

Spalte	1	2	3	4	5	6
Zeile	Ausführungs-beispiele	$S_B{}^{a)}$	C-Wand-profil [b]	Mindestscha-lenabstand s	Mindest-dämm-schichtdicke s_D	$R_{w,R}$ dB
12	siehe Bild 31 Doppelstän-derwand [c], beidseitig doppelt be-plankt; mit Mi-neralwolle [d]	2 × 12,5	CW 50 × 0,6	105	80	58
13						
14			CW 100 × 0,6	205	80	59
15						

[a] Dicke der Beplankung aus Gipskartonplatten nach DIN 18180, verarbeitet nach DIN 18181, Fugen verspachtelt. Die flächenbezogene Masse der Gips-kartonplatten muss mindestens 8,5 kg/m² betragen.
[b] Kurzzeichen für das C-Wandprofil und die Blechdicke nach DIN 18182-1
c) Ständerachsabstand ≥ 600 mm
[d] Mineralwolle dicht gestoßen, abrutschsicher verlegt

Tab. 50: Tabelle gem. DIN 4109 Beiblatt 1/A:2003-09, Tabelle 23 (Maße in mm)

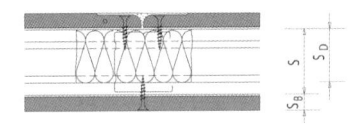

Bild 29: Luftschallschutz 1 – Trennwand (Detail gem. „Knauf Gips KG", Ipfhofen)

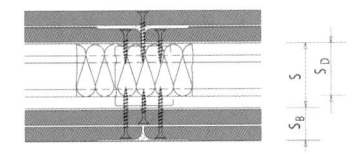

Bild 30: Luftschallschutz 2 – Trennwand (Detail gem. „Knauf Gips KG", Ipfhofen)

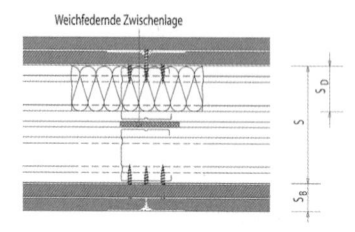

Bauphysikalische Anforderungen und Brandschutz

Trockenbauarbeiten

Bild 31: Luftschallschutz 3 – Trennwand (Detail gem. „Knauf Gips KG", Ipfhofen)

Für eine Vielzahl von Systemen werden weit höhere Rechenwerte angegeben, welche aber nur gelten, wenn alle in den jeweiligen Prüfzeugnissen angegebenen Einzelteile verwendet werden.

Bei leichten Trennwänden empfiehlt es sich, Dämmstoffe mit hohem Strömungswiderstand von mindestens 5kN s/m^4 einzubauen. Auch ein hoher Befüllungsgrad wirkt sich entsprechend vorangehender Tabelle günstig aus.

Bereits mit dem Einbau der Einbauteile empfiehlt es sich, Faserdämmstoffe sowohl zum Ausstopfen von Hohlräumen zwischen flankierenden Ständerprofilen und Tür- oder Fensterzargen als auch von später schwer zugänglichen Profilhohlräumen, wie Wandabzweigungen, zu verwenden, um Schallnebenwege oder Wärmebrücken zu vermeiden.

Absorberschott

Im Bereich von Trennwänden wird zur Reduzierung der Schallübertragung über Hohlräume oberhalb von Unterdecken oder unterhalb von Doppelböden ein Absorberschott, bestehend aus einem Faserdämmstoffpaket aus Mineralwolle nach DIN EN 13162:2013-03 (ersetzt DIN 18165, Teil 1), eingebaut.

Mindestbreite des Absorberschotts b	$\Delta R_{L, w, R}$ in dB
300	12
400	14
500	15
600	17
800	20
1.000	22

Tab. 51: Mindestbreite des Absorberschotts

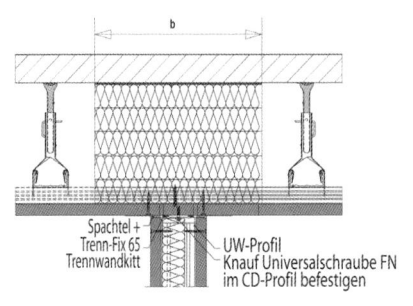

Bild 32: Luftschallschutz 4 – Absorberschott (Detail gem. „Knauf Gips KG", Ipfhofen)

Türen

In DIN 4109-2:2016-07 sind die Berechnungsverfahren zum Nachweis der Anforderungen aus Teil 1 der Norm dargestellt.

Die wichtigsten Klassen sind $R_{w,R}$ = 27/32/37 dB.

> ⚠️ **Hinweis**
>
> Unter Bodendichtungen durchlaufende Teppiche verschlechtern den Schalldämmwert erheblich. Türen mit schlechten Andichtungen oder ganz ohne Bodendichtung weisen häufig Werte unter R_W = 20 dB auf.

Verglasungen und Fassadenschwerter

Deutliche Abminderungen der von der Industrie genannten Schalldämmwerte, z. B. für Glas, können durch die Einbaubedingungen, die Glasgrößen und die Dichtheit am Bau entstehen.

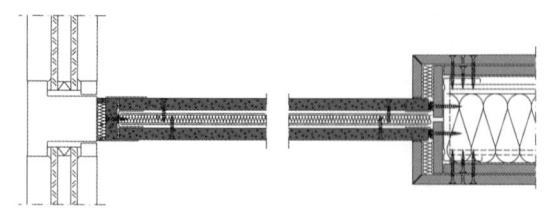

Bild 33: Luftschallschutz – Fassadenschwert (Detail gem. „Knauf Gips KG", Ipfhofen)

Trittschallschutz

Als trittschalldämmende Maßnahme gelten auf der Anregerseite schwimmender Estrich und Trockenestriche mit geeigneter Trittschalldämmung. Auch weichfedernde Bodenbeläge oder Systemböden mit weicher Stützenlagerung wirken trittschallreduzierend. Unterdecken wurden unter Luftschall erwähnt.

Der schwimmende Estrich sollte im Bereich von auf den Estrich gestellten leichten Trennwänden aufgetrennt sein, wenn höhere Schalldämmwerte (ab R'_w größer 40 dB) gefordert werden. Angrenzende und durchgeführte Bauteile werden durch Randdämmstreifen von der Estrichplatte getrennt.

Ausführungsbeispiel	$R_{L, w, R}$	
	Zement-, Anhydrit oder Magnesiaestrich	Gussasphaltestrich
durchlaufender Estrich	38	44
Estrich mit Trennfuge	55	

Tab. 52: Typische Werte für die Schalllängs-Dämmung gem. DIN 4109:1989-11 – Beiblatt 1, Tabelle 29

Die geänderten Berechnungsverfahren der DIN 4109-2:2016-07, die das Beiblatt 1 ersetzt, ergeben nur geringfügig abweichende Werte in den Nachkommstellen.

Bauphysikalische Anforderungen und Brandschutz

Trockenbauarbeiten

Brandschutz
Gemäß Musterbauordnung (MBO) gilt:

„...*Bauliche Anlagen sind so anzuordnen, zu errichten, zu ändern und instand zu halten, dass der Entstehung eines Brandes und der Ausbreitung von Feuer und Rauch (Brandausbreitung) vorgebeugt wird und bei einem Brand die Rettung von Menschen und Tieren sowie wirksame Löscharbeiten möglich sind...*"

Ferner sind zahlreiche Verordnungen und Richtlinien für Gebäude besonderer Art und Nutzung zu beachten, außerdem vom Gebäude unabhängige Richtlinien zu Baustoffklassen und Anforderungen an den Feuerwiderstand.

Baustoffklasse nach DIN 4102-1	Europäische Klasse nach DIN EN 13501-1:2010-01	Bauaufsichtliche Anforderung
A A1 A2	$A1_{fl}$ $A2_{fl}$ – s1, d0	nichtbrennbare Baustoffe
B B1	B_{fl} –s1, d0/B-s3, d0/ Bs3, d2 C_{fl} – s1, d0/C-s3, d0/Cs3-d2	brennbare Baustoffe schwerentflammbare Baustoffe
B2	$A2_{fl}$ – s2 B_{fl} – s2 C_{fl} – s2 D_{fl} – s1 D_{fl} – s2 (D-s3, s0/ D-s3, d2) E_{fl}, d2	Normalentflammbare Baustoffe

Baustoffklasse nach DIN 4102-1	Europäische Klasse nach DIN EN 13501-1:2010-01	Bauaufsichtliche Anforderung
B3	F_{fl}	leichtentflammbare Baustoffe
Rauchentwicklung, Intensitätsstufen: s1, s2 und s3 Klassen für „brennendes Abtropfen/abfallen": d0: kein Abtropfen; d1: kein brennendes Abtropfen länger als 10 Sekunden, d2: weder d0 noch d1		

Tab. 53: Brandverhalten der Baustoffe nach DIN 4102-1 und DIN EN 13501-1

Feuerwiderstandsklassen der Bauteile

Bauaufsichtlich wird die Feuerwiderstandsdauer folgendermaßen unterteilt:

- „Feuerhemmend": 30 Minuten
- „Hochfeuerhemmend": 60 Minuten
- „Feuerbeständig": 90 Minuten
- „Hochfeuerbeständig": 120 Minuten
- „Höchstfeuerbeständig": 180 Minuten

Bauphysikalische Anforderungen und Brandschutz

Trockenbauarbeiten

Bauaufsichtliche Benennung	Feuerwiderstandsklassen nach DIN 4102-2	Kurzbezeichnung nach DIN 4101-2
feuerhemmend	F 30 F 30 und in den wesentlichen Teilen aus nicht brennbaren Baustoffen	F 30 – B F 30 – AB
feuerhemmend und aus nicht brennbaren Baustoffen	F 30 und aus nicht brennbaren Baustoffen	F 30 – A
hochfeuerhemmend	F 60 F 60 und in den wesentlichen Teilen aus nicht brennbaren Baustoffen F 60 und aus nicht brennbaren Baustoffen	F 60 – B F 60 – AB F 60 – A
feuerbeständig	F 90 F 90 und in den wesentlichen Teilen aus nicht brennbaren Baustoffen	F 90 – B F 90 – AB
feuerbeständig und aus nicht brennbaren Baustoffen	F 90 und aus nicht brennbaren Baustoffen	F 90 – A

Tab. 54: Übersicht gem. DIN 4102-2, Tabelle 2

Bauaufsichtliche Anforderung	Nichttragende Innenwände	Nichttragende Außenwände	Doppelboden	Selbstständige Unterdecken
feuerhemmend	EI 30	E 30 (i -> o) + EI 30-ef (i<-o)	REI 30 ETK (f)	EI 30 (a->b) EI 30 (a<-b) EI 30 (a<->b)
hochfeuerhemmend	EI 60	E 60 (i -> o) + EI 60-ef (i<-o)	REI 60 ETK (f)	EI 60 (a->b) EI 60 (a<-b) EI 60 (a<->b)
feuerbeständig	EI 90	E 90 (i -> o) + EI 90-ef (i<-o)	REI 90 ETK (f)	EI 90 (a->b) EI 90 (a<-b) EI 90 (a<->b)
Brandwand	EI – M 90	-		-

R = Tragfähigkeit E = Raumabschluss
I = Wärmedämmung G = Ruß
M = Mechanische Einwirkung S = Rauch
W = Strahlung C = Closing
P = Aufrechterhaltung der Energieversorgung und/oder Signalübermittlung a<->b: z. B. Decke von oben und unten klassifiziert

Tab. 55: Feuerwiderstandsklassen nach DIN EN 13501-2: 2010-02

Trockenbauwände

Normkonstruktionen verschiedenster Ausführungen einschließlich Details zu Anschlüssen, Steckdoseneinbauten, Einbauhöhen, Dehnfugen usw. sind in DIN 4102-4 aufgeführt. Für andere Systemtrennwände, wie umsetzbare Trennwände, sind „allgemeine bauaufsichtliche Prüfzeugnisse" (=AbP) notwendig.

Beim gleitenden Deckenanschluss ist der Dichtungsstreifen „nicht brennbar" auszuführen. Elektrodosen dürfen nicht gegenüberliegend eingebaut werden. Ausreichend ist ein Abstand von 100 mm. Bei Wänden mit Mineralfaserdämmstoff dürfen die brandschutztechnisch notwendigen Dämmschichten auf 30 mm zusammengedrückt werden. Werden andere Dämmstoffe verwendet oder keine eingebaut, sind Elektrodosen, wie Steckdosen, Verteilerdosen, Schalterleisten mit Gipsmörtel (ca. 20 mm dick) oder mit Gipsplatten zu umbauen. Auf die im jeweiligen AbP genannten Maßnahmen ist zu achten.

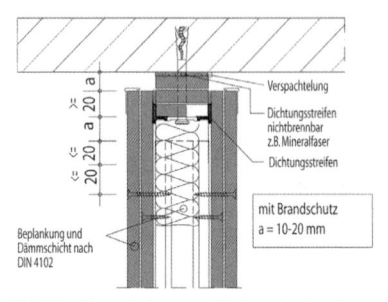

Bild 34: Brandschutz – Gleitender Deckenanschluss nach DIN 4102 (Detail gem. „Knauf Gips KG", Ipfhofen)

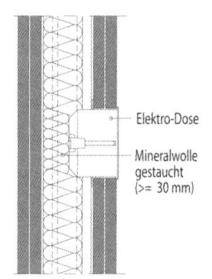

Bild 35: Brandschutz – Steckdoseneinbau (Detail gem. „Knauf Gips KG", Ipfhofen)

Brandwände und Schachtwände
Für Trockenbauwände als nichttragende Brandwände gelten wesentlich schärfere Prüfbedingungen als für leichte Trennwände. Brandwände müssen aus Baustoffen der Klasse A bestehen, F 90 nach DIN 4102, Teil 2 erfüllen und über entsprechend stabile Unterkonstruktionen verfügen, wie zusätzliche Versteifungen mit Stahlblechen oder Trapezblechen usw.

Bei Schachtwänden werden Beplankungen entsprechend der Nachweise nur von der Vorderseite montiert. Einbauhöhen und Anschlussdetails müssen entsprechend AbP berücksichtigt werden.

Klappen, klassifizierte Durchführungen und Brandschutztüren müssen für den Einbau in solche Brandwände und Schachtwände geeignet und zugelassen sein. Andernfalls ist bspw. eine Zustimmung im Einzelfall oder ein Gutachten einer amtlichen Materialprüfstelle einzuholen.

Unterdecken
Die Unterteilung von Unterdecken geschieht nach den Prüfungskriterien „von oben allein", „von unten allein" und „in Verbindung mit der Rohdecke".

Die Ausführung „selbstständig von oben" ermöglicht den Menschen ein Flüchten, da Brände in Deckenhohlräumen zurückgehalten werden können.

Die Funktionsfähigkeit lebenswichtiger Installationen, z. B. Notstromversorgungen in Krankenhäusern, kann bei einem Brand in einem Rettungsweg durch den Einbau von „selbstständig von unten" klassifizierten abgehängten Decken aus Metall, Gipskarton oder Mineralfaser aufrechterhalten werden. Die Führung von Leitungen mit Brandlast in „notwendigen Fluren" darf nach MLAR nur hinter selbstständig klassifizierten Unterdecken – also sowohl von oben als auch von unten geprüft – erfolgen.

Durch den Einbau von Unterdecken, die „i. V. m. der Rohdecke" klassifiziert sind, bleiben die Tragfähigkeit der Rohdecke und der Brandabschluss erhalten.

Einbauten, Durchdringungen, Anschlüsse
Diese sind nur gem. Angaben im AbP einzubauen.

Dächer, Träger, Stützen, Balken
Bei Anforderungen an den Feuerwiderstand von Dächern gelten diese i. V. m. den vorhandenen Dachaufbauten und meist von unten.

Systemböden

In Rettungswegen sind Systemböden grundsätzlich aus nicht brennbaren Baustoffen herzustellen und dürfen keine Öffnungen haben. Fugen und Anschlussfugen müssen mit nicht brennbaren Materialien verschlossen werden. Die Estrichstärke auf Hohlböden muss mindestens 30 mm betragen. Revisionsöffnungen müssen mit dicht schließenden Verschlüssen aus nicht brennbaren Baustoffen ausgestattet sein. Bei Doppelböden darf eine Fugenbreite von 2 mm nicht überschritten werden. Ein Doppelboden mit lichter Hohlraumhöhe über 200 mm ist feuerhemmend auszuführen, wenn auf diesen Wänden notwendige Flure innerhalb von Nutzungseinheiten aufgesetzt werden. Der Rauchdurchtritt durch die systembedingten Fugen ist ebenfalls zu bewerten.

In anderen Räumen müssen Systemböden mit Hohlraumhöhe über 500 mm einer Brandbelastung von unten standhalten. Die Tragfähigkeit muss erhalten bleiben. Dienen die Hohlräume außerdem der Raumlüftung, sind Brandmelder mit der Kenngröße Rauch anzubringen, um die Ausbreitung von Brand und Rauch durch Abschalten der Lüftungsanlage zu begrenzen.

Entsprechend dem Entwurf der Muster-Hochhausrichtlinie können raumabschließend feuerhemmende Systemböden auch unter Trennwänden von Nutzungseinheiten durchgehen, um eine flexible Nutzung zu ermöglichen. Hierbei wird eine flächendeckende automatische Löschanlage vorausgesetzt. Die aufgesetzten Trennwände sollen zusammen mit den Systemböden auf die für die Wand erforderlichen Feuerwiderstandsklassen geprüft sein. Brandmelder in den Hohlräumen müssen leicht zugänglich und Brandbekämpfung über Revisionsklappen muss möglich sein.

Brandschutzverglasungen

Es wird zwischen F- und G-Forderung unterschieden. Bei F-Klassifizierung gelten dieselben Bedingungen wie für Trennwände. Brandabgewandt darf die Temperaturerhöhung maximal 180 bzw. 140 °C im Mittel erreichen. Da für G-Verglasungen keine Temperaturgrenzen für den Durchtritt der Wärmestrahlung gelten, sind diese i. d. R. nur ab einer Bauhöhe von 1,80 m über Fußboden zulässig. Das gesamte Verglasungssystem mit Halterungen muss zusammen mit der jeweiligen Trennwandkonstruktion geprüft und zugelassen sein.

Brand- und Rauchschutztüren

Brandschutztüren müssen über eine selbsttätige Schließeinrichtung verfügen. Der Einbau darf nur entsprechend der Anweisungen der Hersteller und der Zulassungen erfolgen. In der Montageanleitung ist auch die Behandlung des Hohlraums geregelt. Rauchschutztüren werden nach DIN 18095 geprüft und als Tür DIN 18095-RS-1 (einflügig) oder Tür DIN 18095-RS-2 (zweiflügig) gekennzeichnet.

Durchführungen durch klassifizierte Bauteile

Durch den Einbau von bspw. Lüftungsklappen in F90-Trennwände darf die Feuerwiderstandsklasse der Wand nicht beeinträchtigt werden. Eine Zulassung für den Einbau muss vorhanden sein. Für die Durchführung von Kabelbündeln durch klassifizierte Bauteile sind zugelassene Systeme vorgeschrieben. Lediglich das Durchführen einzelner Leitungen ist gestattet, sofern detaillierte Auflagen beachtet werden.

Checkliste zur Abnahme der Trockenbauarbeiten

Allgemein
- [ ] Die Ausführung von Bewegungsfugen ist eine Besondere Leistung. Wurde diese vereinbart?
- [ ] Sind die Bewegungsfugen des Bauwerks übernommen?
- [ ] Sind Bewegungsfugen in Gipskartonflächen im Abstand von 15 m, bei Flächen aus Gipsfaserplatten im Abstand von 10 m ausgeführt?
- [ ] Sind Bewegungsfugen bei Einengungen im Deckenbereich vorhanden?
- [ ] Sind Bewegungsfugen bei Doppel- und Hohlböden ausgeführt?
- [ ] Beträgt die Dicke von einlagigen Gipskartonplatten-Beplankungen mindestens 12,5 mm, von Gipslochplatten mindestens 9,5 mm?
- [ ] Sind die Anschlüsse an angrenzende Bauteile stumpf ausgeführt?
- [ ] Sind keine Haarrisse zu erkennen (unzulässig!)?
- [ ] Sind die Anschlüsse an thermisch beanspruchte Bauteile, wie Einbauleuchten, beweglich ausgeführt?
- [ ] Sind starre Anschlüsse an Sanitärinstallationen, Durchdringungen und dergleichen schalltechnisch entkoppelt?
- [ ] Ist ein Randdämmstreifen eingebaut worden?
- [ ] Falls Kreuzstöße ausgeführt wurden, ist dabei die Zulässigkeit beachtet worden? (Nur bei Gipskarton- und Gipsfaserplatten mit geschlitzter bzw. gelochter Oberfläche zulässig!)

☐ Wurde bei Doppelböden ein maximaler Höhenversatz bis 1 mm eingehalten?

Trenn- und Montagewände
☐ Erfüllen die Einfachständerwände die folgenden Bedingungen: beidseitig einlagig beplankt mit Gipskartonplatten, Mindestdicke 12,5 mm, Metallunterkonstruktion mit Ständerabstand von 625 mm und Mineralfaserdämmstoff mindestens 40 mm dick; einschließlich Verspachtelung?
☐ Wurde bei einer mehrlagigen Beplankung, z. B. geänderter Ständerabstand, Mehrstärke Dämmung usw., als Besondere Leistung vereinbart?
☐ Wurden Trennwände mit einer Holzunterkonstruktion ausgeführt?
☐ Wurde die Befestigung der Unterkonstruktion als starrer Anschluss an der Decke ausgeführt?
☐ Wurde der Anschluss an begrenzende Bauteile mit einer Anschlussdichtung ausgeführt?
☐ Sind die Außenecken mit einem Kantenprofil oder einer V-Fräsung versehen?
☐ Sind Vorsatzschalen mit einer Metallunterkonstruktion und einer vollflächigen Beplankung aus Gipskartonplatten mit einer Dicke von 12,5 mm ausgeführt?
☐ Wurden die Dämmstoffe dicht gestoßen, abrutschsicher angebracht und Hohlräume mit Faserdämmstoffen ausgestopft?

Deckenbekleidungen, Unterdecken
☐ Sind Deckenbekleidungen, Unterdecken und Unterkonstruktionen auf die Plattensysteme abgestimmt?

Checkliste zur Abnahme
Trockenbauarbeiten

- ☐ Wurden zusätzliche Abhänger oder Konstruktionsverstärkungen notwendig und eingebaut?
- ☐ Ist die Decklage aus Mineralfaserplatten mit einer Mindestdicke von 13 mm ausgeführt?
- ☐ Sind einzelne offene oder geschlossene Deckenelemente gesondert befestigt?
- ☐ Ist eine Randaussteifung von angeschnittenen Metall- und Kunststoffkassetten und Metallpaneelen vorhanden?
- ☐ Sind Anschlüsse von Mineralfaser- und Metalldecken an angrenzende Bauteile auf einfach rechtwinklig abgekantete Metall-Wandwinkel aufgelegt und stumpf gestoßen?

Trockenböden, Doppelböden
- ☐ Sind Trennfolien und Dampfbremsen bis Oberseite Fertigfußboden hochgezogen und ist eine Überlappung mit mindestens 20 cm ausgeführt worden?
- ☐ Sind Fugenversatz und verklebte Stöße bei Trockenunterböden aus Gipskarton- und Gipsfaserplatten, Spanplatten oder Verbundelementen beachtet worden?
- ☐ Wurden überstehende Federn im Bereich des Wandanschlusses abgeschnitten?
- ☐ Wurden Randdämmstreifen mit einer Dicke von mindestens 10 mm eingebaut?
- ☐ Sind Trockenschüttungen mit einer Dicke von mindestens 15 mm und die Überdeckung von Rohrleitungen, Kabeln usw. mit einer Dicke von mindestens 10 mm ausgeführt worden?
- ☐ Wurde das seitliche Wegrieseln verhindert und bei Schütthöhen über 40 mm verdichtet?
- ☐ Sind Unterfütterungsplatten sowie steife Dämmstreifenunterlagen bei Bewegungsfugen in der Fläche und in Türdurchgängen eingebaut worden?

Checkliste zur Abnahme
Trockenbauarbeiten

- ☐ Ist jederzeit ein freier Zugang zum Hohlraum möglich und ist die Unterkonstruktion dauerhaft verklebt?
- ☐ Wurden zusätzliche Sicherungsmaßnahmen bei Aufbauhöhe über 50 cm beachtet?
- ☐ Sind die Doppelbodenplatten lose aufgelegt worden und die Schnittstellen vor Nässe geschützt?
- ☐ Betragen die Spaltenbreite im Kantenbereich maximal 2 mm und der horizontale Versatz am Kreuzungspunkt höchstens 4 mm?
- ☐ Wurde beachtet, dass Flächenspachtelungen auf Doppelbodenflächen unzulässig sind?
- ☐ Sind die Einbauteile statisch geeignet?

Zargen, Einbauteile
- ☐ Haben die Zargen aus kaltgeformtem Stahlblech eine Blechdicke von mindestens 1,5 mm und sind diese mit einer Grundbeschichtung versehen?
- ☐ Sind beim Einbau von Türblättern bei einer Türblattmasse über 25 kg, einer Türbreite über 0,885 m und einer Konstruktionshöhe über 2,60 m verstärkte Ständerwerksprofile mit einer Mindestdicke von 2,0 mm eingebracht worden?
- ☐ Sind Anschlusswinkel mit einer Mindestdicke von 2,0 mm beim Unterkonstruktionswandprofil im Türsturzbereich kraftschlüssig befestigt?
- ☐ Wurde beachtet, dass Plattenstöße auf Tür- und Fensterständerprofilen usw. unzulässig sind?
- ☐ Wurden verstärkte Unterkonstruktionen für Wandhängeschränke usw. vorgesehen?
- ☐ Sind Sanitärtragständer beidseitig mit verstärkten Ständerwerksprofilen montiert und mit Winkeleisen befestigt?

Checkliste zur Abnahme

Trockenbauarbeiten

Verspachtelungen

- [ ] Sind Unebenheiten in den Oberflächen bei Streiflichteinfall sichtbar und sind diese innerhalb der Toleranzen?
- [ ] Sind Decken- und Wandoberflächen ohne optische Anforderung mit einer Grundverspachtelung entsprechend Qualitätsstufe 1 ausgeführt?
- [ ] Sind Decken- und Wandoberflächen als Untergrund für matte und füllende Anstriche usw. mit einer Grund- und Nachverspachtelung entsprechend Qualitätsstufe 2 ausgeführt?
- [ ] Wurden höhere Anforderungen wie Qualitätsstufe 3 und 4 als Besondere Leistungen vereinbart?
- [ ] Sind bei mehrlagigen Plattenlagen die Stoß- und Anschlussfugen der unteren Plattenlagen gefüllt worden?

Putz- und Stuckarbeiten

Geltungsbereich und Ausführung

Geltungsbereich
Die ATV DIN 18350 „Putz- und Stuckarbeiten" ist auf das Herstellen von Putz, Stuck und Wärmedämmputz anzuwenden.

Ausführung
Bei der Prüfung hat der Auftragnehmer Bedenken geltend zu machen, wenn

- größere Unebenheiten vorhanden sind als nach DIN 18202 zulässig,
- ein ungeeignetes Raumklima vorhanden ist bzw. die Temperatur des Bauteils unter +5 °C für Putzarbeiten liegt,
- die Beschaffenheit des Untergrunds ungeeignet ist, z. B. zu glatt, ungleich saugend, gefroren, bei Ausblühungen, bei verschiedenartigen Stoffen etc.,
- Bezugspunkte fehlen,
- Verankerungs- und Befestigungsmöglichkeiten unzureichend sind oder
- die Baufeuchtigkeit zu hoch ist.

Die folgenden Normen sind hinsichtlich der Stoffe und Bauteile zu berücksichtigen:

- DIN EN 15824:2009-10 – Festlegungen für Außen- und Innenputze mit organischen Bindemitteln

Geltungsbereich und Ausführung

Putz- und Stuckarbeiten

- DIN EN 998-1:2010-12 – Festlegungen für Mörtel im Mauerwerksbau – Teil 1: Putzmörtel
- DIN EN 998-2:2010-12 – Festlegungen für Mörtel im Mauerwerksbau – Teil 2: Mauermörtel (Normentwurf 2015-11)
- DIN 488-4:2009-08 – Betonstahl – Betonstahlmatten
- DIN EN 13658-1:2005-09 – Putzträger und Putzprofile aus Betall – Begriffe, Anforderungen und Prüfverfahren – Teil 1: Innenputze (neu aufgenommen in ATV)
- DIN EN 13658-2:2005-09 – Putzträger und Putzprofile aus Betall – Begriffe, Anforderungen und Prüfverfahren – Teil 2: Außenputze (neu aufgenommen in ATV)
- DIN EN 13914-1:2005-06 – Planung, Zubereitung und Ausführung von Innen- und Außenputzen – Teil 1: Außenputz (Normentwurf 2013-09)
- DIN EN 13914-2:2005-07 – Planung, Zubereitung und Ausführung von Innen- und Außenputzen – Teil 1: Innenputz (Normentwurf 2013-09)
- DIN 18550-1:2014-12 – Planung, Zubereitung und Ausführung von Innen- und Außenputzen – Teil 1: Ergänzende Festlegungen zu DIN EN 13914-1 für Außenputze (i. V. m. DIN 13914)
- DIN 18550-2:2015-06 – Planung, Zubereitung und Ausführung von Innen- und Außenputzen – Teil 2: Ergänzende Festlegungen zu DIN EN 13914-2 für Innenputze (i. V. m. DIN-Reihe 13914)

Putzarten

Anforderungsbereich für Putz allgemein nach DIN 18550-1:2014-12
- Putze, die allgemeinen Anforderungen genügen
- Putze, die zusätzlichen Anforderungen genügen
  - wasserhemmend
  - wasserabweisend
  - Innenwandputz mit erhöhter Abriebfestigkeit
  - Innenwand- und Innendeckenputz für Feuchträume
  - Wärmedämmputz
- Putze für Sonderzwecke
  - Brandschutzbekleidung
  - Sanierputz
  - Strahlungsabsorption
  - Akustikputz/schallabsorbierender Putz
  - feuchtigkeitsregulierender Putz

Unterscheidung nach Bindemitteln
Beim Aufbau von Putz mit mineralischen Bindemitteln sollte entweder die Festigkeit des Oberputzes geringer sein als die des Unterputzes oder beide Putzlagen sind mit gleicher Festigkeit auszuführen.

Putze werden grundsätzlich nach den Bindemitteln eingeteilt, z. B. organisch oder mineralisch.

- Lehmputze:
  Diese sind nach der Lehmbauregel zu verarbeiten.

Putzarten

Putz- und Stuckarbeiten

- Sanierputze:
  Diese sind nach DIN V 18550 bzw. DIN EN 998-1 als mineralische Putze eingestuft.
- Silikatputze (für innen und außen):
  Das Bindemittel ist Kali-Wasserglas, weswegen Silikatputz den mineralischen Putzen zugeordnet ist.
- Silikonharzputze (für außen):
  Putze mit anorganischen Bindemitteln, z. B. Silikonharz, und somit den mineralischen Putzen zugeordnet.
- Kunstharzputze:
  Als Putz mit organischen Bindemitteln wird Kunstharzputz in folgende Typen unterschieden:
  - P Org 1 – Anwendung als Innen- und Außenputz
  - P Org 2 – Anwendung als Innenputz

Putzmörtelgruppen

Putzmörtelgruppe	Mörtelart
P I	Luftkalkmörtel, Wasserkalkmörtel, Mörtel mit hydraulischem Kalk
P II	Kalkzementmörtel, Mörtel mit hydraulischem Kalk oder mit Putz- und Mauerbinder
P III	Zementmörtel mit oder ohne Zusatz von Kalkhydrat
P IV	Gipsmörtel und gipshaltige Mörtel

Tab. 56: Putzmörtelgruppen gem. DIN V 18550 – Tabelle 1

Druckfestigkeit

Kategorie	Werte
CS I	0,4 bis 2,5 N/mm²
CS II	1,5 bis 5,0 N/mm²
CS III	3,5 bis 7,5 N/mm²
CS IV	≥ 6,0 N/mm²
CS = Compressive Strength = Druckfestigkeit	

Tab. 57: Druckfestigkeit gem. DIN EN 998-1, Tabelle 1

Innenputz

Innenputz soll eben, leicht saugend und wasserdampfdurchlässig sein und soll sich als Untergrund für Tapeten und Anstriche eignen. Für Kunststoffbeschichtungen, dichte Anstriche und schwere Tapeten werden besonders zusammengesetzte Putze verwendet. Innenputz soll im Mittel 15 mm dick sein, wobei die zulässige Mindestdicke 10 mm beträgt. Bei einlagigem Putz aus Werktrockenmörteln ist als Durchschnitt 10 mm Dicke zulässig, wobei die Mindestdicke 5 mm betragen muss.

Anwendungsbereich

Innenputze werden nach ihrer Beanspruchung unterschieden in:

- Innenwandputze für Räume mit üblicher Luftfeuchte einschließlich der häuslichen Bäder und Küchen
- Innenwandputze für Feuchträume, z. B. gewerbliche Küchen, Großküchen, Schwimmhallen etc.

Putzarten

Putz- und Stuckarbeiten

- Innendeckenputze für Räume mit üblicher Luftfeuchte einschließlich der häuslichen Bäder und Küchen
- Innendeckenputz für Feuchträume, z. B. gewerbliche Küchen etc.

Innenputz mit erhöhter Festigkeit
Werden auf Wand- und Deckenflächen dichte Anstriche und schwere Tapeten vorgesehen, müssen Mörtel mit mineralischen Bindemitteln mindestens eine Druckfestigkeit von 2,5 MN/m^2 erreichen. Verwendet werden Maschinenputzgips, Kalkzementmörtel oder Zementmörtel.

Innenputz mit erhöhter Abriebfestigkeit
Bei Innenwänden, die stärkeren mechanischen Beanspruchungen ausgesetzt sind, wie z. B. Treppenhäuser in mehrgeschossigen Wohngebäuden oder Flure in Schulen oder anderen öffentlichen Gebäuden, ist Putz mit erhöhter Abriebfestigkeit zu verwenden.

Innenputz für Feuchträume
In Feuchträumen werden keine Mörtel aus Gips oder Anhydritbinder eingesetzt, sondern stattdessen Mörtel der Mörtelgruppe P II. In häuslichen Küchen und Bädern können Mörtel aus Gips oder Anhydrit jedoch verwendet werden.

Putzarten

Putz- und Stuckarbeiten

Putzsysteme Innenputz

Kunstharzputz als Oberputz – Innenwände und Innendecken

	Anforderung	Mörtelgruppe für Unterputz	Beschichtungsstoff Typ für Oberputz[1]
1	übliche Beanspruchung[2]	P II	P Org 1, P Org 2
2		P III	P Org 1, P Org 2
3		P IV	P Org 1, P Org 2
4		–	P Org 1, P Org 2[3]
5	Feuchträume[4]	P II	P Org 1
6		P III	P Org 1

[1] Bei mehreren genannten Typen ist jeweils nur einer als Oberputz zu verwenden
[2] Schließt die Anwendung bei geringer Beanspruchung ein
[3] Nur bei Beton als Putzgrund
[4] Hierzu zählen nicht häusliche Küchen und Bäder

Tab. 58: Putzsysteme für Innenwände mit Kunstharzputz als Oberputz gem. DIN 18558 – Tabelle 4

	Anforderung	Mörtelgruppe für Unterputz	Beschichtungsstoff Typ für Oberputz[1]
1	übliche Beanspruchung[2]	P II	P Org 1, P Org 2
2		P III	P Org 1, P Org 2
3		P IV	P Org 1, P Org 2
4		–	P Org 1, P Org 2[3]

Putz- und Stuckarbeiten

	Anforderung	Mörtelgruppe für Unterputz	Beschichtungsstoff Typ für Oberputz[1]
5	Feuchträume[4]	P II	P Org 1
6		P III	P Org 1
7		–	P Org 1[3]

[1] Bei mehreren genannten Typen ist jeweils nur einer als Oberputz zu verwenden
[2] Schließt die Anwendung bei geringer Beanspruchung ein
[3] Nur bei Beton als Putzgrund
[4] Hierzu zählen nicht häusliche Küchen und Bäder

Tab. 59: Putzsysteme für Innendecken ohne Putzträger mit Kunstharzputz als Oberputz gemäß DIN 18558 – Tabelle 5

Je nach Art des Beschichtungsstoffs, der Korngröße, des Auftragverfahrens und der Oberflächenbehandlung lassen sich sowohl bei Mörteln mit mineralischen Bindemitteln als auch bei Kunstharzputzen verschiedene Oberflächenstrukturen und Oberflächeneffekte erzielen, wie z. B. Reibeputz, Kratzputz, Rillenputz, Spritzputz, Rollputz, Buntsteinputz, Modellierputz oder Streichputz.

Putz mit mineralischen Bindemitteln

Es ist darauf zu achten, dass entweder die Festigkeit des Oberputzes geringer ist als die des Unterputzes, oder es werden beide Putzlagen mit gleicher Festigkeit ausgeführt. Nachfolgend eine Übersicht zu Putzsystemen für Innenputze.

Putzarten

Putz- und Stuckarbeiten

	Anforderung bzw. Putzanwendung	Mörtelgruppe bzw. Beschichtungsstoff-Typ für Unterputz	Druckfestigkeitskategorie des Unterputzes nach DIN EN 998-1	Mörtelgruppe bzw. Beschichtungsstoff-Typ für Oberputz[a]	Druckfestigkeitskategorie des Oberputzes nach DIN EN 998-1
1	übliche Beanspruchung	–	–	P I	CS I
2		P I	CS II	P I	CS I
3		–	–	P II	CS II
4a		P II	CS II	P I	CS I
4b		P II	CS II	P II	CS II
4c		P II	CS II	P IV	[b]
4d		P II	CS II	P Org I	–
4e		P II	CS II	P Org II	–
5		–	–	P III	CS IV
a		P III	CS III	P I	CS I
6b		P III	CS III	P II	CS II
6c		P III	CS IV	P II	CS III
6d		P III	CS IV	P III	CS IV
6e		P III	CS III	P Org I	–
6f		P III	CS III	P Org II	–
7		–	–	P IV	[b]
8a		P IV	[b]	P I[d]	CS I
8b		P IV	[b]	P II[d]	CS II
8c		P IV	[b]	P IV	[b]
8d		P IV	[b]	P Org I	–
8e		P IV	[b]	P Org II	–
9a		–	–	P Org I[c]	–
9b		–	–	P Org II[c]	–

Putzarten

Putz- und Stuckarbeiten

	Anforderung bzw. Putzanwendung	Mörtelgruppe bzw. Beschichtungsstoff-Typ für Unterputz	Druckfestigkeitskategorie des Unterputzes nach DIN EN 998-1	Mörtelgruppe bzw. Beschichtungsstoff-Typ für Oberputz[a]	Druckfestigkeitskategorie des Oberputzes nach DIN EN 998-1
10	Feuchträume	–	–	P II	CS II
11		P II	CS II	P I[d]	CS I
12a		P II	CS II	P II	CS II
12b		P II	CS III	P Org I	–
13a		–	–	P III	CS III
13b		–	–	P III	CS IV
14a		P III	CS III	P II	CS II
14b		P III	CS IV	P III	CS IV
14c		P III	CS III	P Org I	–
14d		P III	CS IV	P Org I	–
15		–	–	P Org I[c]	–

[a] Oberputze dürfen mit abschließender Oberflächengestaltung oder ohne ausgeführt werden (z. B. bei zu beschichtenden Flächen)
[b] Druckfestigkeit ≥ 2,0 N/mm²
[c] Nur bei Beton mit geschlossenem Gefüge als Putzgrund
[d] Dünnlagige Oberputze

Tab. 60: Putzsysteme für Innenputze gem. DIN V 18550, Tabelle 3

Innenputze geglättet, gefilzt, abgerieben, abgezogen

Im Innenbereich dienen geglättete und gefilzte Putzoberflächen mit Qualitätsstufe 1 oder Standardqualitätsstufe 2 als Untergrund für Anstriche, Beschichtungen oder Wandbekleidungen.

Zusätzliche Glättgänge – Q 3 und Q 4
Als Besondere Leistung zu vereinbaren und auszuführen sind zusätzliche Glättgänge auf Putzflächen, die als Untergrund für feinstrukturierte und glatte Wandbekleidungen, Lasuren und hochwertige Glättetechniken, für Oberputze mit Größtkorn bis 1 mm und für matte, nicht strukturierte Anstriche dienen.

Vorbereitung und Vorbehandlung
Schlitze, Aussparungen, größere Fugen und Fehlstellen im Mauerwerk, im Beton oder in Gips-Wandbauplatten sind vor dem Verputzen als Besondere Leistung mit geeignetem Mörtel zu verschließen. Das Auftragen von Haftbrücken oder Aufbrennsperren (Grundierungen) u. Ä. ist ebenfalls als Besondere Leistung auszuführen. Bei Öffnungen, Aussparungen und Nischen sind Diagonalbewehrungen erforderlich.

Geglättete Putze

Einfache Putze – Qualitätsstufe 1 (Q1)
Werden an die Oberfläche von Putzen keine Anforderungen in Bezug auf Optik oder Ebenheit gestellt, ist eine geschlossene Putzfläche ausreichend. Eine luftdichte Schicht auf dem Mauerwerk kann mit diesem Putz erreicht werden. Nicht auszuschließen sind bei diesen Putzen Schwindrisse oder Fugeneinfall sowie sichtbare Bearbeitungsspuren.

Putzarten

Putz- und Stuckarbeiten

Standard – Geglättete Putze, Qualitätsstufe 2 (Q2, Besondere Leistung)
Die Oberfläche ist geeignet für:

- matte, gefüllte Anstriche/Beschichtungen (z. B. quarzgefüllte Dispersionsbeschichtung), welche mit Strukturrolle oder grober Lammfellrolle aufgetragen werden
- mittel- bis grobstrukturierte Wandbekleidungen, wie Raufasertapeten (mit Körnung RM oder RG nach BFS-Info 05.01)
- dekorative Oberputze mit Körnung > 1,0 mm

Einzelne Untergrundunregelmäßigkeiten können mit Oberputzen > 1,0 mm sowie mit mittel- bis grobstrukturierten Wandbekleidungen besser egalisiert werden als mit einer gefüllten Beschichtung.

Vereinzelte Abzeichnungen, wie z. B. Traufelstriche, können nicht ausgeschlossen werden, ebenso keine Schattenfreiheit bei Streiflicht. Die Ausführung geglätteter Putze kann ein- oder zweilagig erfolgen.

Einlagige Ausführung
Vorzugsweise werden Gipsputze oder gipshaltige Putze auf ggf. vorbehandeltem Untergrund ausgeführt. Nach dem Putzauftrag, dem Abziehen und dem Ausrichten des Putzes erfolgt das Filzen und anschließend das Glätten.

Zweilagige Ausführung
Zum Glätten kann auf einen planebenen, rau abgezogenen, abgebundenen Unterputz aus Gips-, Gipskalk-, Kalkgips-, Kalk- oder Kalkzementputz, ggf. nach einer Vorbehandlung, eine geeignete Putzglätte aufgebracht werden.

Qualitätsstufe 3 (Q3, Besondere Leistung)
Diese beinhaltet alle Ausführungen der Qualitätsstufe 2, wobei die Putzoberfläche zusätzlich entweder mit einem Glättgang oder einem Glättputzauftrag überarbeitet wird. Bei Streiflicht sichtbar werdende Abzeichnungen sind nicht auszuschließen.

Qualitätsstufe 4 (Q4, Besondere Leistung)
Diese beinhaltet alle Ausführungen der Qualitätsstufe 3 und zusätzlich wird die Oberfläche vollflächig mit geeignetem Spachtelmaterial oder Glättputzmaterial überarbeitet. Der Putz muss den erhöhten Anforderungen an die Ebenheit entsprechen. Das Anbringen von Unterputzprofilen oder Putzleisten ist als Besondere Leistung zu vereinbaren und auszuführen. Nach dem Auftrag des Unterputzes sind die Profile zu entfernen und Fehlstellen zu schließen oder es ist alternativ auf Flächen mit verbleibenden Profilen eine vollflächige Spachtel- oder Glättputzlage mit bspw. Vlies aufzubringen.

Mögliche Abzeichnungen werden minimiert, jedoch müssen die Beleuchtungsverhältnisse, wie für die spätere Nutzung vorgesehen, bekannt bzw. zweckmäßigerweise vorhanden sein. Jedoch kann absolute Schattenfreiheit bei Streiflicht nicht erreicht werden.

Gefilzte Putze

Es können ein- oder zweilagige Filzputze ausgeführt und in Abhängigkeit von Material und Bearbeitung unterschiedliche Qualitätsstufen erreicht werden. Gegebenenfalls ist der Putzgrund vorzubehandeln.

Qualitätsstufe 1 (Q1)
Es gelten die gleichen Ausführungen, wie unter abgeriebene Putze Qualitätsstufe 1 geschrieben.

Standard – Gefilzte Putze, Qualitätsstufe 2 (Q2)
Die Oberfläche ist geeignet für

- matte, gefüllte Anstriche/Beschichtungen,
- grobstrukturierte Wandbekleidungen, wie z. B. Raufasertapeten mit Körnung RG nach BFS-Info 05.01.

Einlagige Ausführung
Einlagiger Filzputz aus Gipskalk-, Kalkgips-, Kalkzement- oder Zementputz wird nach dem Putzauftrag, dem Abziehen sowie dem Ausrichten bspw. mit einem Filzbrett gefilzt.

Vereinzelte Abzeichnungen, wie Bearbeitungsspuren, kleinere Unebenheiten, Kornanhäufungen und strukturlose Stellen, sind nicht auszuschließen. Auch durch Grundierungen oder Aufbrennsperren lassen sich unterschiedliche Putzstrukturen nicht vermeiden. Es kann keine Schattenfreiheit bei Streiflicht erreicht werden. Schwindrisse oder Fugeneinfall sind bei einlagigen Putzen nicht ganz auszuschließen. Durch das Aufbringen einer Beschichtung kann das leichte Absanden ungestrichener, abgeriebener oder gefilzter Putze vermieden werden.

Qualitätsstufe 3 (Q3)
Die Oberflächenstrukturierung von Filzputz (Kalkputz, Kalkgipsputz, Gipskalkputz, Kalk-Zementputz oder Zementputz) erfolgt üblicherweise durch Vor- und Nachfilzen, wobei

Zementputze, Kalkputze oder Kalk-Zementputze zweilagig auszuführen sind. Die Filzstruktur muss im jeweiligen Strukturbild gleichmäßig sein und es ist darauf zu achten, dass strukturlose Stellen oder Kornanhäufungen nur vereinzelt zulässig sind. Schattenbildung bei Streiflicht ist nicht auszuschließen.

Qualitätsstufe 4 (Q4)
Diese beinhaltet alle Ausführungen der Qualitätsstufe 3, wobei die Filzputze sowohl auf geglätteten als auch auf eben abgezogenen Unterputzen ausgeführt werden können, welche dafür die erhöhten Anforderungen an die Ebenheit erfüllen müssen. Auch in diesem Fall kann absolute Schattenfreiheit bei Streiflicht nicht erreicht werden. Zweckmäßigerweise sollten die Belichtungs- und Beleuchtungsverhältnisse, wie sie bei der späteren Nutzung vorgesehen sind, bereits zum Verputzzeitpunkt bekannt sein und imitiert werden, da diese die Oberfläche beeinflussen.

Abgezogene Putze

Einfache Putze, Qualitätsstufe 1 (Q1)
Eine geschlossene Putzfläche ist ausreichend, wenn an die Oberfläche keine Anforderungen gestellt werden. Vereinzelte Schwindrisse oder Fugeneinfall sind bei einlagigen Putzen nicht ganz auszuschließen und Bearbeitungsspuren sind sichtbar.

Standard – Abgezogene Putze, Qualitätsstufe 2 (Q2)
Werden keine optischen Anforderungen, aber Standardanforderungen an die Ebenheit nach DIN 18202:2013-04 gestellt und vereinbart, ist ein abgezogener Putz ausreichend. Die Oberfläche eignet sich für Wandbeläge aus Keramik (Fliesen), Natur- und Betonwerkstein und dekorative Oberputze $\geq 2{,}0$ mm. Auf ggf. vorbehandeltem Untergrund sind abgezogene Putze einlagig oder zweilagig auszuführen. Die Oberfläche darf als Untergrund für Fliesen-, Natursteinbeläge u. Ä. durch bspw. Filzen oder Glätten nicht verdichtet werden.

Abgeriebene Putze

Abgeriebene Putze können ein- oder zweilagig auf ggf. vorbehandeltem Putzgrund ausgeführt werden, wobei je nach Material und Bearbeitung unterschiedliche Qualitätsstufen erreicht werden können.

Qualitätsstufe 1 (Q1)
Werden an die Oberfläche von Putzen keine Anforderungen bzgl. Putzdicke, Optik, Ebenheit usw. gestellt, ist eine geschlossene Putzfläche ausreichend. Bearbeitungssuren sind sichtbar und Fugeneinfall oder Schwindrisse sind nicht auszuschließen. Eine luftdichte Schicht auf dem Mauerwerk kann mit diesem Putz erreicht werden.

Qualitätsstufe 2 (Q1)
Die Oberfläche genügt den üblichen Anforderungen und entspricht der Standardqualität. Beim einlagigen, abgeriebenen Putz folgt nach dem Putzauftrag, dem Abziehen und dem Ausrichten das Abreiben mit bspw. einem Reibebrett. Die Oberfläche eignet sich für

- matte, gefüllte Beschichtungen/Anstriche

und kann auch geeignet sein für

- grobstrukturierte Wandbekleidungen, z. B. Raufasertapeten (mit Körnung RG nach BFS-Info 05.01).

Abzeichnungen, wie bspw. kleinere Unebenheiten, Kornanhäufungen, strukturlose Stellen und Bearbeitungsspuren sind nicht auszuschließen. Auch durch Grundierungen oder Aufbrennsperren lassen sich unterschiedliche Putzstrukturen nicht vermeiden. Mit dieser Ausführung kann Schattenfreiheit bei Streiflicht nicht erreicht werden. Fugeneinfall oder Schwindrisse sind bei einlagigen Putzen hinzunehmen. Durch das Aufbringen einer Beschichtung kann das leichte Absanden ungestrichener, abgeriebener oder gefilzter Putze vermieden werden.

Qualitätsstufe 3 (Q3)
Der abzureibende Putz (Kalk- und Kalkzementputz) wird auf dem vorhandenen, abgezogenen Unterputz aufgetragen sowie zur Oberflächenstrukturierung vor- und nachgerieben, wobei die Abriebstruktur gleichmäßig sein muss.

Strukturlose Stellen und Kornanhäufungen sind nur vereinzelt zulässig. Bei dieser Ausführung ist Schattenbildung bei Streiflicht hinzunehmen.

Qualitätsstufe 4 (Q4)

Die Ausführung dieser abgeriebenen Putze ist auf eben abgezogenen und auf geglätteten Unterputzen der Qualitätsstufe 3 möglich, wobei der Putz nach dem Aufgetragen eben verzogen wird und man eine Oberputzschicht in Kornstärke antrocknen lässt bevor die zweite Oberputzschicht mit Körnung ≤ 1,0 mm aufgetragen und abgerieben wird. Erhöhte Anforderungen an die Ebenheit müssen erfüllt werden und das geriebene Strukturbild muss gleichmäßig sein. Auch in diesem Fall kann absolute Schattenfreiheit bei Streiflicht nicht erreicht werden.

Qualitäts Stufe[1)]	Beschaffenheit/Eignung der Oberflächen	Maßtoleranz
	abgezogene Putzoberfläche	
Q 1	geschlossene Putzfläche	–
Q 2 Standard	geeignet z. B. für: • dekorative Oberputze ≥ 2,0 mm • Wandbeläge aus Keramik (Fliesen), Natur- und Betonwerkstein etc.	Standardanforderungen an die Ebenheit
Q 3	geeignet z. B. für: • Oberputze, Körnung[2)] > 1,0 mm • Wandbeläge aus Feinkeramik, großformatige[3)] Fliesen, Glas, Naturwerkstein etc.	erhöhte Anforderungen an die Ebenheit
Q 4	–	–

Putzarten

Putz- und Stuckarbeiten

Qualitäts Stufe[1]	Beschaffenheit/Eignung der Oberflächen	Maßtoleranz
	geglättete Putzoberfläche	
Q 1	geschlossene Putzfläche	-
Q 2 Standard	geeignet z. B. für • dekorative Oberputze Körnung > 1,0 mm • matte, gefüllte Anstriche/Beschichtungen (z. B. quarzgefüllte Dispersionsbeschichtung), die mit langflorigem Farbroller oder Strukturrolle aufgetragen werden • mittel- bis grobstrukturierte Wandbekleidungen, z. B. Raufasertapeten mit Körnung RM oder RG nach BFS-Info 05-01	Standardanforderungen an die Ebenheit
Q 3	geeignet z. B. für • dekorative Oberputze, Körnung ≤ 1,0 mm • matte, fein strukturierte Anstriche/Beschichtungen, z. B. Vlies, Raufasertapeten mit Körnung RF nach BFS-Info 05-01 • fein strukturierte Wandbekleidungen	Standardanforderungen an die Ebenheit
Q 4	geeignet für Wandbekleidungen und Beschichtung mit Glanz, z. B.: • Metall-, Vinyl-, Seidentapeten • Lasuren oder Anstriche/Beschichtungen bis zum mittleren Glanz • Spachtel- und Glättetechniken	erhöhte Anforderungen an die Ebenheit

Putzarten

Putz- und Stuckarbeiten

Qualitäts-stufe[1]	Beschaffenheit/Eignung der Oberflächen	Maßtoleranz
	abgeriebene Putzoberfläche	
Q 1	geschlossene Putzfläche	-
Q 2 Standard	abgeriebene Putzflächen eignen sich für: • matte, gefüllte Anstriche/Beschichtungen abgeriebene Oberflächen eignen sich auch für: • grobstrukturierte Wandbekleidungen, z. B. Raufasertapeten mit Körnung RG nach BFS-Info 05-01	Standardanforderungen an die Ebenheit
Q 3	geeignet z. B. für: • matte, nicht strukturierte/nicht gefüllte Anstriche/Beschichtungen	Standardanforderungen an die Ebenheit
Q 4	geeignet z. B. für: • Lasuren oder Anstriche/Beschichtungen bis zum mittleren Glanz	erhöhte Anforderungen an die Ebenheit

Putzarten

Putz- und Stuckarbeiten

Qualitätsstufe[1]	Beschaffenheit/Eignung der Oberflächen	Maßtoleranz
	gefilzte Putzoberfläche	
Q 1	geschlossene Putzfläche	-
Q 2 Standard	gefilzte Putzflächen eignen sich für: • matte, gefüllte Anstriche/Beschichtungen gefilzte Oberflächen eignen sich auch für: • grob strukturierte Wandbekleidungen, z. B. Raufasertapeten mit Körnung RG nach BFS-Info 05-01	Standardanforderungen an die Ebenheit
Q 3	geeignet z. B. für: • matte, nicht strukturierte/nicht gefüllte Anstriche/Beschichtungen	Standardanforderungen an die Ebenheit
Q 4	geeignet z. B. für: • matte, nicht strukturierte/nicht gefüllte Anstriche/Beschichtungen	erhöhte Anforderungen an die Ebenheit

[1] Bei den Qualitätsstufen Q 2 bis Q 4 muss immer die Ausführungsart „abgezogen", „geglättet", „gefilzt" oder „abgerieben" zur Herstellung der Putzoberfläche genannt werden, z. B. „Q2-geglättet"
[2] Für feinere Oberputze siehe Q 3 - geglättet
[3] Z. B. > 1600 cm^2 bei einer Druckfestigkeit von < 6 N/mm^2 in der Schweiz bzw. über 20 x 20 cm in Österreich

Tab. 61: Qualitätsstufen von Innenputzen gem. DIN V 18550 – Anhang B

Putzarten

Putz- und Stuckarbeiten

Glättetechnik

Für eine glatte, glänzende, dekorative Oberfläche wird auf geeignetem Untergrund reiner Gipsmörtel mit einem geringen Zusatz von Weißkalk mit einem Aufziehbrett über Kreuz in einer Dicke von 2–3 mm mehrmals aufgezogen. Die Fläche ist anschließend mit einer Richtlatte über Kreuz, bis die Fläche eben ist, und hinterher mit gerührtem Sumpfgips mittels Traufel über Kreuz zu glätten. Die Fläche ist danach mit der Traufel über Kreuz und in langen Zügen abzutraufeln und so lange zu glätten, bis die Oberfläche dicht, matt und glänzend ist. Industriell hergestellte Glätt- oder Spachtelmasse ist nach Herstellervorschriften anzuwenden.

Sgraffito

Auf einem Unterputz aus Kalkzementmörtel, der bei mehrfarbiger und mehrschichtiger Sgraffitotechnik im Bereich der Bildfläche dünner angelegt ist, werden nachfolgend Putzschichten aus Kalkmörtel sowie Kalk und lichtechten Pigmenten nass in nass aufgetragen, damit sich Konturen nach dem Aufpausen leichter mit speziellem Sgraffito-Werkzeug auskratzen lassen. Damit sich kein Niederschlag ansammeln kann, werden Konturen bzw. Schnittränder leicht schräg (unter ca. 30–45°) bis zur gewünschten Putzfarbschicht geschnitten.

Kunstharzputze

Die Produkteigenschaften dieser Putze, die auch als „Dispersionsputze" oder „kunstharzgebundene Putze" bezeichnet werden, sind in „DIN EN 15824 – Festlegung für Außen und Innenputze mit organischen Bindemitteln" (10/2009) geregelt, welche die DIN 18558 teilweise ablöst. Sie werden auf einem Unterputz aus Mörtel mit mineralischem Bindemittel oder auf Beton nach dem Auftragen eines Grundanstrichs an Deckenuntersichten, am Sockel oberhalb der Anschüttung und an aufgehenden Flächen aufgebracht. Als oberste Putzlage müssen sie witterungsbeständig, wasserabweisend, frostbeständig und alkalibeständig sein. Es lassen sich verschiedene Oberflächeneffekte und Oberflächenstrukturen erzielen, wie bspw. Kratzputz-, Reibeputz-, Rillenputz-Struktur usw.

Bei erhöhten Anforderungen an die Festigkeit muss ein mineralischer Unterputz der Mörtelgruppe P II oder P III vorhanden sein oder der Untergrund aus Beton bestehen.

Steinputzflächen herstellen und ausbessern

Die für Steinputz als Effektputz für den Innen- und Außenbereich als Zuschlagstoff verwendeten harten und dichten Gesteine aus bspw. Granit, Kalk, Marmor u. Ä. werden mit Zement gemischt, wobei für farbige Ausführungen lichtechte Zementfarben zu verwenden sind und der Zement nicht schwinden oder treiben darf. Nach dem waagrecht aufkämmen des aus Zementmörtel bestehenden Unterputzes wird der Oberputz aufgebracht, dessen Oberfläche zur Verdichtung des Korns leicht zu klopfen oder zu stampfen, mit der Traufel abzuglätten und nach 3–4 Wochen zu stocken und/oder zu scharrieren ist. Die Oberfläche kann auch mehrmals geschliffen, poliert und anschließend gewachst oder geölt werden.

Eine korrosionsgeschützte Unterkonstruktion ist für auskragende Teilflächen zur Aussteifung nötig.

Zum Ergänzen von beschädigten oder auszubessernden Flächen sind gleichartige Mörtel zu verwenden, wobei die Oberfläche der vorhandenen Profilierung bzw. Steinputzfläche anzugleichen ist.

Außenputz

Außenputz ist meist mehrlagig aus Zementspritzbewurf, Unter- und Oberputz aufgebaut. Spezielle Werkmörtel, wie Kratzputze, können auch einlagig aufgebracht werden. Außenputz muss im Mittel 20 mm dick sein, die zulässige Mindestdicke beträgt 15 mm. Einlagige wasserabweisende Putze als Werkmörtel sollen eine mittlere Dicke von 15 mm aufweisen, wobei die zulässige Mindestdicke 10 mm beträgt. Wärmedämmputz muss mindestens 20 mm, darf jedoch i. d. R. höchstens 100 mm dick sein. Zur Vorbereitung des Untergrunds müssen als Besondere Leistung z. B. das Aufbringen eines Spritzbewurfs oder das Auftragen einer Aufbrennsperre oder einer Haftbrücke gesondert vereinbart werden.

Ein volldeckender Spritzbewurf oder bspw. eine Aufbrennsperre als Vorbehandlung ist auf stark saugendem Putzgrund erforderlich. Auf einem Putzgrund aus unterschiedlichen Baustoffen ist ein volldeckender Spritzbewurf aufzubringen, dagegen ist auf schwach saugenden Untergründen i. d. R. ein Vorbehandlung oder ein nicht volldeckender Spritzbewurf ausreichend.

Putzträger werden zum Überspannen von Holz- und Stahlteilen als Besondere Leistung vereinbart und sind mit mindestens 50 mm Überlappung untereinander, bei Überspannung von ungeeignetem Putzgrund mit allseitig mindestens 200 mm auf den umgebenden geeigneten Putzgrund übergreifend einzulegen.

Putzbewehrung zur Verbesserung der Zugfestigkeit wird mit 100 mm Stoßüberlappung in die äußere Hälfte der Putzdicke eingelegt.

Die Überlappung auf benachbarte Bauteile muss 200 mm betragen. Es ist darauf hinzuweisen, dass Putzbewehrung Rissbildung vermindern, aber nicht verhindern kann.

Nachfolgende Putzlagen sollten erst aufgebracht werden, wenn die vorhergehende ausreichend trocken und haftfähig ist.

Die „DIN EN 13914-1: Planung, Zubereitung und Ausführung von Innen- und Außenputzen – Teil 1: Außenputz" und ggf. die „DIN EN 13914-2: Teil 2: Innenputz" müssen ebenfalls zur Zubereitung von Mörtel berücksichtigt werden, für Kunstharzputze ist die DIN 18558 anzuwenden.

Putz- und Stuckarbeiten

Putzsysteme Außenputz

	Anforderung	Mörtelgruppe für Unterputz	Beschichtungsstoff-Typ für Oberputz
1	ohne besondere Anforderung	P II	P Org 1
2		–	P Org 1[1]
3	wasserhemmend	P II	P Org 1
4		–	P Org 1[1]
5	wasserabweisend	P II	P Org 1
6		–	P Org 1[1]
7	erhöhte Festigkeit	P II	P Org 1
8		–	P Org 1[1]
9	Außensockelputz	P III	P Org 1
10		–	P Org 1[1]

[1] Nur bei Beton als Putzgrund

Tab. 62: Putzsysteme für Außenwände mit Kunstharzputz als Oberputz gem. DIN 18558 – Tabelle 2

Putzarten
Putz- und Stuckarbeiten

	Mörtelgruppen – ohne bzw. mit Putzträger		Beschichtungsstoff-Typ für Oberputz
	Einbettung des Putzträgers	Unterputz	
1	–	P II	P Org 1
2	P II	P II	P Org 1
3	–	P III	P Org 1
4	P III	P III	P Org 1
5	P III	P II	P Org 1
6	–	–	P Org 1[1)]

[1)] Nur bei Beton als Putzgrund

Tab. 63: Putzsysteme für Außendecken mit Kunstharzputz als Oberputz gem. DIN 18558 – Tabelle 3

	Anforderung bzw. Putzanwendung	Mörtelgruppe für Unterputz	Druckfestigkeitskategorie des Unterputzes nach DIN EN 998-1	Mörtelgruppe bzw. Beschichtungsstoff-Typ für Oberputz[a)]	Druckfestigkeitskategorie des Oberputzes nach DIN EN 998-1
1	ohne besondere Anforderung	–	–	P I	CS I
2		P I	CS I	P I	CS I
3a		–	–	P II	CS II
3b		–	–	P II	CS III
4a		P II	CS II	P I	CS I
4b		P II	CS III	P I	CS I
5a		P II	CS II	P II	CS II
5b		P II	CS III	P II	CS II
5c		P II	CS III	P II	CS III
6		P II	CS III	P Org I	–
7		–	–	P Org I[a)]	–
8		–	–	P III	CS IV

Putzarten

Putz- und Stuckarbeiten

	Anforderung bzw. Putzanwendung	Mörtelgruppe für Unterputz	Druckfestigkeitskategorie des Unterputzes nach DIN EN 998-1	Mörtelgruppe bzw. Beschichtungsstoff-Typ für Oberputz[a]	Druckfestigkeitskategorie des Oberputzes nach DIN EN 998-1
9	wasserhemmend	P I	CS I	P I	CS I
10		–	–	P I	CS I
11a		–	–	P II	CS II
11b		–	–	P II	CS III
12a		P II	CS II	P I	CS I
12b		P II	CS III	P I	CS I
13a		P II	CS II	P II	CS II
13b		P II	P II	P II	CS II
13c		P II	P II	P II	CS III
14		P II	P II	P Org I	–
15		–	–	P Org I[a]	–
16		–	–	P III	CS IV
17	wasserabweisend	P I	CS I	P I	CS I
18a		P II	CS II	P I	CS I
18b		P III	CS III	P I	CS I
19		–	–	P I	CS I
20a		–	–	P II	CS II
20b		–	–	P II	CS III
21a		P II	CS II	P II	CS II
21b		P II	CS III	P II	CS II
21c		P II	CS III	P II	CS III
22		P II	CS III	P Org I	–
23		–	–	P Org I[a]	–
24		–	–	P III	CS IV
25	Kellerwandaußenputz	–	–	P III[b]	CS IV

Putzarten
Putz- und Stuckarbeiten

	Anforderung bzw. Putzanwendung	Mörtelgruppe für Unterputz	Druckfestigkeitskategorie des Unterputzes nach DIN EN 998-1	Mörtelgruppe bzw. Beschichtungsstoff-Typ für Oberputz[a]	Druckfestigkeitskategorie des Oberputzes nach DIN EN 998-1
26	außen	–	–	P III[b]	CS IV
27		P III	CS IV	P III[b]	CS IV
28		P III	CS IV	P II[b]	CS III
29		P II	CS III	P II[b]	CS II[c]
30		P II	CS II[c]	P II[b]	CS II[c]

[a] Nur bei Beton mit geschlossenem Gefüge als Putzgrund
[b] Ein Sockelputz sowie ein Kellerwandaußenputz sind im erdberührten Bereich immer abzudichten. Der Putz dient als Träger der vertikalen Abdichtung.
[c] $\geq 2{,}5$ N/mm^2
[d] Gilt nur für Sanierputze

Tab. 64: Putzsysteme für mineralische Außenputze gem. DIN V 18550, Tabelle 2

	Anforderung an das Putzsystem	Leichtmörtelputz Mörtelgruppe für Unterputz	Druckfestigkeitskategorie des Unterputzes nach DIN EN 998-1	Oberputz[a] entsprechend Mörtelgruppe	Druckfestigkeitskategorie des Oberputzes nach DIN EN 998-1
1	wasserabweisend	–		P I	CS I
2		–		P II	CS II
3		P II	CS II	P I	CS I
4		P II	CS II	P II	CS II
5		P II	CS III	P II	CS II/CS III[b]

[a] Leichtputze mit organischem Zuschlag mit porigem Gefüge sind außen nur als Unterputz zu verwenden
[b] Wird ein Leichtputz als Sockelputz verwendet, ist er im erdberührten Bereich immer zusätzlich abzudichten

Tab. 65: Putzsysteme für Außenputze mit Leichtputz gem. DIN V 18550, Tabelle 5

Putzarten

Putz- und Stuckarbeiten

Außenputze: Unter- und Oberputz

Zweilagige Außenputze
Außenputze müssen zweilagig mit Unter- und Oberputz ausgeführt werden, wobei einlagiger Außenputz nach gesonderter Vereinbarung und nach Herstellervorschrift zu verarbeiten ist. Regional bedingt sind Außenputze nach DIN 4108-3 entweder wasserhemmend oder wasserabweisend eingestellt auszuführen.

Dünnlagige Oberputze
Der Oberputz ist mit einer Korngröße von 3 mm als Strukturputz aufzutragen. Eine zusätzliche Putzlage aus geeignetem Material mit Haftzusätzen und Faserarmierung oder Armierungsputz mit Gewebeeinlage sind als Besondere Leistung gesondert zu vereinbaren und auszuführen, wenn abweichende Korngrößen verwendet werden.

Vor dem Auftragen von werkseitig eingefärbtem Oberputz sollte nach gesonderter Vereinbarung ein Egalisationsanstrich aufgebracht werden.

Eine zweimalige Beschichtung wird (sofern vereinbart) aus optischen oder witterungsbedingten Gründen auf nicht eingefärbten Oberputzen aufgebracht.

Altputze ohne Risse sind vor dem Oberputzauftrag z. B. mit einer zusätzlichen Putzlage aus geeignetem Material mit Haftzusätzen zu versehen. Armierungsputz mit Gewebeeinlage ist vor dem Oberputzauftrag aufzubringen, wenn Risse in Altputzen vorhanden sind.

Dicklagige Oberputze
Diese sind als Kratzputz auszuführen.

Strukturierte Putzflächen
Die Putzstruktur im jeweiligen Strukturbild muss unabhängig von der Ausführung von dünn- oder dicklagigen Oberputzen gleichmäßig sein. Durch Egalisierungsanstriche können Strukturunterschiede nicht oder nur begrenzt ausgeglichen werden. Schlagschatten sind zulässig, wenn sie durch kurzfristig einfallendes Sonnenlicht auftreten.

Risse und Schadstellen in Altputzen

Armierungsputz mit Gewebeeinlage hat sich zur Überarbeitung von gerissenen Altputzfassaden bewährt, darauf wird ein Oberputz aufgetragen. Kleinflächen werden mit artgleichem Mörtel ausgebessert. Es wird zwischen putzbedingten Rissen und konstruktionsbedingten Rissen unterschieden. Es gibt jedoch auch Rissarten, die sowohl konstruktionsbedingte als auch putzbedingte Ursachen haben.

- putzbedingte Risse
  - Sackrisse (innerhalb der ersten zwei Stunden nach Putzauftrag, 10 bis 20 cm lange, nach unten durchhängende Horizontalrisse)
  - Schwindrisse (netzförmig oder als Y-Risse; innerhalb sechs Monaten nach Putzauftrag)
  - Schrumpfrisse (netzförmig, innerhalb von ein bis fünf Stunden nach Putzauftrag)
  - Fettrisse bei mineralischen Edelputzen (sehr kurze, nur an der Oberfläche vorhandene Risse, während des Abbindens)
- Putzgrund- und konstruktionsbedingte Risse treten innerhalb von einem halben bis fünf Jahre nach dem Putzauftrag auf.
  - Risse mit weitgehend vertikaler oder waagrechter Ausrichtung (z. B. Deckenauflager)
  - Einzelrisse mit auffällig geradem Verlauf (z. B. Stein-Putzrisse)
  - Risse, die den Fugenverlauf nachzeichnen

- Risse, die im Eckbereich von Mauerwerken im Abstand der Wanddicke vertikal verlaufen
- Schubrisse
- Kerbrisse (Einzelrisse, die relativ geradlinig verlaufen, z. B. diagonal verlaufende Risse im Eckbereich)
- Risse, die Mauerwerksöffnungen miteinander verbinden

Bei der Bewertung von Rissen ist zu unterscheiden, ob Risse in geringem Umfang vorliegen und somit nicht zu bemängeln sind oder ob ein technischer (z. B. die Witterungsbeständigkeit von Putz und Anstrich ist nicht mehr gewährleistet) oder optischer Mangel (die Risse zeichnen sich bei einer repräsentativen Fläche unter üblichen Bedingungen ab) vorliegt. Bei den verschiedenen Einzelriss- oder flächigen Instandsetzungsverfahren sollten die „WTA-Merkblätter 2-4-94 und E 2-11-07/D Beurteilung und Instandsetzung gerissener Putze an Fassaden" – Hrsg: Wissenschaftlich-technische Arbeitsgemeinschaft für Bauwerkserhaltung und Denkmalpflege e.V. (WTA) München – berücksichtigt werden.

Anforderungen an die Ebenheit
Sofern die zu verputzende Fläche von den in DIN 18202:2013-04, Tabelle 3 Zeile 5 geforderten Toleranzen abweicht, sind bspw. Mehrputzdicken oder teilflächige Auffütterungen als Mehraufwendungen in Dicken von je 5 mm notwendig, um die Anforderungen an die vorgeschriebenen Ebenheiten nach Zeile 6 oder 7 (falls ausdrücklich gefordert) zu erfüllen. Diese Maßnahmen sind als Besondere Leistung gesondert zu beauftragen und vergüten.

Die Grenzwerte für die Ebenheitsabweichungen sind in DIN 18202:2013-04, Tabelle 3 festgehalten, wobei für Putz- und Stuckarbeiten insbesondere die Toleranzwerte nach Zeile 6 und 7 zu beachten sind. Werden erhöhte Anforderungen an die Ebenheit nach Tabelle 3 Zeile 7 gestellt, so ist dies gesondert zu vereinbaren und als Besondere Leistung auszuführen. Bei Streiflicht sichtbar werdende Unebenheiten der Oberfläche sind nicht zu beanstanden, sofern die Toleranzwerte eingehalten werden.

Aufgrund der geringen Putzdicke zwischen 3 und 5 mm von Dünnlagenputzen können diese zulässige Ebenheitsabweichungen zwischen nichtflächenfertigen Wänden und Unterseiten von Rohdecken und flächenfertigen Wänden und Unterdecken nicht ausgleichen. Deswegen ist darauf zu achten, dass für die Ausführung von Dünnlagenputzen die Oberflächen bereits die Maßtoleranzen von flächenfertigen Wänden und Decken aufweisen. Andernfalls ist ein Ausgleichsputz als Besondere Leistung zu vereinbaren und auszuführen.

	Ebenheitstoleranzen in mm bei Abstand der Messpunkte in m bis												
	0,1	0,6	1	1,5	2	2,5	3	3,5	4	6	8	10	15
5	5	8	10	11	12	13	13	14	15	18	22	25	30
6	3	4	5	6	7	8	8	9	10	13	17	20	25
7	2	2	3	4	5	6	6	7	8	10	13	15	20

Tab. 66: Ebenheitstoleranzen nach DIN 18202:2013-04, Tabelle 3 Zeile 6 und 7

Weil bei Denkmalen die Untergründe oft nicht eben sind, ist es bei diesen Arbeiten häufig nicht möglich, die Maßtoleranzen anzuwenden, da die Einhaltung zu optischen Auffälligkeiten führen würde.

Putzträger und Putzbewehrung

Es ist darauf zu achten, dass Baustahlmatten und dergleichen frei von losem Rost sind. Rippenstreckmetall, Drahtgeflechte usw. müssen korrosionsresistent oder verzinkt sein. Bei der Verwendung von Kalk-, Kalkzement- oder Zementmörtel müssen textile Gewebe alkalibeständig und für Arbeiten mit Gips und bei Verwendung in Feuchträumen müssen Befestigungsmittel, wie Nägel, Klammern u. Ä., korrosionsresistent sein.

Putzträger

Um das Haften des Putzes zu verbessern, oder einen weitgehend von der tragenden Konstruktion unabhängigen Putz zu ermöglichen, werden Putzträger eingesetzt, die wie folgt unterschieden werden:

- gewebeartige Putzträger: z. B. Rippenstreckmetall, Drahtgeflecht, Lochmetallstreifen, Betonstahlmatten, Rohrmatten, Ziegeldrahtgewebe
- Putzträger aus Platten: z. B. Holzwolle-Leichtbauplatten, Mehrschicht-Leichtbauplatten, Gipskarton-Putzträgerplatte, Glasrecycling-Platte

Der Putzträger muss nach Norm oder Herstellervorschrift befestigt werden, er muss jedoch mindestens 200 mm auf geeigneten Putzgrund übergreifen, wenn Bauteile überspannt werden, die als Putzgrund ungeeignet sind. Putzträger müssen untereinander mindestens 50 mm überlappen.

Putzträger und Putzbewehrung

Putz- und Stuckarbeiten

Mechanische Befestigung

Zur Herstellung von abgehängten Drahtputzdecken, eines Putzgrunds auf Holzgesimsen, einer ebenen Putzuntersicht unter Rippendecken, eines Putzgrunds auf nicht tragfähigen Untergründen und dergleichen, werden Putzträger und Putzträgerplatten eingesetzt und durch Anschrauben von Putzträgerplatten mit und ohne Unterkonstruktion befestigt. Sie werden auch bei Wärmedämmputzen ab einer Dicke von 40 mm eingesetzt.

Innenwandbekleidungen und Dämmstoffe etc. sind ebenfalls je nach Einbausituation mechanisch zu befestigen. Je nach Untergrund werden diese Dämmstoffe, Innenwandbekleidungen, Putzträger oder Putzträgerplatten geschraubt, gedübelt, geklammert oder genagelt und evtl. auch zusätzlich geklebt. Diese Leistungen sind als Besondere Leistung gesondert zu vereinbaren.

Putzbewehrung

Zur Verminderung der Gefahr von Rissbildungen im Putz sind Putzbewehrungen, z. B. aus Kunststofffasern (textile Gewebe), mineralischen Fasern oder Metall einzulegen. Dadurch können jedoch konstruktionsbedingte Rissbildungen nicht verhindert werden. Putzbewehrungen sind straff und faltenfrei in der oberen Hälfte der Putzlage mit mindestens 100 mm Überlappung einzulegen, wobei die Überlappung auf benachbarte Bauteile mindestens 200 mm betragen muss.

Armierungsputz mit Armierungsgewebe ist zur Überarbeitung bestehender, bereits gerissener oder rissgefährdeter Putze aufzubringen. Dies ist weitaus effektiver als das bloße Einbetten von Armierungsgewebe in einen (Leicht-)Unterputz. Dies ist gesondert zu beauftragen, auszuführen und zu vergüten. Textile Gewebe müssen alkalibeständig sein, wenn sie mit hydraulischen Mörteln eingebaut werden.

Damit nicht unnötig Verformungen des Putzgrunds auf die Bewehrung übertragen werden, soll bei metallischen Putzbewehrungen die Verbindung mit dem Putzgrund auf das notwendige Befestigen beschränkt werden.

Der Einbau von Gewebeeinlagen in gipshaltige Putze muss in zwei Schichten nass in nass erfolgen.

Fugenüberspannungen, Streifenbewehrung etc.
Streifenbewehrung wird zum Überspannen von Fugen und z. B. an gedämmten Deckenstirnseiten verwendet. Zum Schließen von Aussparungen für Leitungen werden vorzugsweise Streifenputzträger bis 1 m Breite verwendet. An Ecken von Öffnungen, Nischen und Aussparungen werden Diagonalbewehrungen eingesetzt. Diese sind als Besondere Leistungen separat zu vereinbaren, auszuführen und zu vergüten.

Drahtputz

Für die Unterkonstruktion werden i. d. R. Abhänger, Tragstäbe aus Rundstahl mit mindestens 7 mm Durchmesser und Querstäbe mit mindestens 5 mm Durchmesser verwendet, welche an den Kreuzungspunkten durch Drahtbund befestigt werden. Als Putzträger wird bspw. Rippenstreckmetall, Ziegeldrahtgewebe, Drahtgewebe, Rabitzgewebe oder Holzstabgewebe verwendet. Der erste Putzauftrag, für den Gips-, Kalk- oder Zementmörtel unter Beimengung von Fasern oder Haaren verwendet werden kann, ist kräftig aufzurauen.

Dehnungsfugen sind bei Verwendung von Kalk- und Zementmörtel bei Flächen über 25 m² unerlässlich. Die Oberfläche ist entsprechend der Angaben unter Innenputze herzustellen.

Verputzen von Innendämmungen

Die Dicke von Wärmedämmungen an Wänden und Decken im Innenbereich ist nach den Anforderungen der Energieeinsparverordnung oder DIN 4108-2 auszuführen. Es ist darauf zu achten, dass die Dämmstoffe dicht gestoßen, mit dem Untergrund verklebt und ggf. mechanisch befestigt werden. Sie sind vollflächig mit Gewebeeinlage zu verputzen.

Sollen hinter bestehenden Installationen angebrachte, verputzte oder unverputzte Innendämmungen, z. B. bei Keller- oder Garagendecken, verputzt werden – wobei der Abstand zwischen Putz- oder Plattenoberfläche und Installation i. d. R. sehr gering ist – sind Anforderungen an die Oberfläche von Platten oder Putz zurückzustellen, weil die Ausführung nur mit besonderen Aufwendungen oder Hilfsmitteln möglich wäre.

Innenwandbekleidungen

Wandbekleidungen im Innenbereich, z. B. aus Calciumsilikatplatten, sind nach Herstellerrichtlinien im Mörtelbett anzukleben und die Oberfläche ist zu verputzen oder zu verspachteln. Sie werden zur Verbesserung des Raumklimas und zur nachträglichen Innenwanddämmung eingesetzt. Für den Einbau hinter bestehenden Installationen gilt das Gleiche wie vorangehend bei den Innendämmungen beschrieben.

Außenwandbekleidungen mit Putzträgerplatten

Bekleidungen in unterschiedlicher Dicke und Größe aus bspw. Mehrschicht-Leichtbauplatten, Glasrecycling-Materialien und dergleichen werden je nach vorgesehenem Zweck verlegt und verputzt. In Abhängigkeit vom Fassadensystem ist ein Armierungsputz mit Glasgewebeeinlage anzubringen. Zur Ausführung der Oberputze ist bei Außenputz nachzulesen.

Die Herstellerangaben sind hinsichtlich Verankerung, Unterkonstruktion, Beplankung und Putzauftrag zu beachten. Als Besondere Leistung ist das Erstellen eines statischen Nachweises der Verankerung zu vereinbaren, falls dieser vom Auftragnehmer erbracht werden soll. Für das System ist im Einzelfall der statische Nachweis von der Herstellerfirma zu liefern.

Holzwolle-Leichtbauplatten sind nach Verarbeitungsrichtlinien der Herstellerwerke zu verarbeiten und mit einem volldeckenden Spritzbewurf aus Zementmörtel der Mörtelgruppe III oder z. B. einer mineralischen Putzhaftbrücke zu versehen. Erst wenn die Platten vollkommen trocken sind, dürfen sie verputzt werden. Es ist erforderlich, vollflächig Putzgewebe aus verzinktem Drahtnetz mit Maschenweite 20 x 20 mm bis 25 x 25 mm und einer Drahtdicke von 1 mm aufzubringen.

Wärmedämmputzsysteme

Diese Systeme aus Wärmedämmputz und Oberputz sind mit einlagigem Wärmedämmputz bis 4 cm Dicke, einer Unterputz-Mindestdicke von 2 cm und zweilagigem Oberputz herzustellen. Größere Wärmedämmputzdicken – i. d. R. bis 100 mm – sind mehrlagig auszuführen. Der Oberputz mit mittlerer Dicke von 8 mm, einschließlich eines evtl. erforderlichen Ausgleichputzes, wird auf Wärmedämmputz mit EPS-Leichtzuschlag aufgebracht. Die Mindestdicke des Ausgleichputzes muss 4 mm betragen. Für den Oberputz gilt als Mindestdicke 6 mm und als Höchstdicke 12 mm. Die erste Oberputzlage als Zwischenputz ist faserarmiert oder mit vollflächiger Gewebeeinlage aufzubringen. Diagonalbewehrungen sind an Ecken von Aussparungen zu berücksichtigen. Ein strukturierter geriebener Oberputz dient als zweite Putzlage. Zwischen Fertigstellung des Unterputzes und Aufbringen des Oberputzes sollten mindestens 7 Tage liegen, bei größeren Unterputzdicken jedoch mindestens 1 Tag je 10 mm, was bei ungünstigen Witterungsbedingungen zu verlängern ist. Nicht oder mangelhaft saugende Untergründe, nicht tragfähige Altputze oder Putzgründe mit Anstrichen sollten vor dem Aufbringen der Wärmedämmputzsysteme mit ebenen oder wellenförmigen Putzträgern aus geschweißtem Drahtnetz mit jeweils besonderen Befestigungselementen versehen werden. Wird Kratzputz als Oberputz ausgeführt, ist kein Zwischenputz erforderlich.

Kanten und Bewegungsfugen

Kantenausbildung

Zur Herstellung exakter Kanten und Ecken, für deren Bewehrung sowie als Kantenschutz werden dort Eckprofile i. d. R. mit 90°-Winkel eingebaut.

Besondere Leistung: Kanten ohne Profile
Kanten können auch ohne Profil mittels An- und Umschlagen mit geraden, gehobelten Zuglatten hergestellt werden. Schablonen werden für abgerundete, gefaste oder gebogene Kantenausbildung verwendet. Freihändig auszubildende Kanten findet man häufig bei zu restaurierenden Gebäuden.

Kanten mit einem Winkel größer oder kleiner als 90° erfordern einen höheren Aufwand und sind gesondert zu vereinbaren wobei nur für bestimmte Winkelmaße Profile zu erhalten sind.

Sonderprofile
Alle Profile, die keine Eck- oder Kantenprofile sind, wie z. B. Putzlehren, Putzleisten, Sockelprofile, Pariser Leisten, Putzprofile, Abschlussprofile, Lüftungsprofile, Putzbretter, Randwinkel, Gewebewinkel, Vorhangschienen, Anputzleisten und dergleichen, sind Sonderprofile, deren Einbau separat zu vereinbaren und als Besondere Leistung auszuführen ist. Das gilt auch für eine Kantenausbildung ohne Profil.

Bewegungsfugen

Bewegungsfugen des Baukörpers sind an der gleichen Stelle mit gleicher Bewegungsmöglichkeit zu übernehmen, sodass Bauwerksfugen und Fugen in der fertigen Oberfläche im Verlauf übereinstimmen. Bei Anforderungen an Schalldämmung und Brandschutz sind Bewegungsfugen so auszubilden, dass die gestellten Anforderungen nicht beeinträchtigt werden.

Bei Ausführung mit elastischem Fugenmaterial ist geeignetes Material im Hinblick auf Fugentiefe und Fugenbreite zu verwenden. Die Ausführung ist separat zu vereinbaren und als Besondere Leistung auszuführen.

Anschlussfugen, Herstellen von Anschlüssen

Anschlussfugen, Anschlüsse und luftdichte Anschlüsse an angrenzende Bauteile sind separat zu vereinbaren und als Besondere Leistung auszuführen. Dazu zählen Anschlüsse an Einbauteile, Dächer, Installationen, Lichtkuppeln, Dachflächenfenster, Einzelleuchten, Lüftungsgitter, Revisionsöffnungen, Luftauslässe, Unterzüge, Stützen, Pfeilervorlagen, Rohrdurchführungen, Kabel, Geländer, Installationsteile, luftdichte Anschlüsse an Fenster usw.

Stuck

Unterkonstruktionen, Bewehrung, Oberflächenbehandlung

In Abhängigkeit von den geforderten Bauverhältnissen kann Stuck auf Wänden, Decken, Gewölben, Säulen, Fassaden etc. in Gips-, Gipssand-, Gipskalk-, Kalkgipsmörtel, Kalk-, Kalkzement- oder Zementmörtel angetragen, gezogen oder gegossen werden. Korrosionsgeschützte Schrauben, Dübel, Bügel, Trageisen oder Knüppel etc. sind zur kraftschlüssigen Befestigung und Armierung von schweren Stuckteilen unter Berücksichtigung der Lastaufnahme des Untergrunds zu verwenden.

Gezogener und vorgefertigter Stuck

Weisen gezogene Profile eine Stuckdicke von mehr als 5 cm auf, sind sie auf einer korrosionsgeschützten Unterkonstruktion aufzubringen. Wenn vorzufertigende Stuckteile mit mehr als 5 cm Dicke verwendet werden, ist eine korrosionsgeschützte Bewehrung zu verwenden. Die Befestigung erfolgt mit artgleichem Mörtel und z. B. mit korrosionsgeschützten Befestigungsmitteln, wie Schrauben und Dübel. Die Herstellung von ggf. notwendigen Unterkonstruktionen ist separat zu vereinbaren und als Besondere Leistung auszuführen.

Der Mörtel für das Herstellen von geformten, vorgefertigten und gezogenen Stuckteilen für Außenflächen kann aus Gips, Gipssand, Gipskalk, Kalkgips, Kalk, Kalkzement oder Zement sein und vom Auftragnehmer nach den örtlichen Verhältnissen gewählt werden. Die Oberseiten von auskragenden Stuckteilen oder Stuck aus gipshaltigen Mörteln im Außenbereich sind bspw. mit einer Metallabdeckung oder einer geeigneten Beschichtung zu schützen, was als Maßnahme gesondert zu vereinbaren und als Besondere Leistung auszuführen ist. Zur Befestigung von vorgefertigten Stuckteilen kann artgleicher Mörtel verwendet werden oder Schrauben und artgleicher Mörtel oder Dübel und Schrauben.

Für gezogene Profile sind nach einer Zeichnung gefertigte Blechschablonen, welche auf einem Brett befestigt und mit einem Schlitten verbunden werden, zu verwenden. Dadurch können scharfe Kanten und Profilierungen hergestellt werden.

Gegossene Stuckteile weisen diese scharfe Linienführung und Profilierung nicht auf und werden nicht im Ganzen gezogen, sondern angesetzt.

Metallische Unterkonstruktionen, Befestigungen und Armierungen sind verzinkt oder in Edelstahl auszuführen sowie ggf. mit Rostschutzfarbe o. Ä. vorzubehandeln. Für korrosionsgeschützte Unterkonstruktionen können z. B. Drahtputzunterkonstruktionen verwendet werden.

Stuckantragarbeiten
Zur repräsentativen Ausgestaltung von Räumen und Gestaltung von Fassaden werden auch in heutiger Zeit Stuckarbeiten nach Entwurf ausgeführt. Das Mischungsverhältnis Sand, Kalk und Gips sowie die Korngröße des Zuschlagstoffs müssen vom Auftragnehmer gewählt werden.

Stuckantragarbeiten sind im Bereich der Denkmalpflege im Allgemeinen erst nach der Befundung von vorhandenen Teilen durchzuführen. Werden Stuckantragarbeiten im Außenbereich ausgeführt, ist der Text unter „gezogener und vorgefertigter Stuck" zu berücksichtigen.

Angetragener Stuckmarmor

Auf trockenem und sorgfältig gereinigtem Untergrund ist nach dem Benetzen ein Spritzbewurf aus Gipsmörtel aufzubringen, der mit Leimwasser vermengt und nicht zu dünn sein sollte.

Für den zwei bis drei cm dicken Untergrund mit rauer Oberfläche ist dafür geeigneter Stuckgips unter Zusatz von Leimwasser und reiner scharfer Sand oder ein anderer langsam bindender Hartgips zu verwenden. Der Untergrund ist notfalls durch Abkämmen aufzurauen.

Der Marmorgrund muss, nachdem er vollständig ausgetrocknet ist, mit Wasser benetzt werden. Zum Herstellen von Stuckmarmor ist feinster Alabastergips oder Marmorgips zu verwenden, dem geeignete licht- und farbechte Farbpigmente beigemischt werden. Dabei sind die Herstellervorschriften zu beachten.

Nach dem Auftragen ist der Stuckmarmor mehrmals im Wechsel zu spachteln und zu schleifen, bis eine matte oder polierte geschlossene Oberfläche geschaffen ist. Nach dem Austrocknen und Polieren muss die Oberfläche in Farbe und Struktur dem nachzuahmenden Marmor gleichen. Die Stuckmarmorfläche ist mach dem Austrocknen mit einem Schleifmittel mehrmals von grob zu fein zu schleifen. Zum

Polieren sind Halbedelsteine, wie z. B. Blutstein, zu verwenden. Stuckmarmor ist bei der Wiederherstellung historischer Bauten unentbehrlich.

Geformter Stuckmarmor

Nach dem Freilegen aus der Negativform sind Formstücke und Profile aus Stuckmarmor in ihren Verzierungen zu beschneiden, mehrmals im Wechsel zu spachteln und zu schleifen und mit matter oder polierter Oberfläche herzustellen. Auf die Verwendung korrosionsgeschützter Metalleinlagen ist zu achten. Die Befestigung von Profilen und Formteilen wird mit Kleber oder korrosionsgeschützten Schrauben am Mauerwerk auf Dübeln oder mit Steinschrauben ausgeführt. Die Oberfläche wird nachgeschliffen, sofern dies erforderlich ist, und nach dem Austrocknen poliert.

Stuckgips mit einem Zusatz von Leimwasser eignet sich als Mörtel für die Befestigung von Formstücken und Profilen. Die Stuckmarmorfläche ist mach dem Austrocknen mit einem Schleifmittel mehrmals von grob zu fein zu schleifen.

Zum Polieren sind Halbedelsteine, wie z. B. Blutstein, zu verwenden.

Stuccolustro

Ein mehrlagiger 2 bis 3 cm dicker, rauer Unterputz aus grobkörnigem, reinem Sand und lange gelagertem, fettem Sumpfkalk wird auf dem vorbereiteten Untergrund aufgetragen. Dem Mörtel darf bis zu einem Anteil von 20 % des Bindemittels Gips beigemengt werden, wenn ein gleichmäßig saugender Untergrund vorhanden ist. Zement darf nicht verwendet werden.

Stuck
Putz- und Stuckarbeiten

Reiner Kalkmörtel wird verwendet, wenn auf ungleichmäßig saugendem Untergrund gearbeitet wird. Etwas feinerer Kalkmörtel wird in einer etwa 1 cm dicken Lage auf den vollständig trockenen Unterputz aufgetragen und ganz glatt gerieben. Die Feinputzschicht als dritte Lage besteht aus fein gesiebtem Kalk, Marmormehl und Farbstoffen des vorgesehenen Grundtons und wird nach dem Auftragen vollkommen glatt gerieben. Diese bleibt dann einen Tag (über Nacht) stehen, bevor ein noch etwas feinerer Marmormörtel zum Überreiben der dritten Lage aufgebracht wird. Der vollkommen geschlossene, glatte Malgrund ist durch Glätten herzustellen. Die abschließend aufgetragene Stuccolustro-Farbe, welche kalk- und lichtecht sein und Kalk, Kernseife, Wachs und Harz enthalten muss, wird mit gewärmtem Stahl gebügelt und gewachst.

Nach einer Trockenzeit von 8 bis 14 Tagen wird die Fläche mit einer starken Seifenlauge eingerieben und mit einem trockenen Lappen nachgerieben und gewachst.

Checkliste zur Abnahme der Putz- und Stuckarbeiten

Toleranzen
☐ Wurden die Grenzabmaße nach DIN 18202:2013-04, Tabelle 1 eingehalten?
☐ Wurden die Winkeltoleranzen nach DIN 18202:2013-04, Tabelle 2 eingehalten?
☐ Wurden wegen Streiflichteinfall erhöhte Anforderungen vereinbart und die Oberflächen entsprechend ausgeführt?
☐ Wurden bei geputzten oder gespachtelten, flächenfertigen Oberflächen die Toleranzen nach DIN 18202:2013-04, Tabelle 3 eingehalten?
☐ Wurde eine zusätzliche Ausgleichsschicht aufgetragen, damit der Untergrund den Ebenheitsanforderungen nach DIN 18202:2013-04 genügt? (Besondere Leistung!)

Putze
☐ Wurde Putz aus Mörtel mit mineralischen Bindemitteln mit oder ohne Zusätze nach DIN 18550 verwendet?
☐ Ist Kunstharzputz nach DIN 18558 verwendet worden?
☐ Wurde der Putzuntergrund als Nebenleistung von Staub und losen Teilen sorgfältig gesäubert?
☐ Wurden ausreichend Maßnahmen zum Schutz von Bauteilen vor Beschädigung und Verunreinigung ergriffen, z. B. an Türen und Fenstern? (Nebenleistung)
☐ Ist stark saugender Putzgrund vorgenässt und die Putzfläche bis zum Abbinden feuchtgehalten worden? (Nebenleistung)

Checkliste zur Abnahme

Putz- und Stuckarbeiten

- ☐ Wurden Ein-, Zu- und Beiputzarbeiten im Zuge mit den übrigen Putzarbeiten als Nebenleistung ausgeführt, z. B. bei Innenputzarbeiten im selben Geschoss?
- ☐ Sind besondere Maßnahmen zum Schutz von Bauteilen und Einrichtungsgegenständen, z. B. Abdecken von Belägen, staubdichte Abdeckung von empfindlichen Einrichtungsgegenständen und technischen Geräten, Abkleben von Fenstern und Türen sowie eloxierten Teilen, Staubwände aufgestellt, Schutzabdeckungen etc., ergriffen worden?
- ☐ Mussten Ein-, Zu- und Beiputzarbeiten ausgeführt oder Schlitze und Öffnungen geschlossen und verputzt werden, was nicht im Zuge der übrigen Putzarbeiten erfolgen konnte?
- ☐ Musste der Untergrund von grober Verschmutzung, z. B. von Mörtelresten, Gipsresten, Farbresten oder Öl gereinigt werden, welche von anderen Unternehmern verursacht wurde? (Besondere Leistung)
- ☐ Wurden Putzschienen, Einputzschienen, Eckputzschienen, Richtwinkel an Kanten, Leisten o. Ä. eingebaut? (Besondere Leistung)
- ☐ Wurden Kanten-, Abschluss-, Bewegungsfugen-, Einfassprofile, Randwinkel sowie als Putzträger Drahtgeflechte und Rippenstreckmetall o. ä. verzinkt oder anderweitig korrosionsresistent eingebaut?
- ☐ Sind als Putzträger verwendete Textilien bei Kalk-, Kalkzement- oder Zementmörtel alkalibeständig ausgeführt?
- ☐ Waren eingebaute Baustahlmatten o. ä. frei von losem Rost?
- ☐ Wurden besondere Maßnahmen zum Herstellen von Putzanschlüssen und Putzabschlüssen notwendig? (Besondere Leistung)

Checkliste zur Abnahme
Putz- und Stuckarbeiten

- ☐ Wurden Anschluss-, Bewegungs- und Gebäudetrennfugen eingebaut oder Anschlüsse an andere Bauteile hergestellt? (Besondere Leistung)
- ☐ Sind Innenputze geglättet oder gefilzt worden?
- ☐ Sind dicklagige Oberputze mit Kratzputz hergestellt worden?
- ☐ Wurden Außenputze zweilagig mit Unter- und Oberputz hergestellt?
- ☐ Wurden dünnlagige Oberputze gerieben und mit mindestens 3 mm Korngröße hergestellt?
- ☐ War das Abdichten gegen Feuchtigkeit im erdberührten oder Spritzwasserbereich und/oder Dichtungen unterhalb von Fensterbänken u. ä. erforderlich (Besondere Leistung)?
- ☐ Waren An- und Beiputzarbeiten für Innenputz innerhalb eines Geschosses außerhalb der anderen Putzarbeiten in diesem Bereich erforderlich (Besondere Leistung)?
- ☐ Waren An- und Beiputzarbeiten für Außenputz innerhalb einer Fassadenseite außerhalb der anderen Putzarbeiten in diesem Bereich erforderlich (Besondere Leistung)?

Drahtputz
- ☐ Wurden hängende Drahtputzdecken nach DIN 4121 hergestellt und die Oberfläche als geriebener Putz ausgeführt?

Stuck
- ☐ Wurden gezogene Profile mit mindestens 5 cm Stuckdicke auf korrosionsgeschützter Unterkonstruktion ausgeführt?
- ☐ Wurden vorgefertigte Stuckteile mit Kleber oder Schrauben auf Dübeln oder mit verzinkten Drähten befestigt?

Checkliste zur Abnahme

Putz- und Stuckarbeiten

- ☐ Sind die Stuckantragarbeiten entsprechend dem Text ausgeführt worden?
- ☐ Wurden Arbeiten zu angetragenem Stuckmarmor entsprechend dem Text ausgeführt?
- ☐ Wurden Arbeiten zu geformtem Stuckmarmor entsprechend dem Text ausgeführt?
- ☐ Wurden Arbeiten zu Stuccolustro entsprechend dem Text ausgeführt?
- ☐ Wurden Kehlen und Gesimse ausgeführt? (Besondere Leistung)
- ☐ Sind an Kehlen, Gesimsen und Stuckprofilen Ecken und Verkröpfungen hergestellt worden? (Besondere Leistung)
- ☐ Wurden Faschen, Sohlbänke, Fenster- und Türrahmungen hergestellt? (Besondere Leistung)

Glättetechnik
- ☐ Wurde der Mörtel mehrfach geglättet, gespachtelt, verdichtet und geschliffen, um die geforderte glatte, glänzende und dekorative Oberfläche herzustellen?

Kanten
- ☐ Wurden Kanten mit Eckprofilen hergestellt?

Sonderprofile
- ☐ Wurden Sonderprofile eingebaut? (Besondere Leistung)

Innenwandbekleidungen
- ☐ Wurden Innenwandbekleidungen im Mörtelbett angeklebt und verputzt?

Verputzte Innendämmungen
☐ Wurden Dämmstoffe über die gesamte Fläche dicht gestoßen, mit dem Untergrund verklebt und ein Gewebe in den Putz eingebettet?

Außenwandbekleidungen mit Putzträgerplatten
☐ Sind hinterlüftete Außenwandbekleidungen nach DIN 18516-1 hergestellt worden?

Wärmedämmputzsysteme
☐ Wurden Wärmedämmputzsysteme mit Wärmedämmputz und Oberputz hergestellt?
☐ Wurde Wärmedämmputz bis 4 cm Dicke einlagig, bei größerer Dicke mehrlagig ausgeführt?
☐ Wurde der Oberputz zweilagig ausgeführt, wobei die erste Lage als Zwischenputz faserarmiert oder mit vollflächiger Gewebeeinlage zu versehen ist?
☐ Ist die zweite Putzlage als strukturierter, geriebener Oberputz ausgeführt worden?
☐ Wurde Kratzputz als Oberputz ohne Zwischenputz hergestellt?
☐ Sind Diagonalbewehrungen an den Ecken von Aussparungen eingebaut worden?

Checkliste zur Abnahme
Putz- und Stuckarbeiten

Tapezierarbeiten

Geltungsbereich und Ausführung

Geltungsbereich
Die ATV DIN 18366 „Tapezierarbeiten" ist auf das Tapezieren und Spannen von Wand- und Deckenbekleidungen einschließlich dem Kleben tapetenähnlicher Stoffe anzuwenden.

Ausführung
Bei der Prüfung hat der Auftragnehmer Bedenken geltend zu machen, wenn

- Unebenheiten vorhanden sind, die die optischen und technischen Anforderungen an die Beschichtung beeinträchtigen,
- ungeeignetes Raumklima oder ungeeignete Witterungsbedingungen vorhanden sind, wie bspw. Zugluft, hohe Luftfeuchtigkeit oder Oberflächentemperaturen unter 15 °C,
- Verunreinigungen durch Nikotin, Fette oder Öle vorhanden sind,
- Wasserränder vorzufinden sind,
- der Untergrund z. B. absandet oder kreidet, ungenügend fest, feucht oder gerissen ist,
- Schimmelbildung oder Ausblühungen vorhanden sind oder
- zwischen Einbauteilen und Putz Fugen klaffen.

Die DIN 18202 enthält keine Angaben zu Toleranzen. Auch ATV DIN 18366 enthält keine Angaben zu Toleranzen für die Ausführung.

Untergrundvorbereitung und Unterlagsstoffe

Vorbereitung bei Ersttapezierung

Bewegungsfugen des Bauwerks müssen übernommen werden und dürfen nicht übertapeziert werden.

Werden einzelne, kleinere schadhafte Stellen im Untergrund vorgefunden, sind diese auszubessern. Umfangreichere Schäden sind als Besondere Leistung auszubessern.

Ist auf schadhaften Untergründen eine Vorbehandlung erforderlich, sind die Maßnahmen gesondert zu vereinbaren und als Besondere Leistung auszuführen.

- Ausblühungen beseitigen:
  Auf kalk- oder zementhaltigen Betonflächen und Putzen können Ausblühungen von Salzen durch Fluatieren nur bedingt beseitigt werden. Durch Abwaschen mit Wasser wird ein Teil der Salze aufgelöst und in den Untergrund zurücktransportiert. Beim Trocknen werden die Salze erneut an die Oberfläche gebracht. Dies gilt ebenso für das Fluatieren. Es empfiehlt sich ein trockenes Abbürsten mit anschließendem Behandeln des Untergrunds mit Absperrmittel.
  Durch Fluatieren lässt sich auch das Durchschlagen abgetrockneter Wasserflecken nur bedingt verhindern. Absperrmittel auf Basis von Polymerisatharzlösungen sind besser geeignet.

Weisen kalk- oder zementhaltige Putze oder Betonflächen Sinterschichten auf, sind diese zu beseitigen.
- Kalksinterschichten beseitigen:
Weil Kalksinterschichten zu Abplatzungen der Tapeten bzw. zum Aufplatzen der Tapetenstöße führen können, sind diese sehr dichten Schichten von Calciumcarbonat zu beseitigen.
- Entschalungsmittel beseitigen:
Durch eine Benetzungsprobe mit Wasser können Schalölrückstände an der Oberfläche von Beton erkannt werden. Verfärbungen müssen beseitigt werden. Es sollte darauf hingewiesen werden, dass sich durch Fluatschaumwäsche Schalölrückstände nicht immer ausreichend beseitigen lassen.
- Stark saugende Untergründe:
Um die Saugfähigkeit anzugleichen bzw. zu mindern, müssen stark saugende Untergründe vorbehandelt werden. Der Grundbeschichtungsstoff wird durch Verdünnen mit Wasser oder Lösemittel auf die Saugfähigkeit des Untergrunds eingestellt.
Eine entsprechende Untergrundvorbehandlung muss vereinbart und ausgeführt werden, wenn die Oberfläche eine zu hohe Saugfähigkeit aufweist. Die Saugfähigkeit kann, wie nachfolgend beschrieben, beeinflusst werden:
  - Absperrmittel auf Grundlage von Kunststoffdispersion
  - Absperrmittel auf Grundlage von Polymerisatharzen können auf Gipskartonplatten und mineralischen Untergründen die Saugfähigkeit vermindern.
  - Fluate sind zu verwenden, wenn die zu beschichtenden Untergründe Zementanreicherungen, Kalkauslaugungen, Sinterschichten u. Ä. an der Oberfläche aufweisen, was durch eine Benetzungsprobe mit Wasser

erkannt werden kann. Die Oberflächenschichten werden dadurch zerstört und es entstehen relativ homogene, saugende Oberflächen durch die sich bildenden Salze, welche nach der Behandlung gründlich nachzuwaschen sind.
- Durchschlagende Inhaltsstoffe:
  Auf Lehmputzen und gipshaltigen Putzen sowie bei vorangehend schon mehrfach fluatierten Flächen sind Fluate, z. B. Alaun, zum Absperren gegen durchschlagende Inhaltsstoffe unwirksam. Sie können jedoch zur Ausbildung einer gleichmäßig saugenden Oberfläche verwendet werden. Je nach Untergrund und vorhandenem Mangel sind wasser- oder lösemittelverdünnbare Absperrmittel zu verwenden.
- Grundbeschichtung auf Gipskartonplatten:
  Gips- und Gipsfaserplatten mit nicht reversiblen Grundbeschichtungsstoffen (Imprägnierung) sind mit wässrigen Grundbeschichtungsstoffen vorzubehandeln. Die Imprägnierung bzw. die Grundierung von Gipskartonplatten gewährleistet, dass Tapeten ohne Beschädigung der Gipskartonoberfläche wieder entfernt werden können.
- Grundbeschichtung auf Holz und Holzwerkstoffen:
  Holz und Holzwerkstoffe sind vor dem Tapezieren mit einer lösemittelverdünnbaren Grundbeschichtung als Schutz gegen Feuchtigkeitsaufnahme zu versehen.
- Korrosionsschutz:
  Um mögliche Fleckenbildung auf der Tapete zu vermeiden, sind durch Feuchtigkeitseinwirkung zur Korrosion neigende Metallteile mit einer Korrosionsschutzgrundbeschichtung zu versehen.

Untergrundvorbereitung und Unterlagsstoffe

Tapezierarbeiten

Untergrund	Grundiermittel					
	wasserverdünnbar			lösemittelverdünnbar		
	Kleister	Streichmakulatur	Tapetengrund farblos	Tapetengrund pigmentiert	Tapetenwechselgrund	Polymerisatharztiefgrund
Putz P I – P III	x	x[1]	x	x	x	x[4]
Gipsputz P IV	x			x		x[4]
Beton	x		x	x	x	x[4]
Gips-Wandbauplatten	x		x	x	x	x[4]
Gipskarton			x	x	x	x[4]
Gipsfaserplatten	x		x	x	x	x[4]
Holzwerkstoffe[2]	x[3]		x[3]	x[3]	x[3]	x

[1] Nur bei leicht rauen Putzen und bei der Verklebung von Raufaser sowie leichten bis mittleren Papiertapeten
[2] Spanplatten, Faserplatten, Tischlerplatten
[3] Nur für nicht quellbare Holzwerkstoffplatten, z. B. MDF
[4] Nicht empfehlenswert wegen Lösemittelemissionen

Tab. 67: Übersicht Einsatz von Grundiermitteln nach BFS-Merkblatt 16 (Stand: November 2013)

⚠ Hinweis

Auf den Einsatz von lösemittelverdünnbaren Grundbeschichtungsstoffen sollte aus Gründen der Arbeitssicherheit und des Umweltschutzes verzichtet werden, soweit es der jeweilige Untergrund zulässt. Stattdessen können wasserverdünnbare Grundbeschichtungsstoffe eingesetzt werden.

Vorbehandlung bei Folgetapezierung

Nachfolgende Maßnahmen sind als Besondere Leistung auszuführen:

- Entfernen von Leimfarbbeschichtungen:
  Reversible Beschichtungen, z. B. Leimfarbbeschichtungen, sind vollkommen abzuwaschen. Das Abwaschen kann erleichtert werden, wenn dem Wasser Tapetenlöser beigemischt wird. Im Anschluss ist die Fläche mit einer Grundbeschichtung zu versehen und zu spachteln.
- Entfernen von organischem Bewuchs/Pilzbefall:
  Mikrobiologischer Bewuchs, wie Pilzbefall, ist zu entfernen. Dies kann durch Abflämmen, Einsprühen oder Abwaschen mit Desinfektionsmittel, Foggen usw. ausgeführt werden. Als Desinfektionsmittel sind Alkohole, Spiritus, Wasserstoffperoxidlösungen u. a. zu verwenden.
- Aufrauen von nichtsaugenden Untergründen:
  Zur Erzielung einer guten Haftfähigkeit müssen z. B. Lacke und Ölfarben angeschliffen und/oder bspw. mit verdünntem Salmiakgeist angelaugt und nachgewaschen werden. Darauf ist eine Haftbrücke aus verdünntem Dispersionskleber aufzubringen. Kunststoff-Dispersionsfarbbeschichtungen sind z. B. durch Abbeizen zu entfernen.
- Entfernen von alten Tapezierungen und Unterlagsstoffen:
  Vor einer Neutapezierung sollten alte Tapeten und beschädigte Unterlagsstoffe entfernt werden. Bei abziehbaren Tapeten darf das zurückbleibende Trägerpapier, welches die Aufgabe eines Unterlagsstoffs übernimmt,

nur übertapeziert werden, wenn es fest und vollständig haftend auf dem Untergrund verbleibt. Davon ausgenommen sind Glasgewebe, die noch einwandfrei auf dem Untergrund haften. Diese sind mit einer Haftbrücke zu beschichten, wenn nicht Unterlagsstoffe mit Dispersionsklebstoffen zum Verkleben verwendet werden.

Zur Überprüfung der Haftung wird das Trägerpapier an mehreren Stellen 10 bis 15 Minuten eingeweicht. Wenn sich Blasen bilden und das Trägerpapier sich vom Untergrund ablöst, ist es insgesamt zu entfernen.

- Eine Vorbehandlung entsprechend der Vorbereitung des Untergrunds bei Ersttapezierung ist bei schadhaftem Untergrund notwendig.

Aufbringen von Unterlagsstoffen

Die meisten Tapeten besitzen keinen Papier-, sondern einen Vliesträger, weswegen meist ganz auf Makulatur verzichtet werden kann.

Unterlagsstoffe sollen Risse überbrücken, als Kälte-Wärme-Dämmung dienen und von alten Tapeten abziehbar sein.

Flüssige Unterlagsstoffe

Zur Untergrundvorbereitung für die nachfolgende Tapezierung werden flüssige Unterlagsstoffe eingesetzt, wenn dies vereinbart wurde.

Eine Beschichtung mit Feinmakulatur ist bei leicht rauen Untergründen nach dem Abschleifen vorstehender Putzkörner nötig. Diese bestehen aus Faserstoffen (Zellulose), sind mit Zelluloseleim gebunden und enthalten zusätzlich Füllstoffe. Gips und gipshaltige Untergründe sind mit Kleister oder verdünntem Zelluloseleim vorzustreichen.

Nur wenn es ausdrücklich vereinbart wurde, sind Spachtelarbeiten vollflächig auszuführen und die Flächen zu glätten.

Feste Unterlagsstoffe
In Abhängigkeit von der Art und der Beschaffenheit des Untergrunds, den Anforderungen der Beläge, der Tapeten, der Spannstoffe und dem Wohnklima werden unterschiedliche Unterlagsstoffe angewendet.

- Makulaturpapier, normal und spaltbar, Rollenmakulatur:
  Durch das Aufbringen von Rollenmakulatur werden Trocknungsspannungen von stärkeren Tapeten und Raufaser ausgeglichen und ein Öffnen der Nähte wird verhindert. Ein gleichmäßig heller und saugfähiger Untergrund ist bei allen durchscheinenden Tapeten erforderlich, der durch Aufbringen von unbedrucktem, saugfähigem Tapetenrohpapier geschaffen werden kann.
  Spaltbare Makulatur besteht aus zwei Papierschichten und ist dadurch schwerer und stärker. Der Belag lässt sich beim späteren Renovieren mit der oberen Schicht der Makulatur abziehen.
  Diese Unterlagsstoffe müssen mit Spezialkleister auf Stoß geklebt werden.
- Unterlagsstoffe aus Polystyrol-Hartschaum:
  Maßgenaue kaschierte oder unkaschierte Bahnen oder Platten bis 6 mm Dicke werden wegen der großen Isolierfähigkeit gegen Kälte- und Wärmedurchgänge häufig für eine nachträgliche Innendämmung und bei Kältebrücken

verwendet. Die Stöße müssen dicht geschlossen sein, denn in die Fugen darf weder gefüllter Dispersionskleber eindringen, noch dürfen diese gespachtelt werden, damit keine Wärmebrücken entstehen.
- Unterlagsstoffe aus extrudiertem Polystyrol-Hartschaum:
Diese feinzelligen, hochverdichteten und besonders druckfesten Unterlagsstoffe sind mit gefülltem Dispersionskleber aufzubringen. Um einen saugfähigen Untergrund zu schaffen, ist nach dem Auftrag einer Haftbrücke aus gefülltem Dispersionsklebstoff und ausreichender Trocknungszeit eine Rollenmakulatur (ggf. spaltbar) aufzubringen.
- Unterlagsstoffe aus PUR-Weichschaum:
Durch die Kaschierung der Oberfläche mit Glasvlies ist die Druckempfindlichkeit gemindert und es wird ein guter Untergrund für die nachfolgende Tapezierung geschaffen. Diese Unterlage wird zur innenseitigen Wärmedämmung und Rissüberbrückung verwendet und mit gefülltem Dispersionskleber aufgebracht. Um einen saugfähigen Untergrund zu schaffen, ist nach dem Auftrag einer Haftbrücke und ausreichender Trocknungszeit eine Rollenmakulatur (ggf. spaltbar) aufzubringen.
- Unterlagsstoffe aus Metallfolien:
Aluminiumfolien werden als Dampfsperren eingesetzt, sollen Wärme reflektieren und/oder Flecken im Untergrund absperren. Bleifolien kommen als Strahlungsschutz zum Einsatz.
Vor der Tapezierung ist eine Haftbrücke mit gefülltem Dispersionsklebstoff und nachfolgend eine zweilagige Rollenmakulatur (spaltbar) aufzubringen.
- Renovier- und Saniervliese:

Für Unterlagsstoffe aus glattem Vlies werden spezielle Zellstoff- und Textilfasern, kombiniert mit polymerem Bindemittel, verwendet. Diese Unterlagsstoffe sind leicht rissüberbrückend und werden mit ungefüllten Dispersionsklebern aufgebracht.
- EMV-Wandbelag:
Der spezielle Wandbelag kann elektromagnetische Strahlung dämpfen und bietet zudem Abhörsicherheit.
- Unterlagsstoffe aus Latexschäumen:
Diese sind mit einer speziellen Vliesoberfläche ausgestattet und in Rollenform erhältlich. Die Verklebung mit speziellen, gefüllten Dispersionsklebstoffen erfolgt auf Stoß. Nach guter Trocknung (etwa nach 48 Stunden) ist zur Herstellung eines saugfähigen Untergrunds eine Haftbrücke und eine Rollenmakulatur (ggf. spaltbar) oder ein Unterlagsstoff aus glattem Vlies, verklebt mit ungefülltem Dispersionsklebstoff, aufzubringen.
- Unterlagsstoffe aus Kork:
Diese Unterlagsstoffe sind hochverdichtet und weitgehend druckfest. Sie müssen mit gefülltem Dispersionsklebstoff mit hoher Anhaftung verklebt werden. Gut gefüllter Dispersionsklebstoff ist als Haftbrücke im Anschluss an die Verklebung des Dämmstoffs aufzubringen. Nach guter Trocknung ist eine Rollenmakulatur (ggf. spaltbar) zur Herstellung eines saugfähigen Untergrunds aufzubringen.

Spachteln der Oberflächen
Wenn nicht anders vereinbart, sind die Tapezierarbeiten ohne vorhergehende Spachtelung auszuführen.

Untergrundvorbereitung und Unterlagsstoffe
Tapezierarbeiten

Sofern eine Spachtelung vereinbart ist, werden die Flächen einmal mit Spachtelmasse ganzflächig überzogen und geglättet. Dafür sind hydraulisch abbindende (gipshaltige) Spachtelmassen geeignet. Für alkaliempfindliche Wandbekleidungen sind kalk- und zementhaltige Spachtelmassen und Putze ungeeignet. Als Untergrund für Wandbekleidungen sind dispersionsgebundene Spachtelmassen nur bedingt geeignet. Für Tapezierarbeiten sind schwachgebundene, reversible Dispersionsspachtelmassen ungeeignet.

Ersttapezierung, Folgetapezierung

Das BFS-Merkblatt Nr. 7 (Stand: November 2013) ist für die fachgerechte Verarbeitung von Wandbekleidungen zu beachten.

Die heutigen Tapeten sind fast alle kantenfertig. Die Tapezierung erfolgt im Allgemeinen vom Licht weg, obwohl heute fast nur noch „auf Stoß" tapeziert wird. Nahtstellen werden kaum noch „überlappt" ausgebildet. Ein sauberer Nähteschluss ist bei schweren Tapeten und verschiedenen Wandbelägen durch den doppelten Trennschnitt herzustellen. Zu starkes Heizen darf das Trocknen der Tapeten nicht beschleunigen und Zugluft ist zu vermeiden.

„Spezialtapeten"
Diese Tapeten unterscheiden sich von „normalen Tapeten" durch bestimmte Dicken und Oberflächen (z. B. Metall), durch besondere Untergrundvorbereitung und eine spezielle Verarbeitungstechnik. Zu diesen zählen Metall-, Velours-, Textil-, Wandbild- und Naturwerkstofftapeten.

Textile Wandbeläge
- Wandbelag aus Glasseide:
  Der Belag isoliert, ist nicht brennbar und sehr beständig gegen äußere Einflüsse. Die unkaschierten Bahnen sind für Wandbeklebungen geeignet, werden aber auch in Dispersionskleber eingebettet.

- Wandbeläge aus synthetischem oder natürlichem Material:
Diese sind genadelt, getuftet, gewebt oder gewirkt und mit oder ohne Rückenbeschichtung bzw. Träger lieferbar. Sie werden meist mit transparent auftrocknendem Kleber geklebt. Der Filzwandbelag mit Träger zum Verkleben ist hier ebenfalls einzuordnen.
- Wandbelag aus Fotoleinen:
Für die Verarbeitung sind vollkommen glatte Untergründe notwendig, weswegen auf deren sorgfältige Ausführung zu achten ist.

Kunststoff-Wandbeläge

- Wandbelag aus Kunststofffolien:
Durch die Nähte, Verschweißung oder andere Verfahren sind die Folien mit den Unterlagsstoffen haltbar verbunden.
- Wandbeläge aus kunststoffbeschichteten Trägern:
Die Kunststoffschicht und die Gewebe, Vliese, Gewirke, Schaumstoffe oder andere Materialien sind fest verbunden. Sie werden im Rakelverfahren ein- bis zweimal beschichtet.
- Wandbeläge aus Kunststoffverbundfolien
- Wandbeläge aus Kunststoffschaum
Die Wandbeläge mit oder ohne rückseitigem Träger sind sehr elastisch, strapazierfähig und stoßfest und dämpfen spürbar den Raumschall.

Tapezierung

Anfertigungsnummer
Weil Tapeten unterschiedlicher Anfertigung in Struktur und Farbton voneinander abweichen können, sind Wand- und Deckenflächen ohne Unterbrechungen durch z. B. Pfeilervorlagen, Unterzüge etc. mit Tapeten derselben Anfertigungsnummer zu tapezieren.

Tapezieren auf Tapetenwechselgrund oder Unterlagspapier
Damit der Abzieheffekt beim Tapetenwechsel gewährleistet ist und der Untergrund erhalten bleibt, ist Cellulosekleister zu verwenden.

Blasen- und faltenfrei tapezieren
Es ist darauf zu achten, dass Wandbekleidungen und Tapeten blasen- und faltenfrei auftrocknen. Zu rasches Trocknen durch Zugluft oder starkes Heizen ist zu vermeiden. Trocknen Wandbelag oder Tapeten infolge zu geringer Temperatur zu langsam, kann dies zu Schäden an der Verklebung und zu Verfärbungen führen.

An den Wänden sind die Tapeten lotrecht aufzubringen. Es kann bei nicht lotrecht ausgebildeten Wandecken erforderlich sein, mit der Tapezierung nicht in der Ecke zu beginnen.

Tapezieren auf Stoß
Das Kleben auf Stoß gilt als Standardleistung, sofern Rapport, Art und Dicke der Tapete es zulassen.

Sollten der Musteransatz oder die Struktur der Tapete und/oder der Wand- und Deckenbekleidung ungleichmäßig sein, ist die Übereinstimmung der Struktur bzw. des Musters in Augenhöhe anzustreben.

Damit Nahtstellen nicht in Erscheinung treten, sollte die Tapezierung von der Tageslichtquelle ausgehen.

Stoßen in der Länge
Das Stoßen von Tapetenbahnen in der Länge ist nur zulässig bei Raumhöhen, die das Stoßen in der Länge erfordern oder hinter Möbeln, wenn der Auftraggeber damit einverstanden ist.

Tapeten über Türen
An Aussparungen, z. B. über Türen und dergleichen, sind – sofern erforderlich – Tapeten aus anschließenden Bahnen auszuschneiden.

Tapeten an Ecken
Weil das Durchkleben von Tapeten an Innenecken i. d. R. zu späterer Faltenbildung und Verzerrungen führt, sind Tapeten in Ecken zu trennen und überlappt zu kleben. Außenecken sollten ebenfalls überlappt geklebt werden.

Anschlüsse
Beim Überkleben von Anschlüssen im Bereich Holz/Putz besteht die Gefahr, dass sich die Tapete faltig verzieht und sich vom Holz löst. Deswegen muss die Tapete bei Anschlüssen an Sockel, Fußleisten, Fenstern, Türen usw. anstoßen und scharf gradlinig begrenzt sein.

Ersttapezierung, Folgetapezierung

Tapezierarbeiten

Öfen und Heizkörper
Aus Gründen des Brandschutzes ist hinter Öfen nicht zu tapezieren. Sofern ausdrücklich gefordert und vom Auftraggeber gewünscht, kann hinter Heizkörpern tapeziert werden.

Verteilerdosendeckel
Deckel von Verteilerdosen sollten übertapeziert werden.

Tapetenabschlüsse, Feldeinteilung

Leisten
Leisten müssen mechanisch mit dünnen, nicht rostenden Stahlstiften oder mit speziellen Klebern so befestigt werden, dass sie ständig fest anliegen. Befestigungsmittel sind optisch nicht störend anzubringen. Leisten sind in den Ecken auf Gehrung zu schneiden und müssen passgenau gestoßen werden. Sie müssen in Höhe und Flucht so angepasst werden, dass absatzfreie Übergänge entstehen, wenn sie in der Länge stumpf oder im Schrägschnitt aneinander stoßen.

Kordeln
Kordeln müssen vor dem Anbringen stark gespannt werden, damit sie später nicht durchhängen. Die Kordelstifte sind im Abstand von etwa 30 cm zwischen die Kordelbiesen zu setzen, sodass der Rundkopf unsichtbar bleibt.

Tapetenbordüren und -borten
Borten müssen gradlinig, blasen- und faltenfrei befestigt werden, wobei darauf zu achten ist, dass sie nicht auf anschließende Bauteile geklebt werden. Sie sind auf die Tapetenkollektionen abzustimmen.

Profile und Ornamente
Profile sind in den Ecken auf Gehrung zu schneiden und am Stoß genau aneinander anzupassen. Fugen müssen mit einer Spachtelmasse gefüllt werden. Ornamente und Profile sind mit Klebstoff oder mechanisch zu befestigen.

Textile Spannstoffe
Textile Spannstoffe aus Bast, Baumwolle, Leinen, Jute, Chemiefasern, Seide oder Kunstseide in Gewebearten, wie Satin, Velours, Chintz, Molton oder Rips usw., werden entweder mit Kunststoffprofilen zum Aufklappen und Einklemmen oder durch Klammern auf aufgedübelten Holzleisten aufgebracht. Bei beiden Methoden kann auf unverputztem Untergrund gearbeitet werden.

Spannstoffe befestigen
Wenn das Spannen unmittelbar auf dem Untergrund nicht möglich ist, z. B. bei weichem Putz, Betonflächen und dergleichen oder stark unebenen Putzschichten, sind Spannrahmen anzubringen.

Spannzüge
Stoffverzerrungen oder Spannzüge dürfen durch das Verarbeiten der zu spannenden Stoffe nicht entstehen. Die Bespannung soll glatt anliegen und straff bleiben.

Stoffzugabe
Sofern nichts anderes vereinbart ist, muss für den Faltenwurf eine Zugabe von mindestens 100 % berücksichtigt werden.

Verteilung von Falten
Falten müssen lotrecht verlaufen und gleichmäßig verteilt sein, sofern nichts anderes vereinbart ist. Weitere gesondert zu vereinbarende Ausführungsmöglichkeiten sind

- gleichmäßig gerüschte (gezogene), lotrecht verlaufende Falten bei 100 % Stoffzugabe,
- geheftete unterpolsterte Bespannung,
- mittels Borten oder Leisten abzudeckende, glatte Stoffbespannung mit sichtbarer Befestigung,
- unsichtbare Befestigung von glatter Stoffbespannung. Die Naht muss lotrecht verlaufen, sofern durch die Breite des Stoffs eine Naht erforderlich ist.

Gleichmäßige Hefteinteilung
Die Hefteinteilung muss bei sichtbar gehefteter, unterpolsterter Bespannung gleichmäßig sein.

Muster und Struktur
Ausgehend vom Ansatz in Augenhöhe sind Struktur und Muster sorgfältig aneinanderzupassen, weil bei textilen Stoffen und Kunststoffen eine gleichmäßige Musterung und Struktur innerhalb einer Charge nicht geliefert werden kann.

Nähte
Nähte dürfen bei zu spannenden Stoffen keine Querfalten verursachen und müssen geradlinig verlaufen.

Zusammengenähte Stoffe
Nähte von zusammengenähten Stoffen sind auf der Rückseite zu glätten, wenn diese glatt auf dem Untergrund verspannt werden.

Checkliste zur Abnahme der Tapezierarbeiten

Allgemein
☐ Ist darauf geachtet worden, dass Bewegungsfugen des Bauwerks nicht übertapeziert werden dürfen?
☐ Sind die Tapezierarbeiten ohne vorhergehende Spachtelung ausgeführt worden?

Vorbereitung des Untergrunds – Ersttapezierung
☐ Ist bei schadhaften Untergründen eine Vorbehandlung durchgeführt worden?

Vorbehandlung:

☐ Sind kalk- und zementhaltige Putze und Betonflächen fluatiert und nachgewaschen worden, um das Durchschlagen von abgetrockneten Wasserflecken zu vermeiden und um Ausblühungen zu beseitigen?
☐ Sind Entschalungsmittel auf Beton durch eine Fluatschaumwäsche sowie Verfärbungen durch die Entschalungsmittel beseitigt worden?
☐ Wurden Kalksinterschichten entfernt, um Abplatzungen der Tapeten zu verhindern?
☐ Sind stark saugende Untergründe mit Grundbeschichtungsstoffen beschichtet worden?
☐ Sind Untergründe mit durchschlagenden Inhaltsstoffen vor der Beschichtung mit einem Absperrmittel versehen worden?

Checkliste zur Abnahme

Tapezierarbeiten

- ☐ Wurden nicht werkseitig imprägnierte Gips- und Gipsfaserplatten mit Grundbeschichtungsstoffen vorbehandelt?
- ☐ Ist auf Holz und Holzwerkstoffen eine Grundbeschichtung aufgebracht worden?
- ☐ Sind korrodierte Untergründe mit einem Korrosionsschutz versehen worden?

Aufbringen von Unterlagsstoffen

- ☐ Ist auf leicht rauen Putzuntergründen eine streichbare Tapetenunterlage (flüssige Makulatur) aufgebracht worden?
- ☐ Wurden Tapetenunterlagen aus Rohpapier und Unterlagspapier mit Abzieheffekt mit Spezialkleister auf Stoß tapeziert?

Tapezierung

- ☐ Ist darauf geachtet worden, dass auf einer Wand- oder Deckenfläche nur Tapeten derselben Anfertigungsnummer zu tapezieren sind?
- ☐ Wurde Cellulosekleister beim Tapezieren auf Tapetenwechselgrund oder auf Unterlagspapier mit Abzieheffekt verwendet, um den Abzieheffekt zu erhalten?
- ☐ Sind die Tapetenbahnen falten- und blasenfrei tapeziert und lotrecht an den Wänden angebracht worden?
- ☐ Ist beim Tapezieren von der Tageslichtquelle ausgegangen und auf Stoß tapeziert worden, wenn Rapport, Dicke und Material es zugelassen haben?
- ☐ Ist darauf geachtet worden, dass Tapetenbahnen in der Länge nicht gestoßen wurden?
- ☐ Sind die Tapeten aus den anschließenden Bahnen über Türen, an Aussparungen und dergleichen geschnitten worden, sofern dies erforderlich war?

Checkliste zur Abnahme

Tapezierarbeiten

- ☐ Sind die Tapeten an den Ecken getrennt und überlappt geklebt worden?
- ☐ Ist die Tapete bei Anschlüssen an Fenstern, Türen, Sockeln und Fußleisten an die Bauteile gestoßen und scharf begrenzt worden?
- ☐ Sind die Deckel von Verteilerdosen übertapeziert worden?
- ☐ Wurde darauf geachtet, dass aus Gründen des Brandschutzes hinter Öfen und Heizkörpern nicht tapeziert werden darf?

Vorbereitung des Untergrunds – Folgetapezierung

- ☐ Sind vorhandene reversible Beschichtungen, z. B. Leimfarbbeschichtungen, entfernt worden?
- ☐ Sind lose, blätternde, gerissene oder schlecht haftende Beschichtungen entfernt worden?
- ☐ Wurden nichtsaugende Untergründe, wie Öl- und Lackfarbenbeschichtungen, sowie scheuerbeständige Dispersionsfarbenbeschichtungen aufgeraut und mit einer Haftbrücke versehen?
- ☐ Sind vorhandene Unterlagsstoffe und Tapezierungen entfernt worden?
- ☐ Ist darauf geachtet worden, dass bei Tapeten mit abziehbarer Oberschicht der Träger als Unterlagsstoff erhalten bleibt, wenn er vollflächig haftet und tragfähig ist?
- ☐ Wurden fest haftende Glasgewebe erhalten?
- ☐ Wurden bei schadhaftem Untergrund folgend genannte Vorbehandlungen ausgeführt:
    - Putz
        - ☐ Sind schadhafte Putzstellen ausgebessert worden?
        - ☐ Sind Übergänge beigespachtelt worden?
        - ☐ Wurde fluatiert und nachgewaschen?

- ☐ Ist der Untergrund grundiert worden?
- Beton
  - ☐ Wurden schadhafte Stellen in der Oberfläche ausgebessert?
  - ☐ Wurde fluatiert und nachgewaschen?
  - ☐ Ist der Untergrund grundiert worden?

Tapetenabschlüsse und Feldeinteilungen

- ☐ Sind Leisten an und in den Ecken auf Gehrung geschnitten und so befestigt worden, dass sie ständig fest anliegen?
- ☐ Sind Befestigungsmittel so angebracht worden, dass sie optisch nicht stören?
- ☐ Sind Kordeln so gesetzt worden, dass sie ausreichend straff bleiben?
- ☐ Wurden Borten geradlinig, blasen- und faltenfrei sowie mustergerecht angebracht und wurden diese nicht auf anschließende Bauteile geklebt?
- ☐ Sind Profile und Ornamente mechanisch oder mit Klebstoff befestigt worden?
- ☐ Wurden Fugen mit Dichtstoff oder Spachtelmasse verfüllt?
- ☐ Wurden Profile in den Ecken auf Gehrung geschnitten?

Spannstoffe

- ☐ Wurden Spannstoffe unmittelbar auf dem Untergrund aufgebracht?
- ☐ Ist darauf geachtet worden, dass Spannzüge nicht sichtbar sein dürfen?
- ☐ Ist darauf geachtet worden, dass die Stoffzugabe bei faltiger Bespannung angemessen sein und mindestens 100 % betragen muss?

Checkliste zur Abnahme

Tapezierarbeiten

- ☐ Verlaufen die Falten lotrecht und sind diese gleichmäßig verteilt?
- ☐ Ist die Hefteinteilung gleichmäßig?
- ☐ Wurden Muster und Struktur sorgfältig aneinander angepasst?
- ☐ Ist darauf geachtet worden, dass Nähte geradlinig verlaufen müssen und keine Querfalten zugelassen sind?
- ☐ Wurden zusammengenähte Stoffe glatt verspannt und die Nähte auf der Rückseite geglättet?

Besondere Leistungen
- ☐ Waren bei ungünstigen Raumklima- oder Witterungsbedingungen Maßnahmen, wie Abschottung und/oder Beheizung, erforderlich?
- ☐ Waren das Aus- und Einräumen oder das Zusammenstellen von Möbeln notwendig?
- ☐ Musste der Untergrund von grober Verschmutzung, wie Farb-, Öl- oder Gipsresten, gereinigt werden?
- ☐ Waren Teppiche aufzunehmen?
- ☐ Mussten Vorhangschienen, Lampen und/oder Gardinen abgenommen werden?
- ☐ Waren besondere Maßnahmen zum Schutz von Bauteilen, wie staubdichtes Abdecken, Abkleben, Staubwände etc., notwendig?
- ☐ Mussten Fußleisten entfernt und wieder angebracht werden?
- ☐ Mussten Putz- und Betonrisse mit Armierungsgewebe überbrückt und/oder Hindernisse im Untergrund, wie Betongrate und Schaumrückstände, entfernt werden?
- ☐ Mussten umfangreiche Schäden im Untergrund ausgebessert werden?

Checkliste zur Abnahme

Tapezierarbeiten

- ☐ Wurden alte Beschichtungen oder Wand- und Deckenbekleidungen entfernt?
- ☐ Mussten Schalungsgrate entfernt, Putze geschliffen und fluatiert oder Lunker geschlossen werden?
- ☐ Sind zur Erreichung höherer Oberflächenqualitäten Flächen gespachtelt, Übergänge beigespachtelt, Fugen, Stöße und dergleichen nachgespachtelt worden?
- ☐ Wurden An- und Abschlüsse aus Dichtstoffen bei Tür- und Fensterbekleidungen und dergleichen hergestellt?
- ☐ Wurden Kantenschutzprofile, Dekorprofile, Kordeln, Bordüren, Anschlussleisten u. ä. eingebaut?
- ☐ Musste mikrobiologischer Bewuchs beseitigt werden?
- ☐ Waren Anpassungen an sichtbare Sparren, Treppen, Stuckprofilierungen, Eckverbände, Bruchsteine und dergleichen erforderlich?
- ☐ Musste innerhalb einer Tapezierfläche der Werkstoff gewechselt werden?
- ☐ Wurden Ecken, Gehrungen, Kreuzungen o. ä. an Dekorprofilen und Bordüren hergestellt?
- ☐ Mussten die Überstände von Randdämmstreifen abgeschnitten werden?

Checkliste zur Abnahme

Tapezierarbeiten

Maler- und Lackierarbeiten

Geltungsbereich und Ausführung

Geltungsbereich
Die ATV DIN 18363 „Maler- und Lackierarbeiten" ist auf das Beschichten mit Anstrichstoffen, Lacken und anderen Beschichtungsstoffen anzuwenden.

Diese ATV bezieht sich nicht auf Putz- und Stuckarbeiten nach ATV DIN 18350, Wärmedämmverbundsysteme nach ATV DIN 18345, Korrosionsschutzarbeiten nach ATV DIN 18364, Versiegeln von Parkett und Holzpflaster nach ATV DIN 18356 sowie Beizen und Polieren von Holzteilen nach ATV DIN 18355.

Ausführung
Bei der Prüfung hat der Auftragnehmer Bedenken geltend zu machen, wenn

- größere Unebenheiten als nach DIN 18202 zulässig vorhanden sind, welche die optischen und technischen Anforderungen an die Beschichtung beeinträchtigen,
- ungeeignetes Raumklima oder ungeeignete Witterungsbedingungen vorhanden sind, wie bspw. Oberflächentemperaturen unter 8 °C,
- nichttragfähige Grund- oder Altbeschichtungen gegeben sind,
- Holz erkennbar von Fäulnis, Insekten oder Bläue befallen ist,

Geltungsbereich und Ausführung

Maler- und Lackierarbeiten

- der Untergrund z. B. absandet oder kreidet, nicht genügend fest, feucht oder gerissen ist, wenn Sinterschichten oder Ausblühungen vorhanden sind und/oder wenn Metallteile korrodiert sind.

Beschichtung von mineralischen Untergründen und Gipsplatten

Untergrundvorbereitung

Ausbessern von einzelnen, kleineren schadhaften Stellen
- Nebenleistung:
  - Werden auf Oberflächen aus Gipskarton- und Gipsfaserplatten oder auf Putz vereinzelt kleinere schadhafte Stellen vorgefunden, welche z. B. durch leichte Stöße entstanden sind, sind diese als Nebenleistung flächenbündig zu spachteln.
  - Bei Betonflächen sind vereinzelte, kleinere Schadstellen, wie Löcher, als Nebenleistung zu verspachteln.
- Besondere Leistung:
  - Angleichen von Schadstellen an Altbeschichtungen oder strukturierte Untergründe, z. B. durch Aufbringen einer Grundierung an der Schadstelle.
  - Schadflächen bei Betonflächen sind an strukturierte Untergründe anzugleichen, Ausbrüche oder großflächig auftretende Poren oder Lunker sind zu verschließen.
  - Kalksinterschichten oder Bindemittelanreicherungen an der Oberfläche von Beton, Putz, Zementböden usw. können durch mechanische Vorbehandlung oder ggf. durch Ätzen entfernt werden.
  - Anlaugen alter Beschichtungen sowie Aufrauen glatter Putz- und Betonflächen.

- Entfernung von Trennmittelrückständen auf Beton und dergleichen aufgrund der notwendigen Haftung nachfolgender Beschichtungen.
- Behandlung sandender und ungleichmäßig saugender Untergründe oder kreidender Altbeschichtung mit Grundbeschichtung zur Festigung und/oder Minderung der Saugfähigkeit.
- Entfernung von Schalungsgraten an Betonflächen.
- Armierung von Putzschwindrissen.
- Egalisierung von Unebenheiten durch Spachtelungen.
- Mattschleifen als besondere Vorbehandlung, um eine ausreichende Haftfestigkeit der folgenden Beschichtung zu erreichen.

Absperren von durchschlagenden Inhaltsstoffen

Müssen Untergründe wegen durchschlagenden Inhaltsstoffen mit einem Absperrmittel beschichtet werden, ist dies als Besondere Leistung auszuführen. Ein Kontrollanstrich sollte ausgeführt werden, um z. B. Ligninvergilbungen bei Gipskartonplatten erkennen zu können, da durchschlagende Inhaltsstoffe nicht immer vor der Beschichtung erkannt werden können.

Zur Prüfung der Untergründe und Auswahl der notwendigen Maßnahmen ist das BFS Merkblatt Nr. 20 (Stand: Oktober 2016) zu beachten.

Spachtelung

Beschichtungen sind i. d. R. ohne Spachtelung auszuführen. Wird eine Spachtelung gewünscht, ist die Ausführung als Qualitätsstufe Q1 bis Q4, z. B. als teil- oder ganzflächig gespachtelt, entsprechend separater Vereinbarung und Beschreibung als Besondere Leistung auszuführen.

Bei Vereinbarung einer ganzflächigen Spachtelung ohne Angabe der Anzahl der Spachtelschichten ist die Regelausführung eine einmalige Spachtelschicht. Werden mehrere Spachtellagen zur Erzielung besonders glatter Oberflächen gewünscht, ist dies einschließlich der nötigen Schleifarbeiten nach separater Vereinbarung und Beschreibung als Besondere Leistung auszuführen.

Erstbeschichtungen

Beschichtungsstoffe – Übersicht

Lösemittelhaltig	Außen	Innen
Buntsteinputz	x	
Polymerisatharzlack	x	x
Acryllasur	x	x
Alkydharzlack	x	x
Polyurethanharzlack	x	x
Epoxidharzlack	x	x
Chlorkautschuklack	x	x

Beschichtung von mineralischen Untergründen und Gipsplatten

Maler- und Lackierarbeiten

Wasserverdünnbar	Außen	Innen
Silikatfarbe	x	
Kalkfarbe	x	x
Kalk-Weißzementfarbe	x	x
Dispersions-Silikatfarbe	x	x
Dispersionsfarbe	x	x
Leimfarbe		x
Silikonharz-Emulsionsfarbe	x	x
Acrylharzlack	x	x
Alkydharzlack	x	x
2K-Epoxidharzlack	x	x
Buntsteinputz	x	x
Putze auf Dispersions-Silikat- und Silikonharz-Emulsionsbasis	x	x

Tab. 68: Beschichtungsstoffe für mineralische Untergründe

Untergründe	Silikatfarbe	Dispersions-Silikatfarbe	Dispersionsfarbe	Silikonharz-Emulsionsfarbe	Polymerisatharzfarbe
MG P Ic	x	x		x	
MG P II	x	x	x	x	x
MG P III	x	x	x	x	x
Sanierputz	x	x	-	x	-
Porenbeton	-	x	x	x	-
Beton	-	x	x	-	x

Untergründe	Silikatfarbe	Dispersions-Silikatfarbe	Dispersionsfarbe	Silikonharz-Emulsionsfarbe	Polymerisatharzfarbe
Kalksandstein	-	x	x	x	-
Altbeschichtung					
Silikatfarbe	x	x	x	x	x
Dispersionssilikatfarbe	-	x	x	x	x
Dispersionsfarbe	-	x	x	x	x
Silikonharz-Emulsionsfarbe	-	x	x	x	x
Polymerisatharzfarbe	-	-	x	-	x

Tab. 69: Zuordnung Beschichtungsstoff-Untergründe

Innenbeschichtungen

Mineralische Untergründe, Gipskarton- und Gipsfaserplatten

Die meisten Beschichtungssysteme für Innenbeschichtungen werden durch Verarbeitung eines zweischichtigen Systems aus einer Grund- und einer Schlussbeschichtung hergestellt. Wurden besondere Beschichtungen mit abweichendem Beschichtungsaufbau vereinbart, wogegen keine Bedenken bestehen, sind diese entsprechend der Vorgaben zu verarbeiten. Als Regelleistung werden die einzelnen Flächen einfarbig und in ungetönter weißer Farbe beschichtet. Von der Regelausführung abweichende Vereinbarungen zu Farbtönen oder mehrfarbiger Beschichtung sind als Besondere Leistung auszuführen. Ein bestimmter Weiß-Farbton oder Grauton für Betonschutz- und Fußbodenbeschichtungen muss ausdrücklich vereinbart werden. Sind Beschichtungen farbig auszuführen, ist dies entsprechend zu vereinbaren. Ein Abweichen von der vereinbarten Ausführung stellt dann eine Besondere Leistung dar, wenn für den Farbtonwechsel bspw. als zusätzliche Leistung eine hellfarbige Vorbeschichtung aufgebracht werden muss.

Anschlüsse scharf begrenzen
Zu begrenzenden Bauteilen, wie Fenster, Türen, Einbauteile, Leisten, Beschläge, Sockel, Profile und dergleichen, ist eine randscharfe Abgrenzung in der Linie des Anschlussverlaufs herzustellen. Scharfe Begrenzungen können bei Anschlüssen zu strukturierten Oberflächen
i. d. R. nicht hergestellt werden.

Gleichmäßige Oberflächen
Die Oberflächen sind gleichmäßig ohne Ansätze und Streifen auszuführen. Werden Farbeffekte oder Oberflächenstrukturen gewünscht, ist dies entsprechend gesonderter Vereinbarung und Beschreibung auch bei nachträglicher Bekanntgabe als Besondere Leistung auszuführen.

Besonderer Schutz von Bauteilen

Sind Fenster, Türen, Einbauteile, Böden, Treppen, Dachflächen usw. zum Schutz abzukleben, empfindliche Gegenstände staubdicht abzukleben, Staubschutzwände zu erstellen, Hartfaserplatten oder Bautenschutzfolien anzubringen, ist dies entsprechend separater Vereinbarung als Besondere Leistung auszuführen.

Ausbauen und Transportieren von Heizkörpern etc.

Sind Heizkörper, Türen, Fensterflügel etc. auszubauen und im Gebäude, in andere Gebäude oder in eine Werkstatt zu transportieren, ist dies als gesonderte Leistung zu vereinbaren und als Besondere Leistung auszuführen.

Außenbeschichtungen

Beschichtungen im Außenbereich mit Dispersion, Dispersionslack-, Silikonharz- und Polymerharzfarben oder Epoxidharz-, Polyurethanharz- und Alkydharzlackfarben sowie Beschichtungen auf Porenbeton sind mit Grund-, Zwischen- und Schlussbeschichtung auszuführen. Die Beschichtungen sind bei Putzuntergründen auf die Putzart abgestimmt aufzubringen. Die technischen Produktinformationen der Hersteller sowie die BFS-Merkblätter Nr. 1, 9, 13 und 14 sind zu beachten.

Silikonharzfarben und Silikatfarben sind besonders für kalkhaltige Untergründe oder Kalk geeignet. Sie sollten allerdings nicht auf Stahlbetonoberflächen aufgetragen werden. Silikatfarben und Dispersionssilikatfarben werden i. d. R. mit einer Grund- und einer Schlussbeschichtung ausgeführt.

Bei Beschichtung von Porenbeton-Außenflächen mit einer Grund-, einer Zwischen- und einer Schlussbeschichtung sind spezielle hochgefüllte Beschichtungsstoffe mit geringer Wasseraufnahme und hoher Wasserdampfdurchlässigkeit bei einer Gesamtverbrauchsmenge von mindestens 1.800 g/m² zu verwenden.

Lasuren im Außen- oder Innenbereich

Lasuren sind abgestimmt auf die vorbeschichteten Untergründe in einem Beschichtungsgang auszuführen. Zur Abstimmung von Strukturierung, Grad der Untergrundabdeckung und Stärke des Farbkontrasts sind Farb- und Strukturmuster i. d. R. unverzichtbar. Die Vorlage vorgefertigter Handmuster ist eine Nebenleistung, ebenso das Anlegen von drei Farbmustern bis zu einer Größe von 1 m². Weitere Muster oder das Anlegen von Kontrollflächen mit dem kompletten Beschichtungsaufbau, welche ggf. auf Mustertafeln gefertigt werden müssen, sind gesondert zu vereinbaren und zu vergüten.

Eine oder mehrere zusätzliche Lasurbeschichtungen sind zu vereinbaren, wenn nach Musterlegung festgestellt wird, dass der gewünschte Effekt mit einem Arbeitsgang nicht erreicht werden kann.

Silicon-, Silan-, Siloxan- und Kieselsäureester-Imprägnierungen

Imprägniermittel sind gegebenenfalls in mehreren Arbeitsgängen- bis zur Sättigung des Untergrunds nass in nass aufzutragen und können nur auf saugfähigen Untergründen eingesetzt werden. Das Mittel ist in Abhängigkeit von der vereinbarten Anforderung (Hydrophobierung, Festigung) und dem vorliegenden Untergrund auszuwählen.

Belegen mit Blattmetallen

Als besonderes Beschichtungsverfahren stellen sich Überzüge aus Blattmetall, wie z. B. Blattsilber, Blattaluminium und Kompositionsgold, dar, welche mit einer gleichmäßigen Flächenwirkung herzustellen und mit einem farblosen Lack gegen Korrosion zu schützen sind.

Es ist darauf zu achten, dass im Innenbereich Blattgold mit einem Goldgehalt von mindestens 22 Karat und im Außenbereich mit mindestens 23 ½ Karat zu verwenden ist. Die Legierungsbestandteile von Blattgold haben nicht die hohe Korrosionsbeständigkeit von reinem Gold mit 24 Karat. Deshalb werden für den dauerhaften Erhalt des Goldglanzes unterschiedliche Anforderungen an den Mindestgoldgehalt gestellt.

Für Beschichtungen muss Blattsilber aus reinem Silber bestehen, wobei der Feingehalt von reinem Silber bei 1000 liegt.

Überholungsbeschichtungen

Wenn vorhandene Beschichtungen teilweise schadhaft oder verschmutzt sind, die erforderlichen Funktionen nicht mehr erfüllen oder die Farbe der Bauteile geändert werden soll, sind Überholungsbeschichtungen erforderlich.

Beschichtung von mineralischen Untergründen und Gipsplatten

Maler- und Lackierarbeiten

Als Vorbereitung des Untergrunds sind vorhandene Beschichtungen aufzurauen oder zu reinigen, was als Nebenleistung auszuführen ist. Sind jedoch nicht vom Auftragnehmer selbst verursachte grobe Verschmutzungen, wie z. B. Öl, Farbreste, Mörtelreste, Gipsreste, vorzufinden, welche durch Reinigung oder Mattschleifen zu beseitigen sind, ist dies als Besondere Leistung auszuführen.

Kleinere einzelne Schadstellen im Untergrund sind als Nebenleistung auszubessern. Sind bspw. größere Schadstellen im Putz oder in Gipsbauplatten vorzufinden, die nachgeputzt oder gespachtelt werden müssen, oder Risse in Beton- oder Putzflächen, sind diese als Besondere Leistung auszubessern.

Befindet sich auf Altbeschichtungen im Innenbereich mikrobiologischer Bewuchs durch Schimmelpilze, sind die betroffenen Flächen biozid zu behandeln und der Bewuchs zu entfernen. Die Ursache für die Feuchtigkeit auf der Wandoberfläche ist zu ermitteln und zu beseitigen.

Flächen im Außenbereich mit organischem Bewuchs durch Moose, Flechten, Pilze und Algen sind biozid vorzubehandeln und möglichst mit biozid ausgerüstetem Beschichtungsstoff zu behandeln. Die BFS-Merkblätter Nr. 9, Nr. 20 und Nr. 21 sind zu beachten.

Mineralische Untergründe, Gipskarton und Gipsfaserplatten

Die Bindemittelbasis der vorliegenden Altbeschichtung muss für die Auswahl der Beschichtungsstoffe für die Überholungsbeschichtung beachtet werden. Die Tragfähigkeit und die Verträglichkeit müssen gegeben sein.

Oberflächenvorbereitung

Als Besondere Leistung auszuführen ist das Entfernen von Leimfarbenanstrichen durch Abwaschen. Wird eine Beschichtung auf anderer Bindemittelbasis aufgetragen, muss nach dem Abwaschen ein putzreiner Beschichtungsuntergrund vorliegen.

Beschichtung
Innenbereich

Wenn nicht anders vereinbart, sind für Überholungsbeschichtungen im Innenbereich Beschichtungsstoffe zu wählen, welche bei einfachem Auftrag eine deckende Beschichtung ergeben. Die Ausführung einer zusätzlichen Grund- und/oder Zwischenbeschichtung kann erforderlich sein, wenn umfangreichere Ausbesserungen am Untergrund vorgenommen wurden oder bei hohen Kontrastverhältnissen wie beim Farbtonwechsel oder bei starken Verschmutzungen. Dies ist als gesonderte Leistung zu vereinbaren und auszuführen.

Die Überholungsbeschichtung sollte bei Lasuren mit angepassten, geringer oder heller pigmentierten Lasurbeschichtungen ausgeführt werden, da sich bei gleichartiger Pigmentierung eine erhebliche Abdunklung des Lasurbilds ergeben kann.

Außenbereich

Im Regelfall wird durch die auszuführende Zwischen- und Schlussbeschichtung der Untergrund einheitlich abgedeckt.

Sind nach umfangreichen Untergrundausbesserungen oder bei besonderen Farbtönen zusätzliche Zwischenbeschichtungen erforderlich, werden diese nach gesonderter Vereinbarung als Besondere Leistung ausgeführt.

Beschichten von Holz und Holzwerkstoffen

Untergrundvorbereitung

Ausbessern von einzelnen, kleineren schadhaften Stellen

Nebenleistung
Werden auf Holz und Holzwerkstoffen kleinere Einzelschadstellen vorgefunden, welche durch leichte Stoßeinwirkungen entstanden sind, so müssen diese durch flächenbündiges Verspachteln oder Verkitten als Nebenleistung ausgebessert werden. Ebenso ist das vereinzelte Schleifen und Ausbessern von Gehrungsfugen, Rissen und dergleichen als Nebenleistung auszuführen.

Besondere Leistung
Sind offene Gehrungsfugen und/oder aufgesprungene Stoßstellen vorzufinden oder tiefliegende Holzrisse, Spalten und Fugen mit Holzfüllmassen zu füllen, so sind die notwendigen Ausbesserungsarbeiten als Besondere Leistung auszuführen.

Erstbeschichtungen

Die Holzfeuchte ist vor der Ausführung der Beschichtungen zu überprüfen, damit Anstrichschäden und in der Folge Holzschäden vermieden werden können.

Die festgestellten Messwerte von maßhaltigen Bauteilen im Außenbereich dürfen 13 ± 2 % nicht überschreiten. Bei begrenzt und nicht maßhaltigen Bauteilen dürfen die festgestellten Messwerte nicht größer als 18 % sein. Im beheizten Innenbereich ist darauf zu achten, dass die Messwerte 8 bis 10 % nicht überschreiten, bei Rahmentüren und -zargen sind 5 % empfehlenswert.

Grund-, Zwischen- und Schlussbeschichtung, Lasuren

Die Regelausführung besteht aus einer Grundbeschichtung, einer Zwischen- und einer Schlussbeschichtung. Zur Wahl stehen deckende und lasierende Systeme. Für die Ausführung im Außenbereich ist das BFS-Merkblatt Nr. 18 zu beachten, welches umfassende Hinweise für die Auswahl der Beschichtungsstoffe und für die Ausführung im Außenbereich gibt.

Lacke

Diese werden hauptsächlich nach wasserbasiert oder lösemittelhaltig, ein- oder zweikomponentig, pigmentiert oder farblos unterschieden.

Unterscheidung nach Bindemittelbasis

- wasserbasiert
  - Acryl-Vorlack (Reinacrylat-Dispersion)
  - Polyurethan-Acryl-Vorlack (PU-Acryl-Dispersion)
  - Dispersionslacke (Polyvinylacetat-Copolymer)
  - PU-Acryllack (Acrylat-Polyurethan-Dispersion)
  - PU-Alkydharzlack (Polyurethan-Alkydharz)

- lösemittelhaltig
  - Alkydharz-Vorlack
  - Alkydharzlack
  - 2K-PUR-Acryllack

Es stehen Glanzgrade von matt über seidenmatt, seidenglänzend, glänzend bis hochglänzend in Abhängigkeit von der Lackart zur Verfügung. Mit 2K-PUR-Lacken lassen sich besondere Hochglanzeffekte durch zusätzliches Schwabbeln ausführen.

Lasur
Wird die Beschichtung mit Lasuren ausgeführt, entfällt die Zwischenbeschichtung. Es wird zwischen Dünnschicht-/Imprägnierlasuren (überwiegend auf Alkydharzbasis, lösemittelhaltig) und Dickschichtlasuren (lösemittelhaltig und wasserbasiert) unterschieden:

- Bei maßhaltigen Außenbauteilen (Türen, Fenster, Fenstertüren) müssen Zwischen- und Schlussbeschichtung als Feuchtigkeitsschutz mit Dickschichtlasur ausgeführt werden.
- Lösemittelhaltige oder wasserbasierte, dünnschichtige Lasuren sind für nicht maßhaltige Außenbauteile zu verwenden.

Bläueschutz auf Nadelhölzern im Außenbereich
Auf feuchtem Nadelholz kann sich ein Bläuepilz ausbilden, dabei ist Kiefernkernsplintholz besonders gefährdet. Durch den Bläuepilz wird das helle Holz dunkel verfärbt und der Anstrichfilm zerstört. Die mechanische Festigkeit des Holzes bleibt jedoch erhalten, da die Zellwände des Holzes nicht

zerstört werden. Allerdings wird die Saugfähigkeit des Holzes erhöht, was bei einer Holzfeuchte über 20 % eine Fäulnisbildung begünstigt. Die Grundbeschichtung ist gem. DIN EN 152:2012-02 auszuführen. Die Beschichtung von Hirnholzflächen ist besonders sorgfältig auszuführen, da diese wesentlich mehr Wasser aufnehmen können als andere Flächen. Es ist darauf zu achten, dass Bläueschutzmittel verwendet werden, deren Wirksamkeit nachgewiesen ist, z. B. durch RAL-Gütezeichen.

Brandschutzbeschichtung auf Holz im Innenbereich

Für Holzbauteile bzw. Oberflächen von Balken, Wand- und Deckenverkleidung wird in der Bauordnung abhängig von der Gebäudeklasse die Klassifikation B 1 – schwer entflammbar gefordert. Durch Aufbringen einer dämmschichtbildenden Brandschutzbeschichtung werden Holz und Holzwerkstoffe (auch Stahl) über einen bestimmten Zeitraum vor dem Feuer geschützt und die Anforderungen dementsprechend erfüllt.

Die vorgegebenen Schichtdicken sind einzuhalten.

Es ist darauf zu achten, dass die dämmschichtbildenden Brandschutzbeschichtungen entsprechend den Festlegungen in der Zulassung bezüglich Verbrauchsmengen und Beschichtungsfolgen von geschulten Fachkräften aufgebracht werden. Ein Protokoll gem. EN ISO 12944-8 ist aus Gewährleistungsgründen zu empfehlen, wobei auch die relative Luftfeuchte, die Temperaturen usw. als äußere Bedingungen aufgeführt werden sollen.

Diese Beschichtungen dürfen nicht mit beliebigen Deckbeschichtungen behandelt werden, da die Dämmschichtbildung im Brandfall nicht beeinträchtigt werden darf.

Beschichtung von Fenstern und Außentüren

Zur Wahl stehen nachfolgende deckende Lacke und Lasuren:

deckende Lacke:

- Alkydharzlack
- Acryllack, wasserdampfdiffusionsfähig
- Öllack
- Ventilationslack wasserdampfdiffusionsfähig (Eintopfsystem)

Lasuren:

- Alkydharzbasis, lösemittelhaltig
- Acrylbasis, wasserbasiert
- Ölbasis, lösemittelfrei und lösemittelhaltig

Bei der Ausführung von wasserbasierten Beschichtungen kann es aufgrund von Farbstoffen im Holz zu Fleckenbildung kommen. Durch den Auftrag einer wasserbasierten oder lösemittelhaltigen absperrenden Grundbeschichtung kann eine Verfärbung vermieden werden.

Beschichten von Holz und Holzwerkstoffen

Maler- und Lackierarbeiten

Es ist darauf zu achten, dass Fenster und Außentüren als Außenbauteile allseitig gleich behandelt werden. Vor dem Einbau und der Verglasung ist auf Fenstern und Außentüren allseitig eine Grundbeschichtung und eine Zwischenbeschichtung aufzubringen. Nach dem Einbau und der Verglasung sind die zweite Zwischenbeschichtung und die Schlussbeschichtung aufzutragen. Bei Verwendung von Lasuren entfällt die Zwischenbeschichtung.

Holzbauteile im Außenbereich dürfen nicht flächig gespachtelt werden.

Sind Fenster und Außentüren farbig zu beschichten, ist dies entsprechend gesonderter Vereinbarung als Besondere Leistung auszuführen. Es ist darauf zu achten, dass Falze von Fenstern und Türen im Farbton der zugehörigen Seite beschichtet werden. Nach außen gerichtete Falze sind mit der Außenbeschichtung auszuführen, die nach innen gerichteten Falze mit der Innenbeschichtung. Bei Fenstern und Außentüren wird die der Witterung ausgesetzte Seite mit der Außenbeschichtung ausgeführt, die anderen Seiten werden mit der Innenbeschichtung versehen.

Ist es notwendig, Beschlagteile und/oder Dichtprofile aus- und einzubauen und/oder abzukleben, ist dies entsprechend separater Vereinbarung als Besondere Leistung auszuführen.

Kitte werden mit einer Zwischen- und einer Schlussbeschichtung entsprechend dem sonstigen Beschichtungsaufbau überstrichen. Plastische und elastische Dichtstoffe dürfen bis zu einer Breite von maximal 1 mm durch die angrenzende Beschichtung überdeckt werden. Ein breiteres Überstreichen ist unzulässig, da sich die Beschichtung dadurch ablösen bzw. verfärben kann oder eine Kerbrissbildung im Dichtstoff ausgelöst wird.

Beschichtung von Holzwerkstoffen

Holzfaserplatten lassen sich wie Massivholz beschichten und sind für fast alle Beschichtungssysteme geeignet. Eine absperrende Grundbeschichtung, z. B. mit 2K-PUR-Füller, ist aufzubringen, wenn ein wasserbasiertes Beschichtungssystem verwendet wird. Die Platten sind gegebenenfalls durch Schleifen anzurauen. Der Beschichtungsaufbau richtet sich nach dem verwendeten Beschichtungssystem.

Für die Beschichtung von Sperrholzplatten bestehen keine besonderen Anforderungen. Hartfaserplatten können angeschliffen und mit einer haftvermittelnden Grundbeschichtung versehen werden.

Überholungsbeschichtungen

Die Bindemittelbasis der vorliegenden Altbeschichtung ist für die Auswahl der Überholungsbeschichtung zu berücksichtigen. Die Tragfähigkeit muss gegeben sein.

Innenbereich

Sofern die vorliegende Altbeschichtung keine technischen Mängel aufweist, kann die Überholungsbeschichtung in einem Arbeitsgang ausgeführt werden. Muss der Untergrund in größerem Umfang ausgebessert werden, bei Farbtonwechsel oder bei Vorliegen stärkerer Verschmutzungen, können besondere Vorarbeiten sowie eine Grund- und/oder eine Zwischenbeschichtung notwendig sein. Diese Maßnahmen sind separat zu vereinbaren und als Besondere Leistung auszuführen.

Außenbereich

Die Überholungsbeschichtung mit einer Zwischen- und einer Schlussbeschichtung kann ausgeführt werden, sofern die vorliegende Altbeschichtung keine technischen Mängel aufweist, welche eine Erneuerungsbeschichtung notwendig machen. Für eine Erneuerungsbeschichtung entsprechend DIN 55945:2015-11 wird die alte Beschichtung restlos entfernt, bevor ein neues Beschichtungssystem aufgebracht wird. Bei hohen Kontrastverhältnissen, bei Farbtonwechsel oder bei umfangreicheren Ausbesserungen können besondere Vorarbeiten, eine Grund- und/oder eine zusätzliche Zwischenbeschichtung notwendig sein, welche nach gesonderter Vereinbarung als Besondere Leistung auszuführen sind. Fenster und Außentüren sind bis zum ersten Falz zu beschichten bzw. bis zur ersten Dichtung, welche nicht überstrichen werden darf.

Wartung und Instandhaltung

Intervalle für Überholungsbeschichtungen sind abhängig von der Beanspruchung durch Wettereinflüsse, Klima und die Art des Beschichtungsstoffs. Je größer die Beanspruchung und je länger die Lebensdauer der Holzbauteile, umso kürzer sind die Intervalle.

Bei Lasurbeschichtungen sind Instandhaltungsintervalle deutlich kürzer als bei deckenden Beschichtungen.

Beanspruchung	lasierende Beschichtung	deckende Beschichtung
schwach	bis 6 Jahre	bis 10 Jahre
mittel	bis 4 Jahre	bis 8 Jahre
stark	bis 3 Jahre	bis 5 Jahre

Tab. 70: Übersicht Instandhaltungsintervalle

Beschichten von Metallen und Kunststoffen

Untergrundvorbereitung auf Metall

Ausbessern von einzelnen, kleineren schadhaften Stellen
Nebenleistung
Leichte Flugrostanhaftungen an kleineren Einzelstellen sind als Nebenleistung zu entfernen.

Besondere Leistung
Sind Fett, Zunder und Walzhaut oder sonstige Korrosion zu entfernen, ist dieses separat zu vereinbaren und als Besondere Leistung auszuführen. Sind mechanische Beschädigungen in Metallflächen zu spachteln oder ähnlich nachzubessern, ist auch dies separat zu vereinbaren und als Besondere Leistung auszuführen.

Müssen alte Pulverlackbeschichtungen mattgeschliffen werden, damit der Untergrund eine ausreichende Haftfestigkeit für nachfolgende Beschichtungen aufweist, ist dies separat zu vereinbaren und als Besondere Leistung auszuführen.

Ebenso muss gesondert vereinbart werden, ob Chemikalien zum Einsatz kommen und ob die Arbeiten mechanisch oder manuell ausgeführt werden.

Korrosionsschichten und Fett entfernen
Müssen Fett oder Korrosionsschichten entfernt werden, sind die Arbeiten als Besondere Leistung auszuführen. Zur Prüfung der Untergründe und Auswahl der notwendigen Maßnahmen ist das BFS Merkblatt Nr. 20 zu beachten.

Erstbeschichtungen auf Metall

Nachfolgend aufgeführte Arbeiten sind gesondert zu vereinbaren und als Besondere Leistung auszuführen.

Metallbauteile mit einer korrosionsschützenden Grundbeschichtung sind sachkundig auf Beschädigung und Eignung zu prüfen. Ist diese gealtert oder müssten die Grundbeschichtungen in einem nicht vertretbaren Rahmen ausgebessert werden, ist die Oberfläche entsprechend vorzubereiten und eine zusätzliche, geeignete, korrosionsschützende Grundbeschichtung aufzubringen.

Stahlbleche und Stahlteile müssen vor Ausführung der Grundbeschichtung entrostet sein.

Zinkseifen, Zinksalze, Fette, Öle und sonstige Anhaftungen, Verschmutzungen und Korrosion sind vor Ausführung der Grundbeschichtung von Teilen aus Zink und verzinktem Stahl restlos zu entfernen.

Bei Aluminium sind Korrosionsmulden mit kleinen weißlichen Anhaftungen vollständig auszuschleifen und die Flächen je nach Art der Verschmutzung zu reinigen.

Baustellenübliche Überprüfungen der Untergründe als Nebenleistung sind entsprechend BFS-Merkblatt Nr. 20 durchzuführen.

Korrosionsschutz und Beschichtung auf Stahlteilen

Die Grundbeschichtung dient dem eigentlichen Korrosionsschutz, die Deckbeschichtungen sollen die Grundbeschichtung vor zerstörenden Einflüssen schützen.

Bindemittel	Beschichtungen für					
	atmosphärische Belastung		chemische Belastung		thermische Belastung	
	G	D	G	D	G	D
Alkydharz (AH)	x	x				
Epoxidharzester (EPE)	x					
PVC-Alkydharz-Kombination	x	x				
Epoxidharz (EP)			x			
Polyurethanharz (PUR)		x	x	x		
Chlorkautschuk (RUC)			x	x		
Vinylchlorid – Co-polimerisat (PVC)			x	x		
Ethylzilicat (ESi)						x
Silikonharz (SD)					x	x

G = Grundbeschichtung D = Deckbeschichtung

Tab. 71: Beschichtung auf Stahlteilen

Bindemittelbasis
Grund-, Zwischen- und Schlussbeschichtung sind wasserbasiert (Wb) und lösemittelbasiert (Lb) erhältlich.

- 1K-, 2K-Polyurethan, Lb
- 2K-Epoxidharz, Wb, Lb
- 1K-Alkydharz und Alkydharzkombinationen, Wb, Lb
- 1K-Polyvinylchlorid, Lb
- 1K-Acrylharz, Wb, Lb

Sofort nach der Oberflächenvorbereitung ist die Grundbeschichtung auf trockenem Untergrund und bei geeigneter Witterung aufzubringen, damit erneutes Korrodieren und Verschmutzen vermieden werden kann.

Um eine ausreichende Schichtdicke an Kanten, Schrauben, Schweißnähten und Nieten sicherzustellen, ist eine zusätzliche Beschichtung an gefährdeten Teilen zwischen Grund- und Deckbeschichtung aufzubringen.

Pulverbeschichtungen
Pulverbeschichtungen werden bspw. auf Heizkörpern, Stahlzargen, Geländern, Zäunen, Sicherungskästen oder Laternenpfählen angewendet. Als Vorbehandlung sind wachsartige Schichten durch Nassschliff i. V. m. einem netzmittelhaltigen Spülmittel zu entfernen. Mattschleifen ist als Besondere Leistung auszuführen. Als Grundbeschichtung kann 2K-Epoxidharzlack oder 2K-Polyurethanharzlack verwendet werden, die Schlussbeschichtung sollte mit PUR-Reaktionslack erfolgen. Die Eignung der Beschichtungsstoffe auf Pulverlackoberflächen sollte vom Hersteller ausgewiesen sein.

Das BFS-Merkblatt Nr. 24 ist zur Verarbeitung von Pulverlacken zu berücksichtigen. Die Beschichtungen können durch Streichen, Rollen, Spritzen und Tauchen aufgebracht werden.

Beschichtungssysteme für Innen und Außen auf Zink

Verzinkte Oberflächen müssen frei von Fett, Ausblühungen (=Weißrost) und angeraut sein.

Nachfolgend sind Beschichtungssysteme für Zink und verzinkte Stahlflächen aufgeführt.

- Kunstharz-Kombination (Zinkhaftfarben), Dispersionsfarben, Dispersionslacke
  - Dispersionsfarben, Dispersionslacke
- Polymerisatharzlacke
  - Acrylharz-Beschichtungsstoffe
  - PVC-Beschichtungsstoffe
- Zweikomponenten-Beschichtungsstoffe
  - Epoxidharz-Zweikomponenten-Grundbeschichtungs- und PUR-Zweikomponenten-Deckbeschichtungsstoffe
  - Polyurethan-Zweikomponenten-Beschichtungsstoffe
  - Epoxid-Zweikomponenten-Beschichtungsstoffe
- Spezialbeschichtungsstoff für Zink
  - Bitumen-Öl-Kombination
  - Teer-Epoxidharz-Zweikomponenten-Beschichtungsstoff

Beschichtung auf Aluminium

Die Oberfläche muss öl- und fettfrei, sauber und trocken sein. Auf sorgfältige Untergrundvorbereitung ist zu achten.

- Beschichtungsstoffe für Grundbeschichtung
  - Wash-Primer, Auftrag im Spritzverfahren
  - spezieller Haftgrund auf Alkydharzbasis
  - 2K-Beschichtungsstoff auf Epoxidharzbasis
  - Beschichtungsstoffe auf Acrylat- oder Mischpolymerisatbasis
- Beschichtungsstoffe für Zwischen- und Deckbeschichtung
  - Alkydharzlack
  - Polymerisatharzlack
  - Epoxidharzlack

Farblose Beschichtungen aus 2K-Acrylharz-Polyurethanlack oder 1K-Acryllack werden überwiegend auf anodisch oxidierten Aluminiumflächen nach dem Reinigen und Entfetten des Untergrunds aufgebracht.

Effektlackierungen
Effektlacke sind auf Acryl-, PUR-, PVC- und Kombinationsbasis erhältlich und werden im Niederdruck- und Hochdruckspritzverfahren aufgetragen.

Beschichtung im Innenbereich
Die Regelausführung als einfarbig, weiß und bei Lackierungen glänzend, besteht im Innenbereich aus einer Grund- und einer Schlussbeschichtung, wobei bei der Wahl und beim Farbton der Grundbeschichtung darauf geachtet werden muss, dass diese eine geeignete Basis für eine einheitlich abdeckende mangelfreie Schlussbeschichtung schafft. Auf Stahlflächen ist in feuchtebelasteten Räumen zusätzlich eine Zwischenbeschichtung aufzubringen. Die Beschichtungsstoffe sind auf die Anforderungen und den zu beschichten-

den Untergrund abzustimmen. Sind über Grund- und Schlussbeschichtung aufgrund des Untergrunds keine einwandfreien Beschichtungen herzustellen, sind (nach ggf. vorangegangener Anmeldung von Bedenken) zusätzliche Maßnahmen separat zu vereinbaren und als Besondere Leistungen auszuführen.

Die auf Stahlflächen in feuchtebelasteten Räumen, wie Waschhäusern, Duschräumen, Bädern im privaten Nutzungsbereich oder in Küchen und Kühlräumen des gewerblichen Bereichs, zusätzlich aufzubringende Zwischenbeschichtung darf nicht vernachlässigt werden, da diese dem erforderlichen erhöhten Korrosionsschutz dient. Diese Leistung ist als Besondere Leistung auszuführen, falls sie nicht gesondert zur Ausführung vereinbart wurde.

Beschichtung im Außenbereich
Wegen der witterungsbedingt erhöhten Anforderungen an den Korrosionsschutz im Außenbereich werden eine Grund-, eine Zwischen- und eine Schlussbeschichtung ausgeführt.

ATV DIN 18364 ist zu beachten, wenn Korrosionsschutz an Bauteilen aus Stahl oder Stahlbaukonstruktionen ausgeführt werden muss, für welche eine statische Berechnung anzufertigen ist oder eine Zulassung benötigt wird. Werden Beschichtungen auf Nichteisenmetallen ausgeführt oder mit Bitumenlackfarben, ist auch im Außenbereich eine Grund- und eine Schlussbeschichtung aufzutragen, jedoch keine Zwischenbeschichtung.

Heizflächen
Sind Heizflächen nicht grundiert, ist eine Grundbeschichtung und eine Schlussbeschichtung auszuführen. Bei grundbeschichteten Heizflächen ist eine Schlussbeschichtung aufzubringen.

Jedoch wird das Ergebnis der Beschichtung von der Art und dem Farbton der Grundbeschichtung, den Heizkörperprofilen, der Art des Farbauftrags und der Schlussbeschichtung beeinflusst. Bestehen Bedenken, dass mit einer Schlussbeschichtung kein mangelfreies Ergebnis erzielt werden kann, sind diese geltend zu machen. Eine zusätzliche Zwischenbeschichtung ist gemäß gesonderter Vereinbarung als Besondere Leistung auszuführen.

Überholungsbeschichtungen auf Metall
Die Bindemittelbasis der vorliegenden Altbeschichtung ist bei der Auswahl der Beschichtung wegen der Verträglichkeit zu beachten. Der Untergrund muss tragfähig sein.

Innenbereich
Die Überholungsbeschichtung ist in einem Arbeitsgang auszuführen. Weisen vorhandene Altbeschichtungen keine technischen Mängel auf, ist die Überholungsbeschichtung in einem Arbeitsgang oder in feuchtebelasteten Räumen eine Zwischen- und eine Schlussbeschichtung auszuführen. Eine Erneuerungsbeschichtung als restloses Entfernen der alten Beschichtung und ein Aufbringen einer neuen Beschichtung sind auszuführen, wenn technische Mängel vorzufinden sind.

Außenbereich

Die Überholungsbeschichtung ist aus einer Zwischen- und einer Schlussbeschichtung herzustellen, sofern keine technischen Mängel eine Erneuerungsbeschichtung erforderlich machen.

Brandschutz-Beschichtungssysteme

Die Einhaltung der in den Zulassungsbestimmungen der dämmschichtbildenden Brandschutzbeschichtungen festgelegten Verbrauchsmengen und die Beschichtungsabfolge sind bei der Ausführung zu beachten. Die Dämmschichtbildung darf im Brandfall nicht beeinträchtigt werden, weswegen auf diesen Beschichtungen keine weiteren beliebigen Deckschichten aufgebracht werden dürfen.

Brandschutzsysteme sind lösemittelfrei und lösemittelhaltig lieferbar. Die vorgeschriebenen Feuerwiderstandsklassen können durch zertifizierte Brandschutzbeschichtungssysteme erreicht werden.

Die Beschichtung wird durch Streichen, Rollen oder Airless-Spritzen aufgebracht.

Bei Dämmschichtbildnern ist Dispersion die Bindemittelbasis. Auf Konstruktionen, die mit Brandschutzbeschichtungen versehen sind, müssen Aufkleber aufgebracht sein, welche folgende Angaben enthalten sollen:

- Ausführungsdatum
- Zulassung, Datum, Nr.

- Anzahl der Schichten
- Anschrift des ausführenden Betriebs

Erstbeschichtung auf Kunststoff

Dem BFS-Merkblatt Nr. 22 sind umfassendere Hinweise zu Beschichtungen auf Kunststoff zu entnehmen. Es ist zu beachten, dass einige Kunststoffe grundsätzlich nicht für eine Beschichtung vor Ort geeignet sind.

Reinigen und Anrauen
Unterschiedliche Reinigungsmaßnahmen und Vorbereitungen des Untergrunds können in Abhängigkeit von der Art des Kunststoffs erforderlich sein. Entsprechende Informationen sind dem BFS-Merkblatt Nr. 22 zu entnehmen.

Grund- und Schlussbeschichtung
Dem BFS-Merkblatt Nr. 22 sind Hinweise für die Auswahl der Beschichtungsstoffe zu entnehmen.

Grundbeschichtungsstoffe
Als Haftvermittler eingesetzte Grundbeschichtungsstoffe sind auf Basis folgender Bindemittel erhältlich:

- lösemittelbasiert:
  als Kunstharzkombination, Epoxidharz oder PVC-Acrylharz-Kombination
- wasserbasiert:
  als Acrylharz, Reinacrylat oder Epoxidharz

Abhängig von der zu erwartenden Beanspruchung wird die Decklackierung gewählt, nach welcher sich die Grundbeschichtung richtet.

Beschichtungsstoffe und zu behandelnder Kunststoff müssen aufeinander abgestimmt sein. Beide Materialien sollen gleiche oder verwandte Eigenschaften aufweisen.

Dispersionslack, Dispersionsfarben, Alkydharz-Kombinationslack	Beanspruchung
2K-Polyacrylat	für höchste Wetterbeständigkeit, Dauerwasserbeständigkeit, gute Chemikalienbeständigkeit
Polyurethanlack	für hohe Wetterbeständigkeit, mechanische Beanspruchung, chemikalienbeständig, dauerwasserbeständig
Epoxidharzlack	für hohe Chemikalienbeständigkeit, hohe mechanische Belastung, dauerwasserbeständig, bei Bewitterung Neigung zum Kreiden
Polymerisatharzlack	für normale Wetterbelastung, bedingt chemikalienbeständig

Tab. 72: Geeignete Beschichtungssysteme

Kunststoff	Bindemittelbasis						
	Alkydharzkombination	Polymerisatharz	Polyurethan	2K-Epoxydharz	2K-Polyacrylat	Dispersionslack	Dispersionsfarben
Hart-PVC	O	O	O	O	O	O	O
PS-Hartschaum	–	–	–	–	–	–	O
Polystyrol	–	–	–	–	–	O	O
Polymethylmetacrylat	O	O	O	O	O	O	O
PF, UF, MF	O	–	O	O	O	O	O
Ungesättigte Polyester	O	–	O	O	O	O	O
Epoxidharz	O	O	O	O	O	O	O
Polyurethan	O	O	O	O	O	O	O
O = geeignet – = nicht geeignet							

Tab. 73: Übersicht Beschichtungsstoffe für Kunststoffe

Es können sowohl durch Reaktion härtende Zweikomponentenstoffe als auch physikalisch trocknende zur Anwendung kommen.

Überholungsbeschichtungen auf Kunststoff

Die Verträglichkeit der gewählten Beschichtung mit der vorliegenden Beschichtung muss beachtet werden und der Untergrund muss tragfähig sein. Sofern keine technischen Mängel vorliegen, die eine Erneuerungsbeschichtung notwendig machen, ist die Überholungsbeschichtung in einem Arbeitsgang auszuführen.

Rissüberbrückung und Armierung

Erstbeschichtung

Rissüberbrückende Beschichtung – Außenbereich
Werden feine Oberflächenrisse (Haarrisse) vorgefunden, sind die Beschichtungen entsprechend der Rissanforderungsklasse A, nach DIN EN 1062-1 auszuführen, welche nur im System des Herstellers und nach den Verarbeitungsvorschriften unter Beachtung der vorgeschriebenen Verbrauchsmengen je Schicht aufgebracht werden dürfen.

Bei Rissbildungen, welche über die Rissanforderungsklasse A hinausgehen, können Beschichtungen zur Ausführung kommen, welche in BFS-Merkblatt Nr. 19 beschrieben werden. Jedoch kann nicht jede Rissbildung durch rissüberdeckende Maßnahmen überdeckt werden, wie z. B. bautechnische Risse, die extremen Bewegungen unterliegen.

Rissüberbrückende Beschichtung – Innenbereich
Untergründe aus Gipskarton- oder Gipsfaserplatten
Auf Flächen aus Gipskarton- und Gipsfaserplatten sind haarrissüberbrückende Beschichtungen auszuführen, wenn bereits Haarrisse an den Plattenstößen sichtbar sind und nicht akzeptiert werden oder wenn die Leistung vereinbart wurde. Andernfalls ist eine Grund- und eine Deckbeschichtung auszuführen.

Rissüberbrückung und Armierung
Maler- und Lackierarbeiten

Sollen mögliche Haarrissbildungen vorsorglich ausgeschlossen oder die Oberflächenqualität verbessert werden, ist eine ganzflächige Armierung zu empfehlen, z. B. im Neubau, bei erhöhter Rissgefahr durch ungünstige Baustellenbedingungen, oder bei besonderen glänzenden oder glatten Oberflächen

Durch die Vliesarmierung können feine Haarrisse dauerhaft überbrückt werden, welche unter ungünstigen Bedingungen durch Schwinden der Platten über den Stößen trotz regelgerechter Ausführung entstehen und oft störend sichtbar sind, aber die technische Funktion nicht beeinträchtigen. Vor Ausführung der Vliesarmierung sind die entsprechend den vorgegebenen Qualitätsanforderungen Q1 bis Q4 fertig gespachtelten Oberflächen mit einer geeigneten pigmentierten Grundierung zu beschichten. Das haarrissüberbrückende Vlies ist mit Kleber/Kleister vollflächig, falten- und blasenfrei gestoßen und nach der Trocknung der Grundierung zu verkleben.

Es ist darauf zu achten, dass Innenecken, angrenzende Bauteile, Bewegungsfugen etc. nicht überklebt werden und die Bahnen nicht über Plattenstößen gestoßen werden.

Für die Bearbeitung von Rissen in Anschlüssen, die meist nicht in der vorbeschriebenen Weise überbrückt werden können und in dieser ATV nicht geregelt werden, sind das BGV-Merkblatt Nr. 3 sowie das IVD-Merkblatt Nr. 16 heranzuziehen.

Gewebearten
- Kunststoffgewebe ist alkalibeständig und hoch reiß- und schiebefest. Nach dem Klebstoffauftrag wird es vollflächig ins Kleberbett eingelegt, angedrückt und je nach System nach der Trocknung nochmals mit Kleber beschichtet.
- Glasfasergewebe weist eine hohe Zugfestigkeit auf, ist alkalibeständig, schiebefest und weichmacherfrei. Es wird nach dem Eindrücken in die Armierungsmasse plan gespachtelt und muss vollflächig von der Armierungsmasse überdeckt sein. Dabei soll es im oberen Drittel liegen.

Spachtelmassen
Die Risse sind grundsätzlich z. B. auf eine mindestens 1 mm breite Fuge (V-Fuge) zu erweitern, anschließend zu säubern und zu grundieren, wenn Spachtelmassen eingesetzt werden.

Maler- und Lackierarbeiten

Beschichtungssysteme zur Risssanierung nach BFS-Merkblatt 19

Rissanierungssystem	Rissart					
	Putzoberflächenrisse	Durch Putzlagen durchgehende Risse	Risse an Stoß- und Lagerfugen	Risse durch Formveränderung unterschiedlicher Wandbildner	Bautechnische und konstruktionsabhängige Risse	Baugrundbedingte Risse
I	O	–	–	–	–	–
II	O	O	–	–	–	–
III	O	O	O	–	–	–
IV	–	O	–	O	O	O
V	O	–	O	O	O	O
VI	O	O	–	O	–	–
VII	O	–	O	O	O	O

O = geeignet – = nicht geeignet

Tab. 74: Rissarten und Sanierungssysteme

Gruppe I – Verschlämmende Beschichtung
Kunststoffdispersion, Dispersionssilikat, Silikonharzemulsion

- Grundbeschichtung
- Zwischenbeschichtung mit gefülltem Beschichtungsstoff
- Schlussbeschichtung mit dem gleichen oder einem abgestimmten andersartigen Beschichtungsstoff

Gruppe II – Eintopfsystem plastoelastisch
Kunststoffdispersion

- Grundbeschichtung, Zwischen- und Schlussbeschichtung mit gleichem Material

Gruppe III – Zweitopfsystem plastoelastisch
Kunststoffdispersion

- Grundbeschichtung
- erste Zwischenbeschichtung mit plastoelastischem Beschichtungsstoff
- ggf. zweite Zwischenbeschichtung mit gleichem Material
- Schlussbeschichtung mit systemgerechtem Beschichtungsstoff

Gruppe IV – Streifenarmierung plastoelastisch
Kunststoffdispersion

- Aufweitung des Risses, V-förmig
- Grundierung der Rissflanken
- Auffüllen des Risses mit plastoelastischer Spachtelmasse
- Grundbeschichtung der gesamten Fläche
- Zwischenbeschichtung der Risszonen mit plastoelastischem Beschichtungsstoff und Einbetten von Armierungsgewebestreifen
- Zwischenbeschichtung der gesamten Fläche mit plastoelastischem Beschichtungsstoff
- Schlussbeschichtung mit systemgerechtem Beschichtungsstoff

Gruppe V – Vollflächige Gewebearmierung plastoelastisch
Kunststoffdispersion

- vollflächige Gewebearmierung mit plastoelastischem Beschichtungsstoff
- Arbeitsgänge wie bei Gruppe IV
- Gewebe vollflächig einlegen

Gruppe VI – Rissüberbrückung mit kunststoffvergüteter mineralischer Spachtelmasse

- Grundbeschichtung
- Spachtelauftrag mit kunststoffvergüteter Spachtelmasse, Einbettung von alkalibeständigem Glasgewebe, zweiter Spachtelauftrag nass-in-nass
- gegebenenfalls Zwischenbeschichtung
- Schlussbeschichtung mit Beschichtungsstoff oder Putz auf Basis Kunststoffdispersion, Dispersionssilikat oder Silikonharz-Emulsion

Gruppe VII – Verbundsystem mit Platten
- Wärmedämm-Verbundsystem

Überholungsbeschichtungen

Rissüberbrückende Beschichtung – Außen- und Innenbereich
Es gelten sinngemäß die Ausführungen wie oben unter Erstbeschichtungen beschrieben.

Checkliste zur Abnahme der Maler- und Lackierarbeiten

Erstbeschichtungen auf mineralischen Untergründen und Gipskartonplatten
☐ Wurde bei schadhaften Untergründen eine Vorbehandlung durchgeführt?
☐ Wurden bei deckenden Beschichtungen die Vorgaben zur Anzahl und Art der Beschichtung berücksichtigt?
☐ Wurden bei lasierenden Beschichtungen unter der Verwendung von Dispersionssilikatlasur, Dispersionslasur oder Polymerisatharzlasur die Angaben zur Anzahl und Art der Beschichtung berücksichtigt?
☐ Wurden bei farblosen Beschichtungen die Angaben zur Anzahl und Art der Beschichtung berücksichtigt?

Erstbeschichtungen auf Holz- und Holzwerkstoffen
☐ Sind Holz und Holzbauteile vor dem Einbau allseitig mit einer Grundbeschichtung versehen worden?
☐ Wurden Nadelhölzer, die eine Holzschutz-Imprägnierung erhalten haben, vor dem Einbau mit einer Grundbeschichtung versehen?
☐ Wurden Beschichtungen auf Holz ohne Spachtelung ausgeführt?
☐ Sind Fenster und Außentüren vor dem Einbau und der Versiegelung allseitig mit einer Grund- und Zwischenbeschichtung versehen worden?
☐ Sind Falze von Fenstern und Türen im Farbton der zugehörigen Seite beschichtet worden?

Checkliste zur Abnahme

Maler- und Lackierarbeiten

- ☐ Sind Kitte entsprechend dem sonstigen Beschichtungsaufbau mit einer Zwischen- und einer Schlussbeschichtung versehen worden?
- ☐ Wurden plastische und elastische Dichtstoffe maximal bis 1 mm Breite durch die angrenzende Beschichtung bedeckt?
- ☐ Wurden bei deckenden Beschichtungen die Angaben zur Anzahl und Art der Beschichtung berücksichtigt?
- ☐ Wurden bei lasierenden Beschichtungen die Angaben zur Anzahl und Art der Beschichtung berücksichtigt?
- ☐ Wurden bei farblosen Innenbeschichtungen die Angaben zur Anzahl und Art der Beschichtung berücksichtigt?

Erstbeschichtungen auf Metall

- ☐ Sind Metallflächen entfettet und Rost und Oxydschichten unmittelbar vor der Grundbeschichtung entfernt worden?
- ☐ Wurden vorgesehene Spachtelarbeiten nach der Grundbeschichtung ausgeführt?
- ☐ Wurden bei deckenden Beschichtungen auf Stahlteilen und Stahlblech die Angaben zur Anzahl und Art der Beschichtung berücksichtigt?
- ☐ Wurden bei deckenden Beschichtungen auf Zink und verzinktem Stahl die Angaben zur Anzahl und Art der Beschichtung berücksichtigt?
- ☐ Wurden bei deckenden Beschichtungen auf Aluminium und Aluminiumlegierungen – unter Verwendung von Alkydharzlackfarbe, Reaktionslackfarbe, Polymerisatharzlackfarbe – die Angaben zur Anzahl und Art der Beschichtung berücksichtigt?

Erstbeschichtungen auf Kunststoff
☐ Wurden Kunststoffflächen gereinigt und mit feinem Schleifvlies aufgeraut?
☐ Wurden die gereinigten Flächen mit einer Grund- und Schlussbeschichtung beschichtet?

Besondere Beschichtungen
☐ Sind schaumschutzbildende Brandschutzbeschichtungen entsprechend den Anforderungen des Brandschutzes ausgeführt worden?
☐ Sind vor der Ausführung von Fahrbahnmarkierungen die zu behandelnden Flächen gereinigt worden?
☐ Wurden Metalleffektlackierungen im Spritzverfahren ausgeführt?

Überholungsbeschichtungen auf mineralischen Untergründen
☐ Sind festhaftende Bestandteile und Tapeten entfernt worden?
☐ Wurden vorhandene Leimfarbanstriche durch Abwaschen entfernt? (Diese dürfen weder mit Leimfarben noch anderen Beschichtungsstoffen beschichtet werden!)
☐ Wurden vorhandene Beschichtungen gereinigt, angelaugt oder durch Schleifen aufgeraut, soweit diese gut gehaftet haben und tragfähig sind?
☐ Wurden Beschichtungen aus Kalk, Kalk-Weißzement, Dispersionssilikatfarben, Silikatfarben und Silikat-Lasurfarben nur auf mineralischem Untergrund oder auf Beschichtungen mit mineralischem Untergrund ausgeführt?

Checkliste zur Abnahme

Maler- und Lackierarbeiten

☐ Wurde bei schadhaftem Untergrund eine Vorbeschichtung aufgebracht?

Überholungsbeschichtungen auf Holz und Holzwerkstoffen

☐ Ist die vorhandene Beschichtung gereinigt oder durch Schleifen aufgeraut worden, nachdem geprüft wurde, ob sie gut haftet und tragfähig ist?
☐ Wurden gerissene und nicht festhaftende Beschichtungsteile entfernt?
☐ Ist bei schadhaftem Untergrund eine Vorbehandlung durchgeführt worden?
☐ Sind deckende bzw. lasierende Beschichtungen und farblose Innenbeschichtungen entsprechend der Angaben zu Art und Anzahl der Beschichtungen ausgeführt worden?

Überholungsbeschichtungen auf Metall

☐ Wurden die Vorbehandlungen nach den entsprechenden Vorgaben ausgeführt?
☐ Sind deckende Beschichtungen auf Stahl, Zink und verzinktem Stahl, Aluminium und Aluminiumlegierungen in Art und Anzahl der Beschichtungen nach den Vorgaben ausgeführt worden?

Überholungsbeschichtung auf Kunststoff

☐ Wurden die Vorbehandlungen nach den entsprechenden Vorgaben ausgeführt?
☐ Sind deckende Beschichtungen auf gereinigten Flächen mit einer Grund- und Schlussbeschichtung ausgeführt worden?

Erneuerungsbeschichtungen
- ☐ Wurden die vorhandenen Beschichtungen vollständig entfernt und schadhafte Untergründe ausgebessert?
- ☐ Wurden deckende, lasierende und farblose Beschichtungen wie Erstbeschichtungen ausgeführt?

Checkliste zur Abnahme

Maler- und Lackierarbeiten

Tischlerarbeiten

Geltungsbereich und Ausführung

Geltungsbereich
Die ATV DIN 18355 „Tischlerarbeiten" ist auf die Herstellung und den Einbau von Bauteilen aus Holz und Kunststoff, z. B. Einbaumöbel, Schrankwände, Innenausbauten, Wand- und Deckenbekleidungen, Fenster, Fensterelemente, Klappläden, Türen und Tore anzuwenden; ebenso für Holz-Metallkonstruktionen.

Die ATV DIN 18357 „Beschlagarbeiten" ist auf das Anbringen von Beschlägen zum manuellen und automatischen Schließen, Öffnen und Feststellen von Fenstern, Türen und Toren usw. anzuwenden. Für Verglasungsarbeiten gilt ATV DIN 18361 und für Außenwandbekleidungen mit Unterkonstruktionen gilt ATV DIN 18351.

Ausführung
Bei der Prüfung hat der Auftragnehmer Bedenken geltend zu machen, wenn

- vor Beginn der Fertigung die Möglichkeit fehlt, die Maße am Bau zu prüfen,
- Voraussetzungen für die Befestigung und Abdichtung fehlen,
- Maßabweichungen des Untergrunds größer sind als nach DIN 18202 zugelassen,
- der konstruktive Holzschutz fehlt,
- Bezugspunkte fehlen,
- die Baufeuchte zu hoch ist,

Geltungsbereich und Ausführung

Tischlerarbeiten

- die Höhe und die Lage von Auflagern und anderen Unterkonstruktionen falsch sind.

Vollholz und Holzwerkstoffe

Vollholz

Gehobelte Bretter
Für Bretter und Bohlen aus Nadelholz sind nach DIN EN 1313-1:2010-05 Abweichungen in der Holzdicke bei einer Holzfeuchte von 14 bis 20 % zulässig, wenn bei einer Holzdicke bis 19,5 mm die zulässige Abweichung ± 0,5 mm und bei einer Holzdicke bis 45,5 mm die zulässige Abweichung ± 1,0 mm nicht überschreitet. Dabei werden nur die unvermeidlichen Bearbeitungsungenauigkeiten berücksichtigt. Für Tischlerarbeiten sind jedoch Holzfeuchten bis zu 20 % nicht realistisch. In Abschnitt 2.1.3 der ATV DIN 18355 sind die erforderlichen Holzfeuchten festgelegt, wonach für Innenausbauteile der Wert 10 % betragen darf. Bei Bauteilen, die ständig mit der Außenluft in Verbindung stehen, dürfen Werte bis 15 % erreicht werden. Zusätzlich gelten die Normen DIN 18202:2013-04 und DIN 18203-3:2008-08 „Toleranzen im Hochbau – Teil 3: Bauteile aus Holz und Holzwerkstoffen".

Verbindung von Vollhölzern
Um Vollholz das Schwinden und Quellen zu ermöglichen und ein Verziehen zu begrenzen oder zu verhindern, können z. B. ausreichende Falzluft, Blindfedern, Gratleisten usw. als konstruktive Maßnahmen angewendet werden.

Schichtverleimtes Holz

Für Fensterkanteln und Brettschichtholz werden schichtverleimte Hölzer verwendet, wobei i. d. R. für die äußeren sichtbaren Lamellen astfreies Holz verwendet wird, für die inneren Lagen auch astiges Holz. Es ist darauf zu achten, dass die einzelnen Schichten aus der gleichen Holzart bestehen. Astfreie Holzteile können durch Lamellierung in größeren Längen produziert werden und die Neigung zum Verziehen wird dadurch verringert. Die Richtlinie des Instituts für Fenstertechnik e.V. Rosenheim, Ho-10/1 „Massive, keilgezinkte und lamellierte Profile für Holzfenster, Anforderungen und Prüfung" ist für die Herstellung von lamellierten Fensterkanteln zu beachten. Diese enthält Anforderungen zu Holzart, Holzfeuchte, Holzqualität, Klebstoffen, Form der Profile, Aufbau der Querschnitte, Lage der Jahrringe, Form und Lage der Leimfugen, Verleimbedingungen und Längsstöße.

Keilzinkung

Zur Herstellung von Längs- und Eckverbindungen sind Keilzinken geeignet, z. B. für Sitzmöbel und bei Fenstern zur Herstellung von Längsverbindungen der Fensterkanteln sowie für Bogenfenster. Bei Fenstern ist zu prüfen, ob die Keilzinkung geeignet ist, da sich diese bei lasierten Oberflächen wegen der höheren Oberflächentemperaturen abzeichnen können und auch der Lasurfilm reißen kann.

Keilzinken dürfen bei nicht deckender Beschichtung der Bauteile nur verwendet werden, wenn der Auftraggeber der Ausführung zustimmt, wobei die Ausführung nach DIN EN 13307-1:2007-1 „Holzkanteln und Halbfertigprofile für nicht tragende Anwendungen – Teil 1 Anforderungen" zu erfolgen hat.

Werden Fenster deckend gestrichen, ist es nicht nötig, eine Zustimmung des Auftraggebers zu erhalten.

Holzwerkstoffe

Holzwerkstoffe werden wegen der leichten Bearbeitung, der einfachen Herstellung von Verbindungen, dem eingeschränkten „Arbeiten" und guten mechanischen Eigenschaften in vielen Bereichen dem Vollholz vorgezogen.

Die Auswahl richtet sich nach dem Verwendungszweck und der vorgesehenen Beschichtung, z. B. Furnier oder Kunststoff, der Oberflächenbehandlung und den Kosten.

Sperrholz
Als Sperrholz werden alle Platten bezeichnet, die aus mindestens drei übereinanderliegenden Holzlagen mit jeweils um 90° zueinander versetzter Faserrichtung hergestellt sind.

Vollholz und Holzwerkstoffe

Tischlerarbeiten

Furniersperrholz	Stab- und Stäbchensperrholz	Zusammengesetztes Sperrholz
Alle Lagen aus Furnieren kreuzweise angeordnet, z. B. SN, FU, BFU, KP, Multiplexplatten, Formsperrholz	Mittellage aus Holzleisten oder Schälfurnieren, Deck- und Absperrfurnier, z. B. ST, STAE	Nicht genormt, enthält mindestens eine Lage, die nicht aus Stäben, Stäbchen oder Furnier besteht, z. B. MB, FPY
Für Wohn-, Sitzmöbel, Einbauschränke, Schul- und Werkstatttische, Wand- und Deckenbekleidungen, Verpackungen, Fahrzeugbau	Für Wohnmöbel, Regale, Einbauschränke	Für Möbel und Innenausbau

Tab. 75: Übersicht Sperrholz

Furniersperrholz (Furnierplatten FU)
Vorwiegend werden Buche, Birke, Fichte und Pappel zur Herstellung verwendet, wobei die Furnierdicke zwischen 0,5 und 5 mm schwankt. An ausländischen Hölzern werden Abachi, Limba und Gabun verarbeitet. Furniersperrholz wird u. a. für Schubkästen, Rückwände, Füllungen, Wand- und Deckenverkleidungen eingesetzt.

Sternholz (SN)
Die Faserrichtung benachbarter Furnierlagen bildet einen spitzen Winkel. Sternholz wird vorwiegend im Maschinenbau für Zahnräder und Riemenscheiben verwendet und besteht aus mindestens fünf Lagen.

Bau-Furniersperrholz (BFU)
Dieses wird für tragende Zwecke im Bauwesen und im Innenausbau verwendet.

- Bau-Furniersperrholz aus Buche (BFU-BU):
  Besonders hochwertiges Sperrholz, welches für tragende Funktionen im Bauwesen, für den Innenausbau und andere Zwecke geeignet ist.
- Multiplexplatten:
  Diese Furnierplatten mit mehr als fünf Lagen und Dicken über 12 bis 80 mm werden vor allem im Modellbau eingesetzt, aber auch für Möbelgestelle und Werkstattarbeitsplatten

Stab- und Stäbchensperrholz
Die Mittellage liegt zwischen zwei parallel liegenden Absperrfurnieren. Diese Platten wurden früher als Tischlerplatten bezeichnet.

- Stabsperrholz (ST):
  Die Mittellage besteht aus Holzleisten von 24 bis maximal 30 mm breiten Holzleisten
- Stäbchensperrholz (STAE):
  Für die Mittellage werden plattenförmig aneinander geleimte Stäbchen aus 5 bis 8 mm dicken Rundschälfurnieren verwendet

Streifenplatte (SR)
Holzleisten werden als Mittellage wie bei Stabsperrholz verwendet, jedoch nicht untereinander verleimt.

Vollholz und Holzwerkstoffe

Tischlerarbeiten

Bau-Stabsperrholz (BST) und Bau-Stäbchensperrholz (BSTAE)
Für die Mittellage werden Fichte, Kiefer, Pappel, Limba und Abachi verwendet und für Absperrfurniere Rotbuche, Fichte, Erle, Abachi und Limba. Diese Platten zeichnen sich durch gute Biegeeigenschaften und günstiges Schwind- und Quellverhalten aus und werden im Möbel- und Innenausbau verwendet. Sie eignen sich für den Fertighausbau, für Betonschalungen und Container.

Sperrholzformteile
In Spezialformpressen wird meist Rotbuchenfurnier zu Sitzen und Rückenlehnen für Stühle, Gehäuse für Radios und Möbelteile gefertigt.

- beschichtetes Sperrholz:
  Die fertigen Oberflächen bestehen aus Kunststofffolien, imprägniertem Papier- und Kunstharzfilmüberzügen oder beidseitiger Beschichtung mit Metallplatten oder -folien
- Kunstharz-Pressholz (KP):
  Rotbuche-Schälfurnier wird mit Phenolharz angereichert und zu Platten gepresst, welche für Formpressteile, Bohrschablonen und andere technische Zwecke verwendet werden

Großflächen-Schalungsplatten aus Furniersperrholz
Vorwiegend im Betonbau dienen diese als Schalungsplatten.

Paneelplatten
Bei diesen Platten wird die Sichtseite bspw. edelholzfurniert. Paneelplatten werden zur Bekleidung von Wänden und Decken verwendet.

Einteilung nach der Verleimung
IF: Die Verleimung ist nur in Räumen mit im Allgemeinen niedriger Luftfeuchte beständig und ist nicht wetterbeständig.

AW: Die Verleimung ist auch bei erhöhter Feuchtigkeitsbeanspruchung beständig und ist nur bedingt wetterbeständig.

Einteilung nach Güteklassen
Für allgemeine Zwecke wird Sperrholz nach der Beschaffenheit der Deckfurniere in drei Güteklassen eingeteilt, wobei Güteklasse 1 die beste Qualität bezeichnet. Güteklasse 2 darf geringe Fehler, Güteklasse 3 darf größere Fehler aufweisen.

Unterschiedliche Güteklassen auf Vorder- und Rückseite der Platten sind üblich.

Baufurnierplatten werden entsprechend der sogenannten Holzwerkstoffklassen 20, 100 oder 100 G unterschieden (siehe Abschnitt Holzspanplatten).

Vollholz und Holzwerkstoffe

Tischlerarbeiten

Plattenart	Länge in mm	Breite in mm	Dicke in mm
FU	1220, 1250, 1500, 1530, 1830, 2050, 2200, 2440, 2500, 3050	1220, 1250, 1530, 1700, 1830, 2050, 2440, 2500, 3050	4, 5, 6, 8, 10, 12, 15, 18, 20, 22, 25, 30, 35, 40, 50,
ST, STAE	1220, 1530, 1830, 2050, 2500, 4100	2440, 2500, 3500, 5100, 5200, 5400	13, 16, 19, 22, 25, 28, 30, 38

Tab. 76: Übersicht der Abmessungen von Baufurnierplatten

Holzspanplatten

Zerspantes Holz wird mit synthetischem Klebstoff vermischt und zu Holzspanplatten gepresst. In Spanplatten kann auch holzartiges Material wie Flachs verarbeitet sein.

Vollholz und Holzwerkstoffe

Tischlerarbeiten

Flachpressplatten	Strangpressplatten	Sonderausführungen und anwendungsorientierte Spezialplatten
Die Späne liegen parallel zur Plattenebene, z. B. FPY, P2 (V20), P3 (V100), P3G (V100G), MFB (KF)	Die Späne liegen einschichtig senkrecht zur Plattenebene, z. B. ES, ESL, ET, ETL(SV, SR, SV1, SR1, SV 2, SR 2)	Flachpress- oder Strangpressplatten, z. B. LF, LR, LRD, L, Spanholzformteile, OSB, Paneele, Bekleidungsplatten, Verlegeplatten, Span-Tischlerplatten, zementgebundene Holzspanplatten, magnesiagebundene Holzspanplatten
Für Einbauschränke, Innenbekleidungen, Wohn-, Küchen- und Büromöbel, Rohbau, Ausbau, Türen usw.	Für Türeinlagen, Spezialplatten	Für Innenausbau, Bauwesen

Tab. 77: Übersicht Holzspanplatten

Flachpressplatten (FPY)

Der Aufbau kann in einer, drei oder fünf Schichten erfolgen, wobei beim mehrschichtigen Aufbau die Deckschicht aus dünneren, feineren und höher verdichteten Spänen besteht als die Mittelschichtspäne.

Vollholz und Holzwerkstoffe

Tischlerarbeiten

Es wird unterschieden zwischen folgenden Plattentypen:

- FPY: Flachpressplatte für allgemeine Zwecke
- FPO: wie FPY, jedoch mit einer bestimmten Feinspanigkeit in der Oberfläche

Unterscheidung der Plattentypen nach der Verleimung:

- P2 (V20): in Räumen mit im Allgemeinen niedriger Luftfeuchtigkeit beständig; nicht wetterbeständig
- P3 (V100): wie P2, jedoch gegen hohe Luftfeuchtigkeit beständig; begrenzt wetterbeständig
- P3G (V100G): wie P3, jedoch versehen mit einem Holzschutzmittel gegen holzzerstörende Pilze

Abmessungen:
Handelsübliche Dicken: 6, 8, 10, 13, 16, 19, 22, 25 mm.
Weitere Dicken zwischen 3 und 80 mm.
Handelsübliche Breiten von 1.250 bis 2.600 mm.
Handelsübliche Längen von 2.500 bis 5.500 mm.
Strangpressplatten

Durch einschichtige Verpressung der Späne vorwiegend senkrecht zur Plattenebene werden folgende Platten gefertigt:

- Vollplatten: ES, ESL (SV)
- Röhrenplatten: ET, ETL (SR)

Strangpressplatten sind sowohl als Rohplatten (SV und SR) als auch als beplankte Platten (SV1, SV2, SR 1, SR2) lieferbar.

Die Biegefestigkeit der Platten kann durch Beplankung mit Holzfaser-Hartplatten, Furnieren oder Furniersperrholz erheblich verbessert werden. Birke (BI), Buche (BU), Fichte (FI), Kiefer (KI), Tanne (TA), Macore (MAC) und Limba (LMB) werden u. a. als Deck- oder Absperrfurniere verwendet.

Sonderausführungen
Leichte Flachpressplatte (LF):
Diese Platte ist mit oder ohne Beschichtung mit höherer Schallabsorption erhältlich und wird als Akustikplatte und zur Dekoration verwendet.

Strangpress-Röhrenplatten (LR oder LRD):
Diese Platten haben eine beidseitige Beschichtung. LRD hat durch die durchbrochene Oberfläche eine höhere Schallabsorption als die Platte LR mit geschlossener Oberfläche. Außerdem sind Strangpressplatten für das Bauwesen und die Tafelbauart erhältlich.

Strangpress-Vollplatten (LMD)
Diese Platten sind beidseitig beplankt oder beschichtet und haben durch die durchbrochene Oberfläche einen höheren Schallabsorptionsgrad.

Kunststoffbeschichtete dekorative Flachpressplatten MFB (KF)
Diese Platten sind mit einer gegen Flecken, Säuren und Laugen unempfindlichen Oberfläche ausgestattet und sind beständig gegen erhöhte Wärmeeinwirkung. Sie werden für Küchen-, Büro- und Labormöbel verwendet und sind in genormten Dicken bis 50 mm lieferbar.

Anwendungsorientierte Spezialplatten

Bekleidungsplatten:
Bekleidungsplatten sind harnstoffharzverleimte Spanplatten der Normtypen FPY, FPO und P2 (V20) mit Nut und Feder.

Paneele und Kassetten:
Paneele und Kassetten haben eine Oberflächenbeschichtung aus Furnier, Kunststoff- und Metallfolien und sind i. d. R. mit Nut und Feder erhältlich. Für Fußboden-Verlegeplatten werden Spanplatten des Normtyps P3 (V100) verwendet.

Spanholz-Formteile: (z. B. Werzalit)
Wegen der Beständigkeit gegen Witterung, Hitze, Säuren und Holzschädlingen sind diese für Tabletts, Gartentischplatten, Außenverkleidungen, Zäune, Fensterbänke sowie für den Möbel- und Innenausbau geeignet.

Holzwolle-Leichtbauplatten (L)
Sie verfügen über gute Wärmedämmeigenschaften und eignen sich wegen der rauen Oberfläche als Putzträger. Verwendet werden diese u. a. für schwimmende Estriche, leichte Trennwände, Rollladenkästen und wärmedämmende Schalen. Produziert werden sie mit 52 cm Breite und 2 m Länge bei Dicken von 15, 25, 35, 50, 75 und 100 mm.

Zementgebundene und magnesitgebundene Spanplatten

Beide Plattentypen sind für Feuchtraumverkleidungen, bei erhöhten Anforderungen an den Brand- und Schallschutz sowie für Fußbodenerneuerungen gut geeignet und lassen sich wie andere Holzspanplatten bearbeiten. Sie sind schwerentflammbar, schalldämmend, pilzbeständig, unverrottbar, frei von chemischen Bestandteilen, geruchsneutral und feuchtebeständig.

OSB-Platten
- OSB/1: für allgemeine Ausführungen, geeignet für den Möbel- und Innenausbau, Kennzeichnung durch einen blauen Streifen
- OSB/2: für tragende Ausführungen, geeignet für den Fertighausbau und für Innenwände, Kennzeichnung durch zwei blaue Streifen
- OSB/3: für tragende Ausführungen im Feuchtbereich, Kennzeichnung durch einen weißen Streifen
- OSB/4: hoch belastbare Platten für tragende Ausführungen im Feuchtbereich, geeignet für Wände, Kennzeichnung durch zwei weiße Streifen

Span-Tischlerplatten
Durch die Mittellage aus Stabsperrholz und die Decklagen aus Flachpressplatten erhalten die Platten die Vorteile beider Holzwerkstoffe. Sie werden im Möbel- und Innenausbau verwendet und sind für feuerhemmende Bauteile (z. B. R 30/ alt F 30, nach DIN EN 13501-2:2010-02/DIN 4102:2016-05) geeignet. Sie werden der Baustoffklasse B2 zugeordnet.

Formaldehyd
Spanplatten dürfen für den Möbel- und Innenausbau nur noch verwendet werden, wenn sie der Emissionsklasse E1 entsprechen, also weniger als 0,01 % Formaldehydausdünstung aufweisen.

- Emissionsklasse E1:
  Beschichtete und unbeschichtete Holzwerkstoffe, welche die Voraussetzungen erfüllen, werden in Emissionsklasse E1 eingestuft.
- Emissionsklasse E1b:
  Unbeschichtete Holzwerkstoffe, welche erst nach der Beschichtung mit z. B. melaminharzgetränktem Papier oder mit Deckfurnier und Lackierung die Voraussetzungen erfüllen, werden in Emissionsklasse E1b eingestuft.

Holzfaserplatten

Verholzte Fasern mit oder ohne Bindemittelzusatz werden zu Holzfaserplatten verarbeitet.

Poröse (Bitumen-) Holzfaserplatten	Harte Holzfaserplatten	Kunststoffbeschichtete Holzfaserplatten
MB (HFD)	HB (HFH), MB (HFM), MDF, HBI (HFE)	MFB (KH), HB
Für Schall- und Wärmedämmplatten, PH in Feuchträumen und im Außenbereich	Für Schubkastenböden, Möbelrückwände, Türen, Verpackungen, HB für Fußbodenbeläge und Feuchträume, MDF im Möbel- und Innenausbau	Für Möbelbau und Wandverkleidungen in Bädern und Küchen

Tab. 78: Übersicht Holzfaserplatten

Poröse Holzfaserplatten oder Holzfaserdämmplatten (HFD)
HFD werden als Akustikplatten (Dämmplatten) zum Luftschall- und Wärmeschutz verwendet und weisen eine Rohdichte von 230 bis 250 kg/m^3 auf. Die schallabsorbierende Wirkung kann durch Löcher oder Schlitze in der Oberfläche erheblich vergrößert werden.

Poröse Bitumen-Holzfaserplatten (BPH)
Diese Platten sind besonders für den Einsatz in Feuchträumen geeignet. Bei BPH 1 sind 10 bis 15 % Bitumen beigemischt, bei BPH 2 liegt der Anteil bei 15 bis 30 %.

Beispiel für Bezeichnung: BPH 1
Platte – 12 x 2.440 x 1.220, BPH 1, DIN 68752

Harte Holzfaserplatten oder Holzfaser-Hartplatten HB (HFH)
Die Oberfläche der Platten zeichnet sich durch die sehr glatte Fläche aus, die Unterseite weist einen gewebeartigen Siebdruck auf. HB-Platten werden im Innenausbau und im Möbelbau, als Schubkastenböden oder Rückwände verwendet. Außerdem werden damit Spanplatten beplankt und Türen hergestellt.

Plattenart	Dicke in mm	Länge in mm	Breite in mm
MB (HFD)	5 bis 30	bis 6.000	bis 3.000
HB (HFH)	1,2 bis 6	bis 5.500	bis 2.100

Tab. 79: Abmessungen der Holzfaserplatten

Mittelharte Holzfaserplatten (HFM)
HFM-Platten können beidseitig glatt produziert werden.

Mitteldichte Faserplatten (MDF)
Es werden Fasern von Nadelhölzern im entrindeten Zustand mit vorwiegend Harnstoffharzleim als Bindemittel zu Einschichtplatten mit einer höheren Verdichtung im Außenbereich verpresst. Sie können profiliert und gut mit Papier, Kunststoff, Furnier und Lack beschichtet werden. Die Biegefestigkeit liegt doppelt so hoch wie bei Holzspanplatten, die Rohdichte > 600 kg/m^3.

Extraharte Holzfaserplatten HBI (HFE)
Holzfaserplatten werden nachträglich mit Öl getränkt und bei hohen Temperaturen mehrere Stunden lang nachgehärtet. Sie werden als Fußbodenbeläge genutzt und dort eingesetzt, wo mit hoher Feuchtigkeit zu rechnen ist.

Kunststoffbeschichtete dekorative Holzfaserplatten MFB (KH), HB
Harte Holzfaserplatten werden bei der Fertigung ein- oder beidseitig beschichtet. Sie werden als Wandverkleidungen in Bädern und Küchen eingesetzt (Abmessungen siehe Tabelle).

Hohlraumplatten und Schichtholz

Schichtholz (SCH)
Die mindestens sieben Furnierlagen bei Schichtholz laufen im Gegensatz zum Sperrholz faserparallel. Besonders geeignet sind Buche, Birke und Pappel, wobei Dicken zwischen 4

und 100 mm lieferbar sind. Schichtholz wird im Maschinen-, Flugzeug-, Modell- und Sportgerätebau verwendet. Typen, Abmessungen und Normen entsprechen denen des Furniersperrholzes.

- Schichtholzformteile:
  Nur der gleichgerichtete Faserverlauf unterscheidet dieses von Formsperrholz
- Pressschichtholz (PSCH)

Hohlraumplatten (HO)
Die Mittellage mit Hohlräumen, auf welche beidseitig Decklagen aufgebracht werden, kann aus Leisten- bzw. Lattenkonstruktionen oder aus Füllstoffen, wie Schaumstoffen oder Papier, bestehen. Die Decklagen bestehen aus Furniersperrholz, Span-, Flachpress- oder Holzfaserplatten. Sie werden für Türen und den Möbelbau verwendet.

Weitere Plattenwerkstoffe

Schichtpressstoffplatten
Dekorative Kunststoffplatten (HPL) bestehen aus mit Harz getränkten Papierbahnen, welche zu einer Kunststoffplatte verpresst werden und in Dicken von 0,5, 0,8 und 1,0 mm und in Sonderdicken lieferbar sind. Sie werden entsprechend dem Pressverfahren in HPL und CPL unterschieden. HPL-Platten werden für Türen, Küchen- und Laborbau, Trennwände und Verkleidungen verwendet.

Gipsfaserplatten
Die Verwendung der Platten ist baubiologisch unbedenklich, da keine chemischen Bindemittel enthalten sind. Sie sind in Dicken von 10 bis 50 mm lieferbar und für die Beschichtung mit Echtholzfurnier geeignet (z. B. Norit-Industrieplatte (A1), mit furnierter Oberfläche wird Baustoffklasse A2 nach DIN 4102-1 erfüllt). Verwendet werden Gipsfaserplatten für Trockenestrich, im Feuchtraum- und Feuerschutzbereich, als Wand- und Deckenverkleidung und im Schall- und Wärmedämmbereich als Verbundplatte mit Schaumkunststoff.

Mineralwerkstoffe
Diese Massivplatten und Formteile wie Avonite, Corian, Paracor, Surell, Varicor, Wilsonart, Marlan usw. sind massiv, homogen und porenlos, robust wie Stein und gestaltbar wie Holz.

Sonstige Plattenwerkstoffe
Des Weiteren werden Dämmstoffe aus Holzwolle, Mineralfaser, Hartschaumplatten und Gipskartonplatten verwendet.

Fenster und Fensterläden, Türen und Zargen

Fenster

Fensterprofile aus Holz
An der Außenseite der Profile muss Wasser abfließen können, deshalb sind die Oberseiten von horizontalen Profilen mit einer Neigung von 15° herzustellen. Die Rundung der Profilkanten ist mit einem Radius von mindestens 2 mm auszubilden, wodurch eine ausreichende Schichtdicke der Oberflächenbeschichtung hergestellt werden kann. Raumseitige Profilkanten sind durch Abfasen und nachfolgendes „Brechen" der Kanten zu bearbeiten.

Für den Dampfdruckausgleich erfolgt die Glasfalzentlüftung bei Holzfensterflügeln i. d. R. über eine Nut im Eckstoß, welche im Bereich der Wetterschutzschiene endet. Entsprechende Lüftungsschlitze werden bei Kunststofffenstern mit Abdeckungen versehen.

Zur Verglasung ist nach DIN 18545:2015-07 innen und außen ein Vorlegeband anzubringen, auf welches jedoch zur Herstellung einer fachlich einwandfreien Konstruktion gem. ift-Richtlinie „Verglasung von Fenstern ohne Vorlegeband" auch verzichtet werden kann. Zur Ausführung der Abdichtung zwischen Rahmen und Glas mit Dichtstoffen ist auch das IVD-Merkblatt Nr. 10 (Ausgabe September 2011) zu beachten. Der Dichtstoff ist so aufzubringen, dass er etwa 3 mm über die Glasfläche übersteht und das Wasser unter einem Winkel von ca. 15° abgeleitet werden kann.

Falzdichtungen

Falzdichtungen sind in einer Ebene umlaufend ohne Flächenversatz und dicht miteinander verbunden anzubringen. Die Dichtungen können in mehreren Ebenen, z. B. als Mitteldichtung mit zusätzlicher innerer Dichtebene ausgeführt werden.

Eine Überschlagdichtung ist für Holzfenster im Bestand nicht zwingend vorzusehen.

Dichtungen sind als Verschleißteile bei Bedarf auszuwechseln. Sind Dichtungen für den Endanstrich oder Renovierungsanstrich durch den Maler bei Türen oder Fenstern zu entfernen und nach Fertigstellung der Malerarbeiten wieder einzusetzen, ist dies als Besondere Leistung auszuführen.

Holz-Aluminium-Fenster

Auf einer tragenden Konstruktion aus Holzprofilen werden auf der Außenseite Aluminiumprofile aufgebracht. Einer unzulässigen Feuchteansammlung im Zwischenraum ist konstruktiv vorzubeugen. Dies kann durch verschiedene Maßnahmen, wie z. B. durch einen Abstand von mindestens 5 mm zwischen äußerer Holzoberfläche und der Innenseite des Alu-Profils, bei einer Auflagefläche von maximal 20 mm Breite erreicht werden. Alle Hohlräume zwischen Holz und Aluminium müssen belüftet sein. Öffnungen mit einem Mindestquerschitt von 5 x 20 mm oder einem Durchmesser von 8 mm im Abstand von maximal 600 mm sichern den Dampfdruckausgleich.

Durch entsprechende Anordnung der Öffnungen wird verhindert, dass Wasser in die Konstruktion eindringen kann. Sowohl für den Neubau als auch für die Renovierung können die pulverbeschichteten oder eloxierten Aluminium-Deckschalen durch Aufklipsen aufgebracht werden.

Zur thermischen Trennung von Holzprofil und Alu-Deckschale werden Kunststoffabstandhalter verwendet.

Rahmenverbindungen

Holzfensterrahmen mit einer Dicke über 45 mm sind in Schlitz- und Zapfenverbindung mit Doppelzapfen herzustellen, wobei die Dicke der äußeren Wangen 16 mm nicht überschreiten darf und an den Brüstungen eine vollflächige Verleimung erfolgen muss. Außer den Zapfenverbindungen kann eine Dübelverbindung zwischen Rahmen und Pfosten bzw. Sprossen und Riegel angewendet werden.

Die Eckverbindungen der Aluminium-Deckschalen von Holz-Aluminiumfenstern können z. B. durch Stumpfschweißen oder durch Einsetzen eines Metallwinkels und Vernieten des Profils mit dem Winkel ausgeführt werden. Auch geklebte Verbindungen sind möglich.

Wünscht der Auftraggeber statt „offenen Brüstungsfugen" bei Holzfenstern oder leicht vertieften Gehrungsfugen bei Kunststofffenstern eine Ausführung mit geschlossenen, flächenbündigen Fugen, so ist dies gem. gesonderter Vereinbarung entsprechend auszuführen.

Schlagleisten und Wetterschenkel

Das Verleimen von äußeren Schlagleisten mit dem Rahmen ist nur bedingt anwendbar, weil sich dadurch die Rahmen von Stulpfenstern verziehen können. Eine Verschraubung der äußeren Schlagleiste durch den Innenfalz mit korrosionsgeschützten oder nicht rostenden Schrauben ist angebracht. Innere Schlagleisten sind zu verschrauben.

Bestehen das untere Flügelrahmenholz und der Wetterschenkel nicht aus einem Stück, sind die Wetterschenkel zusätzlich zur Verleimung einzunuten, wobei die Feder an den Ecken abzusetzen ist.

Sprossen aus Holz

Die glasteilenden Sprossen, als sogenannte „echte Sprossen", haben wie die Flügelrahmen einen Glasfalz und werden mit dem Rahmen und untereinander verbunden, z. B. verdübelt, überblattet oder verzapft, wobei sich die Dübelverbindung bewährt hat. Zu beachten ist, dass kleinformatige Isolierglasscheiben höheren Belastungen durch Sog- und Pumpbewegungen ausgesetzt sind als größere Scheiben, welche die Belastungen durch die Elastizität besser ausgleichen können.

„Wiener Sprossen", als nicht glasteilende Sprossen, werden mit Abstandhaltern im Scheibenzwischenraum auf Isolierglasscheiben aufgebracht und zwischen die Flügelrahmen gedübelt. Dies ist entsprechend gesonderter Vereinbarung auszuführen. Als „falsche" Sprossen aus Holz oder Kunststoff werden diese innen und außen auf die Scheiben geklebt.

Auch Sprossen im Scheibenzwischenraum können alternativ nach gesonderter Vereinbarung eingebaut werden. Es ist jedoch bei aufgeklebten Sprossen mit Abstandhaltern im Scheibenzwischenraum oder im Scheibenzwischenraum liegenden Sprossen der Wärmebrückeneffekt zu beachten.

Glashalteleisten
Glashalteleisten sind verdeckt zu nageln oder nach DIN 68121-2:1990-06 bei Auflagebreiten von 12 bis 14 mm geschraubt zu befestigen, wobei die Glasleiste mit dem 1,1-fachen des Schraubendurchmessers vorzubohren ist. Die Glashalteleiste kann ab 14 mm Auflagebreite genagelt bzw. geklammert werden.

Die senkrechten Leisten sind grundsätzlich zwischen die waagrechten Leisten einzusetzen, wenn die Glasleisten an den Ecken stumpf gestoßen werden. Profilierte Leisten müssen auf Gehrung eingebaut werden.

Zwischen Glashalteleisten und Flügelfalz sollte eine Fugenbildung vermieden werden, um Schäden am Flügelholz und der Glaseinheit durch unkontrolliertes Eindringen von feuchter Raumluft mit einhergehender Tauwasserbildung vorzubeugen. Abdichtungen mit spritzbaren Dichtstoffen sind unter Beachtung von DIN 18545:2015-07 auszuführen.

Bogenförmige Rahmenhölzer
In Abhängigkeit von der Größe der Bögen können diese aus mehreren Stücken hergestellt und mit Zapfen oder Keilzinken verbunden werden. Dabei gilt allerdings zu beachten, dass nicht mehr Stücke als notwendig verwendet werden

sollen, da Stoßfugen bei nicht deckendem Anstrich störend wirken. Wasser kann an jeder Stoßfuge in den Hirnholzbereich eindringen.

Fensterbänke und Zwischenfutter

Bei Fensterbänken ist zwischen Außen- und Innenfensterbänken zu unterscheiden.

Außenfensterbänke aus Metall, welche sich unter Sonneneinstrahlung erheblich ausdehnen können, sind so mit dem Fensterrahmen zu verbinden, dass bei Längenänderungen ein Verziehen oder Verwerfen verhindert und Schäden am Gebäude vermieden werden können.

Innenfensterbänke, welche i. d. R. aus Naturstein, Werkstein oder Holzwerkstoffen (kunststoffbeschichteten Spanplatten) bestehen, werden fensterseitig in 10 mm tiefen Fälzen eingebracht, verkeilt und untermörtelt. Mit materialbedingten Längenänderungen ist nicht zu rechnen. Innenfensterbänke aus Massivholz sind an der Unterseite durch ausreichende Lackierung gegen Feuchtigkeit zu schützen. Konstruktiv sind als Schutz gegen Verwerfungen Gratleisten vorzusehen.

Futter und Fensterbänke aus Holz sind mit einer 10-mm-Feder auszustatten, damit ein sauberer Anschluss erreicht wird.

Fenster- und Türläden

Wegen der starken Belastung durch Witterungseinflüsse ist besonders darauf zu achten, dass kein Wasser in die Konstruktionsfugen eindringen kann. Deswegen sind die oberen Rahmenhölzer durchgehend zu fertigen. Außerdem muss durch konstruktive Maßnahmen gesichert werden, dass auftretende Zug- und Scherkräfte aus dem Gewicht der Klappläden von den Eckverbindungen aufgenommen und getragen werden können. Als Maßnahmen können der Einbau eines Mittelriegels zwischen den aufrechten Rahmenhölzern oder das Montieren von Eckwinkeln aus Metall zur Anwendung kommen.

Türen und Tore

Rahmentüren und Rahmentore
Rahmenhölzer
Rahmenhölzer sind bspw. durch Verdübeln oder Verzapfen miteinander zu verbinden. Nur in Ausnahmefällen sollte von der Möglichkeit Gebrauch gemacht werden, diese ab 100 mm Breite zu verleimen. Leimfugen können sich immer in Abhängigkeit von der Holzart abzeichnen. Dies gilt in Analogie zu DIN 68121-2:2012-02. Bei Fenstertüren (und auch Haustüren) ist es zulässig, bis zu 140 mm breite Rahmenteile aus einem Stück zu fertigen. Fugen sind durch Federn und dergleichen zu sichern, wenn in der Breite verleimt werden muss. Nach Möglichkeit ist von Deck-, Zier- und Schlagleisten Gebrauch zu machen.

Die Standardverbindung ist das Verdübeln der Rahmenhölzer.

Durch Nachtrocknen des Holzes können konstruktionsbedingt bei Schlitz- und Zapfenverbindungen die Hirnenden der Zapfen vorstehen oder sich Zapfen lockern.

Füllungen

Füllungen sind so auszuführen und zu befestigen, dass unabhängig von Konstruktion und Material kein Wasser in die Konstruktion eindringen kann. Es ist zu verhindern, dass Schwinden und Quellen des Materials Schäden an der Konstruktion verursacht.

Schlagleisten und Wetterschenkel

Siehe bei Fenstern unter Schlagleisten und Wetterschenkel.

Glatte Türen und glatte Tore

DIN 68706-1:2002-02 gilt mit DIN 18101:2014-08 für einflügelige Türen im Innenausbau mit gefälzten und stumpf einschlagenden Türblättern. Ebenso gilt sie für Sondertüren, wie Wohnungsabschlusstüren, Feuchtraumtüren mit Beschlägen, besonderen Drückergarnituren und Türschließern, sofern entsprechend vereinbart. Begriffe, Konstruktionsmerkmale und Vorzugsmaße werden erläutert.

Türbänder und Einsteckschloss müssen im Rahmen/Einleimer einwandfrei befestigt werden können; notfalls ist eine Verstärkung anzubringen. Die Einlage ist aus geeigneten Werkstoffen herzustellen. Unverdeckte Anleimer dürfen in der Länge nicht gestoßen sein und die Holzart von Anleimern/Einleimern und vom Deckfurnier muss farblich zueinander passen. Türblattkanten können beschichtet und unbeschichtet ausgeführt werden.

Ausschnitte sind so zu fertigen, dass bei gefälzten Türen ein dreiseitiger Fries von 160 mm entsteht, bei stumpf einschlagenden Türen beträgt die Breite 147 mm. Die Sockelhöhe ist mit 400 mm zu fertigen. Die Türblattdicke muss mindestens 38 mm betragen, wobei die Dickenabweichung 0,5 mm beträgt. Die vom Hersteller bezeichneten Grenzabmaße der Dicken betragen +2/-1 mm. Nach DIN EN 951:1999-05 beträgt die Rechtwinkligkeit 1 mm auf 500 mm Länge.

Bei Türen im Wohnungsbau sind gem. DIN 18101, Abschnitt 3 folgende Abweichungen von den Maßangaben zulässig:

- ± 1 mm für das Türblattfalzmaß in der Breite
- + 2/- 0 mm für das Türblattfalzmaß in der Höhe
- ± 1 mm für die lichte Zargenbreite im Falz
- + 0/- 2 mm für die lichte Zargenhöhe im Falz

Für besondere Anforderungen, wie Einbruch-, Wärme-, Schall-, Brand- oder Strahlenschutz, sind systemgeprüfte Sonderkonstruktionen erhältlich, welche nicht unter diese Norm fallen.

Futter und Zargen

Ein Verziehen oder Versetzen soll durch fachgerechte Verbindung durch Verdübeln, Verzinken, Verzapfen, Verfälzen oder verdecktes Schrauben vermieden werden, was für Türen nur bei klassischen Ausführungen gelten kann.

Wegen der hohen mechanischen Beanspruchung sind Schwellen bei klassischer Ausführung aus Hartholz zu fertigen, wofür Eiche, Sipo-Mahagoni, Esche und Buche vorrangig in Betracht zu ziehen sind.

Werden Bekleidungen aus überfurnierten Span- und Tischlerplatten mit profilierten oder glatten Kanten mit 3 mm dicken Starkschnitt-Furnierkanten oder dickeren Anleimern gefertigt, können die Ecken auf Gehrung miteinander verbunden werden.

Einbau von Außenbauteilen

Die Befestigungsmittel, wie Winkel, Schrauben, Konsolen etc., sind auf den Einsatz und die Umgebung abzustimmen. Kräfte müssen durch die Befestigung sicher übertragen werden und Bewegungen müssen aufgenommen werden können. Als korrosionsgeschützte Befestigungsmittel sind Nägel und Schrauben aus Edelstahl sowie galvanisch- und feuerverzinkte Schrauben zu verwenden. Edelstahlschrauben sind einzusetzen, wenn die Befestigungsmittel dauernd dem Außenklima ausgesetzt sind.

Bei Fenstern wird zwischen Lochfenstern, Horizontalfenstern und Vertikalfenstern unterschieden.

- Bei Lochfenstern erfolgt die Lastabtragung direkt in das tragende Mauerwerk über die Verbindungsmittel.
- Horizontalfenster werden als mehrere einzelne Fenster nebeneinander ohne statische Kopplung angeordnet, wobei die Lastabtragung über Brüstung/Fußboden und Sturz/Decke erfolgt.
- Bei Vertikalfenstern werden mehrere Fenster ohne statische Kopplung übereinander montiert, wobei die Befestigung seitlich an den Wänden oder über Traversen erfolgt.

Für die Befestigung von Fenstern ist ohne besondere Belastung, wenn der „Leitfaden zur Montage von Fenstern und Haustüren" beachtet wird, ein statischer Nachweis nicht erforderlich. Für die Ausführung bei Lochfenstern sind entsprechend folgende Regeln zu beachten.

- Die mechanische Befestigung muss umlaufend mit geeigneten Befestigungsmitteln erfolgen, wobei die Vorgaben der Hersteller dabei einzuhalten sind.
- Die Ausbildung und Anordnung von Distanz- und Tragklötzen ist zu beachten.
- Der Abstand zu den Innenecken und der Befestigungsabstand sind einzuhalten.
- Bei Rollladenkästen ist zu beachten, ob der obere Blendrahmen seitlich zu befestigen und freitragend zu dimensionieren ist.

Ein Standsicherheitsnachweis wird bei „Fensterwänden" nach alter Definition entsprechend der Erfahrungen ab 9 m² Fläche empfohlen.

Abdichtung von Bauanschlussfugen

Zwischen Außenbauteilen und Baukörper sind Abdichtungen umlaufend, dauerhaft und schlagregendicht anzubringen. In die Wetterschutzebene (Ebene 3) eingedrungenes Regenwasser (Schlagregen) ist kontrolliert und direkt nach außen abzuführen. Regen- und Windsperre fallen meist zusammen, wobei eine zweistufige Ausführung im Bereich der Fugen möglich ist. Außerdem muss Feuchtigkeit aus dem Funktionsbereich (Ebene 2) nach außen abgeleitet werden können. Da die Fensterbank eine wasserführende Ebene darstellt, hat die Abdichtung auf einer zweiten Ebene zu erfolgen.

Raumseitig ist auf Ebene 1 durch eine luftdichte Abdichtung sicherzustellen, dass keine Feuchtigkeit in Ebene 2 eindringt. Damit eine fachgerechte und dauerhafte Abdichtung hergestellt werden kann, sind, bezogen auf den Rohbau, die Toleranzen nach DIN 18202:2013-04, Tabelle 1, Zeile 5 oder 6 zu beachten. Für Türen sind genauere Toleranzen entsprechend DIN 18100:1983-10 vorzusehen.

Die Verarbeitungsrichtlinien der Dichtsystemhersteller sind zu beachten.

	Abstand der Messpunkte	Grenzabweichungen in mm bei Nennmaßen in m					
		<1 m	>1 m <3 m	>3 m <6 m	>6 m <15 m	>15 m <30 m	>30 m
5	Öffnungen für Fenster, Türen, Einbauelemente	±10 mm	±12 mm	±16 mm	–	–	–
6	Öffnungen wie vor, jedoch mit oberflächenfertigen Leibungen	±8 mm	±10 mm	±12 mm	–	–	–

Tab. 80: Zulässige Grenzabweichungen; Auszug gem. DIN 18202:2013-04, Tabelle 1, Zeile 5 und 6

Dämmung der Anschlussfuge

Die verbleibenden Fugen auf der Rauminnenseite sind mit ausreichender Wärmedämmung möglichst vollständig zu füllen. Dem Auftraggeber stehen als Fugendämmstoffe folgende Materialien zur Verfügung:

- nicht wassersaugende Schaumstofffüllbänder
- PU-Ortschäume, i. d. R. als einkomponentige Schäume, welche i. V. m. der Luftfeuchte ausreagieren
- Mineralfaserdämmstoffe als Stopfmaterial
- aufbereitete Naturprodukte mit dämmenden Eigenschaften
- Spritzkork

Die Auswahl bleibt dem Auftragnehmer überlassen, sofern nicht konkrete Vorgaben gemacht werden. Da der Bauablauf durch den Einsatz des gewählten Dämmstoffs nicht beeinträchtigt werden darf, ist z. B. unverzüglich und ohne Berechnung von Mehrkosten auf einen witterungsunabhängigen Dämmstoff auszuweichen, wenn ein ursprünglich geplanter Montageschaum wegen zu geringen Temperaturen nicht verwendet werden kann. Werden Ortschäume verwendet, sind die angrenzenden oberflächenfertigen Bauteile vor Verschmutzung zu schützen, indem rückstandsfrei zu entfernende Folien oder Klebebänder aufgebracht werden.

Von zuvor beschriebenen Dichtungsmaßnahmen abweichende Maßnahmen sind entsprechend gesonderter Vereinbarung auszuführen.

Raumseitige Anschlussfugen
In § 6 der EnEV 2014 (= § 6 der EnEV 2007 oder 2009) wird gefordert, dass die wärmeübertragende Umfassungsfläche einschließlich der Fugen dauerhaft luftundurchlässig nach anerkannten Regeln der Technik (alt: EnEV 2004 – § 5: Stand der Technik) abgedichtet werden muss. Dies kann durch Anbringen einer Folie oder durch eine Versiegelung geschehen. Die Luftdichtheit kann durch einen „Blower-Door-Test" überprüft werden. Auf einen ausreichenden Luftwechsel ist zur Begrenzung der Raumluftfeuchte, aus Gründen der Hygiene und ggf. für die Zuführung von Verbrennungsluft zu achten. Ein durchschnittlicher Luftwechsel von 0,5 h-1 während der Heizperiode ist sicherzustellen.

Wohnungsabschlusstüren
Hohlräume zwischen Baukörper und Zargen sind vollständig mit Dämmstoffen, z. B. Mineralfaser, Steinwolle, Spritzkork o. Ä. zu füllen. Der Text unter „Dämmung der Anschlussfuge" ist sinngemäß gültig. Die Anforderungen entsprechend DIN 4109:2016-07 „Schallschutz im Hochbau" sowie die VDI-Richtlinie 4100:2012-10 „Schallschutz von Wohnungen" sind zu beachten.

Entsprechend der bauaufsichtlichen Forderungen in DIN 4109-1:2016-07, Tabelle 2, Zeile 18 ist die Mindestforderung für Türen, welche von Hausfluren oder Treppenräumen in Dielen oder Flure von Wohnheimen, Wohnungen oder Arbeitsräumen führen, ein Schalldämmwert von erf. $R'w$ = 27 dB und bei erhöhter Anforderung gemäß den weiterhin geltenden Werten der DIN 4109:1989-11 – Beiblatt 2 ein Schalldämmwert von erf. $R'w$ = 37 dB. Bei einem Vorhaltewert von 5 dB muss das einzubauende Türelement einen Laborwert von > $R'w$, P 32 dB bzw. 42 dB aufweisen.

Entsprechend der VDI-Richtlinie 4100:2012-10 werden die Schalldämmwerte in drei Klassen (SSK I, SSK II und SSK III) eingeteilt. Bei gehobenen Ansprüchen an den Komfort, z. B. bei hochwertigen Ein- und Mehrfamilienhäusern, sind die Werte aus SSK III zu erfüllen, welche über den vorgeschlagenen Werten für einen erhöhten Schallschutz der DIN 4109 – Beiblatt 2 liegen.

Kennzeichnen von Bauteilen

Aushängbare Bauteile, wie Flügel, Türen, Heizungsverkleidungen, Türen von Schrankwänden, Schubkästen oder Klappen, die für Maßänderungen oder Renovierungsarbeiten herausgenommen werden können, sind an unsichtbarer Stelle dauerhaft zu kennzeichnen. Dadurch sollen Verwechslungen beim Wiedereinhängen und evtl. Funktionsbeeinträchtigungen verhindert werden.

Bekleidungen, Unterdecken, Vorsatzschalen, Trennwände

> ⚠ **Hinweis**
>
> Die klassischen Ausführungen des Gewerks Trockenbau sind in ATV DIN 18340 geregelt, welches im Teil „Trockenbauarbeiten" beschrieben wird. Dennoch gibt es Tätigkeiten der Tischler und Schreiner, die dem zuzuordnen sind und nachfolgend beschrieben werden.

Sichtbare Randwinkel und Deckleisten

Deckleisten, Schattenfugen-Deckleisten und sichtbare Randwinkel sind in angemessenen Längen zu verwenden, damit unnötig viele Stoßfugen vermieden werden können. Die Eckausbildungen sind systemgerecht zu fertigen, weshalb die Forderung der ATV DIN 18355 in Punkt 3.11.1 nach stumpf gestoßenen Ecken nur bedingt ausführbar ist und z. B. auf Gehrungsschnitte zu wechseln ist, wo dies erforderlich und sinnvoll ist. Deckprofile und Randwinkel müssen derart gefertigt und angepasst werden, dass sie den Wand- und Deckenverläufen folgen. Sind nachträglich Fugen zwischen der Bekleidung von Türen und der Wandfläche zu versiegeln oder durch Leisten zu verdecken, ist dies nach gesonderter Vereinbarung als Besondere Leistung auszuführen.

Einzubauende Dämmstoffschichten

Sind Anforderungen an den Schall- und Wärmeschutz zu erfüllen, ist besonders darauf zu achten, dass Dämmstoffe abrutschsicher und dicht gestoßen eingebaut werden. Kann die Dämmung wegen Kabeldurchgängen und dergleichen nicht durchgängig dicht gestoßen verlegt werden, sind Dämmlagen überlappend oder zweilagig einzubringen. Werden PE-Folien als Dampfbremsen und zur Herstellung der Luftdichtigkeit eingebaut, sind diese mit mindestens 30 cm Überlappung zu verlegen. Auf sorgfältig ausgeführte luftdichte Anschlüsse an Begrenzungsflächen und Durchdringungen ist zu achten.

Deckenbekleidungen und Unterdecken nach DIN EN 13964

Bei den in DIN EN 13964:2014-08 geregelten Unterdecken und leichten Deckenbekleidungen handelt es sich um Unterdecken, die als vollständige Bausätze einschließlich Einbauteile, wie Beleuchtung, mit einer Eigenlast von 0,5 kN/m^2 erhältlich sind; ebenso einzelne Bauteile und Unterkonstruktionen als ganze Bausätze.

Direkt an der Rohdecke befestigte Holz- und Metallkonstruktionen werden als Deckenbekleidung bezeichnet.

Bei Unterdecken werden Abhänger oder Unterkonstruktionen bzw. Randauflager aus Metallprofilen oder Traghölzern und Konterlattung unmittelbar am Boden, an Balken, an Wänden oder am Dach am tragendem Bauteil befestigt und die Decken mit Abstand zum darüberliegenden, tragenden Bauteil montiert.

Die Unterkonstruktion kann sichtbar oder unsichtbar ausgeführt sein. Für die Deckenuntersichten können Paneele, Raster- oder Lochplatten, Gitter, Waben oder Lamellenkonstruktionen zur Ausführung kommen, welche aus Holzwerkstoffen, Massivhölzern, Mineralfaserplatten, Gipsbauplatten oder Metallelementen gefertigt werden können. Die Oberflächen können gelocht, geschlitzt, strukturiert oder gewellt sein.

Holzwolle- und Mehrschicht-Leichtbauplatten

Werden Holzwolle- und/oder Mehrschicht-Leichtbauplatten als Wärmedämmung verwendet, ist DIN 4108-10 i. V. m. DIN EN 13168:2013-03 zu beachten.

Holzwolle-Leichtbauplatten (HWL-Platten) werden aus Holzwolle und einem Bindemittel wie Magnesit hergestellt.

Mehrschicht-Leichtbauplatten (ML-Platten) werden aus Dämmstoffen aus Mineralwolle oder Hartschaum und einer ein- oder beidseitigen Schicht aus mineralisch gebundener Holzwolle produziert.

HWL- und ML-Platten werden für Wärmeschutz, Brandschutz und Schallschutz (Schalldämmung und Schallabsorption) verwendet und bei Trennwänden, Vorsatzschalen sowie als Decken- und Wandbekleidung eingesetzt und mit geeigneten Bauplatten verkleidet oder verputzt.

Schalldämmende Vorsatzschalen nach DIN 4109

Schalldämmende Vorsatzschalen gelten im Zusammenwirken mit der tragenden Wand als mehrschaliges System und sind nach DIN 4109-34:2016-07 auszuführen, wobei die Schalldämmaße in Abhängigkeit von den unterschiedlichen Einflussfaktoren zu ermitteln und für die Planung und die Ausführung vorzugeben sind. Auf einer Unterkonstruktion aus Holz- oder Metallständern ist eine biegeweiche

Beplankung zu montieren, wobei darauf zu achten ist, dass die Schalen nicht starr miteinander verbunden, sondern durch geeignete Dämmstoffe und Luftschichten voneinander getrennt sind.

Die Beplankung kann z. B. aus Spanplatten, Gipsfaserplatten oder Gipskartonbauplatten bestehen. Der Schalldämmwert im eingebauten Zustand wird von der Anschlussausbildung einschließlich elastisch ausgespritzter Fugen, den flankierenden Bauteilen, der Hohlraumdämmung, Ausführung mit ein- oder mehrlagiger Beplankung und der gewählten Ausführung der Unterkonstruktion der Wand beeinflusst. Schallbrücken sind zu vermeiden.

Nichttragende Wände nach DIN 4103-1

DIN 4103-1:2015-06 ist die Grundnorm, gilt somit nicht allein und legt die Anforderungen für die mit ihr in Verbindung stehenden Fachnormen fest. Es werden keine bestimmten Materialien festgelegt. Die Norm gilt nicht für bewegliche Trennwände, wie Schiebe- und Faltwände.

Es wird in zwei Einbaubereiche unterteilt:

- Einbaubereich 1: Bereiche mit geringer Menschenansammlung, z. B. in Hotel-, Büro- und Krankenräumen, in Wohnungen und ähnlich genutzten Räumen einschließlich der Flure.
- Einbaubereich 2: mit großer Menschenansammlung, z. B. in größeren Versammlungsräumen, Hörsälen, Schulräumen, Ausstellungs- und Verkaufsräumen und ähnlich genutzten Räumen.

Bekleidungen, Unterdecken, Vorsatzschalen, Trennwände

Tischlerarbeiten

Je nach Einsatzbereich werden nichttragende innere Trennwände zur Untergliederung von Räumen eingebaut, welche jedoch nicht der Aussteifung dienen. Sie müssen leichte Konsollasten mit einem Wert von maximal 0,4 kN/m Wandlänge an jeder Stelle der Wand aufnehmen können. Die vertikale Wirkungslinie darf höchstens 0,3 m vor der Wandoberfläche verlaufen. Dies gilt z. B. für Bilder, kleine Wandschränke oder Buchregale. Für höhere Belastungen sind entsprechende Verstärkungen vorzusehen und auszuführen.

Je nach Verwendung müssen auf die gewählte Konstruktion einwirkende weitere Lasten und Belastungen, wie statische Lasten und stoßartige Belastungen, aufgenommen werden können. Die Unterkonstruktion als Ständerwerk wird abhängig von den Schall- und Wärmeschutzanforderungen aus einer Ständerreihe oder zwei voneinander getrennt aufgestellten Ständerreihen aus Holzrahmen oder Metallständerprofilen hergestellt. Die Beplankung ist aus Holzwerkstoffen, wie z. B. Spanplatten, Profilbrettern, Akustikplatten oder Gipskartonplatten usw. herzustellen. In den Hohlraum sind ein- oder mehrlagig Dämmmaterialien einzubringen.

Ebenheitstoleranzen nach DIN 18202, Tabelle 3
Bei erhöhten Anforderungen an die Ebenheit sind die Werte entsprechend DIN 18202:2013-04, Tabelle 3, Zeile 7 gesondert zu vereinbaren und entsprechend auszuführen.

Bekleidungen, Unterdecken, Vorsatzschalen, Trennwände

Tischlerarbeiten

	Bezug	Stichmaße als Grenzwerte in mm bei Messpunktabständen in m bis				
		0,1 m	1 m	4 m	10 m	15 m
5	nichtflächenfertige Wände und Unterseiten von Rohdecken	5 mm	10 mm	15 mm	25 mm	30 mm
6	flächenfertige Wände und Unterseiten von Decken, z. B. geputzte Decken, Wandbekleidungen, abgehängte Decken	3 mm	5 mm	10 mm	20 mm	25 mm
7	wie Zeile 6, jedoch mit erhöhten Anforderungen	2 mm	3 mm	8 mm	15 mm	20 mm

Tab. 81: Ebenheitstoleranzen gem. DIN 18202:2013-04, Tabelle 3

Einbauschränke

Tischlerarbeiten

Einbauschränke

Ausführung und Einbau

Schränke, Regale und Arbeitsplatten als Wohn- und Küchenmöbel sind entsprechend den sicherheitstechnischen Anforderungen und Prüfverfahren nach DIN EN 14749:2013-07 zu fertigen, welche sich aus den früheren Normen DIN EN 1153 für Küchenmöbel und DIN EN 1727 für Wohnkastenmöbel zusammensetzt und erweitert wurde.

Es ist sicherzustellen, dass alle Teile der Möbel, wie Schubladen (offen oder geschlossen), Türen, Klappen, Möbelrollladen usw., bei unterschiedlicher Beladung und unter Berücksichtigung von Zusatzkräften gegen Kippen gesichert sind. Deswegen sind Befestigungsmittel mit entsprechender Sorgfalt auszuwählen und ggf. nach Prüfung der Wände Bedenken anzumelden. Alle Möbelkomponenten mit weniger als 90 Nm werden als sicherheitstechnisch unkritisch eingestuft.

Die Durchbiegung von Einlege- bzw. Fachböden unter Nutzlast darf nicht mehr als 1/100 der Stützweite betragen. Bodenträger dürfen sich dabei nicht mehr als 2 mm absenken. Es wird in vier Belastungsgruppen unterteilt, die zur Orientierung wie nachfolgend beschrieben angenommen werden können:

Einbauschränke

Tischlerarbeiten

	Beanspruchungsgruppe	Nutzlast kg/m²	Prüflast kg/m²
Leichte dekorative Gegenstände	L 25	25	50
Haushaltsporzellan, Wäsche	L 50	50	100
Bücher	L75	75	150
Schwere Bücher, Akten	L 100	100	200

Tab. 82: Belastungsgruppen für die Durchbiegung von Einlege- und Fachböden

Werden Einbauschränke vor Außenwänden oder Wänden vor Feuchträumen aufgestellt, ist eine ausreichende Hinterlüftung sicherzustellen, damit einer Schimmelbildung vorgebeugt werden kann. Die Hinterlüftung muss mit mindestens 2 cm Abstand zwischen Wand und Möbel hergestellt werden. Blenden, Deck- oder Passleisten werden zum Abdecken der Zwischenräume zwischen angrenzenden Wänden und Einbauschränken verwendet, um einen dichten Wandanschluss zu erhalten und Unebenheiten von Decken und Wänden auszugleichen. Es müssen Lüftungsöffnungen für eine ausreichende Hinterlüftung im Boden- und Deckenbereich vorgesehen werden.

Türen und Schubkästen
Türen, Möbelrollladen, Schubkästen und Klappen müssen voll aufliegend und gut gängig sein.

Einbauschränke

Tischlerarbeiten

Werden Schubkästen als reine handwerkliche Holzkonstruktion gefertigt, was mit hohen Lohnkosten verbunden ist, müssen Laufrahmen bzw. Laufböden und Laufflächen so hergestellt werden, dass ein Abrieb der Schubkästen auf Dauer ausgeschlossen werden kann. In diesem Sinne sind Laufstreifen, Trag- und Kippleisten aus Hartholz, HPL (High Pressure Laminates) oder Kunststoff herzustellen.

Allerdings ist es üblich, für Schubkästen Teleskopauszüge mit wesentlich besseren Laufeigenschaften zu verwenden. Dies ist nach gesonderter Vereinbarung und Beschreibung der Leistung auszuführen.

Rahmen-, Sockelkonstruktionen und Schrankböden

Für Schränke und Schrankwände werden Sockel i. d. R. mit einer Höhe zwischen 8 bis 12 cm gefertigt, wofür z. B. preiswertes Massivholz, Span- oder Tischlerplatten verwendet werden können. Eine Ausführung als Blindsockel mit vorgesetztem Sichtsockel ist sachgerecht.

Rückwände in Schränken dürfen sich nicht durchbiegen, weswegen z. B. einseitig beschichtete Holzfaser-Hartplatten nicht zulässig sind. Der Verwendungszweck und die Rückwandbreite sind für die Festlegung von Rückwanddicken zu berücksichtigen, weswegen die Angabe der Mindestdicke von 6 mm bei Sperrholz und 8 mm bei Holzspanplatten lediglich als Anhaltspunkt betrachtet werden kann.

Hinweise zur Belastung von Schrankböden und deren Durchbiegung bei einer zu erwartenden Nutzlast sind unter „Ausführung und Einbau" enthalten.

Schiebetüren

Die Mindestforderung für klassische Führungen legt fest, dass Schiebetüren in Führungen aus Hartholz laufen müssen. Es können auch Führungen aus Kunststoff oder Metall verwendet werden, welche sich durch bessere Laufeigenschaften auszeichnen. Des Weiteren sind Rollenbeschläge oder Beschläge, an denen Schiebetüren aufgehängt werden können, üblich. Diese sind nach gesonderter Vereinbarung und Beschreibung der Leistung auszuführen.

Einbau von Bauteilen im Innenausbau

Die Befestigungsmittel, wie Winkel, Schrauben, Konsolen etc., sind auf den Einsatz und die Umgebung abzustimmen. Kräfte müssen durch die Befestigung sicher übertragen werden und Bewegungen müssen aufgenommen werden können. Als korrosionsgeschützte Befestigungsmittel sind Nägel und Schrauben aus Edelstahl, sowie galvanisch- und feuerverzinkte Schrauben zu verwenden.

Erhalten die Bauteile einen deckenden Anstrich, sind Schrauben oder Nägel zu versenken, damit sie zur Herstellung einer glatten, geschlossenen Oberfläche vor dem Anstrich ausgespachtelt oder ausgekittet werden können.

Für die unsichtbare Befestigung von Bauteilen, welche keinen deckenden Anstrich erhalten, sind z. B. Keilleisten, Einhängesysteme, Druckknöpfe usw. zu verwenden.

Einbauschränke

Tischlerarbeiten

Bezug	Stichmaße als Grenzwerte in mm bei Nennmaßen in m						
	<0,5 m	>0,5 m <1,0 m	>1,0 m <3,0 m	>3,0 m <6,0 m	>6,0 m <15 m	>15 m <30 m	>30 m
vertikale, horizontale und geneigte Flächen	3 mm	6 mm	8 mm	12 mm	16 mm	20 mm	30 mm

Tab. 83: Winkelabweichungen gem. DIN 18202:2013-04, Tabelle 2

Bezug	Stichmaße als Grenzwerte in mm bei Nennmaßen in m				
	<3,0 m	>3,0 m <6,0 m	>6,0 m <15 m	>15 m <30 m	>30 m
zulässige Abweichungen von der Flucht	8 mm	12 mm	16 mm	20 mm	30 mm

Tab. 84: Fluchtabweichungen bei Stützen gem. DIN 18202:2013-04, Tabelle 4

Einbauschränke

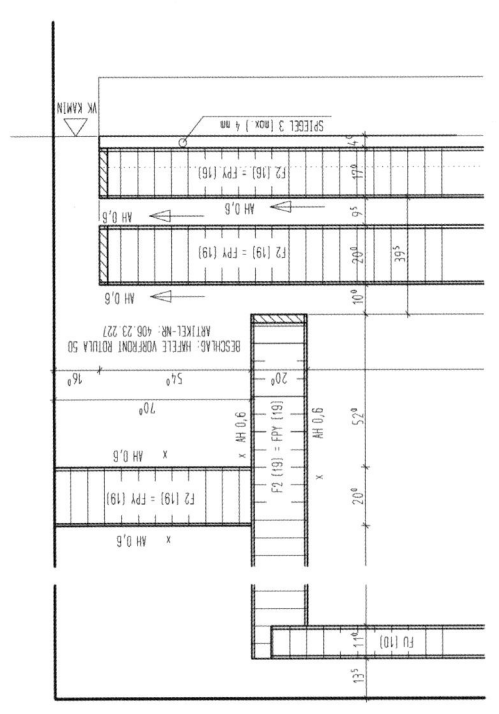

Tischlerarbeiten

Bild 36: Schrank mit Schiebetüren – Anschluss Decke (Quelle: Hallschmid)

Einbauschränke

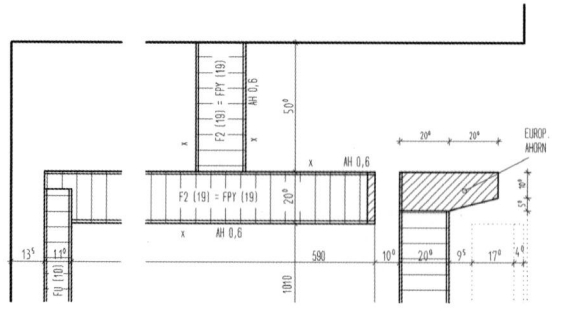

Tischlerarbeiten

Bild 37: Schrank mit Schiebetüren – Anschluss Wand (Quelle: Hallschmid)

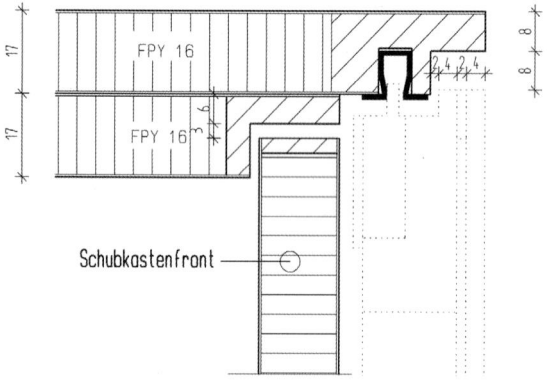

Bild 38: Sideboard – Schiebetürführung oben (Quelle: Hallschmid)

Einbauschränke

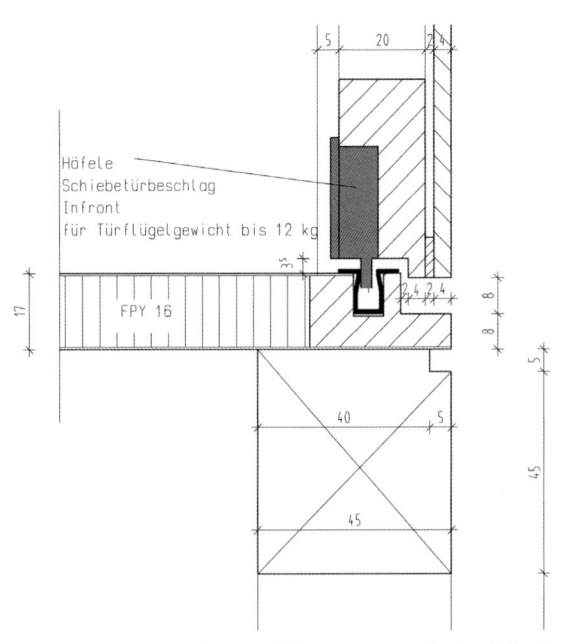

Tischlerarbeiten

Bild 39: Sideboard – Schiebetürführung unten (Quelle: Hallschmid)

Oberflächenbehandlung

Absperren, Furnieren, Beschichten

Schmalflächen von Sperrholz, Span- und Verbundplatten

Der Begriff Schmalfläche ersetzt die frühere Formulierung Kante. Schmalflächen von Spanplatten, Sperrholz und Verbundplatten, die in normaler Augenhöhe und in einem Abstand von ca. 5 m sichtbar bleiben, sind zu furnieren. Schmalflächen von Fachböden in Regalen und Schränken, welche i. d. R. einer besonderen mechanischen Beanspruchung ausgesetzt sind, weswegen Furnier ausreißen oder absplittern kann, sind zur Optimierung des Kantenschutzes mit einer mindestens 3 mm dicken Massivholzkante oder Starkschnittfurnier zu beschichten.

Zwischen furnierten Flächen und Schmalflächen sind naturbedingte Farbunterschiede zulässig.

Von diesen Regelungen ausgenommen sind Sperrtüren, für welche die Anforderungen in DIN 68706-1:2002-02 beschrieben sind.

Abzeichnen von Fugen und Unebenheiten des Untergrunds

Damit sich bei beschichteten Flächen keine Fugen und Unebenheiten des Untergrunds abzeichnen, ist es wichtig, den Untergrund fachgerecht vorzubereiten. Dies geschieht u. a. durch:

- Trocknen von Furnier und Trägermaterial auf ca. 6 bis 10 %
- Ausbessern von Fugen und Rissen
- Ausfüllen von Vertiefungen
- Schleifen bzw. Kalibrieren der Trägerplatte

Des Weiteren muss besonders bei der Ausführung von überfurnierten An- und Umleimern aus Massivholz darauf geachtet werden, dass diese vollflächig angeleimt werden und die gleiche Holzfeuchte aufweisen wie das Trägermaterial. Geschieht dies nicht, besteht die Gefahr, dass das Deckfurnier entlang der Anleimerfugen reißt oder sich die Anleimer auf der Oberfläche abzeichnen.

Dicht schließende Fugen

Eine sorgfältige Vorbereitung des Untergrunds und der zu verleimenden Teile ist ebenfalls zur Vermeidung von Kürschnern (= ungeleimten Stellen) und offenen Fugen notwendig. Dies geschieht durch:

- Entfernen lockerer Oberflächenschichten
- Beseitigen oder Ausbessern von Fehlerstellen im Trägermaterial, wie Harzgallen, kranke Holzstellen, breite Risse, Ausbrüche
- vollflächiger Leimauftrag auf dem Trägermaterial

- gründliche Reinigung und Trocknung
- Verwendung wasserarmer Leime
- ausreichendes Zwischenlagern nach dem Verpressen
- gleiche Feuchte der Beschichtungen und Furniere auf beiden Seiten des Trägermaterials

Besondere Aufmerksamkeit ist auch dann angebracht, wenn Furnier z. B. durch „fingern" verlängert werden soll, weil die zu furnierende Werkstücklänge die zur Verfügung stehende Furnierlänge übersteigt.

Maserfurniere

Je bunter und „blumiger" Maserfurniere sind, umso ausgeprägter neigen sie zu starker Welligkeit und Rissbildung. Rissbildung kann durch Abkleben mit Fugenpapier vermieden werden. Vor dem Fügen kann sehr welliges Furnier in der Furnierpresse erhitzt werden. Bei Messerfurnieren ist auf Grund der Rissigkeit Leimdurchschlag nicht zu vermeiden. Haarrisse sind charakteristisch, weshalb sie keinen Fehler darstellen.

Möbeloberflächen

Die Oberflächen von Möbeln müssen mindestens entsprechend der niedrigsten Beanspruchungsgruppe aus nachfolgend aufgeführten Normen ausgeführt sein. Im Einzelfall ist eine höhere Beanspruchungsgruppe zu vereinbaren. Die Anforderungen beziehen sich nicht auf Gartenmöbel oder Oberflächen aus Kunstleder, Leder, Textilien oder textile Flächen aus Kunststoff.

Das Verhalten von Möbeloberflächen bei Kratzbeanspruchung wird in DIN 68861-4:2013-02 definiert. Es gelten die Beanspruchungsgruppen 4 A bis 4 F.

Das Verhalten von Möbeloberflächen bei Zigarettenglut wird in DIN 68861-6 definiert. Es gelten die Beanspruchungsgruppen 6 A bis 6 E, wobei 6 E der niedrigsten Beanspruchungsgruppe entspricht. Die Möbeloberfläche muss nach 6 E der Zigarettenglut nicht standhalten.

In den Normen DIN EN 12720:2014-02, DIN EN 12721:2014-02 und DIN EN 12722:2014-02 wird die Beständigkeit von Möbeloberflächen gegen kalte Flüssigkeiten, feuchte Hitze und trockene Hitze eingestuft.

Die fünfstufige Bewertung reicht von Stufe 5, entsprechend keine sichtbaren Veränderungen oder Beschädigungen bis Stufe 1, entsprechend starke Markierung bzw. deutliche Farbveränderung oder deutliche Schädigung.

Der Buchstabe „A" wird für die widerstandsfähigste Möbeloberfläche verwendet.

In den nachfolgenden Tabellen sind die Anforderungen an Arbeitsflächen und sonstige Flächen entsprechend DIN EN 12721 und DIN EN 12722 zusammengefasst.

Oberflächenbehandlung

Tischlerarbeiten

DIN EN 12721/12722 Möbeloberflächen	Holz lackiert, Furniere, Farblacke und andere	HPL-Flächen	KF-Spanplatten
Teil 1 – Chemische Beanspruchung	1 C	1 B	1 B
Teil 2 – Abriebbeanspruchung	2 E	2 B	2 B
Teil 4 – Kratzbeanspruchung	4 E	4 B	4 B
Teil 7 – Trockene Hitze	7 C	7 B	7 B
Teil 8 – Feuchte Hitze	8 B	8 A	8 A
Stoßbeanspruchung mit Schlagprüfgerät nach DIN 53799	–	Federkraft mindestens 15 N	–

Tab. 85: Arbeitsflächen gem. DIN EN 12721/12722

DIN EN 12721/12722 Möbeloberflächen	Holz lackiert, Furniere, Farblacke und andere	HPL-Flächen, KF-Flächen, Farblacke und andere
Teil 1 – Chemische Beanspruchung	1 C	1 C
Teil 2 – Abriebbeanspruchung	2 E	2 D
Teil 4 – Kratzbeanspruchung	4 E	4 C
Teil 7 – Trockene Hitze	7 C	7 C
Teil 8 – Feuchte Hitze	8 B	8 B

Tab. 86: Sonstige Flächen gem. DIN EN 12721/12722

Verleimen

In DIN EN 204:2016-11 werden Klebstoffe beschrieben, welche für den Innenausbau, Möbelbau, für Bekleidungen, Türen, Fenster, Treppen etc. zum Einsatz kommen, wenn Holz und Holzwerkstoffe verwendet werden. Welcher Klebstoff einzusetzen ist, richtet sich nach dem Verwendungszweck und dem Einbauort und ist ggf. produktbezogen vom Auftragnehmer unter zusätzlicher Beachtung der TKH-Merkblätter 3 „Dispersions-Holzleime" (Stand: Mai 2016), 4 „Schmelzklebstoffe" (Stand: März 2015), 5 „EPI-Klebstoffe" (Stand: Oktober 2015) und 7 (Stand: Mai 2009) eigenverantwortlich zu entscheiden.

Oberflächenbehandlung – Allgemeines

Sowohl Massivholzoberflächen als auch furnierte Werkstücke sind zur Vorbereitung für das Lackieren, Beizen, Ölen und Wachsen sauber und sorgfältig zu schleifen. Auf Flächen, Fälzen und Kanten sind Hobelschläge durch Schleifen in Faserrichtung zu beseitigen. Angeschliffene Holzfasern können sich bei der anschließenden Oberflächenbehandlung aufstellen, weswegen je nach Holzart die Flächen vorher zu wässern und nochmals zu schleifen sind.

Bei der Oberflächenbehandlung von exotischen Hölzern sind zwingend die Verarbeitungshinweise der Lackhersteller zu beachten, da deren Inhaltsstoffe Mängel an der Oberfläche auslösen können. Dies gilt auch für Holzfenster, welche nach dem Einbau durch Einbringen von Estrich und Putz einer erhöhten Luftfeuchtigkeit ausgesetzt werden, weshalb deren Inhaltsstoffe die Beschichtung – insbesondere weißer Fenster – verfärben können. Auf notwendige Lüftung im Neubau ist unbedingt zu achten.

Werden Wand- und Deckenverkleidungen aus Massivholzbrettern und Massivholzfüllungen ausgeführt, ist die Oberflächenbehandlung vor dem Einbau bzw. vor dem Zusammenbauen aufzubringen, um hellen Rändern an Nut und Federverbindungen oder an den Füllungen vorzubeugen, welche durch Nachtrocknen entstehen.

Die geforderten Oberflächenbehandlungen, wie Lackieren, Anstrich, Beizen oder Lasieren, sind entsprechend zu vereinbaren, zu beschreiben und gemäß Beschreibung auszuführen.

Vorbehandlung der Holzoberfläche

Ausgerissene Stellen, sichtbare Streifen vom Querschleifen oder ringförmige Schleifspuren von Schwingschleifern und störende Rückstände in Poren sind nicht zulässig. Ausgerissene Stellen sind z. B. durch Anleimen von Furnierteilen oder durch Aufbringen von Hartwachs zu beseitigen.

Aus normalem Betrachtungsabstand kann nicht wahrgenommen werden, wenn Intarsienarbeiten, Messer- und Radialfurniere mit sehr feinem Schleifpapier (mit Körnung 320-380 im letzten Schliff) quer zur Faserrichtung geschliffen werden, weshalb dies auch nicht zu beanstanden ist.

Sichtbare Leimdurchschläge und durchgeputzte Furnierstellen sind nicht zulässig (siehe Bild 40).

Erklärung zu Bild 40:

Die Trägerplatte wurde vor dem Furnieren nicht kalibriert, hinterher jedoch mit Automaten geschliffen, sodass wegen Unebenheiten der Trägerplatte die Furnierschicht zu dünn wurde und deswegen der Leim als dunkle Teilfläche sichtbar ist. Der Effekt wurde dadurch verstärkt, dass die Oberfläche mit Wasserstoffperoxid-Lösung gebleicht wurde.

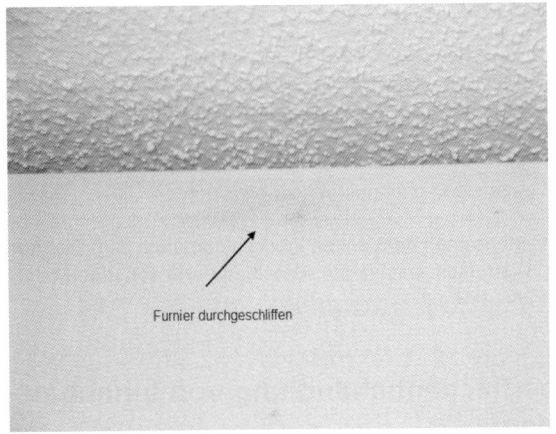

Bild 40: Durchgeschliffene Furnierfläche (Quelle: Hallschmid)

Oberflächenbehandlung von Außenbauteilen

Vorbeugender chemischer Holzschutz

Chemischer Holzschutz ist bei Rundholz, Schnittholz oder Brettschichtholz nach vorrangiger Gefährdung zu wählen, wie Insektenbefall (Iv), Befall durch holzzerstörende Pilze (P), durch Auswaschung (W) usw. und entsprechend DIN 68800-

3:2012-02 auszuführen. Es ist zu beachten, dass eine Nachbehandlung mit chemischen Holzschutzmitteln erforderlich ist, wenn das geschützte Holz nachträglich mechanisch bearbeitet werden muss.

Grundanstrich und Zwischenanstrich
Bei Außenbauteilen, wie Haustüren, Fenstern und Fenstertüren, sind Glasfalze, Glasleisten und nach dem Einbau nicht mehr sichtbare Außenflächen der Rahmen vor dem Einbau und der Verglasung mindestens mit einem Grundanstrich und einem Zwischenanstrich zu beschichten.

Frühestens nach dem ersten Zwischenanstrich sind Dichtungen, Wetterschutzschienen, Beschläge und sonstige Metallteile anzubringen.

Oberflächenbehandlung von Innenbauteilen

Beizen
Unabhängig vom Auftragverfahren (mit Pinseln oder gespritzt) und der Art der Beize hat der Auftrag gleichmäßig ohne Streifen und Pinselansätze zu erfolgen. Durch sorgfältige Ausführung sind helle ungebeizte Poren, helle Streifen, Treiber, Wischer oder Ölflecke zu vermeiden. Das Holz für Kanten und Profile sowie das Furnier müssen sorgfältig ausgewählt sein.

Zwangsläufig treten Farbunterschiede dadurch auf, dass Hirnholz mehr Beize aufnimmt als Längsholz. Solche Farbunterschiede stellen keinen Mangel dar. Entstehen jedoch Farbunterschiede durch unmotiviertes Kombinieren von schlichtem und gefladertem/blumigem Material, kann dies als Mangel angesehen werden.

Mattine oder Wachse

Durch den Auftrag von Wachsen oder Mattinen sollen strapazierfähige Schutzschichten geschaffen, aber auch dekorative Effekte erzielt werden. Deswegen darf die behandelte Oberfläche weder rau bleiben noch verschleiert erscheinen. Die Poren der Hölzer sollen zwar beschichtet, aber nicht ausgefüllt bzw. geschlossen sein.

Polieren

Durch Polieren entstehen glatte, ebene und hochglänzende Oberflächen. Dabei werden die Poren vollständig mit Porenfüllern im Farbton des Holzes ausgefüllt. Die Trocknungszeit muss auf das Poliermaterial und das verarbeitete Holz abgestimmt sein und eingehalten werden, damit ein „Einfallen" der Poren verhindert werden kann. Die polierte Oberfläche darf weder wellig noch verschleiert erscheinen und auch keine grauen Schimmer enthalten.

Konstruktiver und chemischer Holzschutz

Vorbeugende bauliche Maßnahmen entsprechend DIN 68800-2:2012-02 sind bei allen Außenbauteilen zu beachten, die tragende oder aussteifende Funktion haben. Grundsätzlich sollte der konstruktive Holzschutz Vorrang vor dem chemischen Holzschutz haben. Vor allem soll vermieden wer-

Oberflächenbehandlung
Tischlerarbeiten

den, dass Hirnholz stumpf auf Beton oder Mauerwerk aufsteht und so Wasser aufsteigen kann. Gefährdete Stellen sind durch korrosionsgeschützte Bleche etc. abzudecken.

Für Bauholz und Holzwerkstoffe ist der chemische Schutz nach DIN 68800-3:2012-02 auszuführen. Beim chemischen Holzschutz sind nachträglich nicht mehr zugängliche Teile vor dem Zusammenbauen und Einbauen zu behandeln. Dies gilt bei Außentüren und Fenstern, wenn durch die Grundierung der Holzschutz aufgebracht wird.

Für statisch nicht beanspruchte Hölzer ohne Erdkontakt muss das Holzschutzmittel entsprechend DIBt-Holzschutzmittelverzeichnis ausgeführt werden.

Dem Auftragnehmer bleibt das Verfahren der Verarbeitung von Holzschutzmitteln überlassen, z. B. durch Spritzen, Tauchen oder Streichen. Die Verträglichkeit mit anderen Baustoffen muss gesichert sein.

Checkliste zur Abnahme der Tischlerarbeiten

Toleranzen
☐ Ist darauf geachtet worden, dass die Toleranzen nach DIN 18202:2013-04 eingehalten werden müssen, damit bei Streiflicht sichtbar werdende Unebenheiten zulässig sind?
☐ Beträgt die zulässige Abweichung der Rechtwinkeligkeit bei Türen maximal 1 mm auf 500 mm Messlänge?
☐ Wurden bei Türöffnungen die Grenzabmaße eingehalten?
☐ Wurden bei Türen im Wohnungsbau die zulässigen Abweichungen nach DIN 18101:2014-08, Abschnitt 3 eingehalten?
(±1 mm für das Türblattfalzmaß in der Breite,
+2/-0 mm für das Türblattfalzmaß in der Höhe,
±1 mm für die lichte Zargenbreite im Falz und
+0/-2 mm für die lichte Zargenhöhe im Falz)
☐ Ist zur Prüfung der Höhensituation von Türen die Oberkante des fertigen Fußbodens bekannt?

Ausführen von Vollhölzern
☐ Sind die Vollhölzer so miteinander verbunden, dass ein Quellen und Schwinden möglich ist?
☐ Sind die einzelnen Schichten von verwendetem schichtverleimtem Vollholz aus der gleichen Holzart?
☐ Ist für Keilzinkenverbindungen die Zustimmung des Auftraggebers eingeholt worden?

Checkliste zur Abnahme

Tischlerarbeiten

☐ Sind bei bearbeiteten Vollhölzern die zulässigen Abweichungen in der Dicke gem. DIN 4073-1 eingehalten worden?

Absperren, Furnieren, Beschichten von Möbeloberflächen
☐ Sind sichtbar bleibende Schmalflächen furniert worden?
☐ Ist darauf geachtet worden, dass sich bei abgesperrten, furnierten, beschichteten Flächen keine Fugen und Unebenheiten abzeichnen dürfen?
☐ Sind die Fugen von Deckfurnieren und Beschichtungen dicht geschlossen und weisen keine ungeleimten Stellen auf?
☐ Sind Maserfurniere gegen Reißen gesichert?
☐ Entsprechen die Möbeloberflächen mindestens der niedrigsten Beanspruchungsgruppe?

Einbau
☐ Wurde die Abdichtung zwischen Außenbauteilen und Baukörper dauerhaft und schlagregendicht ausgeführt?
☐ Wurden Fugen auf der Rauminnenseite vollständig mit Dämmstoffen ausgefüllt?
☐ Sind die Hohlräume zwischen Zargen und Baukörper bei Wohnungsabschlusstüren vollständig mit Dämmstoff ausgefüllt worden?
☐ Wurden aushängbare Bauteile und Rahmen an unauffälliger Stelle als zusammengehörig dauerhaft gekennzeichnet?
☐ Wurden Bauteile, die vor der Montage endbehandelt sind, unsichtbar befestigt?
☐ Sind Bauteile, die nach dem Einbau einen deckenden Anstrich erhalten haben, sichtbar versenkt befestigt worden?

Fenster, Fensterbänke, Zwischenfutter, Fenster-/Türläden
- [ ] Sind die Profile wasserableitend gestaltet worden?
- [ ] Wurden Falzdichtungen auswechselbar in einer Ebene umlaufend und in den Ecken dicht ausgeführt?
- [ ] Mussten Falzdichtungen entfernt und wieder eingesetzt werden? (Besondere Leistung, wenn nicht als extra Position aufgeführt)
- [ ] Ist bei Holz-Alu-Fenstern auf den notwendigen Luftraum zwischen Holz und Alu geachtet worden?
- [ ] Wurden die Rahmenverbindungen bei Holzfenstern mit Schlitz/Zapfen ausgeführt und sind die Verbindungen vollständig verleimt?
- [ ] Sind Aluminiumrahmen von Holz-Alu-Fenstern an den Ecken mechanisch verbunden bzw. bei Kunststofffenstern verschweißt worden?
- [ ] Wurden die Sprossen aus Holz untereinander und mit dem Rahmen fachgerecht verbunden?
- [ ] Sind Glashalteleisten aus Holz genagelt worden?
- [ ] Wurden bogenförmige Rahmenhölzer aus mehreren Stücken hergestellt und mit Keilzinken oder Zapfen verbunden?
- [ ] Wurden Fensterbänke, Futter und Zwischenfutter durch konstruktive Maßnahmen gegen Verziehen und Verwerfen verbunden?
- [ ] Wurden die oberen Rahmenhölzer bei gestemmten Fenster- und Türläden durchgehend ausgeführt und die Vertikalen verdeckt gezapft?

Rahmentüren und Rahmentore, glatte Türen und glatte Tore, Futter, Zargen und Bekleidungen
- [ ] Wurden die Rahmenhölzer fachgerecht miteinander verbunden?

Checkliste zur Abnahme

Tischlerarbeiten

- ☐ Sind die Füllungen so befestigt worden, dass materialbedingte Maßänderungen keinen Schaden verursachen können?
- ☐ Wurden bei Futter, Zargen und Bekleidungen die Ecken fachgerecht miteinander verbunden?
- ☐ Wurde für Schwellen Hartholz verwendet?

Bekleidungen, Unterdecken, Vorsatzschalen, Trennwände

- ☐ Ist beachtet worden, ob spezielle Anforderungen an den Brand-, Schall-, Wärme- oder Strahlenschutz für Bauteile gestellt waren, welche in Trockenbauweise hergestellt wurden?
- ☐ Sind sichtbare Randwinkel, Deckleisten etc. an den Ecken stumpf gestoßen bzw. auf Gehrung geschnitten worden?
- ☐ Wurden einzubauende Dämmstoffe dicht gestoßen, abrutschsicher verlegt und an begrenzende Bauteile angeschlossen?
- ☐ Wurden Deckenbekleidungen nach DIN EN 13964:2014-08 hergestellt?
- ☐ Sind schalldämmende Vorsatzschalen nach dem vorgeschriebenem Schalldämmmaß ausgeführt worden?
- ☐ Wurden nichttragende Trennwände entsprechend DIN 4103-1 ausgeführt?
- ☐ Sind Holzwolle-Leichtbauplatten und Mehrschicht-Leichtbauplatten nach DIN 4108-10 und DIN EN 13168:2013-03 ausgeführt worden?

Einbauschränke

- ☐ Schließen Schubladen und Türen dicht und sind sie leicht gangbar?

Checkliste zur Abnahme

Tischlerarbeiten

- ☐ Wurden Laufflächen der Schubkastenseiten mit Laufstreifen aus Hartholz als handwerkliche Konstruktion oder gem. gesonderter Vereinbarung mit Teleskopauszügen ausgeführt?
- ☐ Laufen Schiebetüren in Führungen aus Hartholz als klassische handwerkliche Ausführung oder wurden Führungen aus Kunststoff oder Metall vereinbart und ausgeführt?
- ☐ Wurden Mindestdicken für Rückwände, eingeschobene Böden etc. (z. B. bei Sperrholz mindestens 6 mm, bei Holzspanplatten mindestens 8 mm) eingehalten? Oberflächenbehandlung
- ☐ Wurde beachtet, dass Hobelschläge nicht sichtbar sein dürfen und sichtbar bleibende Holzflächen gehobelt und geschliffen sein müssen?
- ☐ Wurde beachtet, dass Hölzer zu sperren sind, wenn deren Inhaltsstoffe dies erforderlich machen?
- ☐ Sind Hölzer nach einer ausreichenden Durchtrocknung feingeschliffen worden?
- ☐ Ist die Oberfläche des Holzes frei von ausgerissenen Stellen, ohne sichtbare Streifen und ohne Rückstände in den Poren?
- ☐ Sind furnierte Flächen frei von durchgeputzten oder durchgeschliffenen Stellen und ohne Leimdurchschlag?
- ☐ Wurden Außenbauteile vor dem Einbau und vor der Verglasung mit mindestens einem Grund- und Zwischenanstrich versehen sowie Wetterschutzschienen, Beschläge etc. nach dem ersten Zwischenanstrich angebracht?
- ☐ Sind Beizen gleichmäßig und ohne Pinselansätze und Streifen verteilt worden? (Helle Streifen, helle ungebeizte Poren etc. dürfen nicht sichtbar sein!)

- [ ] Sind Wachs und Mattine gleichmäßig aufgetragen worden? (Die Flächen dürfen nicht rau oder verschleiert sein und die Poren nicht verschlossen)
- [ ] Wurde beachtet, dass die polierte Fläche weder wellig noch verschleiert sein bzw. keinen grauen Schimmer aufweisen darf? (Die Poren müssen restlos geschlossen sein!)

Konstruktiver und chemischer Holzschutz
- [ ] Wurden die Vorgaben nach DIN 68800-2:2012-02 und DIN 68800-3:2012-02 beachtet?
- [ ] Sind die gewählten Holzschutzmittel mit den anderen Baustoffen verträglich?

Außenbauteile
- [ ] Ist die Abdichtung zwischen Außenbauteilen und Baukörper umlaufend, dauerhaft und schlagregendicht ausgeführt worden?
- [ ] Wurden die Fugen im Rauminneren vollständig mit Dämmstoffen ausgefüllt?
- [ ] Wurden bei Verwendung von Ortschäumen angrenzende Bauteile ausreichend geschützt?
- [ ] Sind Anschlussfugen innenseitig dauerhaft luftdicht abgedichtet worden?
- [ ] Wurden die Hohlräume zwischen Zargen und Baukörper bei Wohnungsabschlusstüren vollständig mit Dämmstoffen gefüllt?
- [ ] Sind aushängbare Bauteile und Rahmen an unauffälliger Stelle dauerhaft als zusammengehörig gekennzeichnet worden?

Verglasungsarbeiten

Geltungsbereich und Ausführung

Geltungsbereich
Die ATV DIN 18361 „Verglasungsarbeiten" ist auf das Verglasen von Rahmenkonstruktionen sowie rahmenlose Verglasungen, für die Montage von lichtdurchlässigen Kunststoffplatten und für Glaskonstruktionen anzuwenden.

Sie gilt nicht für Beschlagarbeiten nach ATV DIN 18357, das Verlegen von Glasdachziegeln nach ATV DIN 18338, das Verarbeiten von Glassteinen nach ATV DIN 18330 und hinterlüftete Außenwandbekleidungen nach ATV DIN 18351.

Ausführung
Bei der Prüfung hat der Auftragnehmer Bedenken geltend zu machen, wenn

- das ausgeschriebene Glas ungenügende Eigenschaften aufweist
- Verglasungen nicht den gesetzlichen oder bauaufsichtlichen Bestimmungen entsprechen,
- Rahmen, Pfosten, Riegel, Sprossen und Beschläge, v. a. im Verhältnis zum Gewicht der Scheiben und den Klotzungsstellen, keine ausreichende Festigkeit aufweisen,
- Rahmen ungenügend befestigt wurden,
- Halterungen und Klemmleisten für eine sichere Befestigung der Scheiben nicht geeignet sind,
- Glasauflageflächen Unebenheiten aufweisen,
- Glashalteleisten nicht abnehmbar sind,

- an Glashalteleisten und Rahmen die erforderliche Vorbereitung für die Befestigung nicht durchgeführt ist oder die Befestigungsmittel fehlen,
- an Rahmen die Glashalteleisten erst nachträglich angebracht werden können und die notwendigen Halteelemente zur Scheibensicherung fehlen,
- Glasfalze und Glashalteleisten ungenügend ausgebildet, bemessen und vorbehandelt wurden,
- die Glasfalzbreite bei gebogenen Scheiben nicht mindestens 20 mm größer als die Glasdicke ist oder
- bei Verglasungssystemen mit freiem Glasfalzraum Öffnungen zum Dampfdruckausgleich fehlen oder diese ungenügend bemessen sind
- die klimatischen Verhältnisse ungeeignet sind, z. B. wenn für Versiegelungsarbeiten Temperaturen unter 5 °C herrschen (erforderliche Schutzmaßnahmen sind Besondere Leistungen).

Verglasungsarbeiten sind nach TRLV „Technische Regeln für die Verwendung von linienförmig gelagerten Verglasungen" auszuführen.

Die DIN 18202 enthält keine Angaben zu Toleranzen. Auch ATV DIN 18361 enthält keine Angaben zu Toleranzen für die Ausführung.

Die folgenden Normen sind hinsichtlich der Stoffe und Bauteile zu berücksichtigen:

- DIN 1249-1:1986-09 – Flachglas im Bauwesen; Glaskanten; Begriff, Kantenformen und Ausführung

Geltungsbereich und Ausführung
Verglasungsarbeiten

- DIN EN 572:2012-11 – Glas im Bauwesen – Basiserzeugnisse aus Kalk-Natronsilicatglas – Teile 2 bis 7
- DIN EN 1036-1:2007 (Deutsche Fassung) – Glas im Bauwesen – Spiegel aus selberbeschichtetem Floatglas für den Innenbereich – Teil 1: Begriffe, Anforderungen und Prüfverfahren
- DIN EN 1096-1:2012-04 – Glas im Bauwesen – Beschichtetes Glas – Teil 1: Definitionen und Klasseneinteilung
- DIN EN 1096-4:2015-06 – Glas im Bauwesen – Beschichtetes Glas – Teil 4: Konformitätsbewertung/Produktnorm
- DIN EN 1279-1:2015-08 (Normentwurf) – Glas im Bauwesen – Mehrscheiben-Isolierglas – Teil 1: Allgemeines, Systembeschreibung, Austauschregeln, Toleranzen und visuelle Qualität
- DIN EN 1863-1:2015-03 (Normentwurf) – Glas im Bauwesen – Teilvorgespanntes Kalknatronglas – Teil 1: Definition und Beschreibung
- DIN EN 12150-1:2014-02 (Normentwurf) – Glas im Bauwesen – Thermisch vorgespanntes Kalknatron-Einscheibensicherheitsglas – Teil 1: Definition und Beschreibung
- DIN EN ISO 12543:2011 bzw. 2012 – Glas im Bauwesen – Verbundglas und Verbund-Sicherheitsglas – Teile 2, 5 und 6
- Für Einscheibensicherheitsglas mit Heißlagerungstest gilt zusätzlich die Bauregelliste A Teil 1 lfd. Nr. 11.13 – ESG-H

Verglasung von Rahmenkonstruktionen

Rahmenwerkstoffe

Holz
Für Fenster werden inländische und ausländische Holzarten verwendet, wobei heimische Holzarten vorzuziehen sind. Vor dem Setzen und den Verglasungsarbeiten sind die Fenster mit geeignetem Holzschutz zu versehen sowie mit einer Grund- und Zwischenbeschichtung als lasierendes Anstrichsystem oder Lackierung, abgestimmt auf die Holzart. Nach der Verglasung folgen eine weitere Zwischenbeschichtung und die Schlussbeschichtung.

Metall
Stahl
Für Fenster in Industriebauten werden Rahmen und Sprossen aus T- und Winkelstahl oder Fenstersprossenstahl hergestellt. Genormte Stahlprofile, welche mit Leichtmetallprofilen verkleidet werden, sind für Schaufensterrahmen erhältlich. Im Fensterbau werden teilweise spezielle Verbund- oder Isolierglasfensterprofile mit Leichtmetallprofilen verkleidet. Im Wohnungsbau werden Stahlfenster wegen der schlechten Wärmedämmwerte nur selten eingesetzt. Stahlfenster müssen mit ausreichend Korrosionsschutz beschichtet sein.

Aluminium
Aluminiumfenster haben eine lange Lebensdauer und sind eloxiert, einbrennlackiert und kunststoffbeschichtet erhältlich, werden allerdings wegen der schlechten Wärmedämmung im Wohnungsbau nicht mehr verwendet.

Wärmegedämmte Aluminiumfenster
Bei einer Vielzahl von Systemen, bei denen zwei Aluminiumprofile durch eine thermische Isolierung miteinander verbunden sind, ist der Wärmedurchgangswert deutlich abgesenkt und der U-Wert verbessert.

Alu-Holzfenster
Bei dieser Kombination werden Aluminiumprofile außen mittels Steck- oder Klebeverbindung auf die Holzrahmenteile aufgebracht.

Kunststoff
Selbsttragende Mehrkammerprofile haben Einkammersysteme mit Aussteifungsprofilen abgelöst. Des Weiteren sind kunststoffummantelte Holzprofile und Kombinationen von Kunststoffprofilen außen und Holzprofilen innen erhältlich.

Beton
Betonfenster und -rahmen werden nur vereinzelt eingesetzt, bspw. in Stallungen oder Lagerräumen.

Fensterkonstruktionen

Bei Außenverglasungen ist darauf zu achten, dass diese Windlasten nach DIN EN 1991-1-4 und DIN EN 1991-1-4/NA (Eurocode 1) aufnehmen können und regendicht sein müssen.

Einfachfenster – Isolierglasfenster
Einfachfenster wurden bis in das 19. Jahrhundert in Mitteleuropa verwendet. Bei herkömmlichen Einfachfenstern ist die offene Dichtstofffase außen angebracht. Bei Innenfenstern werden statt der Kittfase auch Glashalteleisten mit Dichtstoffvorlage verwendet.

Isolierglasfenster benötigen wegen des höheren Scheibengewichts und der optimalen Wärmedämmung größer dimensionierte Rahmenprofile und Fensterbeschläge mit höherer Tragkraft.

Kastenfenster
Bei Kastenfenstern, welche aus zwei unabhängigen Fensterrahmen bestehen, ist sowohl der Außenflügel als auch der Innenflügel mit Einfachverglasung ausgestattet. Beide Flügel lassen sich meist nach innen öffnen. In guter Ausführung weisen Kastenfenster einen besseren U-Wert auf als Fenster mit Einfachrahmen und Isolierverglasung. Isolierverglaste Einfachrahmen mit entsprechender Dimensionierung verfügen erst bei der Verwendung von Funktionsgläsern über bessere U-Werte. Bei Kastenfenstern ist es auch

möglich, entweder in den Innenflügel oder in Innen- und Außenflügel Isolierverglasung einzusetzen und dadurch eine Dreifach- oder Vierfachverglasung zu erhalten.

Verbundfenster
Außen- und Innenfenster sind mit Einfach- oder Isolierverglasung ausgerüstet und zu einer Fensterflügeleinheit verbunden, welche nur zu Reinigungszwecken getrennt wird.

Verglasung

- Unter dem Begriff Glasscheibe sind alle zur Anwendung kommenden Flachglasprodukte, Kunststoffplatten und Kunststoffelemente einzuordnen.
- Klotzung:
Durch die Klotzung zwischen der Scheibe und dem Falzgrund werden die Kräfte aus der Eigenlast der Scheibe an definierten Stellen in die Flügelrahmen abgeleitet und der Spielraum zwischen Falzgrund und Scheibenkante wird gewährleistet. Klötze müssen aus alterungsbeständigem und dauerhaft druckstabilem Material bestehen, weswegen entweder behandeltes Hartholz oder geeigneter Kunststoff mit entsprechender Härte verwendet wird. Durch Feuchtigkeits- oder Temperatureinwirkungen dürfen keine unzulässigen Veränderungen auftreten.
Die Funktion und Öffnungsart des Fensters ist ausschlaggebend für die Anordnung der Klötze.

Während Tragklötze das Gewicht der Verglasungseinheit auf die Rahmenkonstruktion ableiten, sichern Distanzklötze den Abstand zwischen Falzgrund und Glaskante. Klotzbrücken sichern den Dampfdruckausgleich bei ebenem Falzgrund und eine ausreichende Drainagierung.
Die Klötze müssen in der Breite der Gesamtdicke der Verglasungseinheit entsprechen. Die Klotzlänge richtet sich nach der Härte des Materials und nach dem Gewicht der Verglasungseinheit, sollte jedoch nie weniger als 50 mm betragen und liegt i. d. R. bei 80 mm. Der Mindestabstand zwischen Glaskante und Falzgrund beträgt 3 mm und ist maßgebend für die Dicke der Klötze.
Der Abstand des Klotzes von den Ecken der Glaseinheit sollte i. d. R. eine Klotzlänge betragen, kann jedoch bis auf 2 cm verringert werden, sofern es die Einbausituation erlaubt. Die Tragklötze sind bei schweren Glaseinheiten über die Maueranker zu setzen. Die technische Richtlinie des Glaserhandwerks Nr. 3 „Klotzung von Verglasungseinheiten" ist zu beachten.

- Glashalterung:
Um die Lage der Glasscheibe in der Rahmenebene sicherzustellen, werden Glashalterungen angebracht. Bei Einfachverglasungen mit offener Dichtstofffase ist auf eine ausreichende Befestigung zu achten. Glashalteleisten sind grundsätzlich bei Scheibenflächen über 1,5 m² anzubringen.

- Abdichtung:
Die Ausführung der Glasfalze, der Einbau der Verglasungseinheit und die Abdichtung zwischen Verglasungseinheit und Rahmen werden unter dem Begriff Abdichtung zusammengefasst.

Abhängig vom Verglasungssystem und von der entsprechenden Beanspruchungsgruppe ist zwischen der Nassverglasung mit Dichtstoff, z. B. Acrylmassen, Silikon oder Leinölkit; und der Trockenverglasung mit vorgeformten Dichtprofilen zu wählen.

Glasarten

Mehrscheiben-Isolierglas

Aus zwei oder mehreren gleich- oder ungleichartigen Glastafeln hergestellte Mehrfachscheiben werden durch einen hermetisch abgeschlossenen Zwischenraum voneinander getrennt, welcher mit Trockenluft oder einem Spezialgas gefüllt ist. Isolierglas mit organisch geklebtem Randverbund wird unterschieden in Isolierglas mit einer und mit zwei Dichtungsebenen.

Als innere Dichtung, die der Abdichtung des Scheibenzwischenraums gegen eindringenden Wasserdampf dient, wird der perforierte und mit Trockenstoff gefüllte Abstandhalter mit einem dauerplastischen Dichtstoff auf der Basis von Butyl nahtlos beschichtet. Der Hohlraum über dem Abstandhalterrahmen wird bis zur Scheibenkante zusätzlich mit dauerelastischem Dichtstoff, z. B. Thiokol, gefüllt. Die Randversiegelung hat folgende drei Aufgaben zu erfüllen:

- Damit der Zusammenhalt der Scheiben gewährleistet ist, muss eine mechanische Verbindung der beiden Scheiben hergestellt sein.

- Die mechanische Beanspruchung durch thermische Beeinflussung muss aufgenommen und ausgeglichen werden.
- Der Scheibenzwischenraum ist luftdicht zu schließen, sodass in den Zwischenraum möglichst wenig Feuchtigkeit, insbesondere in Form von Wasserdampf eindringen kann.

Zweifach-Isolierglas mit Wärmedämmbeschichtung

Durch die Wärmedämmbeschichtung aus Metall, welche als Dreifach-Schichtsystem im Vakuumverfahren aufgebracht wird, kann der U-Wert von Isolierglaseinheiten gegenüber konventionellem, unbeschichtetem Isolierglas reduziert werden. Wird die Breite des Scheibenzwischenraums von bspw. 12 auf 14 bis 16 mm erhöht und der Scheibenzwischenraum mit dem Edelgas Argon oder Krypton gefüllt, ist eine weitere Verbesserung des U-Werts möglich.

Es ist darauf zu achten, dass die mit der Wärmedämmbeschichtung versehene Scheibe der Isolierglaseinheit raumseitig eingebaut wird.

Folgende technische Anforderungen müssen an ein Wärmeschutz-Isolierglas gestellt werden:

- neutrale Durch- und Außenansicht
- U_g -Wert $\leq 1,8$ W/(m²K)
- Lichtdurchlässigkeit ≥ 60 %
- Gesamtenergiedurchlassgrad g ≥ 55 %

Dreifach-Isolierglas

Dieses besteht aus drei parallel angeordneten Scheiben, wobei der Abstand zwischen 6 und 12 mm liegt. Dadurch kann der Wärmedurchlasswiderstand gegenüber einer Zweifach-Isolierglasscheibe verdoppelt werden. Werden die Scheibenzwischenräume mit Edelgas gefüllt und zwei mit Wärmeschutz beschichtete Gläser verwendet, kann ein U-Wert von 0,5 W/m^{2}K bei einem Scheibenzwischenraum von 2 x 12 mm erreicht werden. Damit verfügen Dreifach-Isolierglasscheiben über einen erhöhten Wärmeschutz. Der Vorteil hierbei liegt in der farbneutralen Durch- und Außenansicht. Als Nachteil können das hohe Scheibengewicht, das höhere Kondensationsrisiko und die Größenbegrenzung gesehen werden.

Drahtglas

Das „Gefüge" der Scheibe bleibt beim Bruch durch die eingelassene Drahteinlage weitgehend erhalten und Glassplitter werden gebunden. Dadurch wird die Verletzungsgefahr reduziert. Drahtglas wird aus diesem Grunde v. a. im Tür- und Brüstungsbereich eingesetzt und ist als Float- und als Gussglas weiß und farbig erhältlich. Da sich Gussgläser mit Drahteinlage bei hoher Temperaturbelastung partiell aufheizen können, besteht im Verbund mit Isolierglas deshalb Spannungsbruchgefahr. Der Einsatz von Drahtgläsern im Isolierglasverbund ist zu vermeiden. Werden solche Scheiben dennoch eingesetzt, ist darauf zu achten, dass die Gegenscheibe immer dünner, jedoch maximal gleich dick ist.

Verglasung von Rahmenkonstruktionen
Verglasungsarbeiten

Einscheibensicherheitsglas (ESG)
Durch thermisches Behandeln des Glases wird eine Vorspannung des Glases erreicht. Floatglasscheiben werden rasch gleichmäßig erhitzt und anschließend zügig durch Abblasen mit kalter Luft abgekühlt. Im Gegensatz zu normalem Floatglas, bei dem scharfkantige, dolchartige Glassplitter und Glasscherben im Falle eines Bruchs entstehen, wird die Verletzungsgefahr beim Bruch von ESG erheblich durch das engmaschige Netz von kleinen, meist stumpfkantigen Glaskrümeln verringert.

ESG zeichnet sich zusätzlich durch erhöhte Schlagfestigkeit, erhöhte Temperaturwechselbeständigkeit und erhöhte Biegezugfestigkeit aus. Deswegen kann ESG sehr vielseitig eingesetzt werden. ESG ist nach DIN 18032, Teil 1 und 3 wegen Ballwurfsicherheit im Sportstättenbau einsetzbar, aus Sicherheitsgründen zur Vermeidung von Verletzungsgefahr im Schul- und Kindergartenbau sowie für Türen, Türanlagen, Treppenaufgänge und Trennwandverglasungen im Wohn- und Verwaltungsbau.

Emailliertes Glas
Als Weiterentwicklung von ESG werden auf ganze Scheiben oder auch nur auf Teilflächen während des Härtevorgangs im Härteofen Emailschichten auf die Oberfläche aufgeschmolzen. Diese Schichten können unterschiedlichen Anforderungen gerecht werden wie

- Sonnenschutz,
- kratzfeste Oberfläche,
- farbige Gestaltung und
- künstlerische Gestaltung.

Sonnenschutzgläser werden vielfach mit emailliertem Muster, z. B. Punkte, Raster u. Ä., eingesetzt. Für die Farbgestaltung können alle Glasurfarben eingesetzt werden und für die künstlerische Gestaltung kann außerdem mehrmalig emailliert werden.

Verbundsicherheitsglas (VSG)
Zwei oder mehrere übereinanderliegende Floatscheiben werden durch eine oder mehrere Folien fest miteinander verbunden. Die glasübliche Durchsicht bleibt dabei erhalten.

Da Verbundsicherheitsglas splitterbindend ist, bleiben beim Glasbruch die Bruch- und Splitterstücke auf der Folie haften und die Verletzungsgefahr wird erheblich gemindert. Auch die aktive Sicherheit ist deutlich erhöht, weil die zähelastische Folie zusätzlich das Durchdringen des gesamten Elements erschwert. Werden mehrere Scheiben und verschieden dicke Polyvinylbutyral-Folien kombiniert, sind VSG-Scheiben je nach Aufbau einbruch-, beschuss- oder durchwurfhemmend.

Ein wesentlicher Vorteil gegenüber ESG-Scheiben ist, dass VSG-Scheiben auch nach teilweiser Zerstörung noch ausreichend Schutz bieten, weil beim Glasbruch die Polyvinylbutyral-Folie üblicherweise intakt bleibt, während dagegen ESG-Scheiben sich im Schadensfall in kleine „Glaskrümel" auflösen und in sich zusammenfallen.

Aufgrund der Standfestigkeit und der Splitterbindung werden VSG-Scheiben wie nachfolgend aufgeführt eingesetzt:

Angriffshemmende Gläser nach DIN EN 356 und DIN EN 1063:

Diese bestehen aus Glas und/oder Kunststoff, sind ein- oder mehrschichtig aufgebaut und dienen neben dem Personenschutz auch dem Sach- und Objektschutz, z. B. EDV-Anlagen, Geschäfte, Kraftwerke. Die Verglasung wird mit aufsteigenden Nummern und dem Buchstaben P sowie einem zusätzlichen Kennbuchstaben gekennzeichnet. Die Kennbuchstaben wurden nach DIN 52290 wie nachfolgend dargestellt unterteilt in:

Kennbuchstabe	Zuordnung
A	durchwurfhemmende Verglasung
B	durchbruchhemmende Verglasung
C	durchschusshemmende Verglasung
D	sprengwirkungshemmende Verglasung

Tab. 87: Kennbuchstaben nach DIN 52290/DIN EN 356

Alle Gläser, die für angriffshemmende Verglasung eingesetzt werden, sind mehrscheibig aufgebaut. Der Verbund der Scheiben wird durch mehrere Kunststofffolien in verschiedener Stärke oder durch Gießharze hergestellt. Die Bezeichnung „Panzerglas" wird für einen mindestens 25 mm dicken Aufbau mit wenigstens vier Scheiben verwendet.

Durchwurfhemmende Gläser:

Nach DIN EN 356 wird zwischen fünf Widerstandsklassen P1A bis P5A unterschieden. Die Norm ersetzt DIN 52290-4, nach der die Widerstandsklassen A1 bis A3 und DH 4 für den Einbruchschutz im privaten Wohnbereich unterschieden wurden.

DIN 52290-04:1998-11			DIN EN 356	
Widerstandsklasse gegen Durchwurf	Anwendungsbereiche	Fallhöhe in m	Widerstandsklasse gegen Durchwurf nach DIN EN 356	Fallhöhe in m
A 1	Ein- und Mehrfamilienhäuser in Siedlungen	3,5	P 1 A	1,5
A 2	abseits gelegene Gebäude mit privater Nutzung	6,5	P 2 A	3,0
A 3	Wohnhäuser mit hochwertiger Einrichtung sowie Häuser in Einzellage	9,5	P 3 A	6,0
DH 4	Villen, besonders gefährdete Objekte	12,5	P 4 A	9,0
			P 5 A	9,0 (9 Kugelabwürfe)

Tab. 88: Widerstandsklassen durchwurfhemmender Gläser – Gegenüberstellung DIN 52290-04:1998-11/DIN EN 356

Durchbruchhemmende Gläser

Es werden meist Äxte und Hämmer als Einbruchswerkzeug verwendet. Dieser Anforderung muss durchbruchhemmendes Glas Stand halten. Entsprechend der Prüfung über die Anzahl der Schläge wird das Glas nach DIN EN 356 in die Widerstandsklassen P6B bis P8B unterteilt. Die Norm ersetzt DIN 52290-3, in der die Widerstandsklassen B1 bis B3 unterschieden wurden.

Widerstandsklasse		Anzahl der Schläge	Anwendungsbereiche
DIN 52290	DIN EN 356		
B 1	P 6 B	30 bis 50 Schläge	Apotheken, Rechenzentren
B 2	P 7 B	51 bis 70 Schläge	Galerien, Museen
B 3	P 8 B	≥ 70 Schläge	Juweliere, Kürschner, Justizvollzugsanstalten

Tab. 89: Widerstandsklassen durchbruchhemmender Gläser – Gegenüberstellung DIN 52290-03:1984-06/DIN EN 356:2000-02

Durchschusshemmende Gläser

Weil der Gebrauch von Schusswaffen ständig zunimmt, werden in verschiedenen Bereichen verstärkte Schutzmaßnahmen erforderlich.

Diese „Panzergläser" bieten höchste Sicherheit und werden nach DIN EN 1063:2000-01 durch dreimaliges Beschießen der Prüfscheibe geprüft und in die Widerstandsklassen BR 1 bis BR 7 sowie SG 1 und SG 2 eingeteilt, jeweils gegliedert in „splitterfrei" NS und „Splitterabgang" S. Die Norm ersetzt DIN 5229-2, welche in die Beanspruchungsklassen C 1 bis C 5 unterteilt hat und außerdem in

- raumseitig splitterfreie Gläser (SF) und
- Gläser mit raumseitigem Splitterabgang (SA).

Beanspruchungsklasse nach	Kaliber	Geschossart
DIN EN 1063 / DIN 52290-2		
BR 1(S/NS) / -	22 LR	Blei/Rundkopfgeschoss
BR 2(S/NS) / C 1	9 mm x 19 Pistole	Vollmantel-Rundkopfgeschoss mit Weichkern
BR3(S/NS) / C 2	357 Magnum Revolver	Vollmantel-Kegelspitzkopfgeschoss mit Weichkern
BR4(S/NS) / C 3	44 Magnum schwerer Revolver	Vollmantel-Flachkopfgeschoss mit Weichkern
BR 5(S/NS) / -	5,56 x 45	Vollmantel-/Spitzkopfgeschoss/ Weichkern mit Stahleinlage
BR6(S/NS) / C 4	7,62 mm x 51 Natogewehr Standardmunition	Vollmantel-Spitzkopfgeschoss mit Weichkern
BR7(S/NS) / C 5	7,62 mm x 51 Natogewehr Sondermunition	Vollmantel-Spitzkopfgeschoss mit Hartkern
SG 1(S/NS [1]) / -	Flinte 12/70	Brenneke
SG 2(S/NS) / -	Flinte 12/70	Brenneke

[1] Prüfung durch einmaligen Beschuss

Tab. 90: Beanspruchungsklasse durchschusshemmende Gläser nach DIN EN 1063:2000-01 und DIN 52290-2:1988-11

Sprengwirkungshemmende Gläser

Diese werden nach DIN EN 13541:2012-06 in die Klassen ER 1 bis ER 4 eingeteilt und entsprechen damit den höchsten Anforderungen. Die Norm ersetzt DIN 52290-5, wonach die Gläser in die Klassen D1 bis D3 eingeteilt wurden und D 1 mit ER 2, D 2 mit ER 3 und D3 mit ER 4 vergleichbar ist.

Verglasung von Rahmenkonstruktionen

Verglasungsarbeiten

Widerstandsklasse gegen Sprengwirkung nach DIN EN 13541	maximaler Druck pr [kPa]	Widerstandsklasse gegen Sprengwirkung nach DIN 52290-5	positiver Maximaldruck pr der reflektierten Druckwelle ± 5 % [bar]
ER 1	≥ 50 < 100		
ER 2	≥ 100 < 150	D 1	0,5
ER 3	≥ 150 < 200	D 2	1,5
ER 4	≥ 200 < 250	D 3	2,0

Tab. 91: Widerstandsklassen gegen Sprengwirkung nach DIN EN 13541:2012-06 und DIN 52290-5:1987-12

Alarmgläser

Diese Gläser werden immer in Kombination mit angriffshemmenden Verglasungen eingesetzt. Das einfachste Alarmglas weist die Voraussetzungen des durchwurfhemmenden Glases A1 auf.

Es stehen zwei Systeme zur Verfügung, welche das gleiche Funktionsprinzip aufweisen. Der Stromfluss wird durch den Bruch der Scheibe unterbrochen und der Alarm ausgelöst.

- Alarmdrahteinlage:
  Ein dünner Feinsilberdraht mit 0,1 mm befindet sich in der Verbundschicht der VSG-Einheit. Der Anschluss an die örtliche Alarmanlage kann auf zweierlei Weise erfolgen. Beim Flächenanschluss befinden sich die Anschlusslitzen außerhalb des Falzes am Rand der dem Raum zugekehrten Glasoberfläche.

Beim Randanschluss erfolgt der Anschluss im speziell ausgeformten Falzbereich und ist nach der Verglasung nicht mehr zugänglich. Es ist auf ausreichende Isolierung zum Rahmen zu achten.
Weil die Drahteinlage in der Durchsicht sehr störend wirkt, wurde ein System ohne diesen Nachteil entwickelt.
- Alarmsystem mit eingebrannter Leiterschleife:
Als Außenscheibe der VSG-Einheit wird eine vorgespannte Glasscheibe verwendet. An einer Ecke der ESG-Einheit wird bei der Herstellung eine Leiterschleife aufgebracht und anschließend mit einer Floatglasscheibe vollflächig verklebt, wobei die Ecke mit der Leiterschleife ausgespart bleibt. Bei einer Zerstörung der ESG-Scheibe löst sich der nicht verklebte Bereich der Leiterschleife, die Verbindung wird unterbrochen und der Alarm ausgelöst.

Beim Einbau von angriffshemmenden Gläsern sind folgende Punkte zu beachten:

- Für einbruch- und durchschusshemmende Verglasungen wird i. d. R. die Stärke der Einheit als Falzhöhe genommen. Die Mindestfalzhöhe beträgt 18 mm.
- Zwischen Scheibenkante und Falzgrund beträgt der Spielraum 5 mm.
- Die Klotzung erfolgt nach den Klotzungsrichtlinien.
- Die Scheibe muss, abgesehen von der Dichtfuge, auf dem gesamten Glaseinstand auf dem Vorlegeband aufliegen.
- Auf ausreichende Drainagierung ist zu achten.
- Zur Abdichtung dürfen nur VSG-geeignete Dichtstoffe verwendet werden.

Teilvorgespanntes Glas (TVG)
Die Eigenschaften von ESG hinsichtlich der Schlagfestigkeit sind kombiniert mit einer wesentlich einfacheren und kostengünstigeren Herstellung. Das Bruchbild von TVG ist gekennzeichnet durch stumpfe lange Scherbenstücke, weswegen TVG vornehmlich bei der Herstellung von VSG rauminnenseitig verwendet wird.

Brandschutzglas der Feuerwiderstandsklasse „G" und „F"
Brandschutzverglasungen werden nach den Feuerwiderstandsklassen G bzw. F unterschieden. Nach der europäischen Normung entspricht die deutsche Klasse G der Klasse E und die deutsche Klasse F entspricht EI. Nach DIN EN 13501 (DIN 4102) und DIN EN 13501-2 wird folgendermaßen unterschieden:

- E (G): Der Raumabschluss wird gegenüber Feuer, Rauch und heißen Gasen geschützt.
  - Drahtglas mit punktgeschweißter Drahtnetzeinlage (bis G 60)
  - Einscheibensicherheitsglas (G 30)
    spezielle ESG-Kombinationen aus zwei oder drei ESG-Einheiten (bis G 60)
  - Thermisch vorgespanntes Borosilikat, wie Pyran (Schott Glaswerke), erfüllt bei einer Dicke von 6 mm die Klasse G 60 und bei einer Dicke von 8 mm G 120.
  - Glaskeramik (G 120)
  - Profilbauglas (G 30)
  - Glasbausteine (G 60)

- EW (bisher nicht klassifiziert): Der Raumabschluss wird gegenüber Feuer, Rauch und heißen Gasen gesichert und ein reduzierter Durchgang der Wärmestrahlung wird geboten.
- EI (F): Der Raumabschluss gegenüber Feuer, Rauch und heißen Gasen wird gewährleistet und zusätzlich wird eine thermische Isolation bewirkt.
  - Glasverbund mit Gelschicht (z. B. Contraflam), bestehend aus zwei 6 mm starken ESG-Scheiben und Gel mit Salzlösung im Scheibenzwischenraum (bis F 90)
  - Glasverbund aus Alkalisilikat (z. B. Pyrostop) aus vier Scheiben mit 3 mm starkem Floatglas und drei Zwischenschichten aus Alkalisilikat zu je 1,5 mm (F 30 bis F 90)

Beim Einbau von Brandschutzverglasungen sind folgende Punkte zu beachten:

- Dichtstoffe werden aufgrund ihrer Zusammensetzung unterschieden in
  - schwerentflammbar und
  - normalentflammbar.
- G-Verglasungen
  - Die Falzhöhen sind von der Feuerwiderstandsdauer abhängig und liegen zwischen 18 und 31 mm.
  - Es dürfen nur unbeschädigte Glasscheiben eingebaut werden.
  - Es sind spezielle, schwerentflammbare Klötze zu verwenden.

- Schwerentflammbare Vorlegebänder aus keramischer Faser und schwerentflammbares Acetatsilikon bzw. schwerentflammbares Dispersionsacrylat sind zur Abdichtung zu verwenden.
- Auf ausreichenden Anpressdruck der Vorlegebänder muss geachtet werden.
- Vorlegebänder aus keramischer Faser eignen sich neben Mineralwolle als Hinterfüllmaterial.
- Erst nach ca. sechs Wochen wird die volle Funktionsfähigkeit beider Dichtstoffe erreicht.
- F-Verglasungen
  - Je nach Feuerwiderstandsdauer liegen die Falzhöhen zwischen 20 und 40 mm.
  - Es dürfen nur unbeschädigte Elemente eingebaut werden.
  - Wärmedämmende, nicht brennbare Materialien sind zur Hinterfüllung des Falzgrunds zu verwenden.
  - Herkömmliche Vorlegebänder und Dichtstoffe werden zur Abdichtung verwendet.

Strahlenschutzgläser

Um Daten vor unerlaubtem Zugriff oder Vernichtung zu bewahren oder Menschen vor unerwünschten und krankmachenden Auswirkungen zu schützen, werden verschiedene Spezialausführungen von Gläsern verwendet, welche z. B. spezielle Beschichtungen oder eine veränderte Glaszusammensetzung aufweisen.

- Radarstopp
 Es wird eine weitgehende Ausschaltung von reflektierenden Radarsignalen der Glasflächen, die sich in der Nähe von Flughäfen und Einflugschneisen befinden und sich auf den Bildschirmen der Fluglotsen als Phantomziele darstellen, erreicht.
- Datastopp
 Elektromagnetische Strahlung wird dadurch wirksam abgeschirmt. Die Abschirmung ist auch für Rahmen und Wände erforderlich. Die Schutzwirkung dient sowohl Menschen als auch Daten. Datenverlust durch unzulässiges Kopieren von außen oder Vernichtung durch Störsignale von starken Hochfrequenzsendern kann verhindert werden.

Verglasung, Klotzung, Luft- und Regendichtheit

Verglasungsarbeiten sind nach TRLV „Technische Regeln für die Verwendung von linienförmig gelagerten Verglasungen" auszuführen.

Einfache Fensterverglasung
- Verglasung mit offener Dichtstofffase
 Neu- oder Reparaturverglasungen werden teilweise noch mit offener Dichtstofffase durchgeführt.
 Die Mindestfalzhöhe beträgt 12 mm bei Gläsern bis zu einer Nenndicke von 4 mm. Bei dickeren Gläsern wird zum Grundwert 11 mm die Scheibendicke addiert. Die

Dichtstofffase kann mit einer Neigung von 45° hergestellt werden und sollte nach Fertigstellung um maximal 2 mm schmäler als die Falzhöhe sein.

Nach dem Einlegen der Glasscheibe und dem Verklotzen entsprechend der Öffnungsrichtung des Fensters werden Glasstifte parallel zur Scheibe im Abstand von ca. 30 cm untereinander und mit ca. 10 cm Abstand von den Ecken angebracht. Eingebohrte Stifte werden bei Metall- oder Betonfenstern verwendet.

- Verglasung mit Glashalteleisten
Die Gesamtfalzbreite sollte bei Holzfenstern mindestens 14 mm betragen, damit neben den Dichtstoffvorlagen und der Verglasungseinheit ausreichend Auflagebreite für die Glashalteleiste bleibt. Die Dichtstoffvorlage wird bei Holz beidseitig mit 3 mm, bei Metall und Kunststoff beidseitig mit 4 mm ausgeführt.

- Verglasung mit Glashalteleisten und Versiegelung
Nach der Reinigung des Falzes und der Glashalteleisten sowie ggf. dem Auftrag eines Primers ist eine Wartezeit zum Ablüften einzuhalten. Anschließend ist das Vorlegeband entsprechend der Dicke der Dichtstoffvorlage in den Falz und auf die Glashalteleisten aufzukleben. Nach dem Einlegen der Scheibe und dem Klotzen werden die Glashalteleisten befestigt. Das Einbringen des Dichtstoffs muss blasenfrei erfolgen. Der Fugenquerschnitt ist vollsatt zu füllen und abschließend abzuziehen. Die untere Dichtfuge sollte eine Schräge von 15° aufweisen.

- Reparaturverglasung
Der Dichtstoff muss vollständig entfernt werden. Schadhafte Fenster sind auszubessern und bei Holzfenstern ist ggf. der Falzbereich zu grundieren.

Isolierverglasung

Durch eine sachgerechte Verklotzung, eine fachgerechte Abdichtung zwischen Rahmen und Verglasungseinheit und eine ausreichende Befestigung der Glashalteleisten wird sichergestellt, dass keine mechanischen Spannungen im Element zu Schäden an der Verglasungseinheit führen.

- Glasfalz
  Die Mindestfalzhöhe beträgt 18 mm. Berechnet wird die Mindestfalzhöhe aus der Summe des Grundwerts mit 12 mm und der halben Summe der Nenndicken in mm. Die Glashalteleisten werden außer bei Schaufenster- und Feuchtraumverglasung raumseitig angebracht. Die Klötze sollen um etwa 2 mm breiter als die Verglasungseinheit sein. Systembezogene Klotzungsrichtlinen der Hersteller sind zu beachten. Der Dampfdruckausgleich darf nicht behindert werden und die Lage der Klötze ist dauerhaft zu sichern.
- Maßnahmen zum Dampfdruckausgleich
  Damit das im freien Falzraum entstehende Kondensat zuverlässig nach außen abgeführt werden kann, sind im unteren Falzbereich mindestens drei Entwässerungsöffnungen und weitere Öffnungen im oberen Eckbereich vorgesehen.

  Die Klotzung und das Vorlegeband dürfen den Dampfdruckausgleich nicht behindern. Zur Überbrückung von Nuten im Falzgrund sind Klötze oder bei glattem Falzgrund Klotzbrücken zu verwenden.

  Die Dichtstoffe müssen mit allen in direkten oder indirekten Kontakt kommenden Materialien verträglich sein. Es dürfen nur plastische, elastische, formbare oder vorgeformte Dichtstoffe und Dichtprofile verwendet werden.

Wird Isolierglas in Holzrahmen und mit plastischem Dichtstoff vollsatt ausgefülltem Falzraum verglast, stehen folgende Varianten zur Verfügung:

- innen vollsatt ausgefüllter Falzraum und außenseitige Versiegelung
- beidseitige Versiegelung

Feuchtraumverglasung

Diese Verglasungen werden in Räumen mit extrem hoher Luftfeuchtigkeit und bei Hallenbädern ausgeführt. Es werden v. a. Funktionsisoliergläser verwendet, wobei besonders auf die Ausführung der Abdichtung zu achten ist.

Auf Rahmenmaterial und Dichtstoff wirken die hohe Luftfeuchtigkeit, eine evtl. höhere Lufttemperatur sowie die in der Luft und in der Luftfeuchtigkeit enthaltenen Chemikalien aggressiv ein. Auf die Verglasung wirkt raumseitig ein großer Wasserdampfdruck ein. Wenn Wasserdampf in den Falzraum gelangt, wird der Randverbund des Isolierglases stark beansprucht, was zu einer raschen Zerstörung führt.

- Verglasungssystem mit vollsatter Falzhinterfüllung:
  Das Hinterfüllen mit elastischen Dichtstoffen erfolgt vollsatt und sorgfältig ohne Lufteinschlüsse nach dem Abschluss der Vorarbeiten, dem Einsetzen des Isolierglases und der Klotzung entsprechend der Klotzungsrichtlinien. Bereits vor dem Einsetzen des Elements sind eventuelle Profilierungen und Nuten im Rahmenmaterial vollsatt auszufüllen. Nach der Befestigung der Glashalteleisten ist die Dichtstofffuge mit fungizidem bzw. geeignetem Dichtstoff auszufüllen.

- Verglasungssystem mit dichtstofffreiem Falzgrund:
Von der Raumseite her muss der Rahmen völlig dicht sein, auf optimale Entwässerung und Dampfdruckausgleich im Falzgrund ist zu achten und vor der Verglasung sind Stoßfugen ausreichend abzudichten.
Die Verglasung wird entsprechend mit beidseitiger Versiegelung von Isolierverglasung ausgeführt, wobei auch hier die Hinterfüllung der Versiegelungsfuge vollsatt mit geeigneten Dichtstoffen erfolgen soll.
- Verglasungssystem mit Dichtprofilen:
Es ist auf besonders guten Dampfdruckausgleich nach außen zu achten. Durch entsprechend tieferliegende Nuten oder Klotzbrücken sind Wasseransammlungen wie beim Verglasungssystem mit dichtstofffreiem Falzgrund zu verhindern. Werden raumseitig Glashalteleisten angebracht, sind diese durch geeignete Maßnahmen an Stößen und Auflagerflächen abzudichten.
- Vorgeformte Dichtungsbänder mit Vlies sind als zusätzliche Maßnahme zu empfehlen, um einen direkten Angriff von Feuchtigkeit oder aggressiven Stoffen auf den Randverbund zu verhindern.

Schaufensterverglasung

Für die Verglasung stehen Floatglas ab 6 mm Stärke oder Isolierglas zur Verfügung. Für Geschäfte mit hochwertigen Ausstellungsstücken (z. B. Juweliere etc.) sind alarmgebende, durchbruchhemmende oder einbruchhemmende Verglasungen zu verwenden.

Folgende Grundlagen sind zu beachten:

- Entsprechend der Glasgröße und Glasstärke werden die Glasfalzhöhe und Glasfalzbreite ermittelt.

- Die erforderliche Glasstärke wird aufgrund der Gegebenheiten ermittelt (Windanfälligkeit etc.).
- Die Klötze sollen etwa 5–10 % der Scheibenbreite von der Scheibenkante nach innen gesetzt werden und über fest im Mauerwerk verankerten Teilen liegen. Die Klotzlänge richtet sich nach dem Scheibengewicht und ihrer Lastaufnahme.
- Die Höhe der Klötze richtet sich nach der Falzhöhe und den zur Verwendung kommenden Glasprodukten.
- Die Auflagefläche des Glases beträgt i. d. R. mindestens zwei Drittel der Falzhöhe, der Rest ist der Scheibenabstand vom Rahmenmaterial.
- Glashalteleisten sind unbedingt anzubringen.
- Elastische Dichtstoffe sind zur Abdichtung anzubringen, wobei die Dichtstoffquerschnitte einzuhalten sind.
- Stabilisierungen sind für großflächige und extremen Belastungen ausgesetzte Verglasungen notwendig.
- Verklebungen dürfen nur mit geeignetem Glasklebestoffen (Glaszement, Silikon) ausgeführt werden. Cyanacrylat-Klebstoffe und UV-Kleber sind ungeeignet.

Überkopfverglasungen – Dachverglasungen
Glasarten
Bis zu einer Neigung von 60° dürfen nur splitterbindende Glasarten verwendet werden, wobei die Abmessungen in den Breiten zwischen 60 und 125 cm und in den Längen zwischen 250 bis 300 cm liegen sollen.

- Drahtglas, Drahtspiegelglas:
  Dies ist hauptsächlich nur für Einfachverglasungen anwendbar und nur bei geeigneten Maßnahmen als Zweifachverglasung einzusetzen.

- Verbundsicherheitsglas (VSG):
  VSG-Scheiben sind anwendbar als Einfach- und Doppelverglasung und werden wegen der vielseitigen Möglichkeiten als die idealen Gläser für Überkopfverglasungen angesehen.
- Isolierglas:
  Splitterbindendes Glas muss für die innere Scheibe verwendet werden, für die äußere kann wahlweise Floatglas, Gussglas oder ESG verwendet werden. Gegen Hagelschlag und sonstige mechanische Beanspruchung bietet ESG eine wesentlich höhere Sicherheit.

Verglasung mit Kitt

Vor allem bei älteren Verglasungen bzw. bei Einfachverglasungen ist diese Ausführung zu finden. Ein T-Stahlprofil mit ausreichendem Korrosionsschutzanstrich als Grundlage ermöglicht eine Falzhöhe von 18 mm und eine Falzbreite von mindestens 30 mm.

Die Dichtstoffvorlage soll mit mindestens 4 mm ausgebildet werden und der Zwischenraum zwischen Glas und Rahmen ist vollsatt mit Dichtstoff zu füllen.

Die Deckfase in dreieckiger Form ist mit einer maximalen Kantenlänge von 30 mm herzustellen. Die Scheibenüberlängen sollen mindestens 4 cm betragen. Die obere Glasscheibe ist im Kittbett gegen Abrutschen zu sichern.

Verglasung mit Dichtbändern

Für Neu- und Reparaturverglasungen werden spezielle Dichtungsbänder mit Vlies verwendet. Anstelle der Dreiecks-Deckfase wird das Dichtungsband fest an das Stahlprofil und die Glasoberfläche angepresst. Die Haftfläche soll 20 mm betragen. Das Dichtungsband wird bei undichten Altverglasungen über die gesäuberte alte Abdichtung gelegt und fest angepresst. Das Dichtungsband ist überstreichbar.

Verglasung mit vorgeformten Dichtprofilen
Gegenüber der Nassverglasung hat sich diese Verglasungsart aufgrund der einfacheren Verlegung und Handhabung durchgesetzt. Die Glasauflage sollte etwa zwei Drittel der Falzhöhe betragen. Die Glasscheiben sind nach dem Einlegen ausreichend gegen Abrutschen zu sichern. Der Kontakt zwischen Glaskante und Sprossenmaterial ist durch das Einbringen von Distanzklötzen aus nicht verrottbarem, witterungsbeständigem Material zu verhindern. Die Abdeckprofile werden durch Schrauben oder Klemmen befestigt.

Verglasung von Isolierglas
Für die Verglasung von Isolierglas stehen, wie bei der Einfachverglasung, eine Vielzahl von Sprossenformen und Ausführungen zur Verfügung. Die Ausführung der Verglasung erfolgt hauptsächlich als Trockenverglasung.

- Der Glaseinstand darf aufgrund der thermischen Belastung in der Randzone der Isolierglaseinheit 15 mm nicht überschreiten. Die Falzhöhe beträgt 18 bis 20 mm.
- Die Shore-A-Härte des Auflagerprofils für die Verglasung muss 60 bis 70° aufweisen, damit eine dauerhaft elastische Auflage geschaffen wird.
- Die Einheiten sind am unteren Scheibenrand mit Tragklötzen und mit seitlichen Distanzklötzen zu fixieren.
- Der Anpressdruck sollte 20 N/cm Kantenlänge nicht überschreiten.

Horizontale, überlappende Stöße sind nur mit Stufenisolierglas möglich. Der Randverbund ist durch geeignete Maßnahmen vor UV-Strahlung zu schützen. Der Überstand sollte mindestens 10 cm betragen.

Ein UV-Schutz ist auch beim stumpfen Stoß im Bereich des Randverbunds notwendig. Mit speziellen Silikonprofilen kann die Dichtigkeit des stumpfen Stoßes hergestellt werden.

Überkopfverglasungen können auch als Brandschutzausführungen in den Feuerwiderstandsklassen G 30 bis G 120 (E 30 bis E 120) oder F 30 bis F 90 (EI 30 bis EI 90) hergestellt werden.

Zierlichten, Staubdecken
Die Konstruktion zur Aufnahme der Glasscheiben kann entweder freitragend oder an der Dachkonstruktion befestigt ausgeführt sein. Es sollten Gläser mit guten lichtstreuenden Eigenschaften, wie Gussglas oder Milchüberfangglas, verwendet werden. Bei Flächen über 0,5 m² sollte Sicherheitsglas, VSG oder Drahtglas verwendet werden.

Auf die Grundkonstruktion, welche i. d. R. aus T-Profilen besteht, werden die Scheiben lose auf ein eingeklebtes Vorlegeband gelegt.

Verlegung von Profilbauglas
Dachverglasungen werden im System „Kamm" einschalig, im System „Doppelkamm" zweischalig ausgeführt.

Verglasung von Rahmenkonstruktionen

Verglasungsarbeiten

Auf der Innenseite bei zweischaliger Verlegung und bei einschaliger Verlegung ist Profilbauglas mit Längsdrahteinlage zu verwenden. Die maximale Bahnlänge beträgt 3,5 m, wobei für größere Längen Überlappungsstöße möglich sind.

Bei Dachneigungen bis 10° sind Niederhaltehaken vorzusehen, bei Neigungen über 10° sind Rückhaltehaken erforderlich. Im Traufbereich sollte der Glasüberstand nicht mehr als 4 bis 8 cm betragen. In Abhängigkeit vom Profilbauglastyp und der zu erwartenden Schneelast werden die Abstände der Auflagerpunkte angeordnet. Sofern erforderlich, ist maximal eine Unterstützung zulässig.

Profilbauglas-Bahnen werden mit dem Flansch nach oben verlegt und mit Butyldichtungsbändern mit Kern abgepolstert. Der Fugenabstand ist mit 3 mm herzustellen. Zur Abdichtung ist ausschließlich elastischer Dichtstoff zu verwenden, wobei im Bereich der Auflager voll durchgedichtet werden muss. Der Verglasungsablauf wird wie bei der Einfachverlegung von Profilbauglas ausgeführt.

Glaskonstruktionen

Spezielle Beschläge und geeignete Glasklebestoffe ermöglichen Konstruktionen „ganz aus Glas" für die verschiedensten funktionellen Anforderungen ohne störende Sprossenteilung. Die Befestigung im Rahmen oder Mauerwerk sowie der Glaselemente untereinander, kann durch chemische und/oder mechanische Maßnahmen vorgenommen werden.

Grundlagen für die Konstruktion

Floatglas, verschiedene Gussgläser sowie ESG und VSG werden für Ganzglaskonstruktionen verwendet.

- Bei Verwendung von nicht vorgespanntem Glas müssen plan oder im Winkel aneinanderstoßende Scheiben und freistehende Glaskanten an den Stoßflächen rechtwinkelig zur Scheibenfläche oder entsprechend dem Gehrungswinkel maßgeschliffen werden. An den Glaskanten sind geschliffene Fasen herzustellen, welche die Dicke nur unwesentlich verändern. Die sichtbaren Kanten und Fasen müssen bei freistehenden Glaskanten geschliffen werden. Dimensionsänderungen der zu verbindenden Bauteile müssen durch ausreichend bemessene Fugen aufgenommen werden können. Die Fugen sind nach vollem und gleichmäßigem Ausfüllen mit Glasverbindungsmitteln glatt abzustreichen. Eine Ausnahme stellen Verbindungen mit UV-härtenden Klebern dar.
- Bei Verwendung von vorgespanntem Glas ist darauf zu achten, dass Befestigungsteile und Beschlagteile keinen unmittelbaren Glas-Metall-Kontakt haben.

- Alle Gläser, die Belastungen ausgesetzt werden, sind mit gesäumten Kanten zu versehen. Sichtkanten müssen in „Kante fein geschliffen" oder „Kante poliert" ausgeführt werden.
- Die Verbindung der einzelnen Scheiben kann sowohl chemisch durch Kleben und/oder mechanisch durch Klemmen, Schrauben u. Ä. erfolgen.
- Bei der Verankerung der Gläser im Rahmen oder Mauerwerk übernimmt die Abdichtung teilweise auch eine fixierende Funktion. Die Montage in Klemmrahmen sorgt für ausreichenden Halt.

Ganzglasanlagen

Trennwände, Türen und Türanlagen aus vorgespanntem Glas werden als Ganzglasanlagen bezeichnet. Je nach Tür- bzw. Anlagengröße werden Glasdicken von 10 und 12 mm verwendet. Aussteifungsgläser werden notwendigerweise bei großen Anlagen eingebaut. Weitere Möglichkeiten der Ausführung sind Pendeltüren, Anschlagtüren, Schiebetüren einflügelig und zweiflügelig, Schiebetüranlagen, Falt- und Harmonikaanlagen.

Bei Außentüren ist die mögliche Windlast zu berücksichtigen.

Montage
Nach dem Festlegen und Bohren des oberen Drehpunkts wird die dem Untergrund entsprechende Drehachse eingesetzt und durch Loten nach unten übertragen. Nach der Markierung wird die Öffnung für den Bodentürschließer festge-

legt und ausgestemmt, sofern nicht eine leicht zu entfernende Schalung vorhanden ist. Auf Leitungen im Untergrund (Fußbodenheizung etc.) ist zu achten. Der Türschließer wird eingerichtet, verkeilt, anschließend werden mit Schnellzement die Fugen ausgegossen. Das Türblatt wird nach dem Aushärten unter Berücksichtigung der seitlichen (3 mm), oberen (3 mm) und unteren (7 mm) Abstände eingehängt und eingestellt. Der Schließwinkel und die Schließgeschwindigkeit werden justiert. Die Überprüfung auf einwandfreie Funktion findet nach dem Montieren der Abdeckkappen statt.

Eine rundumlaufende Verankerung im Mauerwerk ist für Ganzglastüren mit Seitenteilen zu berücksichtigen.

Wenn die Glasfläche mit dem Mauerwerk bündig abschließen soll, ist ein U-Profilrahmen in das Mauerwerk einzusetzen.

Klemmrahmen sind bei großen Anlagen erforderlich und Aussteifungsgläser bei Überschreitung bestimmter Abmessungen.

Ganzglasanlagen dürfen keinen Verwindungen ausgesetzt werden und müssen vollkommen lotrecht montiert werden. Alle Gläser müssen ausreichend im Rahmenprofil fixiert und mit einem elastischen Dichtstoff angedichtet werden.

Fußleisten sollten für Ganzglastüren im Eingangsbereich, z. B. bei Pendeltüren und Anschlagtüren, eingesetzt werden, wodurch die Bruchgefahr durch am Boden liegendes Streumaterial im Winter wesentlich verringert werden kann.

Glaskonstruktionen

Verglasungsarbeiten

Bei der Montage der Türgriffe an Ganzglastüren muss darauf geachtet werden, dass keine Berührung zwischen Glas und Metall stattfindet. Es sind Kunststoffumhüllungen der Gewindestangen und Beilagscheiben aus Kunststoff anzubringen.

Normtüren

Für alle gängigen Normtürzargen stehen Normtüren in 8 mm Glasstärke zur Verfügung, welche in vielen Bereichen des Innenausbaus verwendet werden. Weißes und getöntes Floatglas, Gussgläser in allen Farben und Ausführungen, eine breite Palette von Flachgläsern sowie spezielle Ausführungen stehen zur Auswahl.

Duschkabinen aus Glas

Neben dem Normprogramm, bei dem die Kabinen in Schiebetür- und Drehtürausführung in verschiedenen Varianten vormontiert geliefert werden, stehen für den individuellen Einbau für alle Anwendungsmöglichkeiten geeignete Systeme zur Verfügung.

An den Wänden erfolgt die Montage mit Schraubenverbindungen, an der Duschtasse werden die Rahmenteile durch Klebeverbindung befestigt.

Spezielle Spritzschutztüren mit unterschiedlichen Montagevarianten sind für Badewannen lieferbar.

Alle zum Vorspannen geeigneten Gläser mit 6 und 8 mm Glasstärke können verwendet werden.

Ganzglasvitrinen

Vor allem in Museen und bei Ausstellungen, aber auch in Verkaufsräumen und Hotelhallen werden Ganzglasvitrinen verwendet. Durch den Einsatz spezieller reflexionsfreier Gläser oder stärkerer Ausleuchtung des Vitrineninnenraums können evtl. auftretende Spiegelungen verringert oder beseitigt werden.

Die Kanten dürfen für eine stumpfe Verklebung auf der Klebeseite nur einen ganz schmalen Saum aufweisen, damit die Klebefläche so groß wie möglich gehalten werden kann. Gehrungskanten sind stumpfen Kantenverklebungen wegen der vergrößerten Klebefläche vorzuziehen. Sichtbare Kanten sind in polierter Form herzustellen. Die Klebefugen müssen während des Abbindens fixiert werden. Für einen problemlosen Wechsel der Ausstellungsstücke sind entsprechende Öffnungen vorzusehen, z. B. Schiebetüren, Glastüren (ESG), versperrbarer Glassturz etc.

Wenn auch der Sockel aus Glas gefertigt werden soll, ist dafür mindestens dreischeibiges VSG aus vorgespanntem Glas zu verwenden.

Verglasung von Umwehrungen

Für Geländer/Umwehrungen sind die Bauordnungen der Länder zu beachten. Ausführlichere Informationen sind unter „Metallbauarbeiten" zu finden. Die geforderten Brüstungshöhen, bezogen auf die Absturzhöhen, sind einzuhalten.

Es können nur Drahtglas, Drahtspiegelglas und Sicherheitsglas als ESG oder VSG zum Einsatz kommen, da diese den Forderungen nach Absturzsicherung und bestimmter mechanischer Festigkeit sowie der Bindung von Glasteilen bei einem etwaigen Bruch entsprechen.

Befestigungssysteme
Vierseitige Lagerung
Bei der klassischen Verglasung von Brüstungen wird die Scheibe rundum in einen Rahmen gesetzt, befestigt und abgedichtet. Dafür eignen sich Drahtglas, Drahtspiegelglas, VSG, ESG und Drahtornamentglas.

Dreiseitige Lagerung
Das Glas wird in einen U-Profilrahmen eingeschoben bzw. in einen dreiseitigen Rahmen eingesetzt. Die obere freistehende Kante wird durch das einige Zentimeter oberhalb liegende Geländer geschützt. Geeignet sind alle Drahtgläser, ESG und VSG.

Zweiseitige Lagerung an den horizontalen Kanten
Diese Befestigung wird hauptsächlich bei außen oder innen durchlaufenden Verglasungen verwendet. Geeignet sind ESG, VSG, Drahtglas, Drahtspiegelglas und Drahtornamentglas.

Zweiseitige Lagerung an den vertikalen Kanten
Geeignet sind 8 und 10 mm dickes ESG.

Punkthalterung
Geeignet ist ESG (10 mm).

Glaskonstruktionen
Verglasungsarbeiten

Einseitig horizontale Einspannung
Geeignet ist nur 15 mm starkes ESG, wobei der Glaseinstand ca. 10 cm betragen soll.

Montagerichtlinien
- Das Scheibenformat bzw. die Dimensionierung der Glasdicke richtet sich nach den örtlich bedingten Wind- und Soglasten.
- Die vorgesehenen Einrichtungen zur Befestigung der Gläser sind ausreichend im Untergrund zu verankern.
- Damit das Glas den mechanischen Beanspruchungen widerstehen kann, muss die Befestigung und Auflage der Scheiben ausreichend und widerstandsfähig sein.
- Der Mindestglaseinstand als 2/3 der Falzhöhe darf nicht unterschritten werden und die Mindestfalzhöhe muss 18 mm betragen.
- Die Scheiben müssen entsprechend den Richtlinien geklotzt werden. Einer Berührung zwischen Glas und Rahmen ist durch den Einbau von Distanzklötzen vorzubeugen.
- Schlagschattenbildung auf Drahtglas und farbiges Drahtglas sind wegen der geringen Temperaturwechselbeständigkeit zu vermeiden. Bei farbigen Drahtgläsern ist auf eine ausreichende Hinterlüftung zu achten.
- Freistehende Glaskanten sind zu bearbeiten, um Verletzungen zu verhindern. Die
Drahtenden von Drahteinlagen in Gläsern sind mit einem Lackanstrich zu schützen. Bei der Verglasung dürfen die Kanten keine Schäden aufweisen.

Glaskonstruktionen

Verglasungsarbeiten

- Entsprechend dem gewählten Abdichtungssystem werden die Gläser abgedichtet. Zwischen Klemmen und Glas muss ein verrottungs- und wasserfestes Material eingelegt werden.

Lichtdurchlässige Kunststoffplatten

Durch den Einbau und die Befestigung der lichtdurchlässigen Kunststoffplatten müssen deren temperaturbedingte Maßänderungen – vor allem die große Längendehnung – in der Rahmenkonstruktion aufgenommen werden können. Deshalb sind spezielle Profile für den Einbau und die Abdichtung erforderlich, welche i. d. R. Dichtprofile für eine gleitende Abdichtung enthalten. Die Verträglichkeit mit dem Plattenmaterial ist nachzuweisen, wenn ausnahmsweise mit spritzbarem Dichtstoff, z. B. an Stoßstellen, abgedichtet werden soll.

Einbau und Montage

Die meisten Kunststoffe können mit handelsüblichen Werkzeugen für Metallverarbeitung bearbeitet werden.

Kunststoffplatten sind wie Flachglas einzubauen. Es ist zu beachten, dass jede Konstruktion genügend Ausdehnungsspielraum für die Platten aufweisen muss. Pro Meter Kantenlänge sollten 3 mm Ausdehnungsspielraum berücksichtigt werden. Zur Befestigung werden Klemmprofile oder Leisten mit ausreichendem Anpressdruck verwendet. Bei einer Befestigung mit Schrauben müssen die Bohrungen genügend Dehnungsspielraum aufweisen und die Schrauben dürfen nie ganz fest angezogen werden.

Lichtdurchlässige Kunststoffplatten

Verglasungsarbeiten

Kunststoffplatten werden wie folgt angeboten:

- PMMA mit den Markenzeichen Plexiglas, Acrylglas
- PC mit den Markenbezeichnungen Makrolon, Lexan

Checkliste zur Abnahme der Verglasungsarbeiten

Allgemein
☐ Wurden Außenverglasungen regendicht ausgeführt und können diese nun die Windlasten nach DIN EN 1991-1-4 und DIN EN 1991-1-4/NA (Eurocode 1; ersetzt DIN 1055-4) aufnehmen?

Klotzung
☐ Wurden Verglasungen so geklotzt, dass schädliche Spannungen im Glas verhindert werden?
☐ Wurden Hartholzklötze ausreichend vorbehandelt und mit mindestens 2 mm mehr Breite eingesetzt, als die Verglasungseinheit dick ist?
☐ Wurde beachtet, dass die Gangbarkeit der Fenster- und Türflügel nicht beeinträchtigt werden und die Scheibenkanten an keiner Stelle den Rahmen berühren darf?
☐ Wurden bei dichtstofffreiem Glasfalz die Klötze gegen Verschieben oder Abrutschen gesichert?
☐ Wurden gegebenenfalls Klotzbrücken verwendet, weil das Verglasungssystem einen Dampfdruckausgleich erfordert?

Überkopfverglasungen/Dachverglasungen
☐ Wurde für das Verglasen von Dachverglasungen bei einer Einfachscheibe Glas mit Drahtnetzeinlage verwendet?
☐ Wurden die Scheiben gegen Abrutschen gesichert und dabei eine Glas-Metall-Berührung vermieden?

- [ ] Wurde beachtet, dass bei der Verglasung mit Mehrscheiben-Isolierglas die äußere und innere Scheibe die gesamte Belastung aus Wind, Schnee und Eigengewicht aufnehmen müssen?

Glaskonstruktionen aus nicht vorgespanntem Glas

- [ ] Wurden plan oder im Winkel aneinander stoßende Scheiben an den Stoßflächen rechtwinkelig zur Scheibenfläche maßgeschliffen und haben die Glaskanten geschliffene Fasen, die die Dicke nur unwesentlich verändern?
- [ ] Wurden bei freistehenden Glaskanten die sichtbaren Glaskanten und Fasen zusätzlich poliert?

Ganzglastüranlagen aus vorgespanntem Glas

- [ ] Wurden die Befestigungsmittel und Beschlagteile ohne unmittelbaren Glas-Metall-Kontakt verbaut?

Profilbauglas

- [ ] Wurde Profilbauglas so in Rahmenkonstruktionen eingebaut, dass Kräfte aus dem Baukörper nicht auf die Verglasung wirken?
- [ ] Wurde zur Vermeidung von Schäden an der Verglasung und am Baukörper die Ableitung von anfallendem Kondensat sichergestellt?

Lichtdurchlässige Platten aus Kunststoff

- [ ] Wurden lichtdurchlässige Platten aus Kunststoff so eingebaut und befestigt, dass ihre temperaturbedingten Längen-/Dickenänderungen in der Rahmenkonstruktion aufgenommen werden?

Besondere Leistungen
- [ ] Wurden auf Anordnung des Auftraggebers eingebaute Scheiben besonders kenntlich gemacht und/oder die Kenntlichmachung entfernt?
- [ ] Mussten Glasproben über 0,05 m² Einzelgröße geliefert werden?
- [ ] Wurden statische Berechnungen, wie bspw. eine Glasdickenbemessung, und die dafür erforderlichen Nachweise und Zeichnungen geliefert werden?
- [ ] Waren zusätzliche Leistungen notwendig, weil Glashalteleisten und Dichtprofile nachträglich angebracht werden konnten?
- [ ] Wurden Glashalteleisten zugeschnitten, eingepasst und vorgebohrt, weil dies erforderlich war und mussten andere Befestigungsmittel als Drahtstifte geliefert werden?

Checkliste zur Abnahme
Verglasungsarbeiten

Metallbauarbeiten

Geltungsbereich und Ausführung

Geltungsbereich
Die ATV DIN 18360 „Metallbauarbeiten" ist auf Konstruktionen aus Metall auch im Verbund mit anderen Werkstoffen anzuwenden.

Sie gilt nicht für Stahlbauarbeiten nach ATV DIN 18335, Klempnerarbeiten nach ATV DIN 18338, Beschlagarbeiten nach ATV DIN 18357 und Rollladenarbeiten nach ATV DIN 18358.

Ausführung
Bei der Prüfung hat der Auftragnehmer Bedenken geltend zu machen, wenn

- größere Maßabweichungen vorhanden sind, als diese nach DIN 18202 und DIN 18203-2 zulässig sind,
- Befestigungsmöglichkeiten fehlen oder nicht ausreichend sind,
- Möglichkeiten zur gefahrlosen Reinigung und Wartung von Fenstern fehlen,
- die Beschaffenheit vorhandener Bauteile ungeeignet ist oder
- Höhenbezugspunkte je Geschoss fehlen.

Treppen

Treppen erschließen und verbinden verschiedene Geschosse und Ebenen untereinander. Eine Folge von mindestens drei Stufen wird als Treppe bezeichnet.

Treppen sind nach DIN 18065:2011-06 auszuführen und werden mit Leitern und Rampen nach dem Steigungsverhältnis unterschieden. Als Grenzwerte werden nachfolgend für die Steigung s der maximale Wert und für den Auftritt a der minimale Wert (in Anlehnung an DIN 18065:2000-01) angegeben:

- Steigeisen: 90°
- Leitern: bis 90°
- Leitertreppen: bis 75°
- Treppen: bis 45°
- Rampen: Verhältnis bis 1:6

Bei Gebäuden im Allgemeinen gilt für:

- baurechtlich notwendige Treppen: Steigung bis 19/26 cm
- baurechtlich nicht notwendige (zusätzliche) Treppen: Steigung bis 21/21 cm

Bei Wohngebäuden mit bis zu zwei Wohnungen und innerhalb von Wohnungen gilt für:

- baurechtlich notwendige Treppen: Steigung bis 20/23 cm
- baurechtlich nicht notwendige (zusätzliche) Treppen: Steigung bis 21/21 cm

Treppen

Metallbauarbeiten

Notwendige Treppen müssen nach behördlichen Vorschriften (z. B. Bauordnungen der Länder) als Teil des ersten Rettungswegs vorhanden sein.

Nicht notwendige Treppen dienen als zusätzliche Treppen gegebenenfalls auch der Hauptnutzung.

Treppenarten
Nach der Laufrichtung der Treppe im Grundriss wird zwischen links- und rechtsläufigen Treppen unterschieden.

- geradläufige Treppen und Podesttreppen:
  Fluchttreppen als erster Rettungsweg in sonstigen Gebäuden werden immer als gerade einläufige Treppen oder als Podesttreppen geplant und ausgeführt. Wenn Treppen aus räumlichen Gründen nicht in einer Linie verlaufen können oder wenn bei Treppen über 18 Steigungen Zwischenpodeste angeordnet werden müssen, bieten sich Podesttreppen an.
    - einläufige gerade Treppe
    - zweiläufige gerade Treppe mit Zwischenpodest, auch als Links- oder Rechtstreppe
    - zweiläufige gegenläufige Treppe mit Zwischenpodest
    - dreiläufige zweimal abgewinkelte Treppe mit Zwischenpodest als Links- oder Rechtstreppe
    - dreiläufige gegenläufige Treppe mit Zwischenpodest
- Spindeltreppe als Links- oder Rechtstreppe
- Wendeltreppe als Links- oder Rechtstreppe
- Bogentreppe:
  Weil die Auftrittsbreiten jeweils an der Außen- und Innenwange gleich groß sind, verlaufen die Geländer und Wangen sehr gleichförmig.

Treppen

Metallbauarbeiten

- Treppen mit geraden und gewendelten Laufteilen
  - einläufige, im Antritt viertelgewendelte Links- oder Rechtstreppe
  - einläufige, im Austritt viertelgewendelte Links- oder Rechtstreppe
  - einläufige gewinkelte viertelgewendelte Links- oder Rechtstreppe
  - einläufige halbgewendelte Links- oder Rechtstreppe
  - einläufige zweimal viertelgewendelte Links- oder Rechtstreppe

Werkstoffe
- Baustahl
  Vorzugsweise sollten folgende Stahlsorten verwendet werden:
  - S235 JR G2, Werkstoffnummer 1.0038
    (früher R St. 37-2)
  - S355 J2 G3, Werkstoffnummer 1.0570
    (früher St 52-3 N)
- nichtrostender Stahl
  Folgende Werkstoffe sind zu verwenden:
  - X5CrNi18-10, Werkstoffnummer 1.4301
    (oft als V2A bezeichnet)
  - X6CrNiMoTi17-12-2, Werkstoffnummer 1.4571
    (oft als V4A bezeichnet)
- Glas
  Für Geländerausfachungen und als Stufenmaterial wird häufig Glas genutzt. Bei Verwendung als Stufenmaterial ist besonders auf die Rutschhemmung zu achten und im Einzelfall ist die Zustimmung der Obersten Baubehörde

einzuholen. Die „Technische Richtlinie für Absturzsichernde Verglasungen (TRAV)" ist zu beachten, wenn Glas als Absturzsicherung verwendet wird.
- Holz
  Holz kann als Stufenmaterial, Geländerfüllung oder als Handlauf verwendet werden.
- In industriell gefertigten Treppen- und Geländersystemen werden Kunststoffe für Verbindungselemente und Verschlusskappen verwendet.

Systeme

Bei Wangentreppen werden die Stufen an den seitlichen Bauteilen durch Einsatteln oder Einstemmen fixiert.

Bei Holmtreppen werden die Holme unter den Stufen als Tragkonstruktion montiert. Die Stufen werden aufgesattelt.

Bei Kragtreppen ragen die Stufen in den Treppenraum hinein und werden einseitig eingespannt.

Standsicherheit

Hinsichtlich der Eigenlast wird zwischen drei Ausführungen unterschieden:

- leichte Ausführung $g \leq 1,0$ kN/m² mit Stufen aus:
  - Holz
  - Stahlkästen
  - Riffelblech
  - Gitterrosten
- mittlere Ausführung $g \leq 3,0$ kN/m² mit Stufen aus:
  - Naturwerksteinplatten
  - leichtere Betonwerksteinplatten

Treppen

Metallbauarbeiten

- Spannbeton
- Stahlbeton
- schwere Ausführung $g \leq 5{,}0$ kN/m² mit Stufen aus:
  - Natursteinplatten
  - schweren Betonwerksteinplatten

Nach Eurocode 1 bzw. DIN EN 1991-1-1:2010-12 gelten für Treppen und Treppenpodeste folgende lotrechte Nutzlasten, bezogen auf unterschiedliche Gebäudearten.

Lotrechte Nutzlast in kN/m²	Gebäudeart
3,0	Kategorie T1: In Wohngebäuden, Bürogebäuden und von Arztpraxen ohne schweres Gerät
5	Kategorie T2: Alle Bereiche, die nicht unter T1 oder T3 eingeordnet werden können
7,5	Kategorie T3: Zugänge und Treppen von Tribünen ohne feste Sitzplätze, die als Fluchtwege dienen

Tab. 92: Gebäudearten und lotrechte Nutzlasten gem. DIN EN 1991-1-1 Tabelle 6.1 DE

Die Verkehrslasten wurden nach DIN 1055-3:2006-03, Tabelle 1 auf folgende unterschiedliche Gebäudearten bezogen.

- 3,5 kN/m²: Wohngebäude
- 5 kN/m²: öffentliche Gebäude; in Garagen und Parkhäusern; Tribünen mit festen Sitzplätzen; Versammlungsräume in öffentlichen Gebäuden, z. B. Tanzsäle, Kirchen, Theater- und Lichtspielsäle; Turnhallen; Flure zu Klassenzimmern und Hörsälen; Verkaufs- und Ausstellungs-

räume; Geschäfts- und Warenhäuser; Archive, Büchereien; Aktenräume, soweit die Ermittlung nach DIN 1055-1 nicht höhere Werte ergibt. Schlachtereien, Großküchen, Gastwirtschaften.
- Kraftwerke und Anlagenbau nach Absprache

Gebrauchstauglichkeit
Die maximale Durchbiegung für Treppen, Stufen und Geländer liegt bei L/300.

Zur Planung typischer Treppenkonstruktionen können als Richtwerte die Tabellen des Merkblatts 355 „Entwurfshilfen für Stahltreppen" des Stahl-Informations-Zentrums in Düsseldorf herangezogen werden, welche jedoch einen von der Bauaufsichtsbehörde geforderten prüfbaren statischen Nachweis nicht ersetzen.

Maße und Toleranzen
Im Treppenbau werden Maße und Toleranzen in cm angegeben. Im Bereich des Metallbaus wird auf Fertigungszeichnungen in mm gearbeitet. Nachfolgende Tabelle enthält Maßangaben in cm, weil die Norm für alle Gewerke gilt. In den Bildern 1 und 2 der DIN 18065:2011-06 sind Treppenmaße verschiedener Treppen- und Gebäudearten enthalten.

Metallbauarbeiten

Gebäudeart	Treppenart	nutzbare Treppenlaufbreite min. in cm	Treppensteigung s min. in cm	Treppensteigung s max. in cm	Treppenauftritt a min. in cm	Treppenauftritt a max. in cm
Wohngebäude mit bis zu zwei Wohnungen und innerhalb von Wohnungen	baurechtlich notwendige Treppen	80	14	20	23	37
	baurechtlich nicht notwendige (zusätzliche) Treppen	50	14	21	21	37
Gebäude im Allgemeinen	baurechtlich notwendige Treppen	100	14	19	26	37
	baurechtlich nicht notwendige (zusätzliche) Treppen	50	14	21	21	37

Tab. 93: Grenzmaße für Gebäude im Allgemeinen sowie für Wohngebäude mit bis zu zwei Wohnungen und innerhalb von Wohnungen gem. DIN 18065:2011-06, Bild 1 und Bild 2

Innerhalb eines Treppenlaufs darf das Ist-Maß von der Treppensteigung s und dem Treppenauftritt a gegenüber dem Sollmaß um nicht mehr als 0,5 cm abweichen. Die Abweichung der Ist-Maße untereinander darf von einer Stufe zur benachbarten Stufe nicht mehr als 0,5 cm aufweisen.

Das Ist-Maß der Steigung der Antrittsstufe darf für Treppenläufe in Wohngebäuden mit nicht mehr als zwei Wohnungen höchstens 1,5 cm vom Sollmaß abweichen.

Für den Auftritt kann bei gewendelten Treppen im Bereich der gewendelten Stufen davon abgewichen werden und bis zu 15 mm über das Nennmaß vergrößert werden, wenn ein stetiges Stufenbild erreicht wird.

Auf die höchstzulässige Steigung und den mindestens erforderlichen Auftritt – entsprechend DIN 18065, Tabelle 1 – dürfen die oben genannten Toleranzen nicht angewendet werden. Diese Werte müssen unbedingt eingehalten werden.

Die Auftrittsflächen der Stufen dürfen im eingebauten Zustand, an der Stufenvorderkante in der Treppenlaufbreite gemessen, maximal ±0,55 % von der waagrechten Nennlage abweichen. Senkrecht zur Stufenvorderkante in der Auftrittstiefe gemessen, ist eine Abweichung der Auftrittsflächen um ±1,0 % möglich.

An der Stufenvorderkante dürfen gegenläufige Neigungen zwischen zwei Auftritten – bezogen auf das Nennmaß – addiert 0,5 % nicht überschreiten. Senkrecht zur Stufenvorderkante liegt der maximale Wert bei 1,0 %.

Die Steigungsverhältnisse einzelner Treppen dürfen bei Wohngebäuden mit nicht mehr als zwei Wohnungen voneinander abweichen, müssen jedoch innerhalb eines Treppenlaufs gleich sein.

Steigung, Auftritt, Unterschneidung
Weil bei der Begehung einer Treppe mit einem Schritt zwei Steigungshöhen s und ein Auftrittsmaß a überwunden werden müssen, lautet die Schrittmaßregel:

Treppen
Metallbauarbeiten

$2 \times s + 1 \times a = \sim 63$ cm (59 bis 65 cm)

Der Auftritt wird in der Lauflinie gemessen. Im Krümmungsbereich der Lauflinie ist der Auftritt gleich der Sehne zwischen den Schnittpunkten der Lauflinie und den Stufenvorderkanten.

Zusätzlich können folgende Regeln berücksichtigt werden:

- Sicherheitsregel: $s + a = 46$ cm
- Bequemlichkeitsregel: $a - s = 12$ cm

Die Treppenneigung kann nach folgender Formel berechnet werden:

$\tan \alpha = s/a$ oder $\tan \alpha = h/l$

Bei offenen Treppen muss die Unterschneidung u mindestens 3 cm betragen. Werden baurechtlich notwendige Treppen für Wohngebäude mit bis zu zwei Wohnungen oder innerhalb Wohnungen mit einem Auftritt von weniger als 26 cm gefertigt, sind diese soweit zu unterschneiden, dass die Trittfläche als Summe aus Auftritt a und Unterschneidung u mindestens 26 cm beträgt. ($a + u \geq 26$ cm)

Bei baurechtlich nicht notwendigen Treppen muss die Trittfläche als Summe aus Auftritt und Unterschneidung mindestens 24 cm betragen.

Wendelstufen müssen in Wohngebäuden mit nicht mehr als zwei Wohnungen und innerhalb von Wohnungen an der schmalsten Stelle der inneren Begrenzung der nutzbaren

Treppenlaufbreite einen Mindestauftritt von 5 cm aufweisen. In sonstigen Gebäuden müssen Wendelstufen einen Mindestauftritt von 10 cm an der schmalsten Stelle der inneren Begrenzung der nutzbaren Treppenlaufbreite haben.

Lichte Treppendurchgangshöhe
Als lotrechtes Fertigmaß wird die lichte Durchgangshöhe über einer gedachten geneigten Ebene gemessen, die durch die Vorderkanten der Stufen gebildet wird. Von dieser Ebene, bzw. ab der Oberfläche waagrechter Podeste, wird bis zu den Unterseiten darüber liegender Bauteile gemessen. Die lichte Treppendurchgangshöhe muss mindestens 2,0 m betragen.

In Wohngebäuden mit nicht mehr als zwei Wohnungen und innerhalb von Wohnungen ist eine obere Begrenzung des Lichtraumprofils einseitig oder beidseitig mit einer Abmessung von horizontal und vertikal bis maximal 25 cm zulässig. Eine untere Begrenzung des Lichtraums, z. B. durch Treppenwangen oder „Bischofsmützen", ist mit einer Abmessung von 10 cm Breite und 15 cm Höhe zulässig.

Gehbereich, Lauflinie
Der Gehbereich liegt bei nutzbaren Treppenlaufbreiten bis 100 cm in der Mitte und beträgt 2/10 der nutzbaren Treppenlaufbreite. Der Radius der Lauflinie muss im Gehbereich mindestens 30 cm betragen.

Bei nutzbaren Treppenlaufbreiten über 100 cm ist der Gehbereich 20 cm breit. Der Abstand zur inneren Begrenzung der nutzbaren Treppenbreite beträgt 40 cm.

Geländer

Die Mindestmaße bezogen auf Absturzhöhen und Gebäudearten sind in DIN 18065, Tabelle 2 zusammengestellt.

Absturzhöhen in m	Gebäudearten		Treppengeländerhöhe mindestens in cm
bis 12	Gebäude, die nicht der Arbeitsstättenverordnung unterliegen	Wohngebäude mit bis zu zwei Wohnungen und innerhalb von Wohnungen	90[1]
bis 12	Arbeitsstätten		100[2]
über 12[3]	für alle Gebäudearten		110
	Kindergärten		100
	Schulen		110
	Versammlungsstätten		110
[1] nach Bauordnungsrecht [2] nach Arbeitsschutzrecht [3] bei Treppenaugenbreiten bis 20 cm gelten die Anforderungen von Zeile 1			

Tab. 94: Treppengeländerhöhen gem. DIN 18065:2011-06, Bild 3 und Bild 4

Geländer können in senkrechten Bohrungen oder Durchgangslöchern befestigt werden, wenn die Treppenstufen ausreichend stark und stabil sind. Eine statisch nachgewiesene Verankerungsmöglichkeit ist anzubringen, wenn die Geländer seitlich an Betonstufen befestigt werden sollen.

Bei der Befestigung seitlich oder auf den Wangen aus U-Profilen oder Flachprofilen bilden die Wangen oft einen Teil der Absturzsicherung.

Werden die Geländer an den Holmen unter den Stufen befestigt, entsteht ein ungünstiger Hebelarm.

Bei der Konstruktion als Harfengeländer wird das Geländer nicht an der Treppe befestigt, sondern zwischen den Decken und dient gleichzeitig als Tragkonstruktion an der Innenwange.

Stufenmaterialien

Die Stufenarten Plattenstufen, Blockstufen, Keilstufen und Winkelstufen können aus Stahl, Glas oder Holz hergestellt werden. Bei Haupttreppen ist auf rutschfeste Ausführung zu achten. Die Stufenvorderkanten müssen bei schlechten Sichtverhältnissen klar zu erkennen sein.

Werden Stahlstufen aus gekantetem Blech hergestellt, können sie nach oben offen montiert und mit einem Gehbelag ausgefüllt werden. Sie können auch nach unten offen befestigt werden, wobei das Blech als Gehbelag dient.

Glasstufen werden als Verbundsicherheitsglas (VSG) aus mindestens drei Scheiben mit zwischenliegender PVB-Folie gefertigt. Die Oberflächen müssen rutschsicher sein, was z. B. durch Ätzung oder Siebdruck erreicht werden kann. Die „technischen Regeln für die Verwendung von linienförmig gelagerten Verglasungen (TRLV)" sind dabei zu beachten. Es ist darauf zu achten, dass jede Scheibe einzeln ausgewechselt werden kann.

Holzstufen werden im Innenbereich am häufigsten verwendet. Die Rutschhemmung wird durch einen speziellen Lack, durch Struktur oder Aufrauen der Oberfläche hergestellt.

Ausführung
- Schnitt- und Sägekanten müssen entgratet werden.
- An sichtbar bleibenden Flächen müssen überstehende Schweißraupen von Stumpfnähten beseitigt werden, wenn sie statisch nicht notwendig sind.
- Abdeckplatten und Roste in Zargen sind bündig und verwindungsfrei einzubringen und in der Lage zu sichern.
- Trittstufen sind rutschfest und sicher herzustellen.
- Handläufe müssen allseitig entgratet und an geschweißten Stellen bündig geschliffen werden. Sie dürfen nicht von oben verschraubt werden, wenn sie aus zusammengesetzten Profilen bestehen.

Montage
Auf der Baustelle sind Stöße im Normalfall zu schrauben.

Schallschutz
Der durch das Begehen der Treppe erzeugte Trittschall verteilt sich über die angrenzenden Wände und Decken im Gebäude. Deswegen sollten als Zwischenlage zwischen Decken- und Wandanschlüssen sowie Betondecken bspw. Gummi- oder Korkplatten mit geeigneter Shore-Härte verwendet werden.

Brandschutz und Korrosionsschutz
Die tragenden Teile notwendiger Treppen müssen feuerbeständig sein und bei Gebäuden geringer Höhe aus nichtbrennbaren Stoffen bestehen oder mindestens feuerhemmend sein. Dies gilt nicht für Wohngebäude geringer Höhe mit nicht mehr als zwei Wohnungen.

Jedes Bauteil ist vor Korrosion zu schützen, z. B. durch Auswahl von nichtrostendem Stahl oder Feuerverzinkung.

Handläufe und Geländer

Geländer

Es wird unterschieden zwischen:

- Umwehrungen und Balkongeländern
- Treppengeländern
- Geländern aus Stahl im Industriebereich

Werkstoffe
Folgende Werkstoffe sind vorzugsweise zu verwenden:

Baustahl:
S 235 (1.0038), S 355 (1.0570)

Rostfreier Stahl:
X5CrNi18-10 (1.4301), X6CrNiMoTi17-12-2 (1.4571)

Aluminium:
AlMg3 (3.3535), AlMgSi 0,5 (3.3206)

Handwerklich gefertigte Geländer aus Stahl mit eingeschweißten Füllstäben gelten als gebrauchstauglich und hinreichend sicher. Füllungen aus anderen Materialien von Systemherstellern müssen eine entsprechende bauaufsichtliche Zulassung besitzen.

Die „technischen Regeln für die Verwendung von absturzsichernden Verglasungen (TRAV)" sind für die Verwendung von Glas als Absturzsicherung zu beachten. Andernfalls ist eine allgemeine bauaufsichtliche Zulassung erforderlich.

Montagearten
- Befestigung von oben:
  Das Geländer wird von oben auf die Treppenstufe, die zu umwehrende Fläche oder die Balkonplatte montiert.
- Befestigung von vorne:
  Die Fußplatte kann bei der stirnseitigen Montage an der Balkonplatte oder Treppenstufe optisch schön gestaltet werden.
- Befestigung von unten:
  Bei Treppen ist diese Befestigung eher unüblich. Bei Balkonen wird dies zunehmend durchgeführt.

Konstruktive Anforderungen
Die am Geländer angreifenden Belastungen müssen vom Pfosten in den Baukörper eingeleitet werden. Es muss darauf geachtet werden, dass kein Wasser bzw. keine Feuchtigkeit an den Verankerungen eindringt.

Der Handlauf muss so gestaltet werden, dass die Hand nicht verletzt wird und einen sicheren Griff hat. Die in Holmhöhe angreifenden Belastungen müssen sicher in den Pfosten eingeleitet werden. Die Pfosten sind untereinander zu verbinden. Handläufe müssen allseitig entgratet werden und sind an den geschweißten Stoßstellen bündig zu verschleifen. Bei zusammengesetzten Handlaufprofilen ist darauf zu achten, dass diese nicht von oben verschraubt werden dürfen. Zu angrenzenden Bauteilen ist ein Mindestabstand von 5 cm einzuhalten.

Die Absturzsicherung ist durch die Ausfachung oder Füllung zu gewährleisten. Die Ausführungen der Einheitlichen Technischen Baubestimmungen (ETB) „Bauteile, die gegen Absturz sichern" sind zu berücksichtigen.

Befestigungssysteme
- Dübel:
  Für die jeweilige Anwendung müssen Dübel eine bauaufsichtliche Zulassung besitzen. Der Dübel muss für die Montage von vorne und unten für gerissenen Beton zugelassen sein. In Feuchträumen und im Außenbereich sind nur Dübel, Schrauben und Scheiben aus nichtrostenden Materialien zu verwenden. Verankerungen und Verbindungselemente müssen aus Stählen der Widerstandsklasse III hergestellt sein. Besondere Anforderungen können für chlorhaltige Atmosphäre gestellt sein. Die erforderlichen Rand- und Achsabstände sind bei der Verwendung von Dübeln zu beachten.
- Ankerschienen:
  Die Festigkeitswerte der derzeit am Markt befindlichen Ankerschienen sind denen der Dübel überlegen. Vor dem Einfüllen des Betons werden diese in der Schalung der Treppe oder Balkonplatte verankert und in die Armierung eingebunden. Dadurch lassen sich auch bei ungünstigen statischen Bedingungen Geländer von vorne montieren. Für die Verwendung in Feuchträumen und im Freien müssen diese aus nichtrostenden Werkstoffen bestehen.

- Stahlplatten:
  Für die Befestigung von tragenden Bauteilen sind bauseitig vorhandene und in die Betonplatte eingelassene Stahlplatten nur bedingt empfehlenswert, weil durch das Anschweißen des Pfostenfußes in der Platte Schrumpfspannungen auftreten, die bei Belastung zum Terrassenbruch führen können. Die Platte sollte ultraschallgeprüft sein, wenn diese Montageart ausgeführt werden soll. Die Schweißstellen von rückseitigen Betonankern dürfen nicht mit den vorderseitigen Schweißnähten der Pfosten zusammentreffen.
- Einbetonieren:
  Pfosten werden üblicherweise nur noch bei der Montage von oben einbetoniert, wobei darauf zu achten ist, dass keine Hohlprofile einbetoniert werden. Der Pfostenfuß muss für diese Montage mit einem Vollmaterial versehen werden, welches einbetoniert wird. Im Hohlprofil muss ein Austrittsloch für Kondenswasser vorgesehen werden, welches über dem Vollmaterial und der Betondecke liegt.

Baurechtliche Anforderungen
Geländer im privaten Bereich
Die Anforderungen der Landesbauordnungen der Bundesländer sind zu beachten. Umwehrungen und Geländer sind überall dort anzubringen, wo eine Absturzhöhe von über 1,00 m besteht. In Bayern gelten 0,5 m Absturzhöhe.

Handläufe und Geländer

Metallbauarbeiten

Bundesland/LBO	Mindesthöhe des Geländers in cm	
	bei Absturzhöhe ≤ 12,00 m	bei Absturzhöhe ≥ 12,00 m
Baden-Württemberg	90	90
Bayern	Umwehrungen müssen ausreichend hoch und fest sein	
Bremen	mindestens 100 (Wohnraumnutzung 90)	110
Sonstige	90	110

Tab. 95: Geländerhöhen nach Bundesländern bzw. Landesbauordnungen

Handläufe und Geländer

Metallbauarbeiten

Bundesland/LBO	lichte Maße der Ausfachung in cm		
	A	B	C
Baden-Württemberg	12	6	2 (bis 0,6 m)
Bayern			
Berlin	12	4	
Bremen	12		2 (bis 0,5 m)
Hessen	12	4	1,5
Niedersachsen	12	6	
Saarland	12	4	
DIN 18065	12[1]	6	

[1] gilt nicht für Wohngebäude mit nicht mehr als zwei Wohnungen

Maß A) Abstand von Geländerteilen in einer Richtung
Maß B) waagrechter Abstand des Geländers von der zu sichernden Fläche
Maß C) vertikaler Abstand der waagrechten Füllstäbe je nach Bundesland
Maß D) (Klein-) Kindern soll das Überklettern erschwert werden. Dies gilt bei allen aufgeführten Bundesländern.
In den LBO der nicht aufgeführten Bundesländer bestehen keine besonderen Anforderungen an die Ausfachung. Es gelten hier die Anforderungen der DIN 18065

Tab. 96: Lichte Maße der Ausfachung nach Bundesländern bzw. Landesbauordnungen

Als Faustregel gilt, dass bei einem Geländer an keiner Stelle eine Kugel mit einem Durchmesser von mehr als 120 mm durchfallen darf.

Geländer in Arbeitsstätten
Bei Arbeitsstätten gelten als maßgebende Regelwerke die Arbeitsstättenverordnung, die Arbeitsstätten-Richtlinie sowie die Unfallverhütungsvorschrift „Grundsätze der Prävention" der jeweiligen Berufsgenossenschaften.

Geländer sind dort vorzusehen, wo eine Absturzhöhe von mehr als 1,00 m besteht. Wenn Arbeitsplätze über 20 cm höher als angrenzende Verkehrsflächen liegen oder bei Becken, Bottichen u. Ä., deren Oberkanten weniger als 90 cm über der Fußbodenoberfläche liegen, sind ebenfalls Geländer erforderlich.

Die Mindesthöhe des Geländers sollte bei

- einer Absturzhöhe kleiner als 12,00 m: 100 cm und
- einer Absturzhöhe größer als 12,00 m: 110 cm betragen.

Bei Geländern mit horizontalen Stäben im gewerblichen Bereich ist nach ASR 12/1-3 eine Fußleiste von 5 cm Höhe und mindestens eine Knieleiste zu berücksichtigen. Der lichte Abstand zwischen Fußleiste und Knieleiste bzw. zwischen Knieleiste und Handlauf darf nicht mehr als 50 cm betragen. Der lichte Abstand von senkrechten Stäben darf 18 cm nicht überschreiten. Werden Umwehrungen mit anderen Ausfüllungen gefertigt, dürfen die Öffnungen in jeder Richtung nicht mehr als 18 cm betragen.

Geländer im öffentlichen Bereich
Es werden die gleichen Anforderungen hinsichtlich Ausfachung und Abmessung gestellt, wie im Privatbereich, wobei jedoch eine höhere Horizontallast zu berücksichtigen ist.

Sofern nicht über die Arbeitsstättenverordnung oder von einer berufsgenossenschaftlichen Unfallverhütungsvorschrift geregelt, sind die Anforderungen für den öffentlichen Bereich bei Kirchen, Museen und Ausstellungsstätten zu beachten.

Geländer in Kindergärten, Schulen und Sportstätten
Die Vorschriften der Unfallversicherungsträger der öffentlichen Hand sind zu berücksichtigen.

Die Mindesthöhe des Geländers sollte

- nach der Richtlinie für Kindergärten (GUV) 100 cm und
- nach der MSchulbauR 110 cm betragen.

Die Geländer müssen so ausgeführt werden, dass Kinder nicht hindurchfallen können. Sie dürfen nicht zum Klettern, Rutschen, Aufsitzen oder Ablegen von Gegenständen verleiten und müssen als Absturzsicherung wirksam sein.

Öffnungen in der Ausfachung dürfen höchstens 12 cm breit sein. Der lichte Abstand zwischen Ausfachung und zu sichernder Fläche darf nicht größer als 4 cm sein.

Über Aufenthaltsräumen sind Aufkantungen oder Fußleisten vorzusehen, um ein Durchschieben von Gegenständen zu verhindern.

Handläufe und Geländer

Metallbauarbeiten

Geländer in Versammlungsstätten

Die Muster-Versammlungsstättenverordnung (MVStättV) der Fachkommission Bauaufsicht der ARGE-Bau ist zu beachten. Zusätzlich gelten die ETB-Richtlinie „Bauteile, die gegen Absturz sichern", die Arbeitsstättenverordnung und die Richtlinien der Unfallversicherungsträger.

Die Mindesthöhe des Geländers sollte nach MVStättR 110 cm betragen.

In einer Richtung darf der Abstand von Umwehrungs- und Geländerteilen nicht mehr als 0,12 m betragen. Muss mit der Anwesenheit von Kleinkindern gerechnet werden, sind Umwehrungen und Geländer so zu gestalten, dass Kleinkindern ein Überklettern erschwert wird.

Treppengeländer

Als Sicherung gegen Absturz sind an Treppenläufen und Treppenpodesten Geländer vorzusehen. Die Anforderungen sind in DIN 18065 – Gebäudetreppen festgehalten.

Handläufe und Geländer
Metallbauarbeiten

Absturz-höhen in m	Gebäudearten		Treppengelän-derhöhe mindes-tens in cm
bis 12	Gebäude, die nicht der Arbeitsstätten-verordnung unter-liegen	Wohngebäu-de mit bis zu zwei Woh-nungen und innerhalb von Wohnungen	90[1]
bis 12	Arbeitsstätten		100[2]
über 12[3]	für alle Gebäude-arten		110
[1] nach Bauordnungsrecht [2] nach Arbeitsschutzrecht [3] bei Treppenaugenbreiten bis 20 cm gelten die Anforderungen von Zeile 1			

Tab. 97: Treppengeländerhöhen gem. DIN 18065:2011-06, Bild 3 und Bild 4

Die Geländerhöhe wird über der Vorderkante der Trittstufe lotrecht gemessen. Diese Maße sind im Innenbereich gewendelter Treppen möglicherweise nicht exakt einzuhal-ten, da der Handlauf eine starke Steigung erfährt. Es ist angebracht, konstruktive Alternativen umzusetzen.

Das Überklettern muss erschwert werden, wenn mit der Anwesenheit unbeaufsichtigter Kinder gerechnet werden muss. Der lichte Abstand der Geländerteile in einer Richtung darf 12 cm nicht überschreiten. Zwischen Podest und Unter-kante Geländer darf der Abstand nicht mehr als 12 cm betragen.

Es wird unterschieden zwischen vorgesetzten Geländern, welche neben dem Treppenlauf liegen, und aufgesetzten Geländern, welche über dem Treppenlauf liegen.

Der Untergurt ist bei vorgesetzten Geländern so weit herunterzuziehen, dass die Treppenstufen bei der halben Auftrittsbreite geschnitten werden. Der horizontale Abstand zwischen Geländer und Stufe darf maximal 6 cm betragen.

Der Untergurt ist bei aufgesetzten Geländern so auszubilden, dass an keiner Stelle ein Würfel mit einer Kantenlänge von 15 cm durchgeschoben werden kann.

Geländer im Industriebereich
Werden Geländer in maschinellen Anlagen oder in Gebäuden ausgeführt, in denen Maschinen aufgestellt sind, ist „DIN EN ISO 14122-3:2014-01 – Sicherheit von Maschinen, Ortsfeste Zugänge zu maschinellen Anlagen, Teil 3; Treppen, Treppenleitern und Geländer" verbindlich einzuhalten.

Handläufe

Treppen müssen mindestens einen festen und griffsicheren Handlauf haben. Bei der inneren Verbindung von Geschossen derselben Wohnung, bei Treppen bis zu fünf Stufen, bei Treppen für Anlagen, die nicht umwehrt werden müssen, sowie bei Außentreppen, die in Höhe des Geländers liegen, sind Ausnahmen zulässig.

Handläufe und Geländer
Metallbauarbeiten

Die Endigungen sind so auszuführen, dass man daran nicht hängenbleibt oder abgleiten kann. Um Verletzungen vorzubeugen, sind an Handläufen Kugeln, Spitzen oder sonstige aufgesetzte Gegenstände nicht zulässig. Handläufe müssen so beschaffen sein, dass die Hand einen sicheren Griff hat, die Konstruktion den zu erwartenden Belastungen standhält und nicht zu missbräuchlicher Verwendung verleitet.

Handläufe sind prinzipiell von unten zu befestigen, besonders dann, wenn diese unabhängig von einem Geländer über Konsolen an einer Wand befestigt sind. Handläufe müssen allseitig entgratet und an geschweißten Stellen bündig geschliffen werden. Werden zusammengesetzte Profile verwendet, dürfen diese nur von unten geschraubt werden, was auch für geschraubte Stoßstellen gilt.

Der lichte Abstand vom Handlauf zu benachbarten Teilen muss bei Treppen mindestens 5 cm betragen. Die Höhe des Handlaufs sollte zwischen 80 und 115 cm liegen und wird lotrecht über der Vorderkante der Trittstufe gemessen. In Kindergärten oder Altersheimen kann eine geringere Höhe oder ein zusätzlicher Handlauf notwendig sein.

Treppen mit mehr als vier Stufen müssen nach der Arbeitsstättenverordnung einen Handlauf haben, der in Abwärtsrichtung an der rechten Treppenseite angebracht wird. Auf beiden Seiten der Treppe müssen Handläufe angebracht werden, wenn die Treppenbreite mehr als 1,50 m beträgt. Beträgt die Treppenbreite mehr als 4,00 m, müssen die Treppen einen Zwischenhandlauf erhalten, der die Treppe in zwei gleiche Breitenabschnitte unterteilt.

Oberflächenschutz

Oberflächenvorbereitung und Grundbeschichtung
Die Oberflächenvorbereitung und die Grundbeschichtung der Metallbauteile gehören zu den Leistungen der Metallbauarbeiten. Die Bestimmungen der ATV DIN 18363 „Maler- und Lackierarbeiten" sind dabei zu beachten, insbesondere die Angaben zu den Grundbeschichtungsstoffen und deren Ausführung.

Die Bestimmungen der ATV DIN 18364 „Korrosionsschutzarbeiten an Stahl- und Aluminiumbauten" sind für Metallbauteile zu beachten, die einer Festigkeitsberechnung oder bauaufsichtlichen Zulassung bedürfen.

Die Oberflächenvorbereitung und die Grundbeschichtung gehören in beiden Fällen zum grundsätzlichen Leistungsumfang des Metallbauers, die Zwischen- und Schlussbeschichtung jedoch nicht.

Zusammensetzung der Schutzbeschichtung
Dem Auftraggeber ist die Zusammensetzung der verwendeten Grund- bzw. Schutzbeschichtung mitzuteilen, damit die passenden Stoffe für die Zwischen- und Schlussbeschichtung ausgewählt und verwendet werden können.

Korrosionsschutz unzugänglicher Flächen
Alle Flächen, die nach dem Einbau nicht mehr zugänglich sind, aber einen Korrosionsschutz erhalten müssen, sind vor dem Einbau mit einem dauerhaften Korrosionsschutz zu ver-

sehen. Bedenken sind anzumelden, wenn auf Bauteilen anderer Unternehmer ein Korrosionsschutz notwendig ist, dieser jedoch nach dem Einbau von Metallbauteilen nicht mehr aufgetragen werden kann.

Verzinkte Stahlbleche und Stahlteile

Werden bereits verzinkte Stahlbleche zur Herstellung von Bauteilen verwendet, müssen diese der DIN EN 10346:2013-04 (ersetzt DIN EN 10326) entsprechen. Die Zinkschicht darf bei der Bearbeitung weder reißen noch abblättern. Wenn beachtet wird, dass die Umformbarkeit der Verzinkung nicht durch zu langes Lagern und dadurch bedingtes Altern und Versprüden gelitten hat, ist dies bei diesen Blechen gewährleistet.

Verzinkte Bauteile sind nach DIN EN ISO 1461 auszuführen, wonach auf Stahl- oder Gussteile ein Zinküberzug aufgebracht wird. Für ein einwandfreies Ergebnis wird allerdings vorausgesetzt, dass

- die Konstruktion und Fertigung feuerverzinkungsgerecht ist,
- die maximalen Abmessungen berücksichtigt wurden,
- die maximalen Transportgewichte eingehalten wurden,
- geeignete Werkstoffe gewählt wurden und
- der Oberflächenzustand berücksichtigt wurde.

Schweißen verzinkter Teile

Weil es nicht immer möglich ist, Bauteile komplett zu fertigen, kann es erforderlich sein, Bauteile aus einzeln zu verzinkenden Stücken oder feuerverzinkten Halbzeugen herzustellen. Beim Einbau kann es notwendig werden, an feuerverzinkten Teilen zu schweißen. Dafür muss die Verzinkung im Schweißbereich entfernt werden und ein zinkfreier Streifen von mindestens 10 mm beiderseits der Fuge geschaffen werden.

Der Bereich der geschädigten Verzinkung ist nach dem Schweißen zu reinigen und mit Zinkstaubbeschichtungsstoff zu beschichten. Im getrockneten Zustand muss die Beschichtung mindestens die 1,5-fache Stärke der Verzinkungsschicht betragen.

Verarbeitung verzinkter Halbzeuge
Durch die Bearbeitung entstehende ungeschützte Flächen an verzinkten Halbzeugen, wie Stäbe, Rohre und Bleche, sind gegen Korrosion zu schützen und Schäden in der Verzinkung sind auszubessern. In der Regel wird dafür Zinkstaubbeschichtungsstoff verwendet.

Kratzer oder Schnittkanten in der Oberfläche bis zu einer Breite von 1,5 mm können unbehandelt bleiben, weil diese durch die Verzinkung der unmittelbaren Umgebung geschützt werden.

Hohlprofile
Sollen Hohlprofile auch innenseitig gegen Korrosion geschützt werden, müssen diese Öffnungen haben, durch die der Korrosionsschutz eindringen und überschüssiges Material ablaufen kann. Weisen Hohlprofile als Bestandteile von Bauteilen keine freien Öffnungen mehr auf, sind entsprechende Bohrungen vorzusehen.

In der Regel kann ein zuverlässiger innerer Korrosionsschutz nur durch Tauchen erreicht werden.

Thermisches Spritzen
Bei diesem Schutzverfahren wird mittels Flamme oder Lichtbogen aufgeschmolzenes Metall auf die Oberfläche des zu verzinkenden Teils aufgespritzt. Verfahrensbedingt bleiben die Innenflächen von Hohlprofilen unbehandelt. Es erfolgt lediglich ein Überzug mit feinsten Zinktropfen. Dieser poröse Überzug muss unmittelbar nach dem thermischen Spritzen durch eine porenfüllende, deckende, quellfeste und gut haftende Beschichtung abgedeckt werden.

Anodisches Oxidieren von Aluminium
Mit diesem elektrochemischen Verfahren, auch als Eloxieren bezeichnet, erhält Aluminium eine bis zu 30 µm dicke, fest haftende Schutzschicht, die in begrenztem Umfang farblich gestaltet werden kann und den metallischen Glanz des Aluminiums erkennbar lässt. Eine sehr dünne, aber äußerst fest haftende Schutzschicht aus Aluminiumoxid bildet sich ohne das Eloxieren, welche eine weitere Korrosion des Aluminiums verhindert. Das anodische Oxidieren ist nach den Bestimmungen von DIN 17611:2011-11 auszuführen.

Beschichtung mit thermischer Aushärtung
Bei diesen Beschichtungsverfahren werden die zuvor aufgebrachten Beschichtungsstoffe durch Erwärmen ausgehärtet. Die Einbrennbeschichtung und das Pulverbeschichten sind übliche Verfahren.

Oberflächenschutz

Metallbauarbeiten

Die Einbrennbeschichtung härtet als Flüssigbeschichtung erst nach dem Überschreiten einer spezifischen Temperatur aus.

Bei der Pulverbeschichtung wird pulverförmiger Beschichtungsstoff bei Temperaturen von 150 bis 220 °C aufgeschmolzen.

Die Mindestschichtdicken auf den Bauteilen betragen

- bei Aluminium 60 µm,
- bei Zink und verzinktem Stahl 50 µm und
- bei bandbeschichtetem Aluminium: 20 µm.

Türen und Zargen

Metalltüren

Eine Türe ist nach DIN EN 12519 eine komplette Einheit, bestehend aus der Türzarge, einem Türblatt oder mehreren Türblättern, ausgestattet mit den wesentlichen Beschlägen und Dichtungsbändern. Metalltüren können aus Stahl, Edelstahl, Leichtmetall oder Buntmetallen gefertigt werden.

Die Materialwahl, Dämmung, Oberflächenbehandlung, Beschläge, Abdichtung und der Einbruchschutz werden danach festgelegt, ob die Türen als Innen- oder Außentüren eingesetzt werden.

Metalltüren finden verstärkt Verwendung im Industriebau, in öffentlichen Gebäuden und als Hauseingangstüren, da sie weitgehend widerstandsfähig gegen klimatische und mechanische Beanspruchungen sind. Durch thermische Trennung der Innen- und Außenschale können auch Forderungen an den Wärmeschutz erfüllt werden. Entsprechend ausgestattete Metalltüren erfüllen höchste Anforderungen im Bereich Feuer-, Strahlen- und Einbruchschutz.

Vor Fertigungsbeginn der Türen sind Zeichnungen und/oder Beschreibungen herzustellen und zu liefern, welche durch den Auftraggeber freizugeben sind.

Türen und Zargen

Metallbauarbeiten

Öffnungsarten und Schlagrichtung
Es wird unterschieden zwischen Drehflügel, Kippflügel, Klappflügel, Drehkippflügel, Schwingflügel, Wendeflügel, Schiebeflügel horizontal, Hebe-Schiebeflügel, Hebe-Drehflügel- und Festverglasung.

Die Schlagrichtung wird unterschieden in rechts oder links angeschlagen.

In der Regel sind Öffnungsrichtungen nicht vorgeschrieben, wobei die Türen in Rettungswegen die Ausnahme bilden.

Haustüren öffnen im Normalfall nach innen, wobei es keinen Mangel darstellt, wenn diese nach außen öffnen.

Türen in Rettungswegen oder Fluchttüren
Nach den Landesbauordnungen müssen Türen grundsätzlich nach außen in Fluchtrichtung öffnen. Durch die offenstehende Tür und deren Beschläge darf die von den Baubehörden festgelegte Durchgangsbreite nicht eingeengt werden. Die Türe muss mehr als 90° zu öffnen sein.

Türen in Bereichen für "Barrierefreies Bauen"
Für diese Türen ist eine lichte Breite von mindestens 900 mm verlangt, die lichte Höhe soll mindestens 2,10 m betragen. Das Durchfahren mit Rollstühlen soll dabei gewährleistet sein. Die Schwellenhöhe sollte maximal 20 mm betragen.

Keinen Mangel stellt die lichte Türhöhe von 2,093 m bei genormten Türen nach DIN 18111 dar, weil die lichte Höhe nur eine Empfehlung darstellt.

Vor einer handbetätigten Drehflügeltüre ist ein Freiraum von mindestens 1,50 m Breite und 1,50 m Tiefe herzustellen und auf der Schlossseite sind mindestens 0,50 m seitlicher Platz vorzusehen.

Türen vor Podesten
Zwischen Treppe und Tür ist ein Absatz vorzusehen, der mindestens so tief sein soll, wie die Tür breit ist. Außerdem sollte zwischen Treppenantritt bzw. Treppenaustritt und Türraum mindestens eine Auftrittsbreite (etwa 30 cm) Abstand vorgesehen sein.

Türarten
Drehtüren
Es wird unterschieden, ob die Elemente rechts oder links angeschlagen sind.

Schiebetüren
Diese Türflügel sind entweder an einem oberen Laufwerk aufgehängt oder laufen auf unteren Rollen mit Führungsschienen. Für die Bezeichnung links oder rechts ist bei gleichberechtigten Räumen der Standort anzugeben.

Faltschiebetüren
Der Gehflügel wird wie bei Drehtüren bezeichnet.

Pendeltüren
Bei ein- oder zweiflügeligen Pendeltüren ist die Anschlagseite mit der Betrachterseite anzugeben.

Türen und Zargen

Metallbauarbeiten

Anschlagart und Normgrößen

Türen können mit Anschlag von innen, Anschlag von außen oder stumpfem Anschlag eingesetzt werden.

Wandöffnungsmaße als Normgrößen sind bevorzugt

- in der Breite mit
  - 750, 875, 1.000 und 1.125 mm für einflügelige Türen und
  - 1.750 und 2.000 mm für zweiflügelige Türen,
- in der Höhe mit 1.875, 2.000 und 2.125 mm für ein- und zweiflügelige Türen.

Türkonstruktion

Metalltüren können aus Stahl, Aluminium oder Edelstahl gefertigt sein. Folgende Regeln sind zu beachten:

- Die Anschlaghöhe muss bei Türen mit unterem Anschlag mindestens 5 mm betragen.
- Das Maß zwischen Oberseite des Fußbodens und der Unterseite der Tür darf bei Türen ohne unteren Anschlag 8 mm nicht überschreiten. Damit die Fußbodenarbeiten und das Einsetzen der Zarge ordnungsgemäß und maßlich korrekt aufeinander abgestimmt werden können, sodass die Bestimmung eingehalten werden kann, müssen genaue Höhenbezugspunkte vorhanden sein.
- Der Sockel oder die Schwelle von Außentüren, an denen Niederschlagswasser auftreten kann, ist so auszubilden, dass kein Wasser nach innen eindringen kann.
- Wenn die Türzarge aus dünnwandigem Material besteht, ist sie bei Türen mit absenkbaren Bodendichtungen im Druckbereich zu verstärken.

Türen und Zargen

Metallbauarbeiten

- Werden Schlösser mit einem Dornmaß unter 55 mm z. B. bei Rahmentüren verwendet, müssen Türdrücker und Türknöpfe zum Schutz vor Verletzungen gekröpft sein.
- Bei Brand- und Rauchschutztüren sowie bei einbruchhemmenden Türen dürfen nur Beschläge mit genormter oder bauaufsichtlicher Zulassung verwendet werden.

Türen aus Stahlblech
Stahlblechtüren werden heute, sowohl aus wärmetechnischen Gründen als auch wegen der besseren Schall- und Einbruchwerte, i. d. R. doppelwandig ausgeführt. Die Zarge besteht aus gekanteten Stahlblech- oder Z-Profilen, auch mit dreiseitig umlaufender Dichtung.

Der notwendige Korrosionsschutz kann bspw. durch die Verwendung von sendzimierverzinkten Stahlblechen erreicht werden. Sichtbare Flächen und Zargen werden pulver- oder nassbeschichtet. Die Tauwasserbildung auf der Innenseite der Tür ist durch eine entsprechende, innenliegende Wärmedämmung zu vermeiden.

Stahlblechtüren finden auch als Brandschutztüren und Rauchschutztüren Verwendung.

Türen aus Stahlprofilrohren
Diese Türen werden flächenbündig oder aufschlagend gefertigt, haben i. d. R. eine Füllung aus Glas oder Paneelen und werden bevorzugt als Brandschutz- oder Rauchschutztüren verwendet. Der Korrosionsschutz erfolgt über Pulverbeschichtung, Nasslackierung oder die Verwendung von feuerverzinkten Profilen. Die Stahlprofile werden verschweißt und eben verschliffen.

Bei Einsatz von Dichtungsprofilen darf der Verzug der Einzelelemente maximal 4 mm betragen, da bei einem höheren Wert die Dichtungen nicht mehr anliegen. Der Profilabstand zwischen Flügel und Rahmen darf 5±1 betragen.

Türen aus Aluminiumprofilen
Wegen der guten mechanischen Fähigkeit, der guten Fugendichtigkeit wegen der geringen Profiltoleranzen, der Korrosionsbeständigkeit sowie der dekorativen Gestaltungsvielfalt, wie Pulverbeschichten und Eloxieren, werden diese Türen vermehrt eingesetzt. Sehr gute Wärmeschutzwerte sind durch thermische Trennung der Profile erreichbar.

Die Vorgaben der Systemhersteller bezüglich der Maßhaltigkeit sind einzuhalten. Zwischen Flügel und Rahmen beträgt der Profilabstand i. d. R. 5±1. Die Spaltbreite an den Gehrungen beträgt maximal 0,2 mm und der Gehrungsversatz der Profile maximal 0,3 mm. Der Verzug der Rahmen darf maximal 4 mm betragen, da bei einem höheren Wert die Dichtungen nicht mehr anliegen.

Türfunktionen
Haustüren
Weil Haustüren in die Berechnung des Jahresheizwärmebedarfs mit einbezogen werden, müssen diese ausreichend thermisch getrennte Profile und vierseitig anliegende Dichtungen oder alternativ unten eine automatische Türdichtung aufweisen.

Glasfalzleisten dürfen nur auf der Innenseite angebracht sein, außerdem müssen die Türen schlagregendicht sein.

Die maximale Schwellenhöhe darf 20 mm betragen.

Die Toleranzen und der Verzug der Profile mit maximal 4,5 mm werden in „Haustüren, Gütesicherung RAL-GZ 996" der Gütegemeinschaft Aluminiumfenster, -fassaden und -türen e. V. in Frankfurt abgehandelt. Die Abweichung von der Horizontalen und Lotrechten darf maximal 1,5 mm/m bzw. insgesamt maximal 3 mm betragen.

Einbruchhemmende Haustüren sollen den neuen Widerstandsklassen RC 2 oder RC 3 nach DIN EN 1627:2011-09 entsprechen, welche die Widerstandsklassen WK 2 oder WK 3 nach DIN ENV 1627:1999 ersetzen.

Einbruchhemmende Türen
Diese wurden nach DIN EN V 1627 in die Widerstandsklassen WK 1 bis WK 6 je nach Objekt und mutmaßlichem Täterverhalten unterteilt. Seit September 2011 werden die Widerstandsklassen nach DIN EN 1627:2011-09 mit „RC" bezeichnet und in die Widerstandsklassen RC 1 N, RC 2 N und RC 2 bis RC 6 eingeteilt.

Brandschutztüren
Brandschutztüren werden als Stahlblechtüren, Stahlprofiltüren oder Aluminiumtüren gefertigt und müssen als Voraussetzung für den Einsatz über eine bauaufsichtliche Zulassung oder eine Zustimmung im Einzelfall verfügen.

Rauchschutztüren
Diese müssen nach DIN 18095 gefertigt und eingebaut werden. Eine bauaufsichtliche Zulassung oder eine Zustimmung im Einzelfall ist erforderlich.

Strahlenschutztüren
Die Bestimmungen der DIN 6834-1:2012-12 (in der die bislang erwähnte DIN 6834:1973-09 Teile 1 bis 5 zusammengefasst sind) sind zu beachten und einzuhalten.

Montage
Türen müssen waagrecht, lotrecht und fluchtgerecht eingebaut werden, sodass die Funktion der Tür immer gewährleistet ist.

Befestigung am Bauwerk
Der Fußbodenaufbau ist für die fachgerechte Montage von Türen zu beachten, damit ein Anschlag von 5 bzw. 8 mm Türluft bei Türen ohne Anschlag hergestellt werden kann. Die Türen sind nach einem Meterriss zu setzen.

Der Spalt zwischen Türblattunterkante und OK FFB sollte nach DIN 18101:1985-01 (ersetzt durch DIN 18101-2014-08) zwischen 2,5 mm und 7,0 mm breit sein. Für das Spaltmaß ist ein mittlerer Wert von 5,0 mm anzustreben. Der maximale Spalt von 8,0 mm nach DIN 18360 VOB stellt den absolut oberen Grenzwert dar.

Die Vorgaben der Systemhersteller sind entsprechend für die Befestigung von Systemtüren zu beachten. Die Rahmen müssen mindestens vier Verankerungen haben. Die Anker dürfen an Rahmen und Profilen von den Ecken bzw. den Enden höchstens 200 mm entfernt sein und untereinander einen Abstand von höchstens 800 mm aufweisen.

Die Bewegungen aus den Bauteilen und dem Bauwerk müssen von den Verbindungen und Befestigungen aufgenommen werden können.

Dienen Fugen zwischen Bauteilen und Bauwerken als Raumabschluss, z. B. an Fenstern, Türen oder Fensterwänden, so sind diese abzudichten. Das Abdichten von Außenwandfugen hat sinngemäß nach DIN 18540:2014-09 (ersetzt DIN 18540:2006-12) „Abdichten von Außenwandfugen im Hochbau mit Fugendichtstoffen" zu erfolgen.

Werden Zargen oder der Rahmen mit Mörtel ausgegossen, ist dies nach gesonderter Vereinbarung als Besondere Leistung auszuführen.

Abnahme und Wartung
Bis zur Abnahme sind als Schutz der Oberflächen Verkleidungen mit Kunststofffolien, Klebebändern oder andere Verkleidungen vorzusehen. Eine Sichtnahme durch den Bauherrn nach dem Einbau ist zu empfehlen.

Der Abschluss eines Wartungsvertrags empfiehlt sich, um die Funktionsfähigkeit von Türen auf Dauer zu gewährleisten. Vor der ersten Inbetriebnahme sollte eine Prüfung von einem Sachkundigen erfolgen, außerdem in der Folgezeit einmal jährlich.

Türen und Zargen

Metallbauarbeiten

Metallzargen

Über die Zarge wird das Türgewicht in den Baukörper eingeleitet. Auf der Bandseite der Zarge befinden sich Bänder oder Bandtaschen. Die genormten Aussparungen für den Eingriff des Türschlosses befinden sich auf der gegenüberliegenden Seite.

Stahlzargen werden i. d. R. schon nach Beendigung des Rohbaus eingesetzt, während der Einbau der Türen erst zu einem späteren Zeitpunkt erfolgt. Der Meterriss muss dafür sichtbar und nachvollziehbar angebracht sein. Der Bodeneinstand der Zarge sollte 30 mm betragen.

Aluminiumzargen werden nach Fertigstellung des Fußbodens und der Wandflächen eingebaut.

Metallzargen können aus Stahl grundiert, feuerverzinktem Stahlblech, Edelstahl oder Aluminium hergestellt sein.

Zargenarten
Es wird zwischen Umfassungszargen und Eckzargen unterschieden.

Konstruktion
Allgemein gültige Festlegungen für Bandeinbau, Schlossaussparung und gemeinsame Maßfestlegungen sind für Zarge und Tür notwendig, da diese für gewöhnlich nicht aus einer Hand geliefert werden.

Aussparungen für Schlossfalle und Schlossriegel
Die Öffnungen für Fallen, Riegel, Verschluss- und Sicherungsbolzen müssen so abgedeckt sein, dass das Eindringen von Baustoffen wie Mörtel in die Schlitze verhindert wird.

Ein zweitouriges Schließen des Schlossriegels muss sichergestellt sein.

Stahlblechzargen müssen aus kaltgeformten Stahlblechen von mindestens 1,5 mm Blechdicke hergestellt sein. Die Ausführung mit anderen Blechstärken ist gesondert zu vereinbaren.

Bandtaschen
Das Dämpfungsprofil muss so vorgesehen sein, dass die Überfälzung des Türflügels beim Schließen nicht am Zargenspiegel anschlägt.

Maulweite der Zargen
Bei Umfassungszargen müssen die Zargenspiegel auf beiden Seiten sichtbar sein und das verputzte Mauerwerk umfassen. Zur Befestigung ist ein Maueranschlag notwendig, der gleichzeitig als Widerlager dient.

Der Zusammenhang zwischen der notwendigen Maulweite, der Fertigdicke der Wand, ggf. Rohwand und Putz ist in DIN 18111-1 festgehalten.

Türen und Zargen

Metallbauarbeiten

Distanzschienen

Für den Transport und die Montage müssen Eckzargen mindestens eine, Umfassungszargen mindestens zwei Distanzwinkelschienen erhalten, die nach dem Einbau der Zargen und nach dem Abbinden der Vergussmasse leicht demontierbar sind. Distanzwinkel sind gegen Durchbiegen zu unterlegen. Distanzschienen oberhalb der Fußbodenoberfläche müssen ohne sichtbare Rückstände entfernt werden.

Maulweite in mm +3/0	wandfertige Dicke in mm	Nennmaß der Wanddicke in mm (rohe Wand)	Nenndicke des Putzes in mm (beidseitig)
90	90	60	2 x 15
130	130	100	2 x 15
145	145	115	2 x 15
205	205	175	2 x 15
270	270	240	2 x 15

Tab. 98: Zusammenhang zwischen Maulweite und Fertigdicke der Wand nach DIN 18111-1:2014-08

Befestigung und Montage

Maueranker müssen so gesetzt werden, dass die von Verriegelungssystemen und Bändern einwirkenden Kräfte auf den Baukörper übertragen werden.

Bei einer Tür bis zur Öffnungsbreite von 1.250 mm sind an den Längsseiten jeweils drei Anker zur Befestigung vorzusehen, bei größerer Öffnungsbreite sind zusätzliche Sturzanker erforderlich.

Zargen müssen vor dem Einbau auf Rechtwinkeligkeit geprüft und ggf. nachgerichtet werden. Sie sind nach dem Meterriss auszurichten und lot- und fluchtrecht in der Wandöffnung zu fixieren. Anker müssen so montiert werden, dass auf die Stahlzarge einwirkende Kräfte und Belastungen auf die Wand übertragen werden.

Nachfolgend aufgeführte Hinterfüllstoffe sind zum Auffüllen der Hohlräume zwischen Zarge und Wand geeignet:

- Mörtel, erdfeucht verarbeitet, völlig hinterfüllt:
  Im Leibungsbereich der Stahlzargen kann es durch den Schrumpfungsprozess des Mörtels und durch die Eigenspannung des kalt verformten Blechs zu einer zulässigen Trennung zwischen Blechoberfläche und Hinterfüllstoff kommen. Ein Einbaumangel kann daraus nicht hergeleitet werden.
- Zweikomponenten-Expansionsklebstoffe (Montageschäume) entsprechend Eignungsnachweis und Prüfzeugnis, völlig hinterfüllt. Es kann auch eine teilweise Hinterfüllung, mindestens aber 50 %, gesondert vereinbart und ausgeführt werden.

Um Korrosion oder andere chemische Reaktionen zu verhindern, dürfen die Hinterfüllstoffe mit den anderen Stoffen keine Verbindung eingehen.

Müssen in Mauerwerk, Beton u. Ä. für die Befestigung von Türen, Zargen und dergleichen Aussparungen hergestellt werden, ist dies separat zu vereinbaren und als Besondere Leistung auszuführen. Dies gilt ebenso für das Vergießen von Ankern und Einputzen von Zargen und Blendrahmen.

Standardzargen nach DIN 18111-1 bis DIN 18111-3 beinhalten das Vergießen der Zargen als nicht besonders zu vergütende Leistung.

Mörtelrückstände sind beim Verputzen von verzinkten Zargen sofort zu entfernen, da es zu Korrosionsschäden kommen kann. Bei Aluminiumzargen kann es i. V. m. Magnesiaestrich zu irreparablen Schäden kommen.

Maßliche Prüfung der eingebauten Zarge
Das Falzmaß ist 50 mm unterhalb der waagrecht liegenden Falzkante sowie in der Mitte und im Bereich der Bodeneinstandsmarkierung zu messen. Die Toleranzwerte für die Einhaltung betragen: +2 mm und –1 mm.

In der Höhe ist das Falzmaß an den senkrechten Profilen zu prüfen, wobei der Toleranzwert für die Einhaltung ±2 mm beträgt. Die Höhentoleranz zum Meterriss darf maximal ±2 mm betragen.

Standardzargen nach DIN 18111-1 bis -4
Standardzargen aus profiliertem, feuerverzinktem Stahlblech für gefälzte Türen in Mauerwerkswänden entsprechend DIN 18111-1 sind nicht geeignet für

- Feuerschutztüren,
- Rauchabschlusstüren,
- Wohnungsabschlusstüren,
- einbruchhemmende Türen,
- Zargen für Containerbau, Sandwichwände, Holzfachwerkbau sowie
- Zargen für Betonwände im Eingießverfahren.

Standardzargen für gefälzte Türen in Ständerbauwänden sind nach DIN 18111-2 auszuführen. Die Türöffnungen müssen für den Einbau verstärkt sein. Entsprechende Hinweise sind im Kapitel „Trockenbau" zu finden. Sonderzargen für gefälzte und ungefälzte Türen werden in DIN 18111-3 geregelt. Die verschiedenen Arten der Mauerwerksanker sind in DIN 18111-4 festgelegt.

Türblätter

Nachfolgende Ausführungen gelten nur für Türblätter, für welche bauaufsichtlich keine Zulassungen oder Prüfzeugnisse gefordert werden. Prüfzeugnisse oder bauaufsichtliche Zulassungen werden z. B. für Feuerschutz- oder Rauchschutztüren gefordert.

Türblätter aus Metall müssen durch entsprechende konstruktive Maßnahmen verwindungs- und biegesteif hergestellt sein. Dies geschieht bei ein- und doppelwandigen Türblättern mit besonders hohen Anforderungen an die Steifigkeit durch den Einbau von Rahmenkonstruktionen. Doppelwandige Türblätter können für normale Anforderungen auch ohne innere Rahmenkonstruktion hergestellt werden. Die Steifigkeit wird hierbei aus der Profilierung im Bereich der Kanten erreicht. Ausschnitte in Türblättern, z. B. für Lichtöffnungen, sind grundsätzlich durch eine Rahmenkonstruktion zu verstärken.

Türen und Zargen

Metallbauarbeiten

Bei einwandiger Ausführung muss die Beplankung von Metalltürblättern mindestens 2 mm und bei doppelwandiger Ausführung ohne Füllstoff mindestens 1,5 mm betragen. Andere Materialstärken sind gesondert zu vereinbaren.

Doppelwandige Türblätter müssen in den Verschluss- und Bandbereichen verstärkt sein, damit die aus der Benutzung und dem Eigengewicht der Türblätter resultierenden Kräfte sicher aufgenommen und über die Zarge in die Wand abgeleitet werden können. Bei doppelwandigen Türblättern mit einer inneren Rahmenkonstruktion gilt dies ebenfalls. Doppelwandige Türblätter müssen so ausgeführt sein, dass ein Eindringen von Spritz- oder Niederschlagswasser in den inneren Hohlraum verhindert werden kann. Beim Zusammenbau, z. B. beim Schweißen oder Umbördeln der Kanten, kann nicht zuverlässig verhindert werden, dass der sorgfältig vor dem Zusammenbau der Türblattteile aufgebrachte Korrosionsschutz verletzt wird.

Beschläge für Türblätter aus Aluminium, sonstigen Nichteisen-Metallen und nichtrostendem Stahl müssen korrosionsbeständig sein.

Bekleidungen und abgehängte Metalldecken

Abgehängte Metalldecken sind nach DIN 18162-2 zu bemessen und auszuführen.

DIN 18168-2:2008-05 „Gipsplatten-Deckenbekleidungen und Unterdecken – Teil 2: Nachweis der Tragfähigkeit von Unterkonstruktionen und Abhängern aus Metall" gilt zusammen mit DIN EN 13964:2014-08 (alt: DIN EN 13964:2007-2 „Unterdecken – Anforderungen und Prüfverfahren, Deutsche Fassung EN 13964: 2004+A1:2006") und i. V. m. DIN 18168-1:2007-04 „Gipsplatten-Deckenbekleidungen und Unterdecken – Teil 1: Anforderungen an die Ausführung".

Die Nachweisführung der Tragfähigkeit von Unterkonstruktionen und Abhängern aus Metall, sofern diese nicht nach technischen Bestimmungen berechnet werden kann, ist durch Versuche nach DIN 18168-2 und DIN EN 13964 zu erbringen. Dabei sind nach DIN 18162-2 die schärferen Bedingungen mit den Forderungen nach Sicherheitsfaktor 3, mindestens 10 Prüfkörper, Durchbiegebegrenzungen für Unterkonstruktionsbauteile 1/500 und 4 mm zur Nachweisführung einzuhalten.

Es müssen gültige Prüfzeugnisse nach DIN 18168-2 vorliegen, weshalb abgehängte Decken nach dieser Norm nur mit industriell gefertigten Serienprodukten ausgeführt werden können.

Sollen individuell gefertigte abgehängte Decken eingebaut werden, sind dafür die Anforderungen nach DIN 18168-1 zu beachten.

Werkstoffkennwerte und Mindestmaße von Abhängern aus Metall sind in DIN 18168-1 Tabelle 1 enthalten.

Ausführliche Informationen zu Metalldecken einschließlich Durchbiegeklassen und Maßtoleranzen sind im Kapitel „Trockenbau" enthalten.

Ebenflächigkeit
Bekleidungen, abgehängte Metalldecken u. Ä. müssen ebenflächig hergestellt werden. Um eine Ebenflächigkeit nach DIN 18202:2013-04 zu erreichen, sind ggf. Ausgleichsstücke zu verwenden, insbesondere bei abgehängten Decken.

Revisionsöffnungen
Abgehängte Decken und Bekleidungen müssen abnehmbare Bauteile oder Revisionsklappen enthalten, um freien Zugang für Wartungsarbeiten an dahinterliegenden Bauteilen oder zur Bedienung von Versorgungsleitung oder Bedienungselementen zu ermöglichen.

Klemmvorrichtungen
Werden Bekleidungselemente von abgehängten Metalldecken oder Bekleidungen durch Klemmvorrichtungen gehalten, müssen diese so sicher gehalten werden, dass sie auch unter der höchstzulässigen Belastung nicht herausfallen.

Checkliste zur Abnahme der Metallbauarbeiten

Oberflächenschutz
- [ ] Wurden Flächen, die nach dem Einbau nicht mehr zugänglich sind, vorher mit dauerhaftem Korrosionsschutz versehen?
- [ ] Wurde die Verzinkung als Korrosionsschutz nach DIN EN ISO 1461 fachgerecht ausgeführt?
- [ ] Wurden bei der Ausführung der Verzinkung als Korrosionsschutz nach DIN EN ISO 1461 die Mindestdicken eingehalten?
- [ ] Wurde bei der Ausführung der Oberflächenbeschichtung darauf geachtet, dass die Oberflächenvorbereitung und die Grundbeschichtung zum grundsätzlichen Leistungsumfang des Metallbauers gehören, jedoch die Zwischen- und Schlussbeschichtung nicht
- [ ] Wurde bei der Ausführung der Beschichtung darauf geachtet, dass der Aufbau aus einer Grundbeschichtung, zwei Zwischenbeschichtungen und einer Schlussbeschichtung besteht?

Befestigung und Funktion
- [ ] Wurden Löcher, Durchbrüche, Schlitze u. Ä. in Mauerwerk, Stahlbeton, Werkstein u. a. hergestellt und geschlossen? (Besondere Leistung)
- [ ] Wurden Löcher in Stahlbauteile vorhandener Konstruktion gebohrt und gebrannt? (Besondere Leistung)
- [ ] Wurde das Auflager für die zu befestigenden Teile hergestellt? (Besondere Leistung)

Checkliste zur Abnahme

Metallbauarbeiten

- ☐ Ist darauf geachtet worden, dass Verschraubungen korrosionsbeständig bzw. nichtrostend ausgeführt wurden?
- ☐ Wurden die Verankerungen planmäßig ausgeführt?
- ☐ Wurden Türen, Flügel etc. funktionsfähig eingebaut?

Ausführung
- ☐ Wurden statisch nicht notwendige Schweiß- und Stumpfnähte entfernt?
- ☐ Wurden Schnitt- und Sägekanten entgratet?
- ☐ Wurden Verbindungen so ausgeführt, dass Bewegungen aufgenommen werden können?
- ☐ Wurden Handläufe allseitig entgratet und bündig geschliffen?
- ☐ Wurde beim Einbau von Treppen der Schallschutz eingehalten?
- ☐ Wurden die Geländerhöhen vorschriftsmäßig ausgeführt?
- ☐ Wurden Treppenstufen rutschsicher ausgeführt?
- ☐ Wurden die Steigungen vorschriftsmäßig ausgeführt?
- ☐ Wurde beim Einbau von Türen der Schallschutz eingehalten?
- ☐ Wurde bei der Ausführung von Bekleidungen und Metalldecken auf den Einbau von Revisionsöffnungen geachtet?
- ☐ Wurden Bekleidungen und/oder abgehängte Decken ebenflächig nach DIN 18202:2013-04 hergestellt und waren dafür gegebenenfalls Ausgleichsstücke notwendig?

Elektro- und Sanitärinstallation

Geltungsbereich und Ausführung

Geltungsbereich
Die ATV DIN 18381 „Gas-, Wasser und Entwässerungsanlagen innerhalb von Gebäuden", sowie die ATV DIN 13382 „Nieder- und Mittelspannungsanlagen mit Nennspannungen bis 36 kV" sind anzuwenden.

Diese ATVs beziehen sich weder auf Entwässerungskanalarbeiten nach ATV DIN 18306 oder Druckrohrleitungsarbeiten nach ATV DIN 18307 noch auf Geräte und systeminterne Installationen.

Ausführung
Bei der Prüfung hat der Auftragnehmer Bedenken geltend zu machen, wenn

- Schlitze und Durchbrüche sowie Fundamente mangelhaft ausgeführt wurden, fehlen oder nicht rechtzeitig fertiggestellt werden,
- nicht ausreichend Platz für die elektrischen Bauteile vorhanden ist,
- nicht ausreichend Platz für Sanitärbauteile oder den Transport der Bauteile vorhanden ist,
- Bezugspunkte fehlen,
- nicht ausreichend Maßnahmen für Schall-, Wärme- und Brandschutz vorgesehen sind,
- Witterung oder Raumklima für die Durchführung der Arbeiten ungeeignet sind, wie bspw. bei Klebearbeiten von Kunststoffrohren Temperaturen unter 5 °C,

Geltungsbereich und Ausführung

Elektro- und Sanitärinstallation

- Unstimmigkeiten über gelieferte Planunterlagen und Berechnungen bestehen oder Änderungen der Planungsgrundlagen bekannt sind.

Vorwandinstallationen und abgehängte Decken

Vorwandinstallationen

In VOB/C ATV DIN 18381, Abschnitt 3.1.9 ist geregelt, dass Bohr-, Stemm- und Fräsarbeiten am Bauwerk nur ausgeführt werden dürfen, sofern der Auftraggeber damit einverstanden ist.

Die DIN 1053-1:1006-11 ist zurückgezogen und durch die DIN EN 1996-1-1/NA:2012-05 „Allgemeine Regeln für bewehrtes und unbewehrtes Mauerwerk" ersetzt. Hiernach dürfen Schlitze und Aussparungen in tragenden, aussteifenden Wänden nur ausgeführt werden, wenn dadurch die Standsicherheit nicht beeinträchtigt wird. DIN EN 1996-1-1 gibt hierzu in den Tabellen NA.19 und NA.20 Grenzwerte an, bei deren Überschreitung ein entsprechender Standsicherheitsnachweis zu erstellen ist.

Um dennoch eine optimale und funktionale Raumaufteilung bei Sanitärräumen zu schaffen, können Wasser- und Abflussleitungen von Sanitärobjekten in Leichtbauwänden und/oder Vorsatzschalen untergebracht werden.

Der Einbau von Vorsatzschalen und Trennwänden aus Gipsplatten mit Metallunterkonstruktion ermöglicht bei entsprechender Auswahl von Ständerprofil, Ständermaterial, Beplankungsmaterial, Beplankungsstärke, Anzahl der Beplankungslagen und Dämmlagen im Hohlraum, unter

Berücksichtigung der zulässigen Wandhöhen, Gesamtwanddicken ab 75 bis 255 mm bei Einfach- und Doppelständerwänden. Beim Einbau von getrennten Doppelständern oder Vorsatzschalen kann die Wandstärke flexibler ausgebildet werden.

Dabei werden unterschiedliche Anforderungen an Wärme-, Schall- und Brandschutz erfüllt. Die Ausführung ist in DIN 18183:2009-05 geregelt.

Zum Verlegen von Abwasserleitungen, z. B. mit DN 110, ist ein Wandhohlraum von ≥ 170 mm notwendig, wobei bei beidseitig doppelter Beplankung die Gesamtwandstärke 220 mm beträgt. Werden Fliesen als Wandbelag aufgebracht, ist auf die Ausführung einer zweilagigen Beplankung zu achten.

Sollten Holzständerwände nach DIN 4103-4:1988-11 zur Ausführung kommen, darf der Feuchtegehalt maximal 20 % betragen, wobei die Sortierklasse S 10 nach DIN 4074-1 einzuhalten ist.

Außerdem ist auf einen geeigneten Holzschutz zu achten.

Ausführungsmöglichkeiten
Für eine Vorwandinstallation werden alle Installationsteile vor oder an einer Wand montiert, welche anschließend verkleidet wird. Die Wandstärke wird von der Abwasseranschlussleitung und der WC-Spülvorrichtung beeinflusst.

Die Wand wird normalerweise lediglich so hoch ausgeführt, wie sie durch die eingebaute Installationstechnik nötig ist.

Vorwandinstallationen und abgehängte Decken
Elektro- und Sanitärinstallation

Aus- oder vorgemauerte Vorwandinstallation
Hierbei werden Armaturen, Leitungen etc. herkömmlich mit Konsolen, Rohrschellen usw. an der Wand und an der Decke befestigt. Nach der Installation wird aus- oder vorgemauert.

Körperschallbrücken sind nicht auszuschließen.

Einbau vorgefertigter Einzelelemente
Kompakte Installationselemente, z. B. offene Metallrahmenkonstruktionen oder Elemente mit rohbaufertiger Oberfläche, werden an der Wand befestigt und nach erfolgtem Anschluss eingemauert.

Verkleidete Vorwandinstallationen
Eine individuelle Anpassung an die jeweilige Bausituation wird durch baukastenähnliche Systeme und vorgefertigte Elemente ermöglicht, welche an der Wand befestigt und zum Teil auch auf dem Boden aufgestellt werden.

Die Beplankung erfolgt nach dem Verlegen der Leitungen.

Vorwandinstallationen und abgehängte Decken

Elektro- und Sanitärinstallation

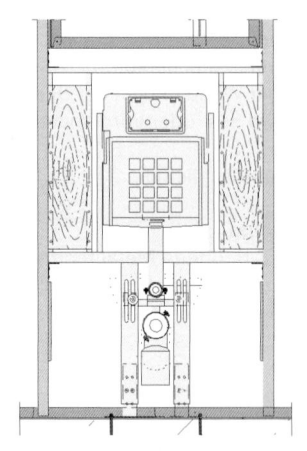

Bild 41: Tragständerkombination WC mit Einbauspülkasten gem. Knauf Gips KG Ipfhofen (Quelle: „Knauf Gips KG" Ipfhofen)

Zur Lastübertragung bei der Installation von wandhängenden WCs, Bidets und Waschbecken, welche zu den schweren Konsollasten von ≥ 0,7 bis 4,0 kN/m zählen, werden Tragständer oder Traversen verwendet.

Bei Durchführung von Elektroleitungen in Einfachständerwerken sollte darauf geachtet werden, dass werkseitig vorgestanzte Profile verwendet werden. Durch zusätzliche Ausschnitte dürfen die Ständerprofile nicht in ihrer wandaussteifenden Wirkung geschwächt werden.

Hierzu sind die Ausführungen in Kapitel 5 „Trockenbau" zu beachten.

Abgehängte Decken

Der Einbau von Installationen im Deckenhohlraum hat vor der Deckenmontage zu erfolgen. Die spezifischen Vorgaben des Deckenherstellers sowie der Hersteller der Einbauteile sind dabei zu berücksichtigen. Anschlussarbeiten der Installationen an Unterdecken müssen so koordiniert werden, dass zuerst die Unterkonstruktion erstellt und anschließend geschlossen werden kann.

Beim Einbau von Leuchten oder sonstigen Einbauteilen sind die Durchbiegeklassen von Unterdecken und die Durchbiegeangaben von Decklagen gem. DIN EN 13964:2014-08 zu beachten.

Weitere Lasten von Einbauteilen sind durch den Einbau von zusätzlichen Abhängungen, Profilauswechslungen und Aussteifungen zu befestigen. Die beste Lösung ist, diese Einbauteile direkt gesondert von der Rohdecke abzuhängen.

Brandschutzdecken dürfen durch Einbauten grundsätzlich nicht zusätzlich belastet werden. Ein Einbau darf nur erfolgen, wenn die Einbauteile für den Einbau in die Unterdecke geprüft und zugelassen sind.

Zusätzliche Überbrückungen oder besondere konstruktive Maßnahmen für die Lastabtragung von Einbauteilen sind als Besondere Leistungen auszuführen.

Die Ausführungen in Kapitel „Trockenbau" sind zu beachten.

Besonderheiten in Nassräumen – Schutzbereiche

Leitungsführung und Anordnung

Die Anordnung von unsichtbar verlegten Kabeln, Leitungen, Schaltern, Steckdosen und Auslässen wird in DIN 18015-3:2016-09 geregelt, wobei DIN 18015-1:2013-09 für die Ausführung in Wohnzwecken dienenden Räumen gilt. Die Verlegung von Leitungen und Kabeln in Putz, unter Putz, in Wänden und hinter Wandverkleidungen gelten als unsichtbare Verlegung. Zum Schutz vor Beschädigung der Leitungen sind waagrechte und senkrechte Installationszonen festgelegt (siehe nachfolgende Abbildung).

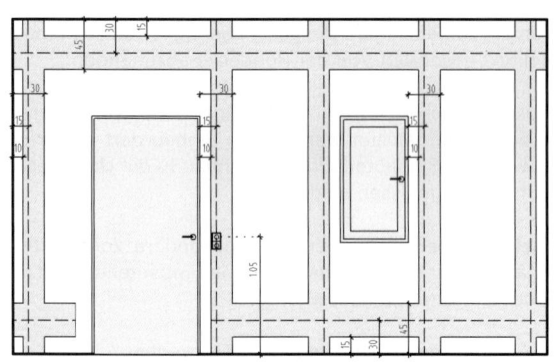

Bild 42: Verlegezonen im Wohnraum (Quelle: Hallschmid)

Schutzbereiche

Feuchtigkeit verringert den menschlichen Körperwiderstand deutlich und es können i. V. m. dem Erdpotenzial bereits durch kleinere Berührungsspannungen gefährliche Ströme durch den Körper fließen. Deswegen sollte die Elektroinstallation in diesen Räumen so ausgeführt werden, dass eine Gefährdung ausgeschlossen ist. Die Verlegezonen sind in die Schutzbereiche 0, 1 und 2 unterteilt.

Die Einteilung der Bereiche wird beeinflusst durch Fußböden, Wände, Türen, Fenster, Decken, Dachschrägen und fest montierte Abtrennungen. Gegenstände und Abtrennungen, welche einfach zu entfernen sind, wie Duschtrennwände, Möbel und Duschvorhänge, gelten nicht als Begrenzung.

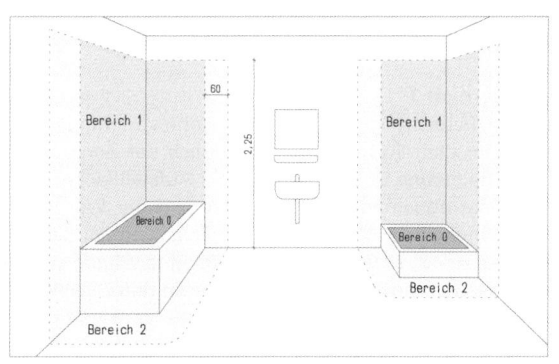

Bild 43: Verlegezonen im Bad (Quelle: Hallschmid)

Besonderheiten in Nassräumen – Schutzbereiche

Elektro- und Sanitärinstallation

Schutzbereich 0

Das Innere der Bade- oder Duschwanne wird als Bereich 0 eingestuft, bei Duschen ohne Wanne entfällt der Bereich 0. Hier gilt als Zone 1 ein Radius von 120 cm um den Duschkopf.

Installationsgeräte
Die Anordnung von Installationsgeräten im Schutzbereich 0 ist verboten.

Verbrauchsmittel
Sind Betriebsmittel nach Herstellerangaben für den Bereich zugelassen, ist eine Verwendung möglich, wenn diese fest angeordnet und fest angeschlossen sind. Die Betriebsspannung darf höchstens 12 Volt Wechselspannung oder 30 Volt Gleichspannung betragen, wobei der versorgende Trafo außerhalb von Bereich 0 und 1 liegen muss.

Schutzbereich 1

Der Schutzbereich 1 geht bis zu einer Höhe von mindestens 2,25 m über dem Fußboden einschließlich der Zone unterhalb von Bade- und Duschwanne bis zur Aufstellfläche, auch wenn dieser abgemauert ist. Befindet sich der Wasseranschluss höher, wie z. B. bei Duschen, reicht auch der Schutzbereich bis zu dieser Höhe. Bei Duschen ohne Wanne gilt als Schutzbereich 1 ein Radius von 120 cm um den Duschkopf. Schutzbereich 2 entfällt in diesem Fall!

Installationsgeräte
Für Verbrauchsmittel mit Betriebsspannung bis 25 Volt Wechselspannung oder 60 Volt Gleichspannung können Anschluss- und Verbindungsdosen in SELV- (Sicherheitskleinspannung) oder PELV-Stromkreisen (Schutzkleinspannung) eingebaut werden.

Verbrauchsmittel
Whirlpool- und Abwasserpumpen sowie Wassererwärmer sind fest angeordnet und fest angeschlossen in Bereich 1 erlaubt. Wird eine Betriebsspannung von 25 Volt Wechselspannung oder 60 Volt Gleichspannung nicht überschritten, so sind auch andere Verbrauchsmittel oder Installationsgeräte erlaubt. Die Stromquellen zur Versorgung müssen auch in diesem Fall außerhalb von Schutzbereich 0 oder 1 angebracht sein.

Schutzbereich 2
Flächen mit einer Tiefe von 60 cm vor Badewanne oder Dusche, die in Handreichweite sind, werden dem Schutzbereich 2 zugeordnet. Die Zone reicht an der Wand bis zu einer Höhe von mindestens 2,25 m ab Fußbodenoberkante. Im Bereich von Duscheinstiegen wird die Duschwand als Mittelpunkt für den Kreis mit Radius von 60 cm (=Fadenmaß) genutzt. Wird das Fadenmaß berücksichtigt, ist auch bei einer Unterschreitung der Restwandstärke von 6 cm ein Einsatz von Installationsgeräten auf der Rückseite von Wänden möglich. Diese Einteilung des Schutzbereichs kann entfallen, wenn die Restwanddicke von 6 cm eingehalten wird.

Besonderheiten in Nassräumen – Schutzbereiche

Elektro- und Sanitärinstallation

Installationsgeräte und Verbrauchsmittel

Für Verbrauchsmittel mit Betriebsspannung bis 25 Volt Wechselspannung oder 60 Volt Gleichspannung können Anschluss- und Verbindungsdosen in SELV- (Sicherheitskleinspannung) oder PELV-Stromkreisen (Schutzkleinspannung) eingebaut werden, z. B. für Geräte mit Fehlerstromschutz und in IPX4 (das Gehäuse ist von allen Seiten gegen das Eindringen von Spritzwasser mit schädlichen Wirkungen geschützt) sowie Rasiersteckdose mit Trenntransformator. Diese müssen im Schutzbereich 2 fest angeordnet und fest angeschlossen sein.

Barrierefreie Bad- und Sanitärräume

Aufgrund der sich ändernden demografischen Verhältnisse sind Anforderungen an barrierefreies Bauen und barrierefreie Wohnungen, entsprechend DIN 18040, Teil 1-3 sowohl in öffentlich zugänglichen Gebäuden als auch in privaten Gebäuden umzusetzen. Im Wesentlichen sind folgende Punkte zu beachten, welche bei einer Berücksichtigung in der Planung ein späteres Nachrüsten von Bauteilen ermöglichen:

- Beinfreiheit unter dem Waschtisch
- rutschfester Belag
- stufenlos begehbare Dusche
- barrierefreie, mit Montageplatten vorbereitete Installationstechnik
- ausreichend Bewegungsflächen vor den Sanitärgegenständen

Montagehöhen

Bei WC und Duschklappsitz sollte die Montagehöhe 48 cm betragen, beim Waschtisch 82 cm ab Oberkante Fertigfußboden, um Rollstuhlfahrern eine einfache Nutzung zu ermöglichen.

Bodengleiche Duschbereiche

Werden Duschen bodengleich ausgeführt, ist besonders auf die Ausführung von Abdichtungen zu achten, wobei hier der Fachbereich der Fliesenleger übergreift. Die im ZDB-Merkblatt enthaltenen „Hinweise für die Ausführung von Abdichtungen im Verbund mit Bekleidungen und Belägen aus Fliesen und Platten" sind zu beachten. In die alternative Abdichtung, welche aus flüssigen, roll- oder streichfähigen Dichtmaterialien besteht und in zwei Schichten aufgetragen wird, werden die Fläche des Duschelements aus Polystyrolhartschaum (sofern es verwendet wird), der Anschlussflansch des integrierten Bodenablaufs und die Fugendichtbänder einbezogen.

Beleuchtung

Neben einer Allgemeinbeleuchtung an der Decke und einer Spiegelbeleuchtung ist unter Beachtung der Sicherheitsregeln VDE 0100 der Duschbereich zu beleuchten. Um Schlagschatten zu verhindern, sollte die Grundbeleuchtung in Badräumen nahe der Wanne platziert werden. Die Spiegelbeleuchtung sollte bei hoher Beleuchtungsstärke möglichst blendfrei sein und zu beiden Seiten des Spiegels montiert werden. Der zusätzliche Einbau einer Leuchte oberhalb des Spiegels ist sinnvoll. Auf Halogenspots und Downlights sollte wegen möglicher Spiegelungen auf dem Boden und Direktblendung verzichtet werden. Aus Sicherheitsgründen müssen sämtliche Leuchten feuchtigkeitsdicht sein. Badleuchten sind mit den Prüfzeichen VDE und ENEC gekennzeichnet.

Checkliste zur Abnahme der Elektro- und Sanitärinstallationen

Allgemein
☐ Wurden Stemm-, Fräs- und Bohrarbeiten nur nach vorheriger Abstimmung und im Einvernehmen mit dem Auftraggeber ausgeführt? (DIN 1053-1 ist zu beachten!)

Sanitär
☐ Ist beachtet worden, dass in direkter Verbindung mit Metallteilen chloridhaltige Schnellbinder oder Gips, welche zerstörend auf Anlagenteile wirken können, nicht verwendet werden dürfen?
☐ Wurde Vorsorge gegen das Auseinandergleiten von Rohrleitungen getroffen?
☐ Wurde vor der Inbetriebnahme eine Prüfung auf Funktionsfähigkeit durchgeführt?
☐ Wurde bei barrierefreien Bädern eine bodengleiche Dusche eingebaut?
☐ Sind ausreichend Bewegungsflächen vorhanden?
☐ Sind Haltegriffe im richtigen Abstand montiert und in ausreichender Anzahl vorhanden?
☐ Sind die Spiegel in sitzender Haltung nutzbar?

Elektro
☐ Ist die Lage vorhandener Leitungen dokumentiert worden?
☐ Ist beachtet worden, dass Gips als Befestigungsmittel i. V. m. zementhaltigem Mörtel sowie in Feuchträumen und im Freien nicht verwendet werden darf?

Checkliste zur Abnahme
Elektro- und Sanitärinstallation

- ☐ Wurden feuchtigkeitsdichte Leuchten installiert?
- ☐ Wurde die Spiegelbeleuchtung blendfrei montiert?
- ☐ Wurden die entsprechenden Schutzbereiche eingehalten?

Checkliste zur Abnahme
Elektro- und Sanitärinstallation

Anhang

Literaturverzeichnis

DIN Deutsches Institut für Normung e.V.
VOB 2016, Beuth Verlag GmbH, 2016

Frank Hempel
VOB/C Praxiskommentar (Ausgabe 2016),
WEKA MEDIA GmbH & Co. KG, 2016

DIN e. V. (Hrsg.)
Estricharbeiten, Gussasphaltarbeiten, VOB/STLB-Bau: VOB Teil C, Beuth Verlag GmbH, 2016

Bundesfachgruppe Estrich und Belag im Zentralverband deutsches Baugewerbe e.V.,
Bundesverband Estrich und Belag e.V.,
Bundesfachschule Estrich und Belag e.V.
Handbuch für das Estrich- und Belaggewerbe, 4. Auflage, Verlagsgesellschaft Rudolf Müller GmbH & Co. KG, 2011

Harry Timm
Estriche und Bodenbeläge: Arbeitshilfen für die Planung, Ausführung und Beurteilung, Verlag Springer Vieweg, 2013

Karl Remmert, Josef Heller, Horst Spang, Klaus Bauer
Fachbuch für Parkettleger, 4. Auflage, SN-Verlag, 2013

DIN e. V. (Hrsg.)
Parkettarbeiten, Bodenbelagarbeiten, Holzpflasterarbeiten, Beuth Verlag GmbH, 2013

Literaturverzeichnis

Anhang

Helmut Bramann, Volker Mänz, Thomas Schmid
Trockenbauarbeiten, Kommentar zur VOB Teil C,
Beuth Verlag GmbH, 2016

Eckhard Frikell, Olaf Hofmann, Peter Schneider, Bernhard Schmelmer, Klaus Lang, Robert Rimböck, Helmut Huber
Trockenbau Handbuch, 9. Auflage,
VOB-Verlag Ernst Vögel OHG, 2016

Hartmut Ross, Friedemann Stahl
Praxis-Handbuch Putz, 3. Auflage,
Verlagsgesellschaft Rudolf Müller GmbH & Co. KG, 2003

Ernst Ulrich Niemer, Gerhard Klingelhöfer, Jürgen Schütz
Praxis-Handbuch Fliesen, 3. Auflage, Rudolf Müller GmbH & Co. KG, 2003

Peter Grebe, Hans-Jörg Leeuw, Stephan Lütten, Helmut Sirtl
Fachwissen Maler und Lackierer, 3. Auflage, Verlag Europa-Lehrmittel, Nourney, Vollmer GmbH & Co. KG, 2013

Ift Institut für Fenstertechnik e.V., Rosenheim
Leitfaden zur Montage von Fenstern und Haustüren, Nr. 20;
6. Auflage, Verlagsanstalt Handwerk GmbH, 2014

Anton Pech, Georg Pommer, Johannes Zeininger
Fenster, 1. Auflage, Springer-Verlag GmbH, 2005

Christian Schittlich, Gerald Staib, Dieter Balkow
Glasbauatlas, 2. Auflage, Verlag Birkhäuser GmbH, 2006

DIN Deutsches Institut für Normung e.V.
Praxishandbuch Metallbauerhandwerk, 1. Auflage, Beuth Verlag GmbH, 2003-04

Stichwortverzeichnis

A

Abdichtung... Seite 61, 195, 466
Abgeriebene Putze.. Seite 316
Abgezogene Putze .... Seite 315
Alt-Untergründe.. Seite 131
Anschluss
    gleitend... Seite 230
    starr .... Seite 230
Anschlussfuge .... Seite 343
Arbeitsfuge.. Seite 31, 64
Arbeitsräume... Seite 181
Armierungsgewebe .... Seite 337
Armierungsputz .... Seite 337
Außenputz.. Seite 324
Ausgleichsestrich... Seite 29, 52
Ausgleichsmasse .... Seite 77, 130

B

Bad
    barrierefrei .... Seite 617
Beizen .... Seite 492
Beleuchtung .... Seite 618
Beplankung .... Seite 225
Beschichtungsstoffe... Seite 389
Beschichtungssysteme................................. Seite 412, 424
Beton-Keramik-Verbundelemente .... Seite 201
Bewegungsfuge................ Seite 65, 156, 210, 250, 342, 343
Bewehrung.. Seite 344

Biegezugfestigkeitsklasse .... Seite 47
Biegzugsfestigkeitsklasse .... Seite 39
Bindemittel................................. Seite 25, 190, 303, 411
Bitumenemulsionsestrich .... Seite 26
Blasenbildung
    osmotisch .... Seite 27
Bläueschutz .... Seite 401
Bodenbelag
    Arten.. Seite 94
    textil .... Seite 109
Bodenklinker .... Seite 182
Brandschutz .... Seite 59, 416, 565
    Bodenbeläge .... Seite 90
Brandschutzglas .... Seite 522

C
Calciumsulfatestrich.. Seite 24

D
Dämmstoffe .... Seite 178
Dämmung .... Seite 467
Dampfbremse... Seite 249, 471
Decken
    abgehängt .... Seite 611
Deckenbekleidung.. Seite 239, 471
Deckleiste... Seite 88
Dickbett... Seite 188, 210
Dielen
    massiv .... Seite 140
Dispersionsklebstoffe... Seite 198
Doppelboden .... Seite 249
Drahtglas .... Seite 513

Stichwortverzeichnis

Drahtputz .... Seite 337
Druckfestigkeit .... Seite 305
Dünnbett .... Seite 190, 210
Durchbiegeklassen .... Seite 242
Durchgangshöhe .... Seite 561
Duschbereiche
    bodengleich .... Seite 618

E

Ebenheit .... Seite 134
    Anforderungen .... Seite 83
Ebenheit des Estrichs .... Seite 54
Effektlackierung .... Seite 413
Einbauschränke .... Seite 476
Emailliertes Glas .... Seite 514
Erstbeschichtungen .... Seite 389, 399, 409, 417
Estrich
    Arten .... Seite 21
    auf Dämmschicht .... Seite 37
    auf Trennlage .... Seite 33
    Ebenheit des .... Seite 42
    Nenndicken .... Seite 47
    oberflächenfertig .... Seite 53
    schwimmend .... Seite 37
    Trennschichten .... Seite 61
Expositionsklasse .... Seite 23

F

Fassadenbekleidung .... Seite 193
Fenster .... Seite 461
Fensterbänke .... Seite 460
Fensterkonstruktionen .... Seite 508

Fensterprofile .... Seite 455
Festigkeitsklasse .... Seite 42
Feuchtebelastung .... Seite 53
Feuchtegehalt
    maximal .... Seite 51
Feuchtigkeit .... Seite 196
Feuchtraumverglasung .... Seite 528
Flächenspachtelung .... Seite 259
Fliesen .... Seite 179
Folgetapezierung .... Seite 362
Formaldehyd .... Seite 449
Formgebungsverfahren..................................... Seite 179
Fugen.. Seite 49, 155, 208
    Ausbildung.. Seite 231
    Breite .... Seite 208
Funktionsheizen.. Seite 51

G
Ganzglasanlagen .... Seite 536
Ganzglasvitrinen .... Seite 539
Gefälleestrich .... Seite 52
Geländer .... Seite 566
Gewebearten .... Seite 423
Gipsplatten .... Seite 227
Glas
    Arten .... Seite 511
    Halteleisten .... Seite 459
Glättetechnik .... Seite 322
Grundbeschichtung .... Seite 417
Grundierung .... Seite 76, 129
Gussasphaltestrich.................................. Seite 25, 32
G-Verglasungen... Seite 523

H

Haftbrücke	Seite 195
Handlauf	Seite 576
Härteklasse	Seite 41
Heizestrich	Seite 44
Hohlboden	Seite 251
Hohlraumplatten	Seite 452
Holz-Aluminium-Fenster	Seite 456
Holzfaserplatten	Seite 450
Holzfeuchte	Seite 399, 437
Holzpflaster	Seite 157
GE	Seite 149
RE	Seite 147
Unterlagsbahn	Seite 158
WE	Seite 148

I

Innenbeschichtungen	Seite 391
Innendämmung	Seite 338
Innenputz	Seite 305
Innenwandbekleidungen	Seite 339
Isolierglas	
dreifach	Seite 513
Mehrscheiben	Seite 511
zweifach	Seite 512
Isolierverglasung	Seite 527

K

Keilzinkung	Seite 438
Kleben	Seite 154
Klebstoffe	Seite 157
Klebstofftypen	Seite 143, 145

Klotzung .... Seite 509
Korkbelag .... Seite 106
Korrosionsschicht .... Seite 409
Korrosionsschutz .... Seite 410, 565
Kunstharzestrich .... Seite 26
Kunstharzputz .... Seite 307, 323
Kunststoff
    Belag .... Seite 95
    Platten .... Seite 543
    Wandbeläge .... Seite 369

L
Lack .... Seite 400
Laminat .... Seite 115
Lamparkett .... Seite 138
Lasuren .... Seite 394, 401, 403
Leichtputz .... Seite 329
Linoleum .... Seite 99

M
Magnesiaestrich .... Seite 24
Massivholzparkettstäbe .... Seite 137
Metalltüren .... Seite 583
Möbeloberfläche .... Seite 486
Montagehöhe .... Seite 617
Mörtel
    zementhaltig .... Seite 198
Musterrapport .... Seite 113

N
Nassräume .... Seite 612
Natursteinriemchen .... Seite 185

Nut-Feder-Verbindung .... Seite 136

O
Oberflächenbehandlung.................................... Seite 160
Oberflächenschutz
    Metall.. Seite 578
Oberflächenzugfestigkeit................................ Seite 36, 42

P
Paneele .... Seite 115
Parkett
    genagelt .... Seite 160
    Mehrschicht .... Seite 141
    Mosaik .... Seite 139
    Verlegung .... Seite 152
Parketthölzer
    massiv .... Seite 136
Parkettklebstoffe .... Seite 143
Parkettölen .... Seite 162
Parkettstäbe
    Parkettriemen .... Seite 136
Platten... Seite 179
Plattendicke .... Seite 184
Plattenstöße .... Seite 261
Plattenwerkstoffe .... Seite 453
Putz.. Seite 303, 308
    gefilzte .... Seite 313
    geglättete .... Seite 311
Putzbewehrung... Seite 336
Putzmörtelgruppen .... Seite 304
Putzsysteme .... Seite 326
Putzträger... Seite 335

R

Rahmenwerkstoffe	Seite 506
Randdämmstreifen	Seite 31
Randfuge	Seite 65
Raumfuge	Seite 65
Reaktionsharzstoffe	Seite 199
Reinigen	Seite 417
Risse	Seite 332

S

Sanitärraum	
barrierefrei	Seite 617
Sanitärtragständer	Seite 262
Schallschutz	Seite 564
Schichtholz	Seite 452
Schlagleiste	Seite 458
Schleifen	Seite 160
Schutzbereiche	Seite 612
Sgraffito	Seite 322
Sicherheitsglas	
Einscheiben	Seite 514
Sockelleiste	Seite 88
Solnhofener Platten	Seite 183
Sonderprofile	Seite 342
Spachtelmasse	Seite 130, 423
Spachteln	Seite 366
Spachtelung	Seite 388
Spannstoffe	Seite 374
Spanplatten	
Holz	Seite 444
Sperrholz	Seite 439
Sportboden	Seite 89

Ständerwände .... Seite 225
Steinputz... Seite 323
Stoßkante... Seite 89
Strahlenschutzgläser... Seite 524
Stuccolustro .... Seite 347
Stuck.. Seite 344
Stützweite .... Seite 240
Systemboden .... Seite 291

T
Tafelparkett .... Seite 137
Tapetenabschluss .... Seite 373
Tapezierung .... Seite 370
Textile Wandbeläge .... Seite 368
Trennfolie... Seite 249
Treppen .... Seite 552
Treppenauftritt .... Seite 558
Treppengeländer .... Seite 562
Treppenmaß.. Seite 557
Treppensteigung .... Seite 558
TRLV .... Seite 504
Trockenboden .... Seite 249
Trockenputz.. Seite 234
Trockenschüttung .... Seite 249
Türladen... Seite 461

U
Überholungsbeschichtung...... Seite 395, 405, 415, 420, 426
Überkopfverglasung .... Seite 530
Unterdecke.. Seite 239, 471
Untergrund
    mineralisch .... Seite 389

Untergrundbehandlung .... Seite 75
Untergrundvorbereitung .... Seite 128, 387, 408
Unterkonstruktion .... Seite 201
Unterlagsstoffe .... Seite 363

V
Verbundestrich .... Seite 29
Verbundsicherheitsglas .... Seite 515
Verdrängungsraum .... Seite 181
Verfugen .... Seite 209
Verfugungsstoffe .... Seite 206
Verglasung .... Seite 455
Verkehrslast .... Seite 35
Verlegen
  von Bodenbelägen .... Seite 85
Verlegung
  schwimmend .... Seite 116
Versiegeln .... Seite 166
Verspachtelung
  Qualitätsstufen .... Seite 265
Vollholz .... Seite 437
Voranstrich .... Seite 76, 129
Vorsatzschale .... Seite 225, 472
Vorwandinstallation .... Seite 607

W
Wachsen .... Seite 165
Wandaussparung .... Seite 261
Wandverstärkung .... Seite 262
Wärmedämmputz .... Seite 324
Wärmedämmputzsysteme .... Seite 340
Wärmedämmung .... Seite 57

Wetterschenkel .... Seite 458

Z
Zargen .... Seite 464
Zementestrich .... Seite 23

Das Baustellenhandbuch der Maßtoleranzen

- **Übersichtliche Tabellen mit den aktuellen Toleranzangaben nach DIN 18202:**
  Diskussionen, ob Abweichung noch im Toleranzbereich liegen oder nicht, können Sie so schnell vor Ort beenden.

- **Kommentierung gewerkespezifischer Vorgaben gemäß ATVen der VOB/C:**
  Praktisch sortiert nach Gewerken von A – Z finden Sie genau das, worauf es bei der maßgenauen Ausführung ankommt.

- **Hinweise zur Prüfung und Vermessung von Bauwerken:**
  Diese helfen Ihnen bei der richtigen Abnahme von Winkeln, Fluchten und Lotpunkten.

Bestellen Sie das Baustellenhandbuch der Maßtoleranzen unter **www.baustellenhandbuch.de**

Das Baustellenhandbuch der Abnahme

- **Genau das, worauf es bei der Bauabnahme ankommt:**
  Alles Wissenswerte finden Sie einfach und schnell in den Rubriken „Technik" und „Recht".

- **Praktische Abnahmechecklisten zu jedem Gewerk:**
  Diese helfen Ihnen, an alle wichtigen Punkte bei der Abnahme zu denken.

- **Entsprechend den Änderungen durch die VOB/B 2016:**
  Durch die aktuellen Vorgaben zu Fristen, Rechtsgrundlagen und Abnahmewirkungen nach VOB/B 2016 und BGB vermeiden Sie folgenschwere Fehler.

Bestellen Sie das Baustellenhandbuch der Abnahme unter
www.baustellenhandbuch.de